机器视觉
从基础到实战

杨 丽　段海龙　郭庭航◎主编

化学工业出版社
·北京·

内容简介

本书以Python为平台，以案例为载体，系统地介绍了机器视觉的基础理论、关键技术及实际应用。本书首先从机器视觉的背景知识、系统构成及相关概念入手，奠定理论基础。随后详细介绍了图像处理的核心内容，包括图像采集与相机标定、数字图像预处理基础、数学工具及特征提取技术，并深入探讨了双目立体视觉的关键技术。最后聚焦于实践应用，涵盖机器学习与深度学习在机器视觉中的具体实现，以及该技术在工业检测、智能识别等领域的典型应用。为了帮助读者更好地掌握相关知识，各章节都是通过知识点与案例相结合的方式展开，让读者在掌握知识点的同时举一反三，掌握程序设计的方法，利用程序设计解决实际问题。

本书可供从事机器视觉技术研究与应用的技术人员学习使用，也可供高等院校相关专业的师生学习参考。

图书在版编目（CIP）数据

机器视觉：从基础到实战 / 杨丽，段海龙，郭庭航主编. -- 北京：化学工业出版社，2025. 9. -- ISBN 978-7-122-48342-3

Ⅰ. TP302. 7

中国国家版本馆CIP数据核字第202558DR07号

责任编辑：金林茹　　文字编辑：张　琳
责任校对：杜杏然　　装帧设计：王晓宇

出版发行：化学工业出版社（北京市东城区青年湖南街13号　邮政编码100011）
印　　装：北京云浩印刷有限责任公司
787mm×1092mm　1/16　印张20　彩插2　字数522千字　2026年2月北京第1版第1次印刷

购书咨询：010-64518888　　售后服务：010-64518899
网　　址：http://www.cip.com.cn
凡购买本书，如有缺损质量问题，本社销售中心负责调换。

定　　价：99.00元

MACHINE VISION

前言

PREFACE

在科技飞速发展的今天，机器视觉作为人工智能领域的一颗璀璨明珠，正以其独特的魅力和无限的潜力，引领着新一轮的技术革命和产业变革。从智能制造到智慧城市，从医疗诊断到辅助驾驶，机器视觉技术以其高效、精准、智能的特点，在各行各业中发挥着越来越重要的作用。在过去的几年里，机器视觉技术飞速发展，从最初的简单图像识别到现在的复杂场景理解，从单一的算法应用到多元化的技术融合，每一次进步都让我们感到无比的震撼和欣喜。

笔者长期致力于机器视觉技术的教学与研究，取得了一些成果。但在多年的研究与实践过程中，深刻体会到机器视觉技术的复杂性和多样性，因此，我们决心撰写一本既注重理论深度，又兼顾实践应用的机器视觉书籍，旨在为读者提供一个全面、深入、实用的知识体系。

本书在内容设计上力求全面、系统、实用。全书从机器视觉的基本概念、发展历程讲起，逐步深入到图像处理、特征提取、目标检测、图像识别等核心技术。不仅详细阐述了这些技术的数学原理与算法实现，还通过丰富的案例和代码示例，展示了如何在不同应用场景中有效运用机器视觉技术。此外，本书还特别关注了当前机器视觉领域的最新进展和前沿技术，如深度学习、三维视觉等，力求让读者紧跟技术潮流，把握未来趋势。

本书面向广泛的读者群体，无论是计算机视觉、人工智能领域的初学者，还是希望提升专业技能的工程师、科研人员，或是对机器视觉技术充满好奇与向往的业余读者，都能从中获益。本书编写力求语言通俗易懂，解释深入浅出，确保每位读者都能找到适合自己的学习路径。同时，本书也注重实践性和可操作性，通过大量的案例和代码示例，帮助读者快速掌握机器视觉技术的实际应用。

本书是 2024 年天津市教委社科重大项目“人工智能赋能双师型职教师资培养的模式创新与实践研究”和天津职业技术师范大学产教融合教学工坊的建设成果。全书由天津职业技术师范大学杨丽规划与统筹，第 1、4、6 章由天津职业技术师范大学段海龙编写，第 2 章由天津职业技术师范大学郭庭航编写，第 3、5、7～9 章由杨丽编写，天津经泓智能科技有限公司李凤泉，天津职业技术师范大学杨晨晨、文硕怡、张婷婷、邓靖威、李含笑、赵思敏也参与了编写工作，并测试了各章的代码。

由于笔者水平有限，书中难免会有疏漏，敬请读者批评指正。

编者

目录

CONTENTS

MACHINE VISION

MACHINE VISION

第 1 章 绪论

1.1 机器视觉的发展及系统构成

1.1.1 机器视觉的发展

机器视觉是通过光学装置和非接触传感器自动地接收和处理真实物体的图像，以获得所需信息或用于控制机器人运动的技术。通俗地说，机器视觉就是用机器模拟生物宏观视觉功能，代替人眼来做测量和判断。

机器视觉技术是计算机学科的一个重要分支，自起步发展至今，机器视觉已经有几十年的历史，其功能以及应用范围随着工业自动化的发展逐渐完善和推广，机器视觉的历史发展如图 1-1 所示。

从图 1-1 中可以看到，20 世纪 50 年代开始研究二维图像的统计模式识别，60 年代 Roberts 开始进行三维机器视觉的研究，70 年代 MIT（麻省理工学院）人工智能实验室正式开设“机器视觉”的课程，80 年代开始掀起全球性的研究热潮，此后机器视觉获得了蓬勃发展，新概念、新理论不断涌现。

我国机器视觉发展的初级阶段为 1980—1998 年，其间真正的机器视觉系统市场销售额微乎其微，主要的国际机器视觉厂商还没有进入中国市场。1990 年以前，仅在大学和研究所中有一些研究图像处理和模式识别的实验室。20 世纪 90 年代初，一些来自这些研究机构的工程师成立了他们自己的视觉公司，开发了第一代图像处理产品，能够做一些基本的图像处理和分析工作。尽管这些公司用视觉技术成功地解决了一些实际问题，例如多媒体处理、印刷品表面检测、车牌识别等，但由于产品本身软硬件方面的功能和可靠性不够，限制了它们在工业应用中的发展。另外，一个重要的因素是市场需求不大，工业界的很多工程师对机器视觉没有概念，很多企业也没有认识到质量控制的重要性。第二阶段为 1999—2003 年，定义为机器视觉概念引入期。1999 年起，越来越多的电子和半导体工厂落户广东和上海，带有机器视觉的整套生产线和高级设备引入中国。随着这股潮流，一些厂商和制造商开始希望发展自己的视觉检测设备，这是真正的机器视觉市场需求的开始。第三阶段为 2004 年至今，称为机器视觉发展期。在各个行业，越来越多的客户开始寻求视觉检测方案，机器视觉

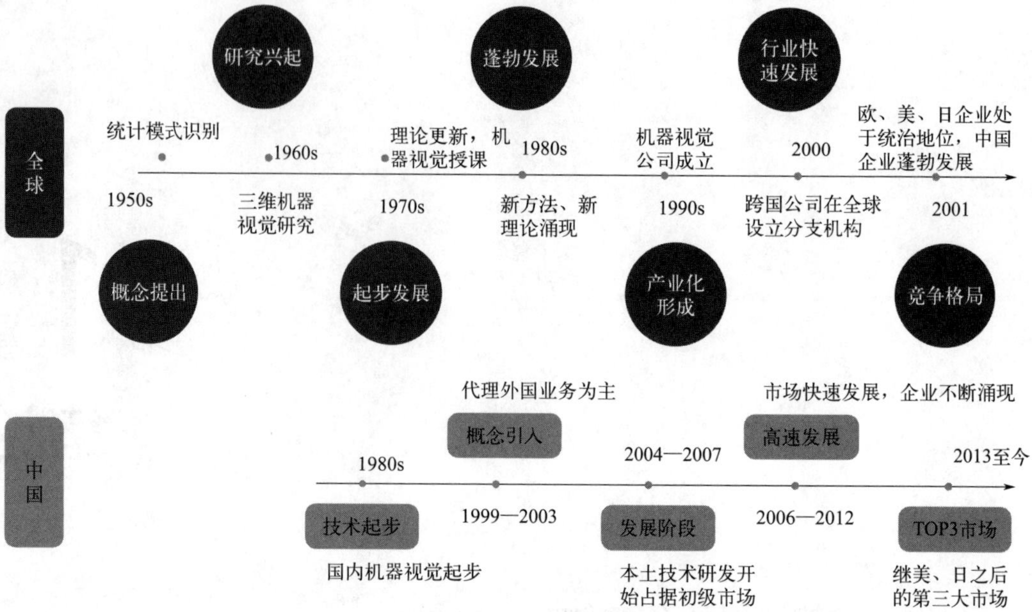

图 1-1　机器视觉的历史发展图

可以解决精确的测量问题和更好地提高他们的产品质量，一些客户甚至建立了自己的视觉部门。越来越多的本地公司开始在他们的业务中引入机器视觉，一些有几年实际经验的公司逐渐给自己定位，以便更好地发展机器视觉业务。许多跨国公司在中国建立自己的分支机构来管理关键的客户以及向合作伙伴提供技术和商务支持。

机器视觉发展至今，早已不是单一的应用产品。机器视觉的软硬件产品已逐渐成为生产制造各个阶段的必要部分，这对系统的集成性提出了更高的要求。工业自动化企业要求视觉产品能够与测试或控制系统协同工作，构成一体化工业自动化系统，而非独立的视觉应用。在现代自动化生产过程中，机器视觉系统被广泛地用于工况监视、成品检验和质量控制等领域。机器视觉是人工智能的重要分支，应用广泛，能够在智能制造以及众多智能生活领域展开应用；其技术独特，是非接触式识别、测量物体的前沿技术；其成本低廉，不会对产品的成本造成压力，从而在产品设计、客户需求把握上更具灵活性，也使其具备更强的盈利能力。机器视觉作为整个自动化系统或设备的有机组成部分，它与运动控制、逻辑控制、数据采集、企业数据库管理等功能配合，并以此发挥其优势。另外，机器视觉的发展还推动了数据接口、通信协议等基本通用标准的制订，以便打开视觉与各种信息系统之间的通道，实现系统间的互联。

1.1.2　机器视觉系统构成

机器视觉是图像分析技术在工厂自动化中的应用，使用光学系统、工业数字相机和图像处理工具来模拟人的视觉能力，并做出相应的决策，最终指挥某种特定的装置执行这些决策。机器视觉系统的结构如图 1-2 所示。

一个完整的机器视觉系统包括照明光源、光学镜头、相机、图像采集卡、输入及显示设备、通信单元及视觉检测软件等。具体介绍如下：

（1）照明光源

光源的作用是在相机拍摄被检测物体时提供稳定的照明，其直接影响相机成像质量和检

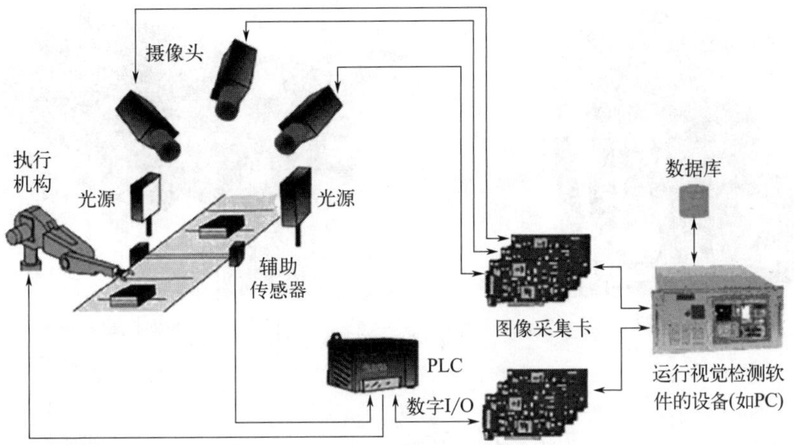

图 1-2　机器视觉系统的结构图

PLC—可编程逻辑控制器；I/O—输入/输出；PC—个人计算机

测效果。光源的照射方法可分为背向照明、前向照明、结构光照明和频闪光照明等，照明光源如图 1-3 所示。

（2）光学镜头

光学镜头的任务是进行光学成像，其成像质量对检测结果至关重要，因此高端的视觉检测设备大多采用防畸变镜头，光学镜头如图 1-4 所示。

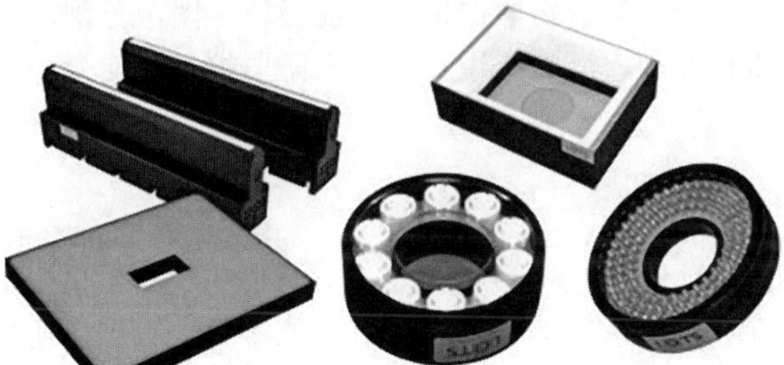

图 1-3　照明光源

图 1-4　光学镜头

（3）相机

传输效率高、抗干扰能力强、成像能力稳定的工业相机（摄像机）是视觉检测设备必不可少的组成部分。按输出信号方式，相机可分为模拟相机和数字相机两种；按芯片类型，又可分为 CCD（电荷耦合器件）相机和 CMOS（互补金属氧化物半导体）相机两种。摄像机如图 1-5 所示。

（4）图像采集卡

图像采集卡（image capture card），又称图像捕捉卡，是一种可以获取数字化视频图像信息，并将其存储和播放出来的硬件设备。图像采集卡决定了摄像头（镜头）的类别，一般情况下摄像头可分为：黑白、彩色、模拟和数字等。图像采集卡如图 1-6 所示，比较典型的图像采集卡有 PCI（协议控制信息）采集卡、1394 采集卡、VGA（视频图形阵列）采集卡和 GigE（千兆以太网）采集卡等。

图 1-5　摄像机

图 1-6　图像采集卡

（5）输入及显示设备

输入及显示设备主要是用来监测实时检测数据和修改编辑各种系统设置，有些厂商为了节约成本，在出厂的时候并没有配置，使用企业可以根据需要自己进行外接。

（6）通信单元

通信单元主要是为了方便使用企业将视觉检测设备连入自己的数据库，实时监测各种检测数据，还可以远程连接设备，进行设备调试等操作。由于技术原因，部分厂商的视觉检测设备还没有搭载通信单元和远程控制功能。

（7）视觉检测软件

视觉检测软件是一种利用计算机视觉和图像处理技术进行自动化视觉分析和目标识别的软件。其功能可以概括如下：目标检测、图像分类、物体识别、特征提取、图像分割、行为分析以及图像增强。这些功能使视觉检测软件有广泛的应用，包括安防监控、智能交通、医学影像分析、工业质检等。

1.1.3　机器视觉在各行各业的应用

在现代自动化生产过程中，机器视觉系统已广泛应用于工况监视、成品检验和质量控制等领域，机器视觉系统的特点是可以提高生产的柔性和自动化程度。在一些不适合人工作业的危险工作环境或人工视觉难以满足要求的场合，常用机器视觉来代替人工视觉；同时在大批量工业生产过程中，用人工视觉检查产品质量效率低且精度不高，用机器视觉检测方法可以大大提高生产效率和生产的自动化程度，机器视觉是实现计算机集成制造的基础技术。随着机器视觉技术自身的成熟和发展，可以预见它将在现代及未来的各个行业中得到越来越广泛的应用。

机器视觉是一门涉及人工智能、神经生物学、心理物理学、计算机科学、图像处理、模式识别等多个领域的交叉学科。它不仅是人眼的延伸，更重要的是具有人脑的一部分功能。机器视觉不会有人眼的疲劳，有着比人眼更高的分辨精度和速度，借助红外线、紫外线、X射线、超声波等高新探测技术，在探测不可视物体和高危险场景时，更具有突出优点。下面介绍几个机器视觉典型应用实例。

（1）在印刷行业中的应用

目前，机器视觉已成功地应用于印刷行业检测领域，大幅度地提高了产品的质量和可靠性，保证了生产的速度。机器视觉系统检测条形码示意图如图 1-7 所示。

具体检测内容包括：

① 检出条形码标签打印整体模糊的，数字、字母、条形码都不清楚的。

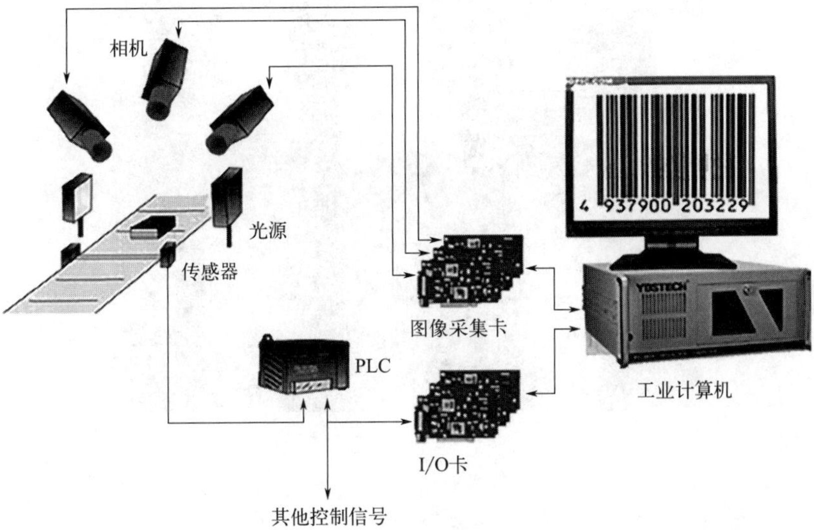

图 1-7 机器视觉系统检测条形码示意图

② 检出标签上的字母、条形码不清楚的。

③ 检出标签尺寸不符合要求的。

④ 检出并剔除次品。

（2）在工业上的应用

目前，机器视觉已成功地应用于工业领域，按照技术可划分为四大典型应用：检测、测量、引导定位、读码与识别。

① 检测。在自动化生产中，视觉检测的应用范围非常广泛，涉及各种各样的质量检测。如：产品有无漏装、错装，表面是否有划痕、斑点缺陷等。视觉检测系统在一定程度上能提高产品的质量和生产效率，提高生产柔性和自动化程度。

检测方法一般通过光学成像和图像采集装置获得产品的数字化图像，利用视觉算法处理软件和图像分析，获取相关的检测信息，形成对被测产品的判断决策，最后将该决策信息结果发送给控制装置或机构，完成下一步的剔除或分拣动作。

常用图像处理方法有模板匹配、图像滤波、斑点分析等，获取需要检测位置的尺寸、形态、面积等参数进行判断。现在也普遍使用深度学习的方式，通过对小批量的样本数据进行学习训练，生成检测模型再进行结果判断。

检测类项目的典型应用有：汽车零件漏装检测，锂电池的异物、划痕、压痕、污染、腐蚀、字符模糊等检测，PCB（印刷电路板）的零件漏装、反装、错装和漏焊等检测，食品包装的破损、黑点等外观检测，矿泉水瓶的液位检测等。矿泉水瓶的液位检测如图 1-8 所示。

② 测量。机器视觉测量主要应用在品质检测阶段，主要利用视觉测量方法，对加工后的产品进行全自动化检测，例如测量尺寸、平面度等是否合格，尺寸测量主要通过 2D 测量方式，平面度测量主要通过 3D 测量方式。传统测量方式测量速度慢、测试数据统计不及时，不适用于自动化生产。机器视觉的尺寸测量具有精度高、速度快的特点，由于不用接触产品，有效避免了人工测量对产品造成的二次伤害，不但可以获得尺寸参数，还可以根据测量结果及时给出反馈信息，修正生产加工参数值，优化产品质量，减少损失，尺寸测量如图 1-9 所示。

③ 引导定位。在自动化生产或机械加工过程中产品或工件的定位十分重要。传统的人

图 1-8　矿泉水瓶的液位检测图

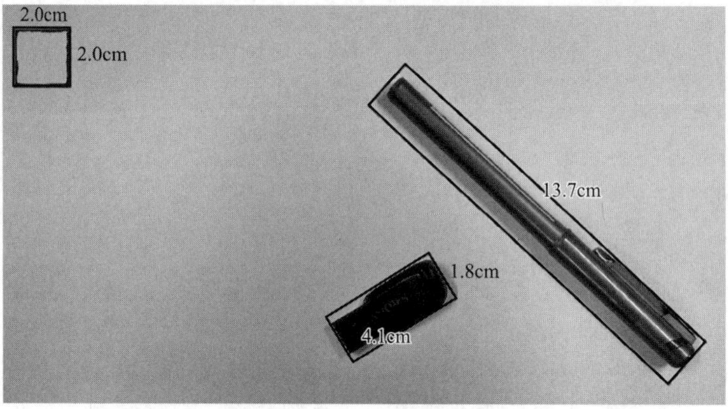

图 1-9　尺寸测量系统图

工定位方法很容易造成检测人员用眼疲劳，判断标准出现偏差或浮动的问题，除此之外，该方法速度较慢且精度低。引入机器视觉定位技术后，能够自动判断产品或工件位置，通过图像识别到物体的特征姿态，找到被检测产品或工件的具体位置，把姿态数据传递给执行机构机器人，进行下一步动作。工业机器人需知道产品或工件被操作前的位置以及被操作后的目标位置，进行精确的抓取操作。

工业机器人可以通过视觉定位系统及时地了解工作环境的变化，从而进行相应的工作调整。视觉定位应用场景有自动焊接、自动包装、自动喷涂等，工业机器人自动焊接如图 1-10 所示。

引导定位的一个关键技术就是要通过手眼标定把相机的坐标系和机械手等运动机构的坐标系统一起来。引导系统有 2D 引导和 3D 引导，分为抓取、组装、精定位和轨迹引导几种方式。应用场景有上下料、手机零件组装、汽车零件无序抓取、引导精定位放置到载具、引导点胶和引导焊接等。

④ 读码与识别。传统的识别方法依赖人工手动控制操作，受限于条码印刷、材质等因素，识别速度较慢，识别准确率难以保证。机器视觉对图像进行采集、处理、分析，可以识别各种不同模式的目标和对象，通常包括目标识别、颜色识别、读码和光学字符识别。

典型的应用场景有物品分拣、颜色分拣、一维码和二维码读取、字符读取等，物品分拣如图 1-11 所示。

图 1-10　工业机器人自动焊接图

图 1-11　物品分拣图

（3）在农业上的应用

我国是一个农业大国，农产品十分丰富，故对农产品进行自动分级，实行优质优价，以产生更好的经济效益，其意义十分重大。如水果，根据其颜色、形状和大小等特征参数进行分级；禽蛋，根据其色泽、重量、形状和大小等外部特征进行分级；烟叶，根据其颜色、形状、纹理和面积等进行综合分级。此外，为了提高加工后农产品的品质，对水果的坏损部分，粮食中混杂的杂质，烟叶、茶叶中存在的异物等都可用机器视觉系统进行检测并准确去除。

（4）在医学中的应用

在医学领域，机器视觉用于辅助医生进行医学影像的分析，主要利用数字图像处理技术、信息融合技术对 X 射线透视图、核磁共振图像和 CT（计算机断层扫描）图像进行适当叠加，然后进行综合分析。还有对其他医学影像数据进行统计和分析，如利用数字图像的边缘提取与图像分割技术，自动完成细胞个数的计数或统计。

在制药生产线上，机器视觉技术可以对药品包装进行检测以确定是否装入正确数量的药粒，这样不仅节省了人力，而且大大提高了准确率和效率。目前大多数制药厂在药片包装生产线上，一般采用人工目测的方法分拣次品，检测人员的工作状况对检测效果有着很大的影响，而且这种工作方式检测效率低、成本高、劳动强度大。手工劳动的介入严重影响了药片包装生产线的工作效率，不但浪费了大量的劳动力资源，而且包装质量不能从根本上得到保证。基于机器视觉技术的药片包装缺损检测系统是一个集机器视觉、光传感器和机电等技术于一体的机电一体化产品，具有计算精度高、速度快的特点，能迅速而准确地检测出药片包装的缺损，并对其进行综合分析，从而对成品和废品进行可靠分离。

1.2　Marr 视觉计算理论框架

1.2.1　Marr 视觉计算理论概念

视觉计算理论一般是指马尔（D. Marr）在其 *Vision* 一书中提出的视觉计算理论和方法。Marr 视觉计算理论的提出，标志着机器视觉成了一门独立的学科。

Marr 视觉计算理论包含的主要观点：Marr 认为人类视觉的主要功能是复原三维场景的可见几何表面，即三维重建问题；Marr 认为这种从二维图像到三维几何结构的复原过程是可以通过计算完成的，并提出了一套完整的计算理论和方法。所以，Marr 视觉计算理论在一些文献中也被称为三维重建理论。Marr 视觉计算理论的流程如图 1-12 所示。

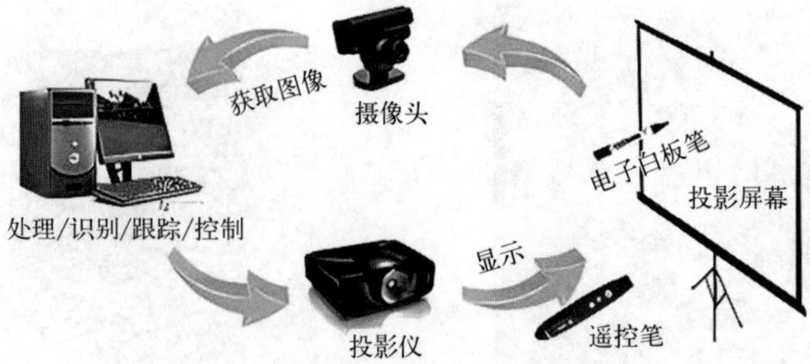

图 1-12　Marr 视觉计算理论的流程

按照 Marr 的理论，视觉计算理论要回答视觉系统的计算目的和策略是什么，或视觉系统的输入和输出是什么，实现由系统的输入求出系统的输出。在这个层次上，信息系统的特征是将一种信息（输入）映射为另一种信息（输出），比如，系统输入是二维灰度图像，输出则是三维物体的形状、位置和姿态，视觉系统的任务就是建立输入、输出之间的关系和约束，由二维灰度图像恢复物体的三维信息。

Marr 从信息处理系统的角度出发，认为视觉系统的研究应分为三个层次，即计算理论层次、表达与算法层次、硬件实现层次。

（1）计算理论层次

计算理论层次要回答系统各个部分的计算目的与计算策略，即各部分的输入和输出、它们之间的关系等。Marr 对视觉系统总的输入、输出关系规定了一个总目标，即输入二维图像，输出由二维图像“重建”出来的三维物体的位置与形状。Marr 认为，视觉系统的任务是对环境中三维物体进行识别、定位与运动分析，但这仅仅是一种对视觉行为的目的性定义，而非计算理论层次上的目的性定义。Marr 认为，这一“目的”就是通过视觉系统重建三维物体的形状和位置，若每个时刻都能做到这一点，那么运动分析也可以做到。对视觉系统的各个层次与模块，Marr 也初步给出了计算理论层次上的目标。

（2）表达与算法层次

对于表达与算法层次，视觉系统的研究应给出各部分（模块）的输入、输出和内部的信息表达，以及实现计算理论所规定的目标的算法。算法与表达有关，不同的表达方式，完成同一计算的算法会不同，但 Marr 认为，算法与表达是比计算理论低一层次的问题，不同的表达与算法，在计算理论层次是可以相同的。

（3）硬件实现层次

硬件实现层次的作用是实现图像的获取、处理和显示。Marr 对硬件实现层次的介绍强调了在视觉系统中考虑物理和神经系统的特性，以及如何将算法映射到具体的硬件实现上。这种关注对于理解视觉系统的功能和实际应用非常重要。

区分上述三个不同层次，对于深刻理解机器视觉与生物视觉系统，以及它们之间的关系是大有裨益的。例如，人的视觉系统与目前的机器视觉系统在“硬件实现”层次上是截然不同的，前者是极为复杂的神经网络，而后者目前使用的是计算机，但它们可能在计算理论层次上具有完全相同的功能。

1.2.2　视觉图像的形成阶段

人和机器视觉的最终目的：了解一个场景或一个图像的意义。马尔把视觉图像的形成划分为三个阶段，其阶段实现如图 1-13 所示。

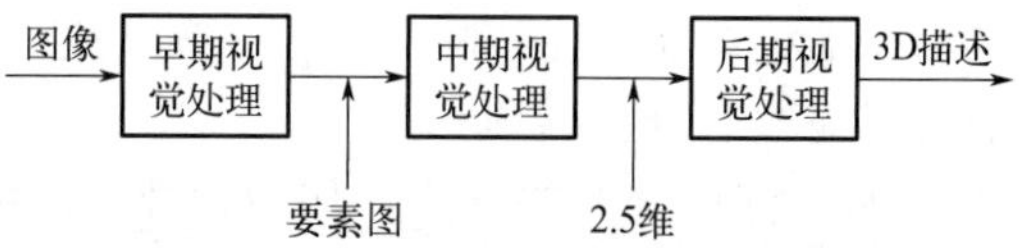

图 1-13　阶段实现

阶段如下：

① 早期视觉处理：视觉过程的第一阶段，由输入图像获得要素图。所谓要素图主要指图像中强度变化剧烈处的位置及其几何分布和组织结构，其中用到的基元包括斑点、端点、边缘片段、有效线段、线段组、曲线组织、边界等。这些基元都是在检测零交叉的基础上产生的。这一阶段的目的在于把原始二维图像中的重要信息更清楚地表示出来。

② 中期视觉处理：视觉过程的第二阶段，通过符号处理，将线条、点和斑点以不同的方式组织起来而获得 2.5 维图。所谓 2.5 维图指的是在以观察者为中心的坐标系中，可见表面的法线方向、大致的深度以及它们的不连续轮廓等，其中用到的基元包括可见表面上各点的法线方向、各点离观察者的距离（深度）、深度上的不连续点、表面法线方向上的不连续点等。由于 2.5 维图中包含了深度的信息，因而比二维要多，但还不是真正的三维表示，所以称为 2.5 维图。视觉的这一阶段，按马尔的理论，是由一系列相对独立的处理模块实现的。这些处理模块包括体现、运动、由表面明暗恢复形状、由表面轮廓线恢复形状、由表面纹理恢复形状等，作用是揭示图像的表面特征。马尔声称，早期视觉加工的目标就是要建立一个 2.5 维的要素图，这是把一个表面解释为一个特定的物体或一组物体之前的最后一步。

③ 后期视觉处理：视觉过程的第三阶段，由输入图像、要素图、2.5 维图获得物体的三维表示（3D 描述）。所谓物体的三维表示指的是在以物体为中心的坐标系中，用含有体积基元（即表示形状所占体积的基元）和面积基元的模块化分层次表象，描述形状和形状的空间组织形式，其表征包括容积、大小和形状。当三维模型表征建立起来时，其最终结果是对我们能够区别的物体的一种独特的描述。

1.3　机器视觉任务

机器视觉是人工智能正在快速发展的一个分支。简单说来，机器视觉是用机器模拟人的视觉功能，即通过机器视觉产品（图像摄取装置，分 CMOS 和 CCD 两种）将被摄取目标转换成图像信号，传送给专用的图像处理系统进行各种运算处理来提取信息并加以理解，最终用于实际识别、检测、测量和控制的技术。

机器视觉的主要任务就是通过对采集的图片或视频进行处理以获得相应场景的信息，机器视觉任务的主要类型有以下几种：

（1）图像分类

图像分类是指根据图像信息中所反映的不同特征，把不同类别的目标区分开来的图像处理方法。它利用计算机对图像进行定量分析，把图像或图像中的每个像元或区域划归为若干个类别中的某一种，以代替人的视觉判读。

图 1-14　图像分类示意图

图像分类就是给输入图像分配标签的任务，这是机器视觉的核心问题之一，这个过程往往与机器学习和深度学习不可分割，图像分类示意图如图 1-14 所示。

图像分类的目标就是将不同图片划分到不同类别，实现最小的分类误差。以下是一些常见的图像分类方法：

① 基于传统机器学习的方法：如支持向量机

(SVM)、随机森林（random forest）、K 最近邻（K-nearest neighbors）等，通常基于手工设计的特征提取和分类器训练。

② 基于深度学习的方法：如卷积神经网络（convolutional neural networks，CNN），深度学习方法通过学习端到端的特征提取和分类器训练，能够自动学习更具表征能力的特征。

③ 基于迁移学习的方法：通过将预训练的神经网络在新的数据集上进行微调，以实现新数据集上的图像分类任务，这种方法适用于数据集较小或缺乏标注的情况。

④ 基于集成学习的方法：如随机森林梯度提升树（gradient boosting tree）等，集成学习通过组合多个分类器，可以有效地避免过拟合问题。

⑤ 基于特征匹配的方法：如尺度不变特征变换（scale-invariant feature transform，SIFT）、方向梯度直方图（histogram of oriented gradients，HOG）等，提取图像中的局部特征，并使用特征匹配算法进行分类。

近年来随着深度学习技术的兴起，图像分类得到飞速发展，并延伸出一系列的研究方向，如：多类别图像分类、细粒度图像分类、多标签图像分类、无/半监督图像分类和零样本图像分类等。在分类任务中，经典 CNN 结构是 AlexNet 网络模型，如图 1-15 所示。在其之后，有很多基于 CNN 的算法也在 ImageNet 上取得了特别好的成绩，比如 ZFNet（2013）、GoogleNet（2014）、VGGNet（2014）、ResNet（2015）以及 DenseNet（2016）等。

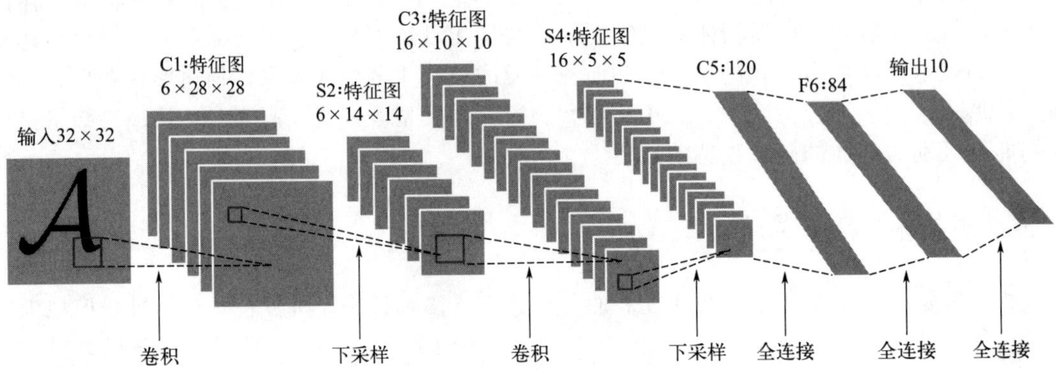

图 1-15 AlexNet 网络模型图

（2）图像定位

图像定位是指在计算机视觉领域中，通过分析图像中的目标物体或特征，确定其在图像中的位置的过程。这个过程包括目标物体的检测、识别和定位。图像定位常与目标检测和目标识别密切相关，目标检测是指在图像中确定目标物体的存在与位置，而目标识别是指确定目标物体的具体类别，因此，图像定位可以看作是目标检测和识别的一部分。

在图像定位中，一些常见的方法包括基于特征的方法、深度学习和神经网络等，可以使用图像中的局部特征、全局特征、颜色、纹理等信息来确定目标物体的位置。

图像定位在计算机视觉和图像处理领域有着广泛的应用，下面是一些常见的图像定位应用：

① 目标检测：通过图像定位技术，可以检测图像中的目标物体，并确定它们的位置和边界框。这在许多领域中都很有用，如智能监控、自动驾驶、工业质检等。

② 人脸识别：图像定位可以用于人脸识别，通过定位人脸区域并提取特征，来进行人脸比对和身份认证。这在安全领域、人脸解锁设备、社交媒体等方面有广泛应用。

③ 物体跟踪：通过连续的图像定位，可以实现对物体的跟踪，即在视频序列中追踪物

体的位置和运动轨迹。这在视频监控、运动分析、虚拟现实等方面都有应用。

④ 图像分割：图像定位技术也可以应用于图像分割，即将图像分成不同的区域或对象。这对于医学图像处理、自然景观分析、图像编辑等方面都有重要意义。

⑤ AR（增强现实）与 VR（虚拟现实）：图像定位在 AR 和 VR 中起到关键作用，通过识别和定位真实世界中的物体或标记，来实现虚拟内容与真实世界的融合。

这些只是图像定位应用的一部分，实际上，图像定位在许多其他领域也有广泛的应用，包括医学影像分析、安防监控、无人机导航等。

（3）目标检测

目标检测是计算机视觉领域中的一个重要任务，它的目标是从图像或视频中准确地识别和定位出多个目标物体。与图像分类不同，目标检测不仅需要识别出目标的类别，还需要精确定位目标在图像中的位置。目标检测的实现通常包括以下几个步骤：

① 候选区域生成：通过使用滑动窗口或区域提议算法，生成一系列可能包含目标的候选区域。

② 特征提取：对每个候选区域提取特征，通常使用深度学习模型［如卷积神经网络（CNN）］来学习区分不同目标类别的特征表示。

③ 目标分类：使用分类器对每个候选区域进行目标类别的预测。

④ 边界框框选：通过回归算法来优化边界框的位置和大小，以更准确地框出目标的位置。

有许多不同的方法被用于目标检测，以下是一些常见的目标检测方法：

① R-CNN 系列：包括 R-CNN、Fast R-CNN、Faster R-CNN 等，使用区域提取算法（如选择性搜索）来生成候选区域，并利用卷积神经网络（CNN）对每个候选区域进行特征提取和分类。

② 单阶段检测器：如 YOLO 和 SSD，通过将目标检测问题转化为回归问题，直接在图像上预测目标的边界框和类别。

③ 基于特征金字塔网络（FPN）的方法：如 RetinaNet，通过在不同分辨率上构建特征金字塔来处理不同尺度的目标，并利用分类和回归头对目标进行检测。

④ 基于注意力机制的方法：如 Mask R-CNN，在目标检测的基础上进一步提供了像素级别的分割结果，通过引入注意力机制来精确定位每个目标的边界。

⑤ One-stage（单阶段）与 Two-stage（两阶段）方法的结合：如 Cascade R-CNN，结合了单阶段和两阶段检测器的优势，通过级联多个检测器来提高检测性能。

在目标检测任务中，YOLO 最为常用，图 1-16 为 YOLO 网络结构。

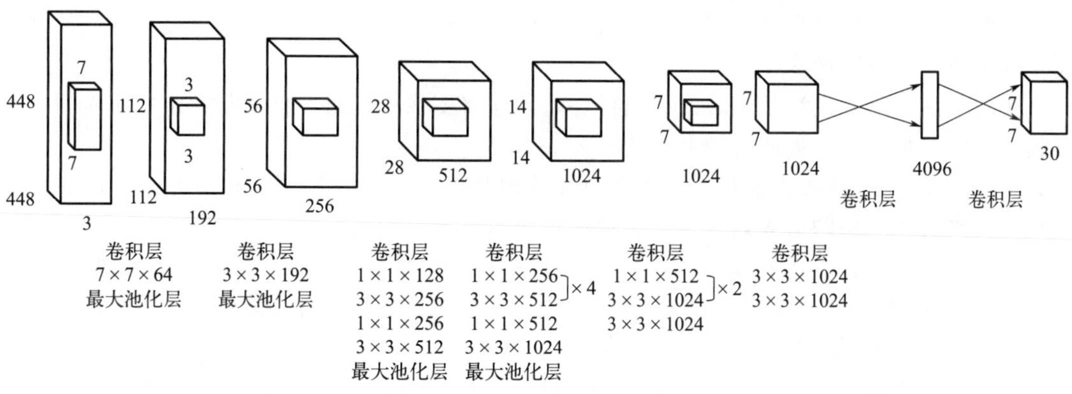

图 1-16　YOLO 网络结构

目标检测在计算机视觉领域有广泛的应用，以下是一些目标检测的常见应用：

① 自动驾驶：目标检测可用于识别和跟踪道路上的车辆、行人、交通信号灯和其他障碍物，从而实现自动驾驶系统中的环境感知和决策。

② 视频监控：目标检测可用于监控摄像头中的人员、车辆和其他物体，用于安全监控、行为分析、入侵检测等应用。

③ 人脸识别：目标检测可以用于检测和识别图像或视频中的人脸，用于身份认证、安全监控、社交媒体应用等。

④ 物体计数：目标检测可以用于对图像或视频中的特定物体进行计数，如行人计数、车辆计数等。

⑤ 工业质检：目标检测可用于检测产品中的缺陷。

⑥ 医学影像分析：目标检测可用于医学影像中的病灶检测和分割，如肿瘤检测、运动分析、视频编辑等应用。

（4）图像分割

图像分割旨在将图像划分为不同的区域或对象，它可以将图像中的每个像素分配给特定的类别或区域，从而实现对图像的语义理解和对象提取。

有许多不同的方法用于图像分割，以下是一些常见的图像分割方法：

① 基于阈值的方法：这是最简单的图像分割方法之一，通过设定一个或多个阈值来将图像分割成不同的区域。根据不同的应用场景，可以使用全局阈值、自适应阈值或者多阈值等方法。

② 基于边缘检测的方法：这类方法主要通过检测图像中的边缘来实现分割，常见的边缘检测算法包括 Canny 算子和 Sobel 算子等。

③ 基于区域生长的方法：这种方法从像素级别开始，通过迭代将相邻像素合并为区域，直到满足一定的条件为止，区域生长方法通常需要指定种子点或者生长准则。

④ 图割算法：如 GraphCut、MaxFlow-MinCut，用于优化分割结果。

⑤ 基于聚类的方法：将图像中具有相似属性的像素或区域分组，从而实现图像分割。聚类算法如 K 均值聚类、谱聚类等，可以根据像素之间的相似性将它们分配给不同的区域或对象。

图像分割在许多应用领域都有广泛的应用，如医学图像分析、自动驾驶、图像编辑和虚拟现实等，它为理解和处理图像提供了重要的基础。

（5）实例分割

实例分割是指机器自动从图像中用目标检测方法框出不同实例，再用语义分割方法在不同实例区域内进行逐像素标记。

实例分割是计算机视觉领域的一项任务，旨在将图像中的每个像素与特定的实例对象关联起来。以下是一些常见的实例分割实现方法：

① 基于传统的图像处理方法：使用图像处理算法（如边缘检测、阈值分割、区域生长等）来提取实例对象的边界或特征，并根据这些信息进行分割。

② 基于深度学习的语义分割方法：使用深度学习模型，如 FCN（全卷积网络）、U-Net、Mask R-CNN 等，通过将图像中的每个像素点分类为不同的类别，然后对同一类别的像素进行连通区域合并，实现实例分割。

③ 基于实例级别的目标检测方法：使用目标检测算法，如 YOLO、Faster R-CNN 等，在检测到目标的同时，利用边界框和分割算法将目标进行精确的实例分割。

④ 基于图割和条件随机场的方法：通过将图像分割问题转化为图割或条件随机场的优化问题，并利用优化算法获得最优的分割结果。

在实例分割任务中，Mask R-CNN 算法最为常用，图 1-17 为 Mask R-CNN 结构图。

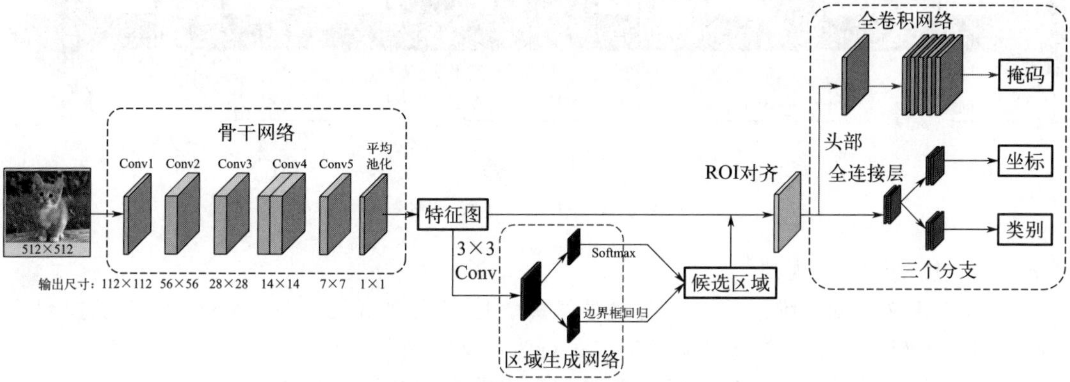

图 1-17 Mask R-CNN 结构图

实例分割算法是图像处理领域中比较基础的一种技术，不同于目标检测识别的粗粒度描述一个实例，实例分割可以更具体地描述一个实例，如实例的轮廓。下面介绍实例分割算法主要的应用方向：

① 作为其他算法的前期处理部分。实例分割算法产生的实例掩码有助于精确化一个实例的轮廓，不同于目标检测任务中实例的矩形包围框。因此如果能使用实例分割算法的优点来研究更为具体、细节的任务，可能会改善算法的效果。

② 智慧农业。从卫星图像中标注出农田的具体位置的任务让人类完成会非常耗时。另外科技的发展促使大规模农田的集中种植和监管成为可能，因此采用实例分割技术对农田进行精准的分割任务已经必不可少。

③ 医疗影像。AI（人工智能）医疗影像技术的诞生可以大大减少医护人员的工作量，如超声影像和放射影像，协助医生进行相关分析。

④ 自动驾驶。近些年汽车的销量逐年增长，伴随而来的道路交通安全问题也越来越受到人们的关注。如果能在汽车上配备行车辅助系统，将大大减少安全隐患，实例分割技术可以对车辆周围的行人、车辆、交通信号灯等进行准确的分割，有助于驾驶员提前应对突发情况。

1.4 机器视觉与人工智能

1.4.1 人工智能的发展

人工智能的发展如图 1-18 所示，下面将进行详细的介绍。

（1）孕育期（1956 年以前）

① 数理逻辑-符号主义学派：在数理逻辑初创期，亚里士多德创立演绎法，提出了演绎推理的一般原则——三段论。在逻辑代数时期，莱布尼茨把形式逻辑符号化，奠定了数理逻辑的基础。

② 人工神经网络-连接主义学派：1890 年，美国生物学家詹姆士首次阐明人脑的结构及功能，以及记忆、学习、联想相关功能的规律。1943 年，美国神经生理学家麦克洛奇和皮兹建立了第一个神经网络模型（M-P 模型）。1949 年，加拿大心理学家赫布提出了改变神经

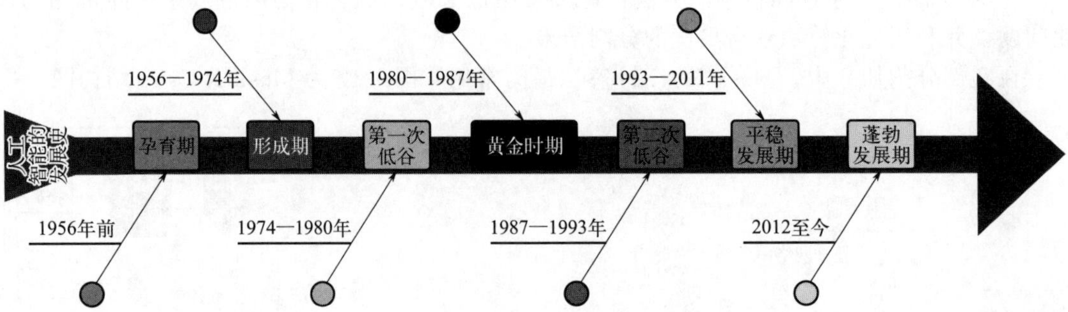

图 1-18　人工智能发展图

网络连接强度的 Hebb 规则。

③ 行为主义学派：维纳（美国著名数学家、控制论创始人）在 1948 年创立了控制论。控制论对人工智能产生了深远影响，形成了行为主义学派。

④ 人工智能的载体——计算机：美国数学家莫奇利和埃克特于 1946 年 2 月 14 日研制成功了第一台通用计算机 ENIAC。它每秒能完成 5000 次加法、400 次乘法运算，ENIAC 为人工智能研究奠定了物质基础。

⑤ 图灵机：图灵 1936 年创立了自动机理论，亦称图灵机。1950 年在其著作《计算机与智能》中首次提出“机器也能思维”，图灵设计了一个图灵试验，试图通过让机器模仿人回答问题，判断它是否具备智能。图灵的机器智能思想是人工智能的直接起源之一，因此图灵被誉为“人工智能之父”。

（2）形成期（1956—1974 年）

在美国达特茅斯大学举行的一场为期两个月的讨论会上，“人工智能”概念首次被提出。在随后的几年间，人工智能的研究相继取得了一批令人瞩目的成果，如机器定理证明、跳棋程序等，掀起人工智能发展的第一个高潮。

① 1956 年，塞缪尔在 IBM 计算机上研制成功了西洋跳棋程序，它顺利战胜了当时的西洋跳棋大师罗伯特尼赖。

② 1957 年，纽厄尔、肖和西蒙等研制了一个称为逻辑理论机（LT）的数学定理证明程序。

③ 1960 年，麦卡锡开发了 LISP 语言，成为此后几十年来人工智能领域最主要的编程语言。

④ 1965 年，鲁宾逊提出了归结（消解）原理。

⑤ 1968 年，美国斯坦福研究所（SRI）研发的首台智能机器人 Shakey，拥有类似人的感觉，如触觉、听觉等。

（3）第一次低谷（1974—1980 年）

人工智能发展初期的突破性进展大大提升了人们对人工智能的期望，人们开始尝试更具挑战性的任务，并提出了一些不切实际的目标。然而，接二连三的失败和预期目标的落空（例如，无法用机器证明两个连续函数之和还是连续函数、机器翻译没有达到预期标准），使人工智能的发展走入低谷。

（4）黄金时期（1980—1987 年）

20 世纪 70 年代出现的专家系统模拟人类专家的知识和经验解决特定领域的问题，实现了人工智能从理论研究走向实际应用，从对一般推理策略进行探讨转向对专门知识进行运用的重大突破。专家系统在医疗、化学、地质等领域取得成功，并逐步开始商业化，推动人工智能走入应用发展的新高潮。

（5）第二次低谷（1987—1993 年）

最初大获成功的专家系统维护费用居高不下，它们难以升级，难以使用，而且脆弱，成了已经暴露各种各样的问题的牺牲品。到了 20 世纪 80 年代晚期，美国战略计算促进会大幅削减对 AI 的资助。日本的“第五代计算机项目”并没有实现，事实上其中一些目标，比如“与人展开交谈”，直到 2010 年也没有实现。与其他 AI 项目一样，期望比真正实现的可能性要高得多。

（6）平稳发展期（1993—2011 年）

机器学习、人工神经网络、智能机器人和行为主义研究趋向深入。计算智能（CI）弥补了人工智能在数学理论和计算上的不足，更新和丰富了人工智能理论框架，使人工智能进入一个新的发展时期。1997 年，“深蓝”战胜国际象棋世界冠军。2000 年，本田公司发布了机器人产品 ASIMO，经过十多年的升级改进，目前已经是全世界最先进的机器人之一。2011 年，IBM 开发的人工智能程序“沃森”（Watson）参加了一档智力问答节目并战胜了两位人类冠军。

（7）蓬勃发展期（2012 年至今）

数据的爆发式增长为人工智能提供了充分的养料。随着大数据、云计算、互联网、物联网等信息技术的发展，在感知数据和图形处理器等计算平台的推动下，以深度神经网络为代表的人工智能技术飞速发展，大幅跨越了科学与应用之间的“技术鸿沟”，诸如图像分类、语音识别、知识问答、人机对弈、无人驾驶等人工智能技术实现了从“不能用、不好用”到“可以用”的技术突破，迎来爆发式增长的新高潮。人工智能在各个方面的应用如图 1-19 所示。

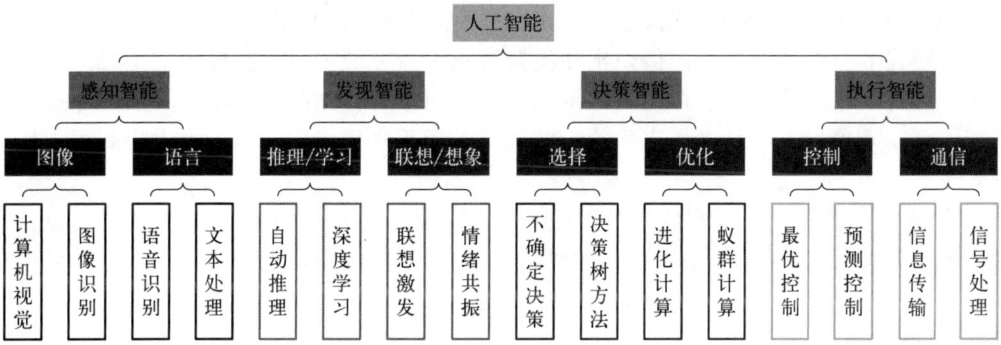

图 1-19　人工智能的应用

1.4.2　机器视觉和人工智能的融合

据统计，人类获取外部信息的 83% 都来源于眼睛，眼睛位于五官之首，由此可见，视觉是人类观察世界和认知世界的重要手段。通过视觉，我们可以获取外界事物的大小、明暗、颜色、状态等信息，还可以在不需要进行身体接触的情况下，直接与周围环境进行智能交互。

机器视觉作为全球智能的智慧之眼，很大程度上影响着人工智能的进步，无人驾驶、无人机、智能机器人等热点也以机器视觉的发展为前提。机器视觉与人工智能有密切联系，但也有本质不同。人工智能更强调推理和决策，但机器视觉目前还主要停留在图像信息表达和物体识别阶段，“物体识别和场景理解”也涉及图像特征的推理与决策，但与人工智能的推理和决策有本质区别。

（1）机器视觉和人工智能的关系

机器视觉涉及计算机系统对图像或视频进行理解和分析的能力，机器视觉借助计算机视觉、模式识别和图像处理等技术，旨在使计算机能够模拟和理解人类视觉系统的功能。人工智能是一门研究如何使计算机能够模拟人类智能的学科，它包括了多个子领域，如机器学习、深度学习、自然语言处理等。机器视觉是人工智能在视觉感知和理解方面的应用之一。

机器视觉和人工智能之间存在紧密的关系，它们相辅相成，相互促进：

① 在数据输入方面，机器视觉需要从图像或视频中获取数据，这些数据可以用于训练和测试人工智能模型。而人工智能模型的训练也需要大量的标注图像或视频数据来提高模型的性能。

② 在特征提取方面，机器视觉利用图像处理和模式识别技术来提取图像特征，以便对图像进行分析和理解。这些特征可以作为人工智能模型的输入，用于学习和推断。

③ 在模型训练方面，人工智能的机器学习和深度学习技术被广泛应用于机器视觉中，用于训练分类器、检测器、分割器等模型，这些模型可以通过大量的数据和算法优化来提高其性能和准确性。

④ 在应用领域，机器视觉和人工智能在许多领域都有广泛的应用，如自动驾驶、人脸识别、物体检测、医学影像分析等。机器视觉提供了对视觉数据的理解和处理能力，而人工智能为机器视觉提供了更高层次的智能和决策能力。

总之，机器视觉和人工智能相互依赖、相互促进，共同推动了计算机在视觉感知和理解方面的发展，它们的结合为许多实际应用提供了强大的技术支持和解决方案。

（2）人工智能中机器视觉技术的七大典型应用

① 图像识别应用：图像识别，是利用机器视觉对图像进行处理、分析和理解，以识别各种不同模式的目标和对象。图像识别在机器视觉工业领域中典型的应用就是二维码和条形码的识别。将大量的数据信息存储在二维码和条形码中，对产品进行跟踪管理，通过机器视觉系统，可以方便地对各种材质表面的二维码和条形码进行识别读取，大大提高了现代化生产的效率。

② 图像分类应用：一张图像中是否包含某种物体，是图像分类的主要研究内容。一般来说，图像分类算法通过手工特征或者特征学习方法对整个图像进行全局描述，然后使用分类器判断图像中是否存在某类物体。图像分类问题就是给输入图像分配标签的任务，这是视觉的核心问题之一，这个过程往往与机器学习和深度学习不可分割。如图 1-20 所示，为猫、狗分类效果图。

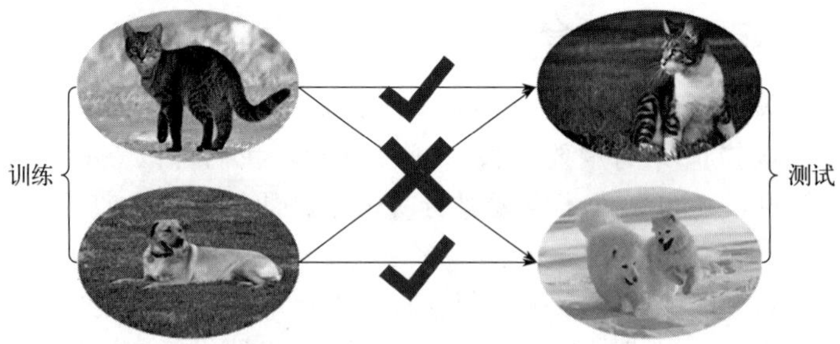

图 1-20　猫、狗分类效果图

③ 图像检测应用：检测是机器视觉工业领域最主要的应用之一。几乎所有产品都需要检测，而人工检测存在较多的弊端，因此，具有诸多优点的机器视觉在图像检测的应用方面也非常广泛。

④ 图像分割应用：在图像处理过程中，有时需要对图像进行分割来提取有价值的信息用于后续处理，例如筛选特征点，或者分割一幅或多幅图片中含有特定目标的信息等。“图像分割”是一个像素级别的物体识别，即每个像素点都要判断它的类别。它和物体检测的区别是：检测是一个物体级别的，只需要一个框去框出物体的位置，而分割是比检测更难的问题。如图 1-21 所示为人像分割效果图。

图 1-21　人像分割效果图

⑤ 视觉定位应用：视觉定位要求机器视觉系统能够快速准确地找到被测零件并确认其位置。在半导体封装领域，设备需要根据机器视觉取得的芯片位置信息调整拾取头，准确拾取芯片并进行绑定，这就是视觉定位在机器视觉工业领域最基本的应用。

⑥ 物体测量应用：机器视觉工业应用最大的特点就是其非接触测量技术，具有高精度和高速度的性能，因非接触无磨损，消除了接触测量可能造成的二次损伤隐患。常见的测量应用包括齿轮、接插件、汽车零部件、IC（集成电路）元件管脚、麻花钻、螺纹检测等。如图 1-22 所示为齿轮测量效果图。

图 1-22　齿轮测量效果图

⑦ 物体分拣应用：实际上，物体分拣是建立在识别、检测之后的一个环节，通过机器视觉系统将图像进行处理，实现分拣。在机器视觉工业应用中常用于食品分拣、零件表面瑕疵自动分拣、棉花纤维分拣等。

MACHINE VISION

第2章 图像采集与相机标定

图像采集与相机标定是计算机视觉和图像处理领域中的关键步骤，对于实现高精度视觉测量、目标识别、三维重建等应用至关重要。图像采集是通过相机或其他图像传感器捕获现实世界中物体的视觉信息，将其转化为数字图像数据的过程。这一过程受到多种因素的影响，如光源、相机性能、环境噪声等，因此需要综合考虑和优化以获得高质量的图像数据。相机标定则是确定相机内部参数和外部参数的过程，这些参数描述了相机如何将三维世界中的点映射到二维图像平面上。通过相机标定，可以对图像进行精确的几何校正，消除畸变和误差，从而更准确地提取图像中的信息。图像采集和相机标定的协同工作是实现高精度视觉应用的基石，对于推动计算机视觉技术的发展具有重要意义。

2.1 亮度与成像

2.1.1 光度学

(1) 光度学的基本概念

光度学中与光相关的常用量有 4 个：发光强度、光通量、亮度、照度。其对应的单位为：坎德拉（cd）、流明（lm）、尼特（nit）[1]、勒克斯（lux）。这些均属于光度学（photometry）与辐射度量学（radiometry）概念，其差别在于：光度学的关键词是“眼睛，人的感觉”。辐射度量学的关键词是“实际能量”。

举个例子，对于一个光源，如果其发出的光能量很高，但都集中在人眼不敏感的红外波段，那么从辐射度量学方面，这个光源很强，但是从光度学方面，这个光源就比较弱。所以人眼对于光谱中不同波长的响应就是两类参数之间转换的关键，通过发光效率 $\Phi(\lambda)$（luminous efficiency）来衡量。因为 555nm 处人眼最灵敏，所以用这个波长的数据作为相对数值的标准，也就是 $v(555\text{nm})=1$；其他波长的发光效率 $\Phi(\lambda)$ 则都是一个小于 1 的相对值。

① 发光强度。发光强度（I，intensity），单位为坎德拉，即 cd。

[1] $1\text{nit}=1\text{cd/m}^2$。

定义：光源在给定方向的单位立体角中发射的光通量定义为光源在该方向的（发）光强（度），如图 2-1 所示。

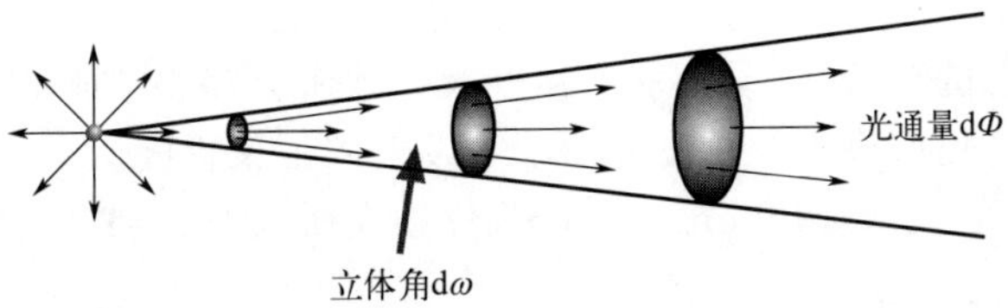

图 2-1　发光强度定义

发光强度是针对点光源而言的，或者发光体的大小与照射距离相比比较小的场合。这个量是表明发光体在空间发射的会聚能力的。可以说，发光强度描述了光源到底有多“亮”，因为它是光功率与会聚能力的一个共同的描述。发光强度越大，光源看起来就越亮，同时在相同条件下被该光源照射后的物体也就越亮，因此，早些时候描述手电都用这个参数。

② 光通量。光通量（F，flux），单位流明，即 lm。

定义：光源在单位时间内发射出的光量称为光源的光通量。

同样，这个量是对光源而言，是描述光源发光总量大小的，与发光功率等价。光源的光通量越大，则发出的光线越多。

在人眼最灵敏的 555nm 处，流明（lm）和瓦特（W）的换算关系常数 $K_m=638\text{lm/W}$。或者说，真实的功率（Φ_e）为 1W 的 555nm 的光，其光通量为 638lm。

而对于其他波长 λ，由于人眼不那么灵敏，同样功率为 1W 的光，其光通量是达不到 638lm 的；或者说同样 1W 的光，会觉得其他波长的光不及 555nm 的亮，发光效率越小，会觉得这光越弱。对于任意波长 λ，如果其功率是 $\Phi_e(\lambda)$，那么在光度学上的光通量为：

$$\Phi(\lambda)=K_m\Phi_e(\lambda)v(\lambda) \tag{2-1}$$

式中，$\Phi(\lambda)$ 代表在特定波长 λ 下，通过介质后（或经过某种过程后）的光辐射通量（或称为辐射功率），单位通常是瓦特（W）或与之相关的单位，如毫瓦（mW）等；K_m 是一个修正系数或称为乘数因子、换算关系常数，用于调整或校准 $\Phi_e(\lambda)$ 和 $v(\lambda)$ 的乘积，以更准确地反映实际情况，无特定单位；$\Phi_e(\lambda)$ 代表在特定波长 λ 下，入射到介质上的光辐射通量（或称为入射辐射功率），单位与 $\Phi(\lambda)$ 相同，通常是瓦特（W）或相关单位；$v(\lambda)$ 代表某种与波长 λ 相关的效率函数或响应函数，无特定单位。

式(2-1) 描述了在特定波长下，通过某种介质或系统后的光辐射通量是由入射辐射功率、介质的效率函数以及一个修正系数共同决定的。这种关系在光学设计、大气辐射传输、光谱分析等领域中非常重要。

③ 发光亮度。亮度（L，luminance），单位尼特，即 nit。

定义：单位光源面积在法线方向上，单位立体角内所发出的光流，如图 2-2 所示。

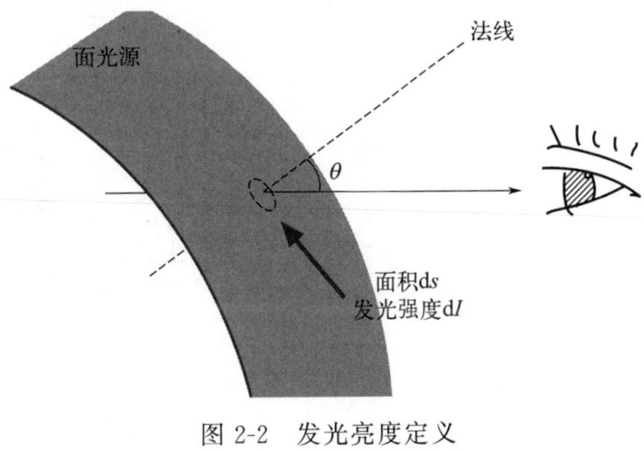

图 2-2　发光亮度定义

亮度是最容易被误解的概念。亮度是针对光源而言，而且不是对点光源，是对面光源而言的。无论是主动发光的还是被动（反射）发光的，亮度都是一块比较小的面积看起来到底有多“亮”

的意思。这个多“亮”，与取多少面积无关，但为了均匀，把面积取得比较小，因此才会出现“这一点的亮度”这样的说法。事实上，点光源是没有亮度概念的。另外，发光面的亮度与距离无关，但与观察者的方向有关。说一个手电很“亮”，并不是说该手电的亮度高（因为手电是没有亮度概念的），而是说其发光强度大，或者是说被它照射的物体亮。亮度不仅取决于光源的光通量，更取决于等价发光面积和发射的汇聚程度。

④ 光照度。光照度（E，illuminance），单位勒克斯（即 lx 或 lux）。

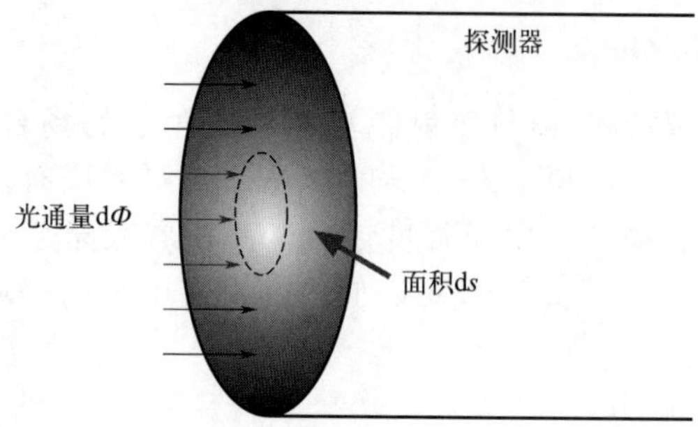

图 2-3 光照度定义

定义：1lm 的光通量均匀分布在 1m^2 表面上所产生的光照度，如图 2-3 所示。

光照度（照度）是对被照地点而言的，但又与被照射物体无关。1lm 的光，均匀射到 1m^2 的物体上，照度就是 1lx。照度的测量，用照度计（或者叫勒克斯计、lux 计）进行。

实际上，照度是相较于其他三个量而言，最易于测量的参数。照度计能够以相对低廉的成本（仅需几百元）轻松购置。为了维护视觉健康并促进生活与工作的便利性，各类场所均设定了明确的照度标准，举例来说，机房的照度不得低于 200lx。自然光中的阳光照度，作为自然界中极为显著且常见的光源，其照度值高达 110000lx（基于个人实测数据）。比如，房间尺寸为 3.8m×6.5m，室内配备 12 根功率为 20W 的日光灯管，经测量，桌面上的照度可达 400lx。

勒克斯（lx）这个单位以及其对应的概念照度（illuminance），用于描述单位面积的物体/探测器接收到了多少“功率”（光通量）；通俗地说，描述的是“被照”得厉不厉害，其在辐射测量学上对应的单位是 W/m^2。

（2）光度学定理

① 平方反比定理：定义了光源在产生的照度与光源到照射面距离之间的关系，即照度值与该光源到照射面之间的距离的平方成反比，如图 2-4 所示。因此，理想的照度测量必须能精确控制距离的大小，如果某光源在某一距离的照度值已知，除非其他条件影响，任何距离的照度都可以经计算获得。公式如下：

$$E=\frac{I}{d^2} \tag{2-2}$$

式中，E 是照度；I 是光源的发光强度；d 是光源到照射面的距离。

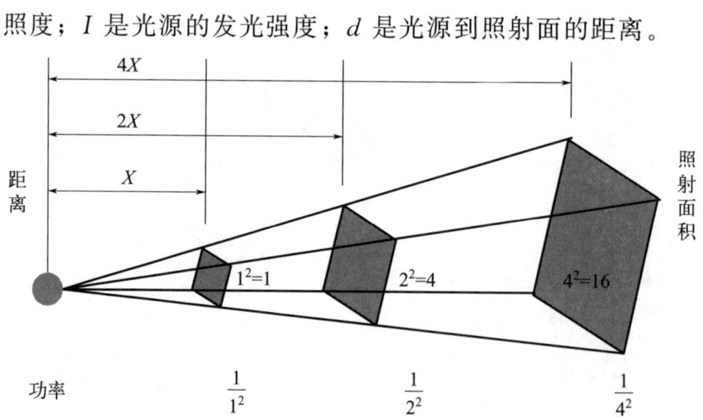

图 2-4 平方反比定理

这一定理在照明设计、光度测量等领域有广泛应用。例如，在设计室内照明时，需要根据房间的大小和所需的照度来计算所需的光源数量和布局。

② 余弦定理：一定面积上的光强，因入射角的不同而不同，这是因为实际投影面积随入射角的增大而相应成比例减少，这种变化正好是一种余弦关系（入射角度），也就是照射面积的投影，如图 2-5 所示。公式如下：

$$E=\frac{\Phi}{A'}=\frac{\Phi\cos\theta}{A} \tag{2-3}$$

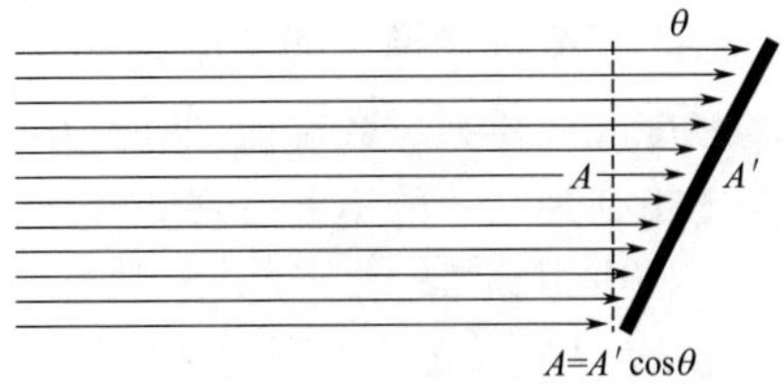

图 2-5　余弦定理定义图

其中，E 是照度；Φ 是光通量；A' 是接收面实际面积；A 是接收面在入射光方向的投影面积。

在环境照明测试中，为了准确测量照度，必须考虑入射角对测量结果的影响。由于光强传感器通常设计为对垂直入射的光最为敏感，当光线以非垂直角度入射时，就需要进行余弦修正以计算实际接收到的光强。

2.1.2　亮度成像模型

（1）亮度成像模型概述

亮度成像模型是图像处理与计算机视觉中的一个核心概念，从光度学的角度来看，亮度成像模型可以视为一个将光辐射强度转化为图像灰度值的映射过程。在这个过程中，光源发出的光线照射到场景中的物体上，物体表面反射或发射的光线被成像设备捕捉并转化为电信号，最终经过处理生成数字图像。图像的灰度值反映了物体表面反射或发射光线的强度，即亮度。这一过程不仅涉及光学的物理原理，还涵盖了成像设备的特性和图像处理算法的应用。

（2）亮度成像模型的关键要素

亮度成像模型的关键要素主要包括以下几个方面：

① 光源。光源是亮度成像的起点，它发出光线并照射到场景中的物体上。光源的强度和方向会影响物体表面接收到的光辐射强度，进而影响图像的亮度。在实际应用中，光源可以是自然光（如太阳光）、人工光源［如灯泡、LED（发光二极管）灯］等。不同的光源具有不同的光谱分布和辐射强度，这会对图像的亮度和颜色产生影响。

② 物体反射与透射。场景中的物体对入射光线进行反射或透射。反射光线是物体表面反射出的光线，它决定了物体在图像中的亮度；透射光线则是穿过物体后继续传播的光线，它对于透明或半透明物体在图像中的表现至关重要。物体的反射和透射特性取决于其材质、颜色、表面粗糙度等因素。例如，金属表面通常具有较高的反射率，而布料等软质材料则可能具有较低的反射率和较高的透射率。

③ 成像设备。成像设备（如摄像机、扫描仪等）是亮度成像过程中的关键部件，它通过其感光元件（如 CCD 或 CMOS 传感器）捕捉场景中的光线，并将其转化为电信号，电信号经过处理后，最终生成数字图像。成像设备的性能对图像的亮度成像具有重要影响。例如，感光元件的灵敏度、分辨率、动态范围等参数都会影响图像的亮度和细节表现。此外，成像设备的镜头、光圈、快门等部件也会对图像的亮度产生影响。

④ 图像处理算法。图像处理算法在亮度成像过程中也发挥着重要作用。通过对图像进行预处理、增强、压缩等操作，可以改善图像的亮度表现，提高图像的视觉效果和可读性。

例如，在图像处理中常用的直方图均衡化算法可以调整图像的亮度分布，使图像的亮度更加均匀；而伽马校正算法则可以调整图像的亮度和对比度，使图像的细节更加清晰。

（3）亮度成像模型的应用场景

亮度成像模型在数字图像处理中具有广泛的应用场景和重要的应用价值。随着计算机视觉和图像处理技术的不断发展，亮度成像模型将继续发挥其独特的作用，以下是亮度成像模型的一些应用场景。

① 夜间和低光条件下的图像增强。在夜间或低光条件下，图像往往呈现出低亮度和低对比度的特点，使图像中的细节和纹理难以分辨。亮度成像模型可以通过分析图像中的亮度分布和变化，对图像进行自适应的亮度增强和对比度拉伸。通过调整图像的亮度和对比度，可以显著提高图像的清晰度和辨识度，使得在夜间或低光条件下拍摄的图像也能呈现出较好的视觉效果。

② 目标检测与识别。在目标检测与识别任务中，亮度成像模型的应用同样重要。由于目标在图像中的亮度可能会受到光照、阴影、遮挡等因素的影响，因此，准确地提取目标的亮度特征是进行目标检测与识别的关键。亮度成像模型可以分析图像中不同区域的亮度变化，提取出与目标相关的亮度特征，并用于构建目标检测与识别的模型。例如，在人脸识别应用中，亮度成像模型可以用于处理光照不均、阴影等问题，提高人脸识别的准确性和鲁棒性。

③ 医学影像处理。在医学影像处理中，亮度成像模型也发挥着重要作用。医学影像通常包含大量的灰度信息，这些灰度信息反映了人体内部组织和器官的结构和功能，亮度成像模型可以用于分析医学影像中的亮度分布和变化，提取出与疾病相关的亮度特征，并用于辅助医生进行疾病诊断和治疗计划制订。例如，在X射线图像中，亮度成像模型可以用于检测肺部病变区域的亮度变化，帮助医生诊断肺部疾病。

④ 遥感图像处理。在遥感图像处理中，亮度成像模型同样具有广泛的应用。遥感图像通常包含大量的地理信息和环境信息，这些信息对于环境监测、城市规划、资源管理等领域都具有重要意义。亮度成像模型可以用于分析遥感图像中的亮度分布和变化，提取出与地理环境和资源分布相关的亮度特征，并用于地物分类、变化检测等任务。例如，在森林监测中，亮度成像模型可以用于检测森林火灾的亮度变化，及时发现并控制火势蔓延。

⑤ 三维重建与测量。在三维重建与测量中，亮度成像模型也扮演着重要角色。通过利用多个不同角度和光照条件下的图像信息，结合亮度成像模型进行立体匹配和深度估计等操作，可以实现三维场景的重建和测量。亮度成像模型可以分析图像中像素的亮度变化，提取出与物体表面形状和深度相关的亮度特征，并用于构建三维模型。这种技术在机器人导航、虚拟现实等领域具有广泛的应用前景。

2.2 镜头

2.2.1 针孔成像模型

（1）针孔成像模型的基本概念

相机模型是光学成像模型的简化，目前有线性模型和非线性模型两种。实际的成像系统是透镜成像的非线性模型，最基本的透镜成像原理如图2-6所示。图中，u为物距，f为焦距，v为像距。三者满足关系式：

$$\frac{1}{f}=\frac{1}{u}+\frac{1}{v} \tag{2-4}$$

相机的镜头是一组透镜，当平行于主光轴的光线穿过透镜时，会聚到一点上，这个点叫作焦点，焦点到透镜中心的距离叫作焦距 f。数码相机的镜头相当于一个凸透镜，感光元件就处在这个凸透镜的焦点附近，将焦距近似为凸透镜中心到感光元件的距离时就成为针孔成像模型。针孔成像模型如图 2-7 所示。

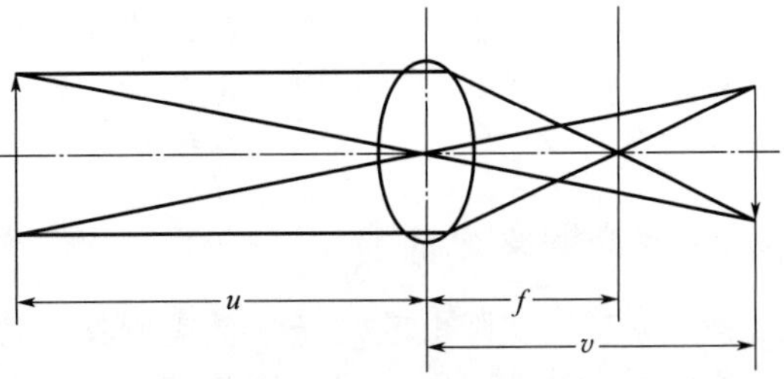

图 2-6　透镜成像原理

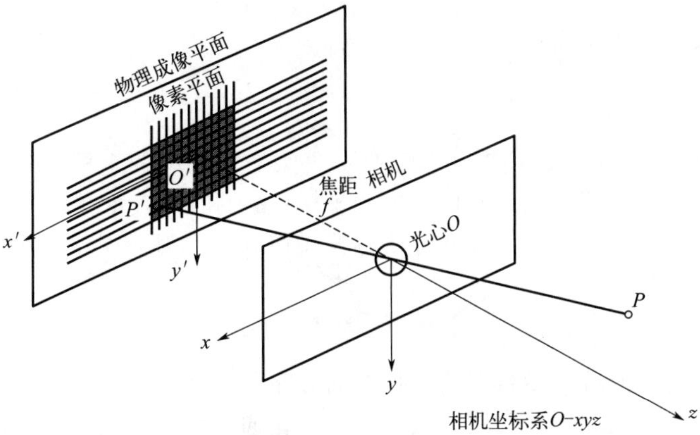

图 2-7　针孔成像模型

（2）针孔成像模型的应用场景

针孔成像模型由于其独特的成像方式和特点，在多个领域有着广泛的应用。

① 针孔相机与艺术摄影。针孔相机是一种基于针孔成像原理的相机，它采用一个小孔作为镜头，光线通过这个小孔进入相机并映射到感光材料上，形成倒立的实时影像。由于针孔相机具有较长的曝光时间和较大的景深，它能够拍摄出具有独特质感和氛围的照片，被广泛用于艺术摄影领域。针孔艺术照以其独特的视觉效果和风格，成为摄影展览和艺术创作的重要组成部分。

② 针孔望远镜与天文观测。针孔望远镜是一种基于针孔成像原理的简易望远镜，它由一个小孔和一个接收屏幕组成。通过小孔，外部光线进入望远镜并在接收屏幕上形成倒立的放大图像。由于采用针孔成像原理，针孔望远镜具有较深的景深，可观察到较广范围的物体。在天文观测中，针孔望远镜可以作为一种简易的工具，用于观察太阳、月亮等天体，为天文爱好者提供了一种方便、低成本的观测方式。

③ 针孔投影仪与小型场合展示。针孔投影仪是一种原理类似于针孔相机的投影设备，它采用针孔成像原理将光线通过小孔漏射在屏幕上，形成放大的图像。针孔投影仪通常使用于小型场合，如教室、会议室等，以投影方式展示图像或文字。由于其简单、便携的特点，针孔投影仪在小型场合的展示和教学中发挥着重要作用。

④ 科学研究与实验。针孔成像模型在科学研究与实验中也有着广泛的应用。通过模拟针孔成像的过程，科学家可以研究光的传播、成像原理等物理现象。此外，针孔成像模型还可以用于研究光学仪器的设计和优化等方面。

⑤ 虚拟现实与增强现实。随着虚拟现实（VR）和增强现实（AR）技术的不断发展，针孔成像模型也在这些领域展现出新的应用潜力。通过利用针孔成像原理，可以实现具有高

视角和深景深的图像捕获，为虚拟现实和增强现实技术提供更加真实、沉浸式的体验。例如，在虚拟现实游戏中，利用针孔成像模型可以模拟出更加真实的环境和场景，提高游戏的沉浸感和真实感。

2.2.2 镜头畸变

镜头畸变，实际上就是光学透镜所具有的透视失真属性，也正是镜头的透视造成了失真。通常失真会造成图像边缘产生挤压或拉伸的结果，当边缘向外拉伸时，称之为桶形畸变；当边缘向内挤压时，称之为枕形畸变。在失真的情况下，会造成越往边缘失真越严重，越往中心变形越小的现象。由于无法判断原有物体的实际形状，因此失真效果对于后期制作是非常不利的。

镜头畸变的模型可表示为：

$$x_{\mathrm{i}}=x_{\mathrm{r}}+\sigma_x \tag{2-5}$$

$$y_{\mathrm{i}}=y_{\mathrm{r}}+\sigma_y \tag{2-6}$$

式中，x_{i} 和 y_{i} 表示物体在理想（无畸变）图像坐标系中的坐标；x_{r} 和 y_{r} 表示物体在实际（可能包含畸变或偏移）图像坐标系中的坐标；σ_x 和 σ_y 表示在 x 和 y 方向上的偏移量或噪声，这些偏移量可能是由镜头畸变、传感器噪声和图像对齐误差等多种因素引起的。镜头畸变主要包括以下几类：

（1）径向畸变

顾名思义，径向畸变就是沿着透镜半径方向分布的畸变，产生原因是光线在远离透镜中心的地方比靠近中心的地方更加弯曲，这种畸变在普通的镜头中表现得更加明显。

成像仪光轴中心的畸变为 0，沿着镜头半径方向向边缘移动，畸变越来越严重。畸变的数学模型可以用主点周围的泰勒级数展开式的前几项进行描述，通常使用前两项，即 k_1 和 k_2，对于畸变很大的镜头，如鱼眼镜头，可以增加使用第三项 k_3 来进行描述。

成像仪上的某点，根据其在径向上的分布位置，调节公式为：

$$x'=x(1+k_1r_2+k_2r_4+k_3r_6) \tag{2-7}$$

$$y'=y(1+k_1r_2+k_2r_4+k_3r_6) \tag{2-8}$$

式中，x' 和 y' 表示畸变后的归一化图像坐标；x 和 y 表示无畸变的归一化的图像坐标；r 表示图像像素点到图像中心点的距离，即

$$r^2=x^2+y^2 \tag{2-9}$$

与光心不同距离的点经过透镜径向畸变后点位的偏移如图 2-8 所示，可以看到，距离光心越远，径向位移越大，畸变也越大，在光心附近，几乎没有偏移。

径向畸变可分三类：

① 枕形畸变。又称鞍形形变，视野中边缘区域的放大率远大于光轴中心区域的放大率，常用在远摄镜头中，如图 2-9 所示。

② 桶形畸变。与枕形畸变相反，视野中光轴中心区域的放大率远大于边缘区域的放大率，常出现在广角镜头和鱼眼镜头中，如图 2-10 所示。

③ 线性畸变。光轴与相机所拍摄的诸如建筑物类的物体的垂平面不正交，则原本应该平行的远端一侧和近端一侧，以不相同的角度汇聚产生畸变。这种畸变本质上是一种透视变换，即在某一特定角度，任何镜头都会产生相似的畸变，如图 2-11 所示。

相机的针孔成像模型只是真实相机的一个近似，由于存在各种镜头的畸变，所以真实的相机要比模型复杂得多。在引入各种非线性的畸变修正之后，就形成了复杂的非线性成像模型。

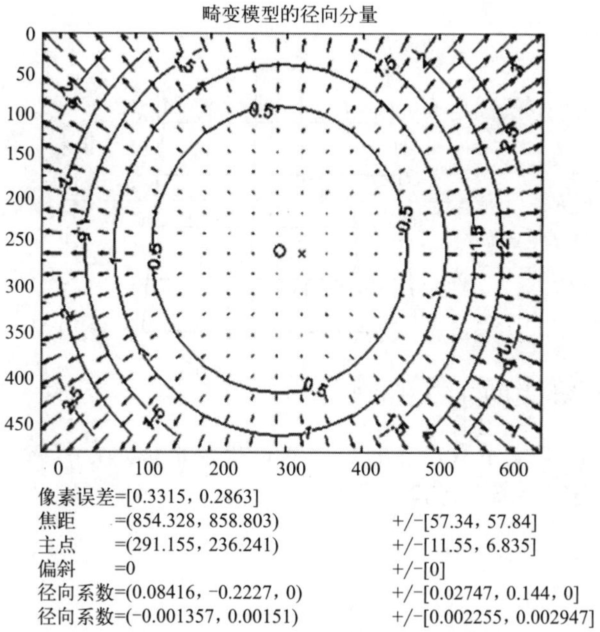

图 2-8　偏移

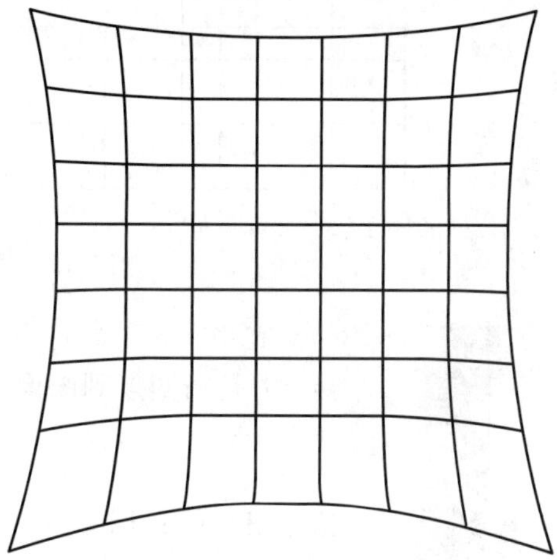

图 2-9　枕形畸变

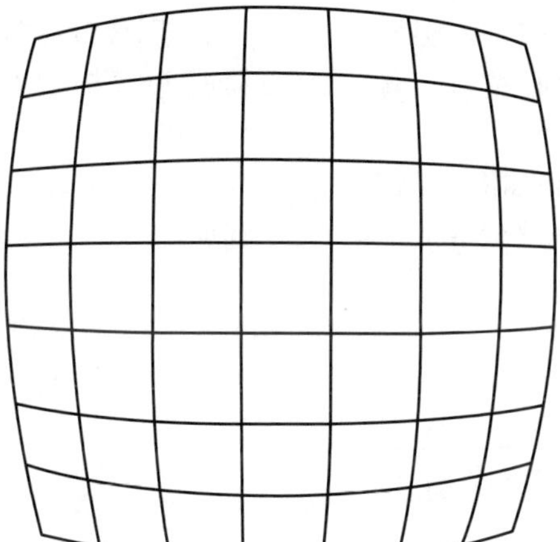

图 2-10　桶形畸变

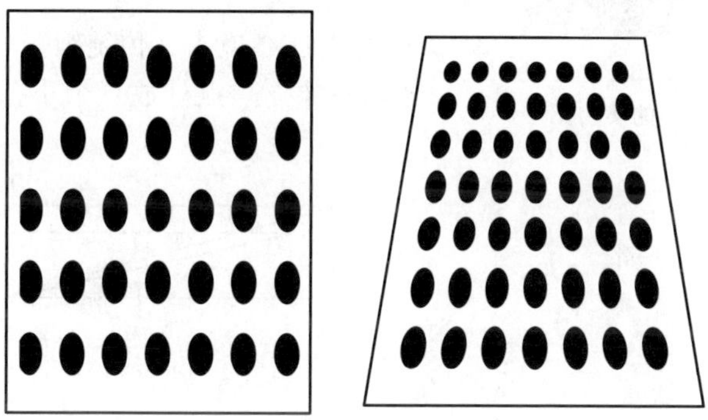

图 2-11　线性畸变

(2) 切向畸变

切向畸变是摄像机或镜头的光学系统存在某种不对称性或偏差，使光线在通过透镜时并没有完全按照理想的光学路径投射到图像平面上，从而在图像上产生了切向上的偏移。这种偏移通常表现为图像中的直线变得弯曲或倾斜，特别是当这些直线接近图像的边缘时，如图 2-12 所示。

切向畸变可以通过数学模型进行描述和校正。常用的数学模型基于畸变点在图像上的原始坐标（x，y）和校正后的新坐标（x_0，y_0）之间的关系，具体公式如下：

$$x_0=x+[2p_1y+p_2(r^2+2x^2)] \tag{2-10}$$

$$y_0=y+[2p_1x+p_2(r^2+2y^2)] \tag{2-11}$$

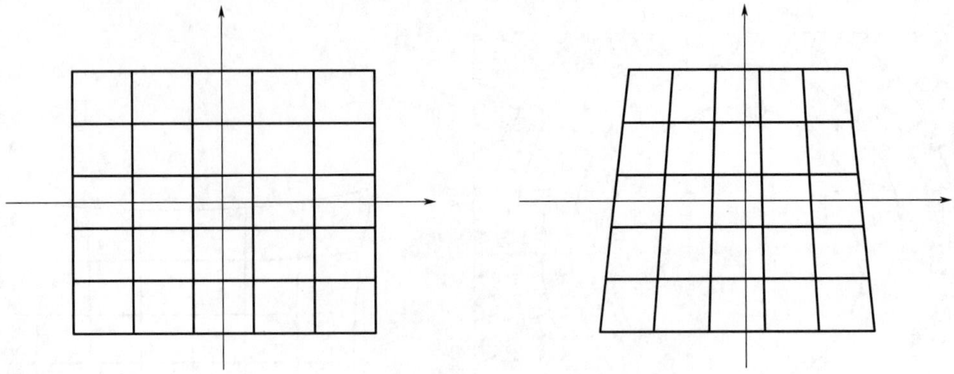

图 2-12　正常图像和切向畸变对比图

式中，p_1 和 p_2 是切向畸变系数，它们需要通过摄像机标定过程来确定；r 是畸变点到图像中心的距离，计算公式为：

$$r=\sqrt{x^2+y^2} \tag{2-12}$$

2.2.3　远心与景深

（1）远心镜头的基本概念

远心镜头，如图 2-13 所示，是为纠正传统镜头视差而设计的，可以在一定的物距范围内，使得到的图像放大倍率不会变化，拍出来的图像没有近大远小关系。远心镜头又分为物方远心镜头、像方远心镜头和双侧远心镜头。

图 2-13　远心镜头的实物图

① 物方远心镜头。传统镜头的光路如图 2-14 所示。

如果在像方焦点处放置个小孔，光路就变成如图 2-15 所示。

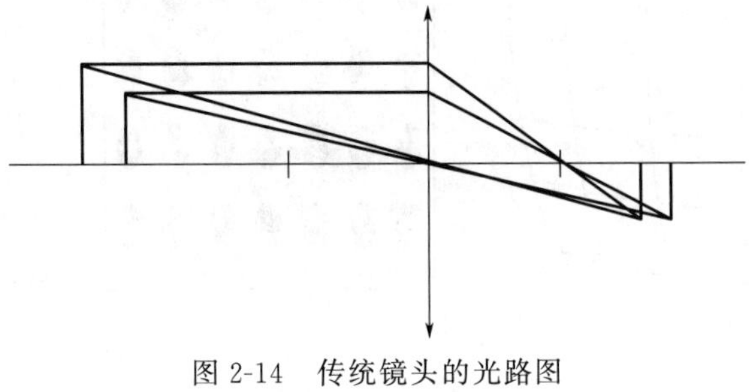

图 2-14　传统镜头的光路图

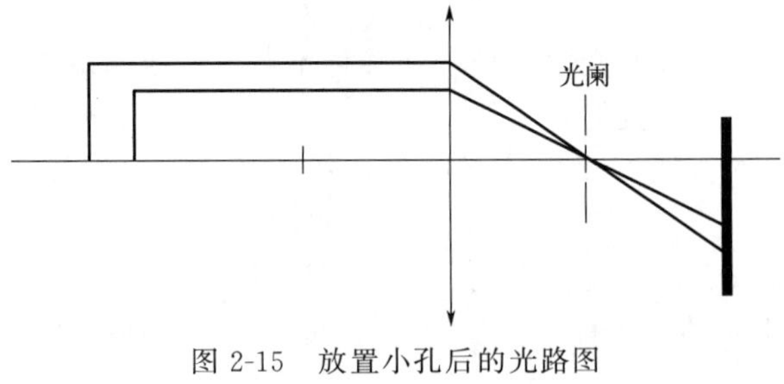

图 2-15　放置小孔后的光路图

这个小孔的作用就是只让平行入射的物方光线可以达到像平面成像，从几何关系可以看出这时像就没有近大远小的关系了。之所以叫物方远心，是因为接收平行光成像，相当于物体在无穷远处。物方远心镜头的缺点是放大倍数与像距成直接关系，实际使用时相机安装的远近会影响放大倍数，所以每个镜头系统都要单独地标定放大倍数。

② 像方远心镜头。光路是可逆的，将物方远心镜头的光路反过来就成了像方远心镜头的光路，如图 2-16 所示。这种镜头的特点是放大倍数与像距无关，相机离得远还是近都不影响放大倍数。

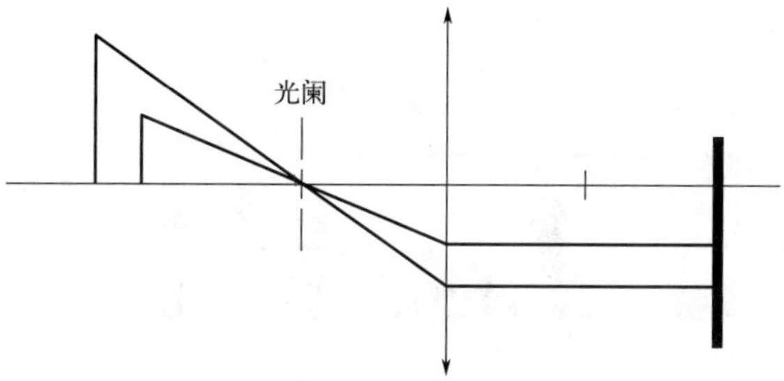

图 2-16 像方远心镜头的光路图

③ 双侧远心镜头。结合物方远心和像方远心的光路就是双侧远心镜头的光路，如图 2-17 所示。物体离得远近或者相机离得远近都不影响放大倍数，所以广泛地应用在机器视觉测量检测领域。当然，实际的远心镜头中的小孔光阑不可能无限小，所以实际的远心镜头还是会有一定的近大远小关系的，这个指标称为远心度，远心镜头的远心度通常小于 0.1°，物距也不是任意的，但是它比普通的镜头的景深要大得多。

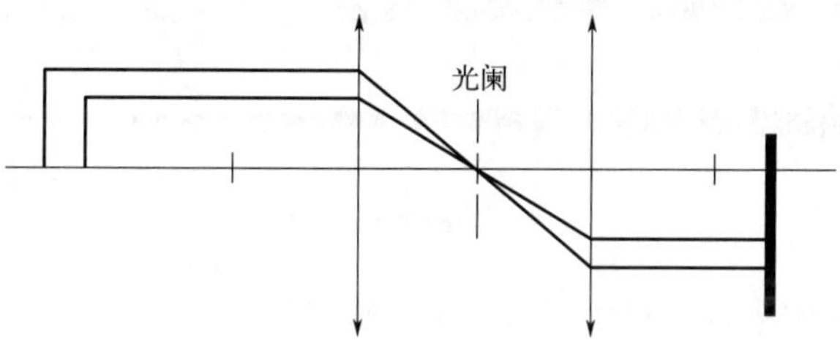

图 2-17 双侧远心镜头的光路图

（2）景深

景深的定义是：摄影机镜头或其他成像设备前沿能够取得清晰图像时所测定的被摄物体前后距离范围。通俗地讲，即焦点平面的前方某处到其后方某处有一个范围，其内的景物都能形成清晰影像，这一范围称为景深。讨论景深，一般用“深浅”形容，即浅景深或深（大）景深，如图 2-18 所示。

景深的原理主要涉及以下几个方面：

① 焦点与弥散圆：当光线通过镜头汇聚到感光元件上时，会形成一个清晰的焦点。然而，在焦点前后的一定范围内，光线也会形成相对清晰的图像，但这个图像会稍微模糊，形成一个扩大的圆，这个圆被称为“弥散圆”。弥散圆的大小与镜头的光圈、焦距和拍摄距离有关。当弥散圆的大小在视觉上可以接受的范围内时，人眼会认为这个范围内的图像是清晰的。

② 容许弥散圆：为了确定景深的范围，通常会设定一个“容许弥散圆”的标准。这个标准是根据人眼的视觉分辨能力来确定的，即当弥散圆的大小小于或等于容许弥散圆时，人眼会认为这个图像是清晰的。焦点前后的两个容许弥散圆之间的距离，就是景深范围。

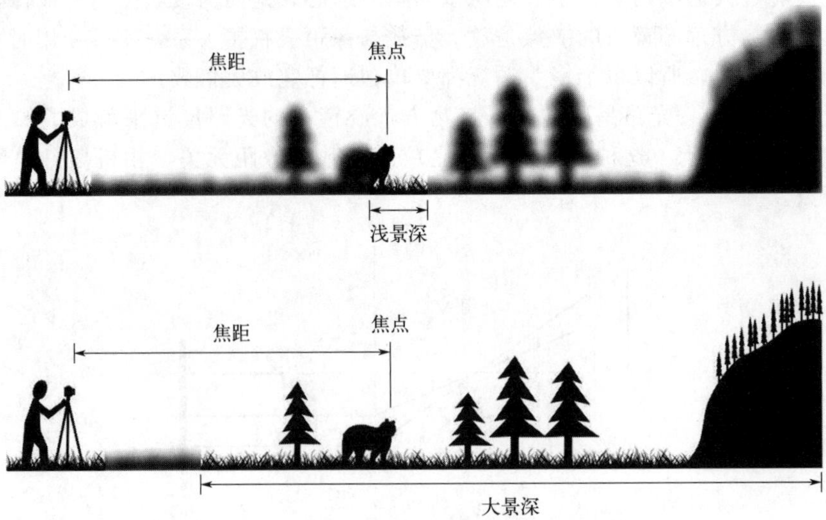

图 2-18　浅景深或大景深

③ 影响因素：

光圈大小：光圈越大，景深越浅；光圈越小，景深越深，如图 2-19 所示。

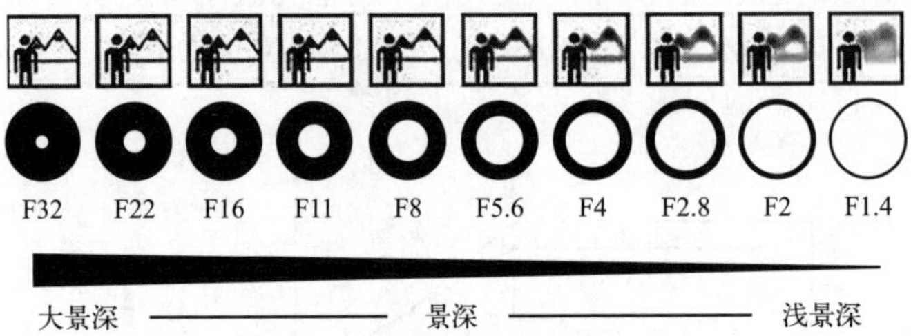

图 2-19　光圈和景深对比图

镜头焦距：镜头焦距越长，景深越浅；焦距越短，景深越深。

拍摄距离：拍摄距离越近，景深越浅；拍摄距离越远，景深越深。

④ 景深（DOF）计算公式：景深的计算公式是一个相对复杂的数学表达式，它涉及多个变量，包括焦距、光圈、拍摄（对焦）距离以及容许弥散圆的大小等。以下是简化的景深计算公式示例，用于说明各变量之间的关系：

$$\mathrm{DOF}=\frac{2f^2F\delta L}{f^4-(F\delta L)^2} \tag{2-13}$$

式中，δ 为容许弥散圆直径；F 为镜头的拍摄光圈值；f 为镜头焦距；L 为对焦距离。

实际景深计算可能涉及更复杂的因素和更精确的表达式。此外，不同来源提供的景深计算公式可能略有不同，但基本原理和影响因素是一致的。在实际应用中，景深的具体数值通常需要通过专门的计算工具或软件来得出，这些工具会考虑更多因素以提供更准确的计算结果。

2.3　摄像机

摄像机在现代成像技术中扮演着至关重要的角色，其主要功能是通过镜头将光线聚焦于像平面，进而生成图像。为了实现这一功能，摄像机内部通常集成了数字传感器技术，这些技术对于捕捉和转换光线信息为数字图像至关重要。在数字传感器技术中，两种最为常见和广泛使用的是电荷耦合器件（CCD）和互补金属氧化物半导体（CMOS）。这两种技术各有其特点和优势，但主要区别在于它们的读出结构，即从芯片中读取数据的方式。

CCD 是一种高集成度的光电器件，其特点是通过光电效应将光信号转换为电信号，并通过电荷耦合的方式将信号传输至输出端。CCD 在低光照条件下表现出色，同时能够提供较高的图像质量和分辨率。然而，CCD 传感器的制造成本较高，功耗也较大。CMOS 传感器则是另一种广泛使用的数字图像传感器。与 CCD 不同，CMOS 传感器将光电二极管、像素内的放大器与 A/D（模/数）转换电路集成在同一块芯片上，从而实现图像信息的直接转换和输出。CMOS 传感器具有制造成本低、功耗小以及集成度高等优点，这使得它在现代摄像机和数码相机中得到了广泛应用。此外，CMOS 传感器还具备更高的灵活性，可以通过编程实现更复杂的图像处理功能。

2.3.1 CCD 传感器

（1）基本概念

CCD（charge-coupled device）是指电荷耦合器件，是用耦合方式来传输信号的探测元件。CCD 也是一种半导体元件，能够把光信号转化为数字信号。同样地，CCD 结构也包括微镜头和颜色过滤器，但不同的是，CCD 上感光组件的表面具有储存电荷的能力，并以矩阵的方式排列。当其表面感受到光线时，会将电荷反映在组件上，整个 CCD 上的所有感光组件所产生的信号，就构成了一个完整的画面。

CCD 结构如图 2-20 所示，微型镜头为 CCD 的第一层，为了扩展 CCD 的采光率，必须扩展单一像素的受光面积，但是提高采光率的办法也容易使画质下降，这一层“微型镜头”就等于在感光层前面加上一副眼镜，因此感光面积不再由传感器的开口面积决定，而改由微型镜片的表面积来决定。颜色过滤器为 CCD 的第二层，有两种分色方式，如图 2-21 和图 2-22 所示，一是 RGGB 分色法，二是 RGBW 分色法。RGGB 分色法即由一个红点、两个绿点和一个蓝点组成，因为人眼视网膜对绿色最敏感，所以绿点有两个；而 RGBW 技术就是在原有的 RGB 三原色上增加了 W 白色像素，称为四色型像素设计，在显示相同亮度的画面时，其耗电量更低，虽然 RGBW 会降低图像质量，但却能在暗环境下有较好的表现。感光层为 CCD 的第三层，这层主要是负责将穿过颜色过滤器的光源转换成电信号，并将信号传送到图像信号处理器（ISP），将影像还原，CCD 芯片就像人的视网膜，是摄像头的核心。

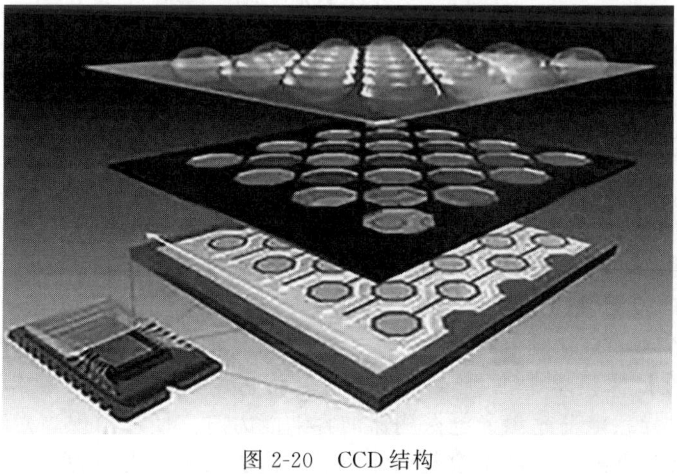

图 2-20　CCD 结构

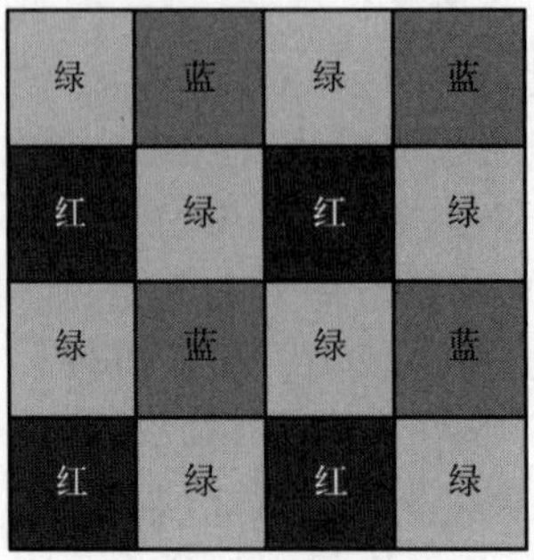

图 2-21 RGGB 分色

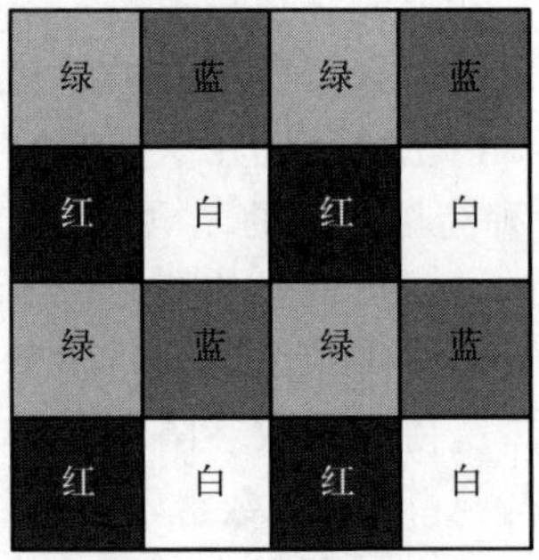

图 2-22 RGBW 分色

（2）原理

CCD 传感器是按一定规律排列的 MOS（金属-氧化物-半导体）电容器组成的阵列，在 P 型或 N 型硅衬底上生长一层很薄（约 120nm）的二氧化硅，再在二氧化硅薄层上依次序沉积金属或掺杂多晶硅电极（栅极），形成规则的 MOS 电容器阵列就构成了 CCD 芯片。

使用 CCD 相机生成图像，可分为四个主要阶段或功能：通过光子与器件光敏区域相互作用产生电荷、收集和存储释放的电荷、电荷转移和电荷检测，如图 2-23 所示。

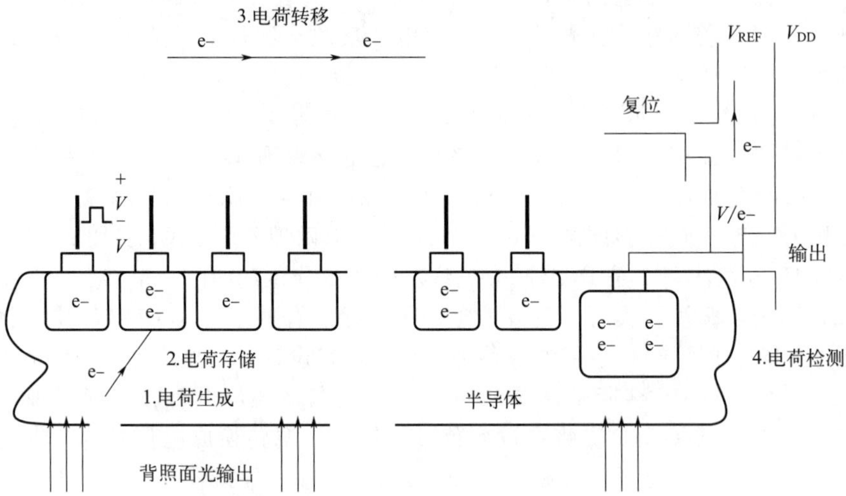

图 2-23 CCD 相机生成图像过程

① 信号电荷的产生。CCD 工作过程的第一步是电荷的产生，CCD 可以将入射光信号转换为电荷输出，依据的是半导体的内光电效应（光伏效应）。

② 信号电荷的存储。CCD 工作过程的第二步是信号电荷的存储，就是将入射光子激励出的电荷收集起来成为信号电荷包的过程。

③ 信号电荷的转移。CCD 工作过程的第三步是信号电荷包的转移，就是将所收集起来的电荷包从一个像元转移到下一个像元，直到全部电荷包输出完成。

④ 信号电荷的检测。CCD 工作过程的第四步是电荷的检测，就是将转移到输出级的电荷转化为电流或者电压的过程。

CCD 传感器在摄像技术中占据核心地位，然而它也面临如高光溢出效应等特定问题。当光线过于强烈，导致电荷超出光电探测器的容纳能力时，便会出现高光溢出效应，这会使图像中的高亮区域过度放大，甚至覆盖相邻像素，造成图像失真。为了应对这一问题，通过在传感器上增设溢流沟道（包括侧溢流沟道和垂直溢流沟道），能够捕获并导出多余的电荷，有效减少高光溢出对图像质量的负面影响。

在 CCD 摄像机（相机）的读出模式上，主要有隔行扫描和逐行扫描两种方式。隔行扫描先读取奇数行像素，再读取偶数行，若物体在两次曝光间移动，可能导致图像出现锯齿状失真，因此不适用于快速运动物体的捕捉；逐行扫描则一次性读取所有行像素，能确保图像在读取过程中不受物体移动影响，更适合高速摄像和动态分析。因此，在选择摄像机的读出模式时，需根据实际需求权衡两者，以获得最佳图像效果。

（3）CCD 分类

① 线阵传感器（图 2-24）。线阵传感器是一种用于产生数字图像的传感器，其核心部件是线阵图像传感器。这种传感器的像元沿一维方向线性排列，与常见的面阵图像传感器不同，它需要通过相对运动（如物体移动而传感器固定，或传感器移动而物体固定）来获取二维图像。当光线照射到传感器的像元上时，每个像元会根据接收到的光强产生相应的电信号，这些电信号经过处理和转换，最终形成数字图像。

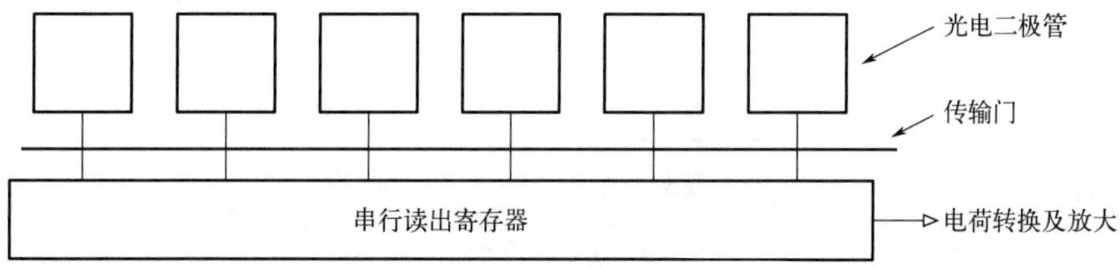

图 2-24　线阵 CCD 传感器

② 全帧转移面阵传感器（图 2-25）。全帧转移面阵传感器是一种图像传感器，其结构相对简单，没有暂存区和垂直移位寄存器。它提供了最大的填充因子，即每个像元既能收集光电荷，又能实现电荷转移。这种设计使得全帧转移面阵相机在成像过程中能够保持较高的效率和清晰度。其优点是全帧转移面阵传感器填充因子（像素光敏感区域与整个靶面之比）达 100%，可使像素的光灵敏度最大化，图像失真最小化；缺点是下层像素读出时传感器还在曝光并产生电荷，而上层像素读出时会经过下层像素，多出的电荷会造成场景信息的积累，从而产生拖影，需加上机械快门或利用闪光灯来避免。

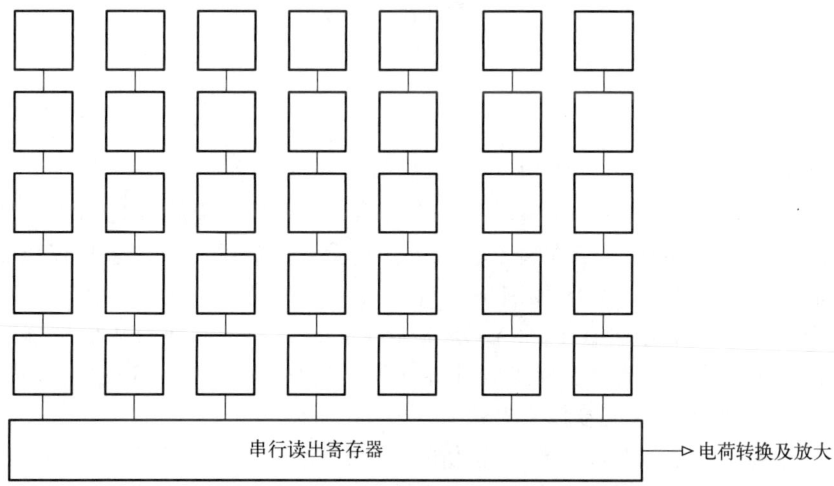

图 2-25　全帧转移面阵传感器

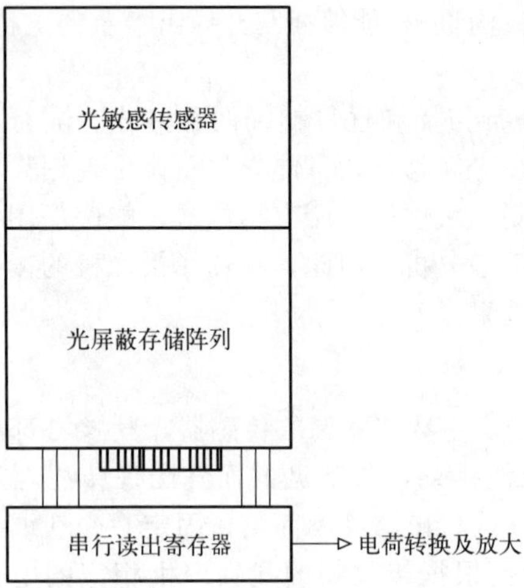

图 2-26　帧转移传感器

③ 帧转移传感器。帧转移传感器如图 2-26 所示，光在光敏传感器中转为电荷，快速转移至光屏蔽存储阵列，从存储阵列中一行行读出。其优点是填充因子可达 100%，而且不需要机械快门或闪光灯；缺点是存在残留的拖影，虽然从光敏传感器到光屏蔽存储阵列，电荷转移速度快，时间短，但传感器依然在曝光。

④ 行间转移传感器。行间转移传感器如图 2-27 所示，光在光敏感传感器中转换为电荷，快速地传输至屏蔽垂直转移寄存器，按行转移至串行读出寄存器并读出。其优点是无拖影，不需要机械快门和闪光灯；缺点是填充因子可能低至 20%，图像失真会增加，需再加微镜头。

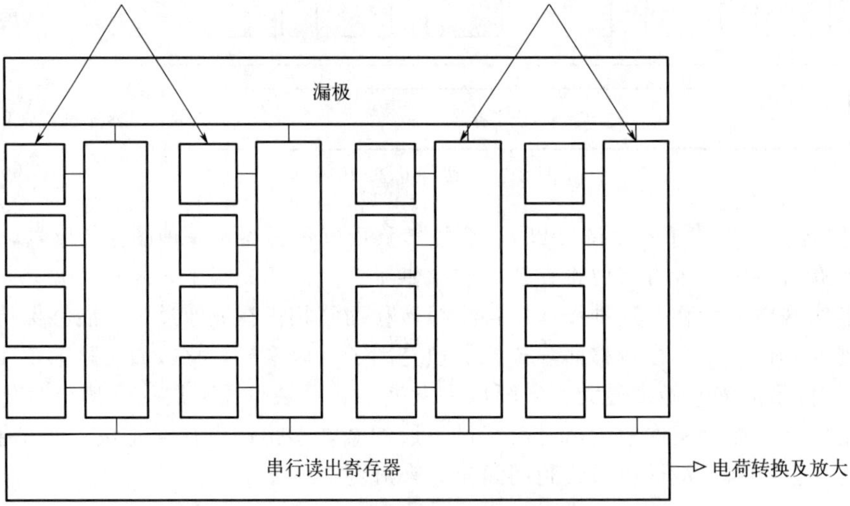

图 2-27　行间转移传感器

2.3.2　CMOS 传感器

（1）基本概念

CMOS（complementary metal oxide semiconductor，互补金属氧化物半导体）起初是用来在电脑主板上保存 BIOS（基本输入输出系统）设置的数据，这个芯片仅仅是用来存放数据的。在数字影像领域，CMOS 发展成一种低成本的感光元件技术，市面上常见的数码产品，其感光元件大部分是 CMOS。CMOS 制造工艺被应用于制作数码影像器材的感光元件，是将纯粹逻辑运算的功能转变成接收外界光线后转化为电能，再通过芯片内部的模/数（A/D）转换器将获得的影像信号转变为数字信号输出。

CMOS 传感器通常采用光电二极管作为光电探测器。与 CCD 传感器不同，光电二极管中的电荷不是顺序地转移到读出寄存器，CMOS 传感器的每一行都可以通过行和列选择电路直接选择并读出，因此，CMOS 传感器可以当作随机读取存储器。

（2）分类

目前市场上的 CMOS 分为三种结构：前照式(FSI)、背照式(BSI) 和堆栈式(stack)，如图 2-28 所示。一般的 CMOS 都由微透镜、颜色过滤器、金属排线、光电二极管以及基板等构成。

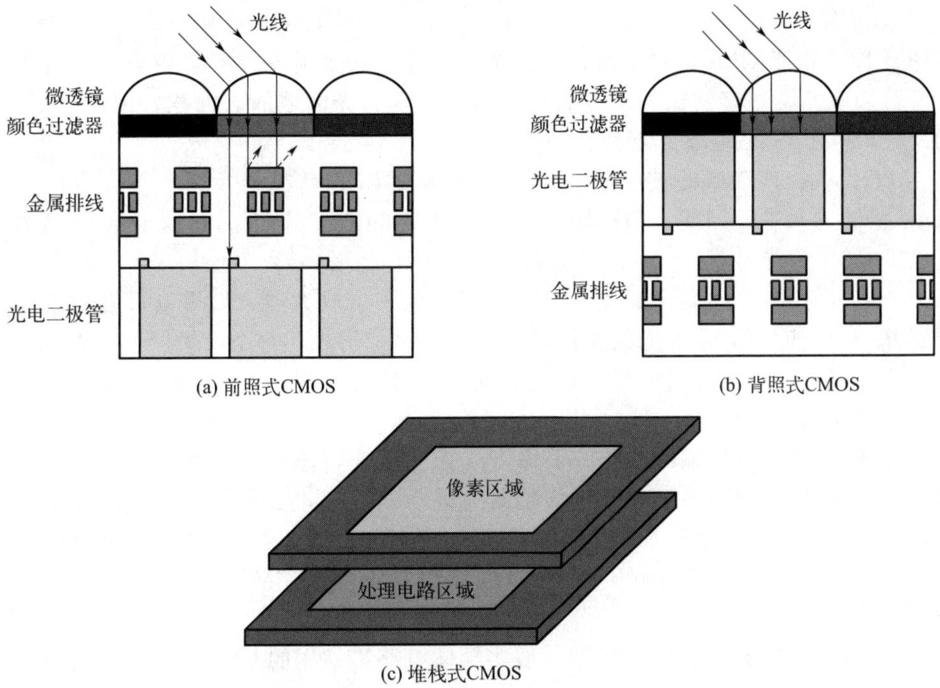

图 2-28　CMOS 传感器

对于 FSI（front side illumination，前照式）技术而言，光是从前面的金属排线之间进入，然后再聚焦在光电二极管上。这带来的结果就是光线在金属排线会被部分阻挡和反射掉，而光电二极管吸收的光线就只有刚进来时候的 70%或更少，且这种反射还有可能串扰旁边的像素，导致颜色失真。采用 BSI（back side illumination，背照式）技术来构建像素，光线无须穿过金属排线层，光线几乎没有阻挡和干扰地就到达光电二极管，光线利用率极高，所以背照式 CMOS 传感器能更好地利用射入的光线。

FSI 和 BSI 为非堆栈式结构，堆栈式的结构首先由 SONY 应用在了 Exmor RS 产品上。对于像素区域的制造工艺，可以使用 65nm 的制程，但对于处理电路的区域，如果能用 45nm 的制程制造，那么在处理电路上的晶体管数量就能翻倍，这样，像素处理的速度就更快。由于像素部分和电路部分独立，因此像素部分可针对高画质优化，电路部分可针对高性能优化。堆栈式不仅继承了背照式的优点（像素区域依然是背照式），还克服了其在制作上的困难。因为处理电路的改善和进步，摄像头将能提供更多的功能，比如说硬件 HDR（高动态范围）显示、慢动作拍摄等等。像素与处理电路分开的同时，摄像头的体积变得更小，但功能和性能却不减，反而更佳，像素区域（CMOS 的尺寸）可以相应地增大，用来显示更多或者更大的像素。

（3）特点

① 性能：CCD 需在同步信号控制下由三组不同的电源相配合才能输出和转移电荷信息，整个电路较为复杂而且速度较慢。而 CMOS 传感器经光电转换后直接产生电流（或电压）

信号，信号读取十分简单，还能同时处理各单元的图像信息，速度也比 CCD 快很多。CCD 制作技术起步早，技术成熟，采用 PN 结构或二氧化硅（SiO_2）隔离层隔离噪声，成像质量相对 CMOS 有一定优势。由于 CMOS 集成度高，各光电传感元件、电路之间距离很近，相互之间的光、电、磁干扰较严重，噪声对图像质量影响很大，近几年，随着 CMOS 电路消噪技术的不断发展，CMOS 的性能也逐渐提升。

② 指标差异：

a. 感光度：由于 CMOS 每个像素由四个晶体管与一个感光二极管构成，还包含了放大器与数模转换电路，过多的额外设备缩小了单一像素感光区域的表面积，因此相同像素下，同样的尺寸，CMOS 的感光度会低于 CCD。

b. 分辨率：由于 CMOS 传感器的每个像素都比 CCD 传感器复杂，其像素尺寸很难达到 CCD 传感器的水平，因此，当比较相同尺寸的 CCD 与 CMOS 时，CCD 传感器的分辨率通常会优于 CMOS 传感器。

c. 噪点：由于 CMOS 每个感光二极管都需搭配一个放大器，如果以百万像素计，那么就需要百万个以上的放大器，而放大器属于模拟电路，很难让每个放大器所得到的结果保持一致，因此与只有一个放大器放在芯片边缘的 CCD 传感器相比，CMOS 传感器的噪点就会增加很多，影响图像品质。

d. 耗电量：CMOS 传感器的图像采集方式为主动式，感光二极管所产生的电荷会直接由旁边的电晶体做放大输出；而 CCD 传感器为被动式采集，必须外加电压让每个像素中的电荷移动至传输通道。而这外加电压通常需要 12～18V，因此 CCD 还必须有更精密的电源线路设计和耐压强度，高驱动电压使 CCD 的耗电量远高于 CMOS，CMOS 的耗电量仅为 CCD 的 1/8 到 1/10。

e. 成本：由于 CMOS 传感器采用一般半导体电路最常用的 CMOS 工艺，可以轻易地将周边电路［如 AGC（自动增益控制）、CDS（相关双取样电路）、定时发生器或 DSP（数字信号处理器）等］集成到传感器芯片中，因此可以节省外围芯片的成本；而 CCD 采用电荷传递的方式传送数据，只要其中有一个像素不能运行，就会导致一整排的数据不能传送，因此控制 CCD 传感器的成品率比 CMOS 传感器困难许多，CCD 传感器的制造成本会高于 CMOS 传感器。

2.3.3 彩色成像

彩色相机实现彩色成像的主要原理涉及以下几个方面：

① 感光元件。彩色相机通常使用像素化的感光元件，如 CCD（电荷耦合器件）或 CMOS（互补金属氧化物半导体）芯片。这些感光元件由许多微小的光敏元素（像素）组成，每个像素可以记录光信号的强度。

② Bayer 滤镜阵列。在感光元件上，覆盖了一个称为 Bayer 滤镜阵列的彩色滤镜。该阵列由红、绿、蓝三种颜色的滤镜组成，以模仿人眼对色彩的感知能力。这样，每个像素只能捕捉红、绿或蓝三种颜色的光信号。

③ 像素解析。相机通过解析感光元件上的像素数据来还原彩色图像。由于每个像素只记录了红、绿或蓝三种颜色中的一种，为了获取完整的彩色信息，需要对图像进行插补和重新构建。常见的方法是使用基于邻近像素的插值算法，如双线性插值或双三次插值。

④ 后续处理。一旦彩色图像重建完成，相机还可以应用各种后续处理技术来增强图像质量。这可能包括色彩校准、白平衡、对比度调整等。

在数字成像技术中，彩色成像占据了极其重要的地位。从黑白照片到如今的彩色照片和视频，彩色成像技术不仅丰富了我们的视觉体验，也为图像处理、分析和识别提供了更多可能性。图像中，灰度是入射光在传感器上积累后，按照传感器光谱响应的结果。然而，灰度图像仅包含亮度信息，缺乏色彩信息。为了捕捉色彩信息，需要引入彩色成像技术。彩色成像技术的设备主要分为两大类：单芯片摄像机和三芯片摄像机。

单芯片摄像机（如 CCD 彩色相机，图 2-29）通过在传感器前加上彩色滤镜阵列（CFA）来实现彩色成像。其中，Bayer 滤镜阵列是最常用的 CFA 之一，它按照 1/4 红色、1/2 绿色、1/4 蓝色的比例进行采样。这种采样方式导致了传感器上每个像素点只能捕捉到一个颜色分量的信息，因此需要通过颜色插值（如双线性或双三次插值）来重建少采样部分，从而得到传感器全分辨率下的彩色图像。为了避免由于红、绿、蓝颜色不均造成的严重图像失真，通常会在 CFA 之前加上抗图像失真滤光片。然而，单芯片摄像机在彩色成像时仍可能面临图像失真问题，尤其是在边缘和高频细节区域。

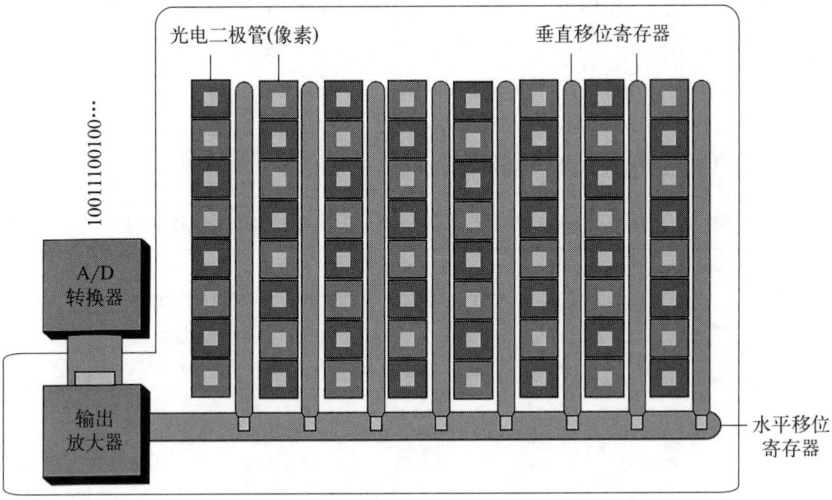

图 2-29　CCD 彩色相机示意图

三芯片摄像机则利用分光器或棱镜将通过镜头的光线分成三束，在三个传感器前分别加上对应红、绿、蓝滤光片。这样，每个传感器都能独立捕捉到一个颜色分量的完整信息，从而避免了单芯片摄像机中的采样和插值问题。因此，三芯片摄像机可以克服单芯片摄像机在图像失真方面的问题。但是，三芯片摄像机的成本较高，需要三个独立的传感器和处理单元。

相机（摄像机）输出信号时，像素的 RGB 分量是由其对应像元和其附近的像元共同构成的，如图 2-30 所示。

① 红色像元：R 分量为当前点的像素值，G 分量为周围 4 个绿色像元的 G 平均值，B 分量为周围 4 个蓝色像元的 B 平均值；

② 绿色像元：G 分量为当前点的像素值，B 分量为上下 2 个蓝色像元的 B 平均值，R 分量为左右 2 个红色像元的 R 平均值；

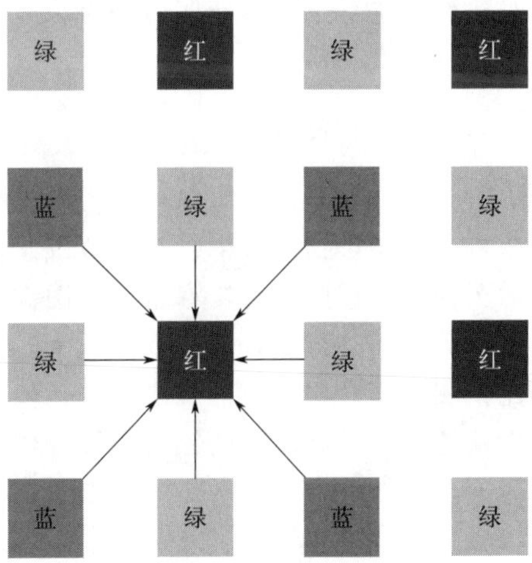

图 2-30　输出信号图

③ 蓝色像元：B分量为当前点的像素值，R分量为周围4个红色像元的R平均值，G分量为周围4个绿色像元的G平均值。

2.3.4 传感器尺寸

传感器尺寸实际上是指感光元件的面积大小，这一面积大小通常使用传感器的对角线长度来表示。常见的传感器类型包括CCD（电荷耦合器件）和CMOS（互补金属氧化物半导体）。感光元件的面积越大，CCD/CMOS面积也越大，这意味着它们能够捕捉更多的光子，从而提高感光性能和信噪比，进而改善成像效果。

传感器的尺寸范围非常广泛，包括1/4英寸[1]、1/3英寸、1/2.5英寸、1/2英寸、1/1.8英寸、2/3英寸、1英寸等，以及更大尺寸的全画面（full frame）、APS-C（经典型）、Micro Four Thirds（微型4/3）等。传感器尺寸越大，摄像机能够捕获的光线就越多，从而生成更高质量的图像。同时，传感器尺寸也会影响摄像机的焦距、视角和景深等参数。

在计算传感器尺寸时，可以通过将像素大小乘以分辨率来估算。例：Basler acA1300-30μm的像素大小为3.75μm×3.75μm，分辨率为1296像素×966像素。传感器尺寸为：(3.75μm×1296)×(3.75μm×966)=4.86mm×3.62mm。

CCD和CMOS有许多不同的生产尺寸，这些尺寸常以英寸为单位表示。表2-1为典型传感器尺寸及640×480分辨率时对应的像素间距。

表2-1　典型传感器尺寸及640×480分辨率时对应的像素间距

尺寸/in	宽度/mm	高度/mm	对角线/mm	像素间距/μm
1	12.8	9.6	16	20
2/3	8.8	6.6	11	13.8
1/2	6.4	4.8	8	10
1/3	4.8	3.6	6	7.5
1/4	3.2	2.4	4	5

在选择视觉系统中的摄像机时，传感器尺寸的选择至关重要。它直接影响系统的视野、分辨率、景深、对焦能力、光学适配性、成本以及环境适应性等多个方面。因此，在进行选择时，需要充分考虑具体应用的需求、预算以及可能的限制因素，以确保选择出最适合的摄像机型号和传感器尺寸。

2.3.5 摄像机性能

摄像机性能是衡量摄像机优劣的重要指标之一。除了前面提到的传感器类型和尺寸外，摄像机性能还包括分辨率、动态范围、信噪比、镜头质量等。其中，分辨率指摄像机能够捕获的图像细节程度，分辨率越高，图像就越清晰；动态范围指摄像机能够同时捕获的最亮和最暗部分之间的范围，动态范围越大，摄像机就越能够应对不同光线条件下的拍摄需求；信噪比指图像信号与噪声信号之间的比值，信噪比越高，图像质量就越好；镜头质量和镜头的光学性能有关，高质量的镜头能够提供更清晰的图像和更准确的色彩还原。影响摄像机性能的因素具体如下：

---

[1] 1in（英寸）=0.0254m。

（1）随机噪声

① 光子噪声（光子随时间的不一致性）。光子不是等时间间隔到达传感器，而是按泊松分布模型的随机分布到达。

② 复位噪声。读出时像素电荷不能完成复位，可使用双采样（读出的电压－读出后像素中的电压）去除。

③ 暗电流噪声。热时也会产生电子-空穴，可对摄像机制冷来消除。

④ 本底噪声（暗噪声）。即使没有光线也会有的噪声。

⑤ 量化噪声。电压通过模/数转换器转化为数字引起的噪声。

信噪比公式如下：

$$\mathrm{SNR}(\mu_{\mathrm{p}})=\frac{\eta\mu_{\mathrm{p}}}{\sqrt{\sigma_{\mathrm{d}}^{2}+\frac{\sigma_{\mathrm{q}}^{2}}{K^{2}}+\eta\mu_{\mathrm{p}}}} \tag{2-14}$$

低光照水平下公式如下：

$$\mathrm{SNR}(\mu_{\mathrm{p}})\approx\frac{\eta\mu_{\mathrm{p}}}{\sqrt{\sigma_{\mathrm{d}}^{2}+\frac{\sigma_{\mathrm{q}}^{2}}{K^{2}}}} \tag{2-15}$$

高光照水平下公式如下：

$$\mathrm{SNR}(\mu_{\mathrm{p}})\approx\sqrt{\eta\mu_{\mathrm{p}}} \tag{2-16}$$

式中，SNR 为信噪比；μ_{p} 为光子数；$\eta=\frac{\mu_{\mathrm{e}}}{\mu_{\mathrm{p}}}$ 为量子效率，其中 μ_{e} 为电子数；σ_{d}^{2} 为暗噪声的方差；σ_{q}^{2} 为量化噪声方差，K^{2} 是系数，$\sigma_{\mathrm{q}}^{2}/K^{2}$ 整体体现了量化噪声对总噪声的贡献。

（2）不均匀性

不均匀性属于系统误差，有时也称空间噪声或模式噪声，与随机噪声相比不能通过时间平均来消除。

① 暗信号不均匀性：暗信号对于每个像素可能不一致。

② 光响应不均匀性：每个像素对于光的响应是不同的。

CMOS 传感器比 CCD 传感器表现出明显较大的不均匀性，因为 CMOS 传感器每个像素都有放大器，故需要不同的增益和补偿。

$$\mathrm{DSNU}_{1288}=\frac{S_{\mathrm{y.dark}}}{K}\mathrm{PRNU}_{1288}=\frac{\sqrt{S_{\mathrm{y.50}}^{2}-S_{\mathrm{y.dark}}^{2}}}{\mu_{\mathrm{y.50}}-\mu_{\mathrm{y.dark}}} \tag{2-17}$$

式中，DSNU 表示暗信号不均匀性；PRNU 表示光响应不均匀性；1288 表示 EMVA（欧洲机器视觉协会）标准 1288；y. dark 表示完全黑暗下的图像；y. 50 表示照明达到传感器饱和度的 50％的图像；S 表示图像的空间差异；μ 表示图像的平均灰度值。

2.3.6　深度相机

随着计算机视觉与人工智能技术的飞速发展，采用深度相机进行场景三维重建、目标检测、环境感知等应用越来越广泛，与传统的 2D 相机不同，深度相机可以通过拍摄空间来获得景深信息，从而获得目标的 3D 信息，构建 3D 模型，这也是其与普通相机最大的差别。目前的深度相机根据其工作原理可以分为三种，即 TOF（飞行时间）、RGB 双目、结构光，在机器人、人机交互以及其他工业领域中得到了广泛应用。三种相机的参数差异对比如表 2-2 所示。

表 2-2　三种相机的参数差异对比

对比项目	TOF	RGB 双目	结构光
测距方式	主动式	被动式	主动式
工作原理	根据光的飞行时间直接测量	RGB 图像特征点匹配，三角测量间接计算	主动投射已知的编码图案，提升特征匹配效果
测量精度	最高毫米级	近距离可达	近距离达到高精度 0.01～1mm
测量范围	<100m	由于基线的限制，一般只能测量较近的距离，距离较远时，测距不准确。一般 2m（基线 10mm）以内	<10m
影响因素	不受光照变化和物体纹理影响，受多重反射影响	受光照变化和物体纹理影响很大，夜晚无法使用	不受光照变化和物体纹理反射影响，受反光影响
户外工作	功率小，则影响较大	无影响	有影响，与编码图设计有关
分辨率	低于 640×480	可达 2K 分辨率	可达 1080×720
帧率	可达上百 fps	从高到低都有	一般 30fps
软件复杂度	较低	很高	中等
功耗	很高，需全面照射	较低，纯软件	中等，照射局部

其中，TOF 代表产品有微软 Kinect-2、PMD、SoftKinect，联想 Phab；结构光代表产品有微软 Kinect-1、英特尔 RealSense 等；RGB 双目代表产品有 Leap Motion、ZED 相机等。

（1）TOF

TOF（time of flight）直译为飞行时间。顾名思义是测量光飞行时间来取得距离，具体而言就是通过给目标连续发射激光脉冲，然后用传感器接收反射光线，通过探测光脉冲的飞行往返时间来得到确切的目标物距离。因为采用激光，通过直接测光飞行时间实际不可行，一般检测通过一定手段调制后的光波的相位位移来实现。TOF 法根据调制方法的不同，一般可以分为两种：脉冲调制（pulse modulation）和连续波调制（continuous wave modulation）。脉冲调制需要非常高精度的时钟进行测量，且需要发出高频高强度激光，目前大多采用检测相位偏移办法来实现 TOF 功能。简单来说就是，发出一道经过处理的光，碰到物体以后会反射回来，捕捉来回的时间，因为已知光速和调制光的波长，所以能快速准确计算出到物体的距离。

TOF 相机与普通视觉成像机器也有类似之处，都是由光源、光学部件、传感器、控制电路以及处理电路等单元组成。TOF 相机不仅可以获取深度信息，还可以获取图像的灰度信息，微软 Kinect-2 即是基于 TOF 原理的深度相机。TOF 相机目前的主要应用领域包括：物流行业、安防和监控、工业视觉、工业定位、工业引导、体积预估、医疗和生物、互动娱乐等领域。

TOF 特点如下：

① 优点：检测距离远，在激光能量够的情况下可达几十米；受环境光干扰比较小。

② 缺点：对设备要求高，特别是时间测量模块；资源消耗大，该方案在检测相位偏移

时需要多次采样积分，运算量大；边缘精度低；限于资源消耗和滤波，帧率和分辨率都没办法做到较高。

（2）结构光

结构光的基本原理是通过近红外激光器，将具有一定结构特征的光线投射到被拍摄物体上，再由专门的红外摄像头进行采集。这种具备一定结构的光线，会因被拍摄物体的不同深度区域，而采集不同的图像相位信息，然后通过运算单元将这种结构的变化换算成深度信息，以此来获得三维结构。简单来说就是通过光学手段获取被拍摄物体的三维结构，再将获取到的信息进行更深入的应用。通常采用特定波长的不可见的红外激光作为光源，它发射出来的光经过一定的编码投影在物体上，通过一定算法来计算返回的编码图案的畸变来得到物体的位置和深度信息。根据三种不同的距离使用了三种不同尺寸的散斑，这样的目的是在远、中、近三种距离内都能得到相对较好的测量精度：近距离（$0.8\text{m}\leqslant d<1.2\text{m}$）可以获得较高的测量精度，中距离（$1.2\text{m}\leqslant d<2.0\text{m}$）可以获得中等的测量精度，远距离（$2.0\text{m}\leqslant d<3.5\text{m}$）可以获得较低的测量精度。结构光深度相机原理示意图如图 2-31 所示。

结构光深度相机特点如下：

① 优点：方案成熟，相机基线可以做得比较小，方便小型化；资源消耗较低，单帧 IR 图就可计算出深度图，功耗低；主动光源，夜晚也可使用；在一定范围内精度高，分辨率高。

② 缺点：容易受环境光干扰，室外体验差；随着检测距离增加，精度会变差。

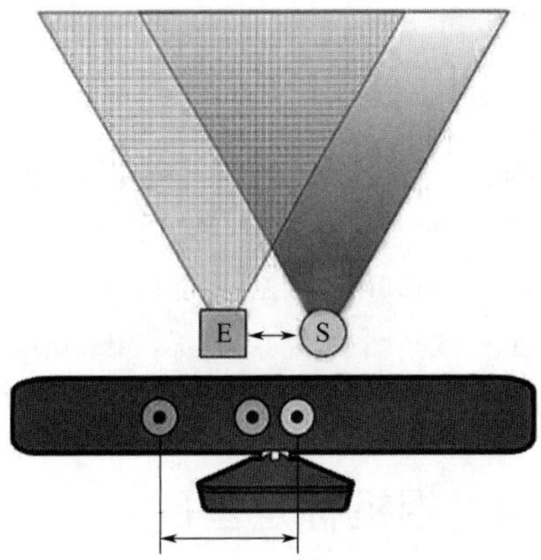

图 2-31　结构光深度相机原理示意图（E 端发射带图案的光源）

（3）双目立体视觉（RGB 双目）

双目立体视觉（binocular stereo vision）是机器视觉的一种重要形式，它是基于视差原理并利用成像设备从不同的位置获取被测物体的两幅图像，通过计算图像对应点间的位置偏差，来获取物体三维几何信息的方法。

双目立体视觉系统的四个基本步骤如下：

① 相机标定主要包含两部分内容：单相机的内参标定和双目相机的外参标定，前者可以获得每个相机的焦距、光心、畸变系数等参数，后者可以获得双目相机之间的相机坐标系的旋转、平移关系。

② 立体校正过程是根据相机的标定结果，对两个相机采集到的原始图像进行校正，校正后的两张图像位于同一平面且互相平行，即图像的每行像素之间共线。

③ 立体匹配过程是根据立体校正后的图像，进行像素点的匹配，匹配成功的点表示真实世界中的某点在这两个图像中的不同位置。

④ 深度计算过程是根据立体匹配结果得到视差图，通过视差图计算每个像素对应的深度，从而获得深度图。

最理想的双目相机模型如图 2-32 所示，C_1 和 C_2 分别表示左右相机的坐标系原点，空间中一点 P 在左右相机的图像平面中的点为 P_1 和 P_2。相机 C_1 和 C_2 焦距相同，都为 f，且两相机在同一平面上。图像平面在同一平面上。两个相机成像的图像像素宽度都为 W，则 P 在左视图中横轴上的像素坐标为 x_1，P 在右视图中横轴上的像素坐标为 x_2。两个相机之间的距离为 b，点 P 到相机平面的距离（即深度）为 L。

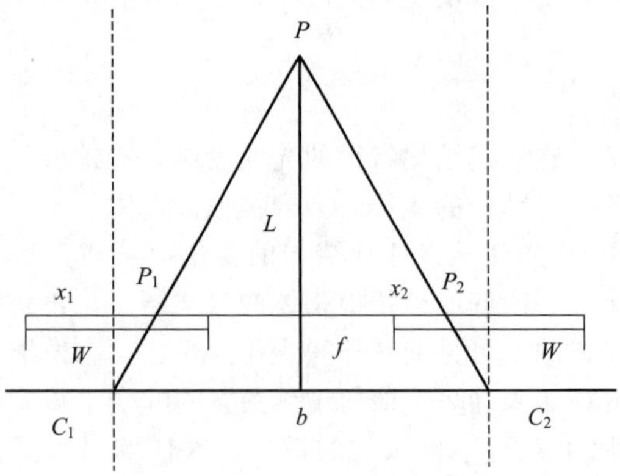

图 2-32　双目相机模型

图 2-32 中$\triangle PP_1P_2 \sim \triangle PC_1C_2$，因此有如下关系：

$$\frac{b-\left(x_1-\frac{W}{2}\right)-\left(\frac{W}{2}-x_2\right)}{b}=\frac{L-f}{L} \tag{2-18}$$

可推出：

$$L=\frac{fb}{x_1-x_2} \tag{2-19}$$

其中，x_1-x_2 表示点 P 在左右相机中的像素点的横坐标之差，也被称为视差。由式(2-19) 可以看出，深度与视差成反比关系，距离越远视差越小，距离越近视差越大。当然完整的双目深度计算非常复杂，主要涉及左右相机的特征匹配，计算会非常消耗资源。

双目相机的特点如下：

① 优点：不需要结构光、TOF 的发射器和接收器，硬件要求低，成本也低；室内外都适用，只要光线合适，不要太昏暗。

② 缺点：对环境光照非常敏感，光线变化导致图像偏差大，进而会导致匹配失败或精度低；不适用单调缺乏纹理的场景，双目视觉根据视觉特征进行图像匹配，没有特征会导致匹配失败；计算复杂度高，该方法是纯视觉的方法，对算法要求高，计算量较大；基线限制了测量范围，测量范围和基线（两个摄像头间距）成正比，导致无法小型化。

2.4　相机标定基础

在图像测量过程以及机器视觉应用中，为确定空间物体表面某点的三维几何位置与其在图像中对应点之间的相互关系，必须建立相机成像的几何模型，这些几何模型参数就是相机参数。在大多数条件下，这些参数必须通过实验与计算才能得到，这个求解参数（内参、外参、畸变参数）的过程就称为相机标定（或摄像机标定）。无论是在图像测量还是机器视觉应用中，相机参数的标定都是非常关键的环节，其标定结果的精度及算法的稳定性直接影响相机工作产生结果的准确性，决定了机器视觉系统能否有效地定位，能否有效地计算目标物。因此，相机标定是做好后续工作的前提，提高标定精度是工作的重点所在。

相机的标定基本上可以分为两种：第一种是相机的自标定；第二种是依赖于标定参照物的标定方法。前者是相机拍摄周围物体，通过数字图像处理的方法和相关的几何计算得到相机参数，但是这种方法标定的结果误差较大，不适合高精度应用场合。后者是通过标定参照物，由相机成像，并通过数字图像处理的方法，以及后期的空间算术运算来计算相机的内参和外参。这种方法标定的精度高，适用于对精度要求高的应用场合。要建立相机成像的几何模型，就要理解相机模型中四个平面坐标系的关系：世界坐标系、相机坐标系、图像坐标系和像素坐标系。

相机标定的过程是将世界坐标系通过刚体变换转换为相机坐标系，接着通过投影变换将相机坐标系转换为图像坐标系，最后再将图像坐标系通过平移变换转换到像素坐标系。相机拍摄过程中的坐标系转换关系如图 2-33 所示。

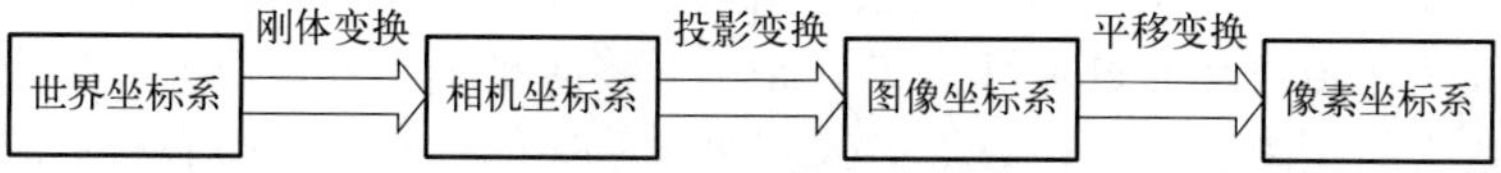

图 2-33　坐标系转换关系图

2.4.1　空间坐标系定义

视觉系统一共有四个坐标系：像素坐标系、图像坐标系、相机坐标系和世界坐标系。每种坐标系之间均存在联系，通过图像像素坐标定位到世界坐标系的坐标，需要通过相机标定来解决，其中关键的算法部分在于坐标系转换，而转换则需要通过齐次坐标的表示方式来完成。

图 2-34 中，O_w-$X_wY_wZ_w$ 为世界坐标系，描述相机位置，单位为 mm；O_c-$X_cY_cZ_c$ 为相机坐标系，光心为原点，单位为 mm；o-xy 为图像坐标系，光心为图像中点，单位为 mm；o_1-uv 为像素坐标系，原点为图像左上角，单位为 pixel（像素）；P 为世界坐标系中的一点；p 为点 P 在图像中的成像点，在图像坐标系中的坐标为（x，y），在像素坐标系中的坐标为（u，v）；f 为相机焦距，等于 o 与 O_c 的距离。

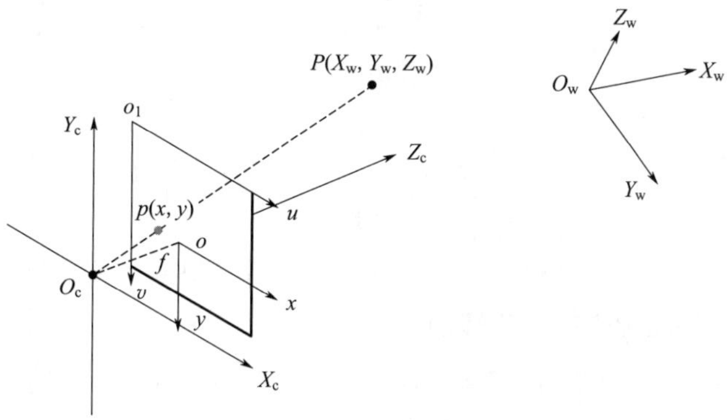

图 2-34　坐标关系图

① 世界坐标系（O_w-$X_wY_wZ_w$）：也称为测量坐标系，是一个三维直角坐标系，代表物体在真实世界里的三维坐标。坐标轴用 X_w、Y_w、Z_w 表示，以其为基准可以描述相机和待测物体的空间位置。世界坐标系可通过旋转和平移得到相机坐标系。

② 相机坐标系（O_c-$X_cY_cZ_c$）：一个三维直角坐标系。原点位于镜头光心处（透镜的中心），水平轴 X_c 与垂直轴 Y_c 分别与图像坐标系的 x 轴和 y 轴平行，Z_c 轴为相机光轴。相机坐标系的原点与图像坐标系的原点之间的距离为 f（也就是焦距）。

③ 图像坐标系（o-xy）：一个二维直角坐标系，代表相机拍摄图像的坐标系。原点为相机光轴与成像平面的交点，是图像的中心点，x 轴和 y 轴分别与像素坐标系的 u 轴、v 轴平行。

④ 像素坐标系（o_1-uv）：表示三维空间物体在图像平面上的投影。像素是离散化的，像素在图像中的位置（图像中常说的像素坐标），也在一个二维直角坐标系中。一般像素坐标系的左上角的顶点就是原点，水平向右是 u 轴，垂直向下是 v 轴。像素坐标系和图像坐标系是平移关系。

2.4.2　空间坐标系变换

空间坐标系变换是指将物体从一个坐标系转换到另一个坐标系的过程，在相机标定中，主要涉及世界坐标系到相机坐标系的变换（外参标定）和相机坐标系到图像坐标系的变换（内参标定）。外参标定通常通过求解旋转矩阵和平移向量来实现，而内参标定则需要确定摄像机（相机）镜头的焦距、畸变系数等参数。通过精确的坐标系变换和参数求解，可以实现摄像机的准确标定和图像的高精度处理。

（1）像素坐标系和图像坐标系的转换

像素坐标就是像素在图像中的位置。像素坐标系是建立在图像中的，需要和相机坐标系进行变换，其单位为像素。其左上角的顶点就是原点 o_1，水平向右是 u 轴，垂直向下是 v 轴。图像坐标系的单位为 mm，这是因为像素坐标没办法反映图片中点的具体尺寸大小，所以需要图像坐标系来表示，原点为 o，为光轴与成像平面的交点。

两个坐标系都在成像平面上，只是各自的原点和度量单位不一样。转换时需要知道两个参数，即 d_x、d_y，分别表示感光芯片上像素的实际大小。

两者之间变换需要进行单位上的转换。在图 2-35 中，假设图像中心的像素坐标是（u_0，v_0），那么，图像坐标系的坐标（x，y）与像素坐标系的坐标（u，v）之间的关系可以表示为：

$$u=\frac{x}{d_x}+u_0 \tag{2-20}$$

$$v=\frac{y}{d_y}+v_0 \tag{2-21}$$

转换为齐次坐标：

$$\begin{bmatrix} u \\ v \\ 1 \end{bmatrix}=\begin{bmatrix} 1/d_x & 0 & u_0 \\ 0 & 1/d_y & v_0 \\ 0 & 0 & 1 \end{bmatrix}\begin{bmatrix} x \\ y \\ 1 \end{bmatrix} \tag{2-22}$$

（2）相机坐标系和图像坐标系的转换

相机坐标系是以相机的光轴作为 Z_c 轴，光线在相机光学系统的中心位置就是原点 O_c（实际上就是透镜的中心），相机坐标系的水平轴 X_c 与垂直轴 Y_c 分别与图像坐标系的 x 轴和 y 轴平行，O_cO 之间的距离为 f，相机坐标系与图像坐标系转换如图 2-36 所示。

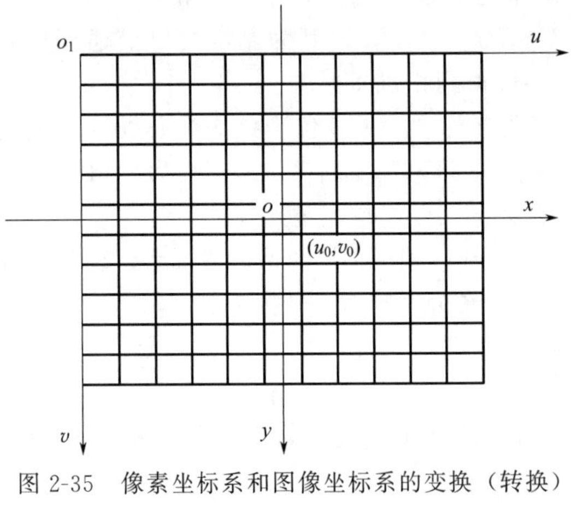

图 2-35　像素坐标系和图像坐标系的变换（转换）

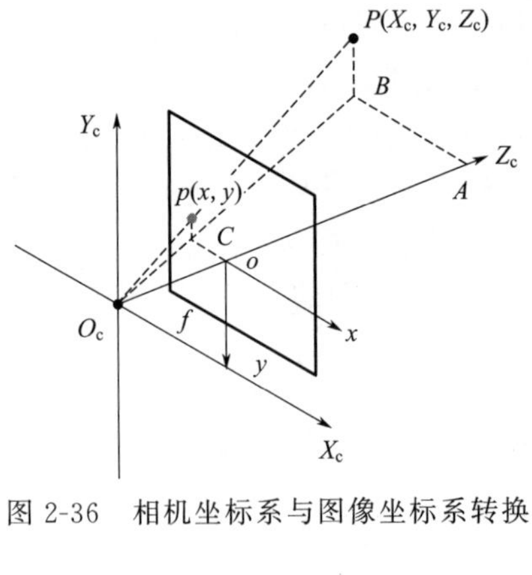

图 2-36　相机坐标系与图像坐标系转换

由

$$\triangle ABO_c \sim \triangle oCO_c \tag{2-23}$$

$$\triangle PBO_c \sim \triangle pCO_c \tag{2-24}$$

得

$$\frac{AB}{oC}=\frac{AO_c}{oO_c}=\frac{PB}{pC}=\frac{X_c}{x}=\frac{Z_c}{f}=\frac{Y_c}{y} \tag{2-25}$$

$$x=f\frac{X_c}{Z_c}, y=f\frac{Y_c}{Z_c} \tag{2-26}$$

$$Z_c\begin{bmatrix}x\\y\\1\end{bmatrix}=\begin{bmatrix}f&0&0&0\\0&f&0&0\\0&0&1&0\end{bmatrix}\begin{bmatrix}X_c\\Y_c\\Z_c\\1\end{bmatrix} \tag{2-27}$$

（3）世界坐标系和相机坐标系的转换

世界坐标系是目标物体位置的参考系，单位为 mm。从世界坐标系转换到相机坐标系，涉及旋转和平移（其实所有的运动都可以用旋转矩阵和平移向量来描述）。因为世界坐标系和相机坐标都是右手坐标系，所以不会发生形变（刚性变换）。世界坐标系与相机坐标系转换如图 2-37 所示。

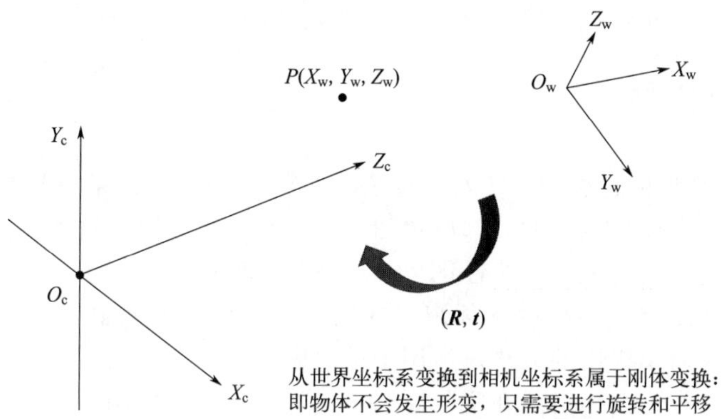

图 2-37　世界坐标系与相机坐标系转换

相机坐标系与世界坐标系之间的关系可以用旋转矩阵 $\boldsymbol{R}$ 与平移向量 $\boldsymbol{t}$ 来描述，具体如下：

$$\begin{bmatrix}X_c\\Y_c\\Z_c\\1\end{bmatrix}=\begin{bmatrix}\boldsymbol{R}&\boldsymbol{t}\\\boldsymbol{0}^T&1\end{bmatrix}\begin{bmatrix}X_w\\Y_w\\Z_w\\1\end{bmatrix} \tag{2-28}$$

其中，$\boldsymbol{R}$ 为 3×3 正交单位矩阵；$\boldsymbol{t}$ 为三维平移向量；$\boldsymbol{0}=(0,0,0)^T$。

（4）像素坐标系和世界坐标系的转换

像素坐标系和世界坐标系之间的关系如下：

$$Z_c\begin{bmatrix}u\\v\\1\end{bmatrix}=\begin{bmatrix}1/d_x&0&u_0\\0&1/d_y&v_0\\0&0&1\end{bmatrix}\begin{bmatrix}f&0&0&0\\0&f&0&0\\0&0&1&0\end{bmatrix}\begin{bmatrix}\boldsymbol{R}&\boldsymbol{t}\\\boldsymbol{0}&1\end{bmatrix}\begin{bmatrix}X_w\\Y_w\\Z_w\\1\end{bmatrix} \tag{2-29}$$

$$
=\begin{bmatrix} a_x & 0 & u_0 & 0 \\ 0 & a_y & v_0 & 0 \\ 0 & 0 & 1 & 0 \end{bmatrix} \begin{bmatrix} \boldsymbol{R} & \boldsymbol{t} \\ \boldsymbol{0} & 1 \end{bmatrix} \begin{bmatrix} X_{\mathrm{w}} \\ Y_{\mathrm{w}} \\ Z_{\mathrm{w}} \\ 1 \end{bmatrix}
$$

$$
=\boldsymbol{M}_1 \boldsymbol{M}_2 \begin{bmatrix} X_{\mathrm{w}} \\ Y_{\mathrm{w}} \\ Z_{\mathrm{w}} \\ 1 \end{bmatrix}
$$

$$
=\boldsymbol{M} \begin{bmatrix} X_{\mathrm{w}} \\ Y_{\mathrm{w}} \\ Z_{\mathrm{w}} \\ 1 \end{bmatrix}
$$

式中，$a_x=f/d_x$；$a_y=f/d_y$；$\boldsymbol{M}$ 为 3×3 矩阵，称为投影矩阵；$\boldsymbol{M}_1$ 完全由 a_x、a_y、u_0、v_0 决定，由于 a_x、a_y、u_0、v_0 只与相机内部结构有关，称这些参数为内部参数（内参）；$\boldsymbol{M}_2$ 完全由相机相对于世界坐标系的方位决定，称为外部参数（外参）。确定某一相机的内外参数，称为相机标定。

2.5 相机标定方法

本节介绍 Tsai 两步标定法和张正友标定法。Tsai 两步标定法是一种高精度的相机标定方法，其特点是分两步计算相机的外部位置和方向以及内部参数。这种方法考虑了镜头畸变的影响，并且计算过程中避免了非线性优化，提高了计算速度。由于其高精度和适用于工业自动化领域的高精度需求，Tsai 两步标定法在实际应用中具有较高的价值和适用性。张正友标定法是一种计算简单快速的方法，适用于小规模相机标定，由于其计算过程简单，且不需要考虑镜头畸变，张正友标定法在实际应用中得到了广泛的应用。然而，由于未考虑镜头畸变的影响，该方法可能会导致一定程度的误差。

2.5.1 Tsai 两步标定法

Tsai 两步标定法是一种用于校正和确定相机内参和外参的技术，它是由加州大学伯克利分校的学者 Jacky Tsai 在 1992 年提出的。相机标定是计算机视觉中的一个基本步骤，其目的是获取相机的几何和光学参数，从而能够在三维空间中准确地重建出物体的位置和形状。目前普遍采用的两步标定法是利用成像几何中的某些内在性质和关系先求一部分参数，然后利用这些已求出的参数来求解其他参数。Tsai 提出的两步标定法是基于径向校正约束（RAC，radial alignment constraint）的标定法，基于径向校正约束（RAC）的两步标定法的第一步用最小二乘法求解线性方程组，得出摄像机（相机）外部参数；第二步求解摄像机内部参数，如果摄像机无透镜畸变，则可由一个线性方程直接求出。这个过程所求解的内外部参数分别为焦距不径向畸变因子 k、旋转矩阵 $\boldsymbol{R}$ 和平移向量 $\boldsymbol{t}$。在 Tsai 的标定方法（Tsai 两步标定法）中，主要涉及以下几个步骤：

① 选择标定目标：通常使用一个具有已知图案的标定板，如棋盘格，这个图案允许算法检测出图像中的特征点。

② 拍摄多张图片：从不同的角度和距离对标定板进行拍摄，以确保收集到足够的信息

来计算相机参数。

③ 特征点检测：在拍摄的图片中检测特征点，这些点与标定板上的物理点一一对应。

④ 建立成像模型：Tsai 标定方法使用的是针孔成像模型，该模型假设光线沿直线传播，并且所有光线通过一个单一的光线中心（即相机光心）。

⑤ 计算内参：内部参数包括焦距 f、主点坐标（C_x，C_y）以及镜头畸变参数（K_1，K_2，…），这些参数描述了相机的内在属性。

⑥ 计算外参：外部参数包括相机在世界坐标系中的位置和方向，这些参数描述了相机相对于被拍摄对象的位置。

⑦ 优化参数：使用非线性优化方法来最小化重投影误差，即标定板上的点在图像中投影的位置与实际检测到的特征点位置之间的差异。

Tsai 标定方法的优势在于结合了线性与非线性优化，既可以快速计算初步的相机参数，又可以通过后续的非线性优化来提高标定的精度。这种方法在许多计算机视觉应用中得到了广泛应用，如三维重建、机器人视觉、增强现实等领域。

Tsai 标定方法实现过程如下：

① 打印棋盘图，如图 2-38 所示。

图 2-38　棋盘图

② 将其固定到一个平面上，使用相机从不同角度、不同位置拍摄 10～20 张图片，如图 2-39 所示。

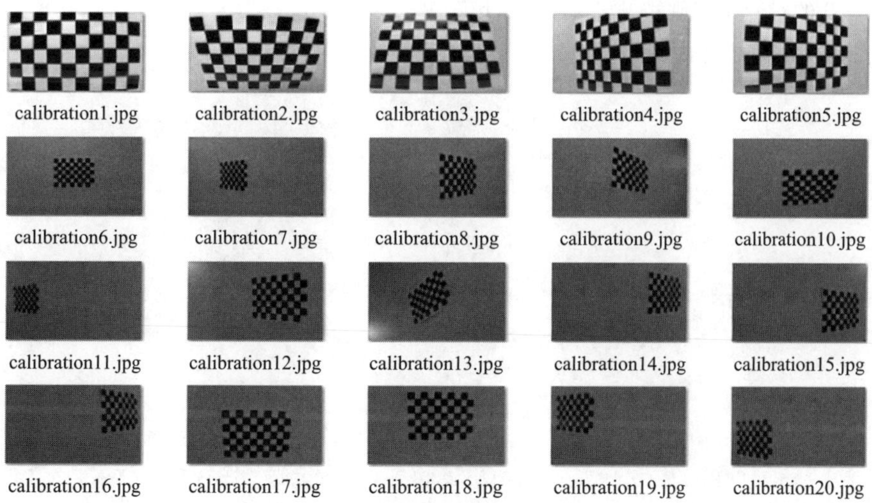

图 2-39　从不同角度拍摄的图片

③ Python 调用 OpenCV 相机拍照代码：

```
import cv2
camera=cv2.VideoCapture(0)
i = 0
while 1:
    (grabbed, img) = camera.read()
    cv2.imshow('img',img)
    if cv 2.waitKey(1) & 0xFF ==ord('j'):  # 按 j 保存一张图片
        i += 1
        u = str(i)
        firename=str('./img'+u+'.jpg')
        cv2.imwrite(firename, img)
        print('写入:',firename)
    if cv2.waitKey(1) & 0xFF ==ord('q'):
        break
```

这个程序的主要功能是使用 OpenCV 库来从计算机的默认摄像头捕获视频流，并允许用户通过按键来控制程序的运行。具体来说，程序执行以下操作：

a. 初始化摄像头：通过 cv2.VideoCapture（0）初始化计算机的默认摄像头，camera 变量用于存储摄像头对象。

b. 循环捕获视频帧：使用 while 1：创建一个无限循环，不断从摄像头捕获视频帧。camera.read() 方法被用来从摄像头捕获一帧图像，它返回一个布尔值（grabbed）和一个图像（img）。如果 grabbed 是 True，则表示成功捕获了一帧图像；否则，表示没有图像被捕获。

c. 显示图像：使用 cv2.imshow（'img'，img）在窗口中显示捕获的图像。窗口的名称被设置为'img'。

d. 按键控制：通过 cv2.waitKey（1）检查是否有按键被按下，参数 1 表示等待 1ms。如果在这段时间内有按键被按下，cv2.waitKey（）将返回一个键码；否则，返回－1。

如果按下的键是 j，则执行保存图像的操作。这里，i 用于生成唯一的文件名，然后构造图像文件的路径，并使用 cv2.imwrite（）函数将当前图像保存到指定的路径。

如果按下的键是 q，则退出循环，结束程序。

④ Python 标定程序代码如下：

```
import cv2
import numpy as np
import glob

# 找棋盘格角点
# 设置寻找亚像素角点的参数,采用的停止准则是最大循环次数达到 30 和最大误差容限达到 0.001
criteria = (cv2.TERM_CRITERIA_EPS + cv2.TERM_CRITERIA_MAX_ITER, 30, 0.001) # 阈值
# 棋盘格模板规格
w = 9   # 10 - 1
h = 6   # 7 - 1
# 世界坐标系中的棋盘格点,例如(0,0,0), (1,0,0), (2,0,0),…,(8,5,0),去掉Z 坐标,记为二维
矩阵
```

```
objp = np.zeros((w* h,3), np.float32)
objp[:,:2] = np.mgrid[0:w,0:h].T.reshape(-1,2)
objp = objp* 18.1  #  18.1 mm

#  储存棋盘格角点的世界坐标和图像坐标对
objpoints = [] #  在世界坐标系中的三维点
imgpoints = [] #  在图像平面的二维点
# 加载 pic 文件夹下所有的 jpg 图像
images = glob.glob('./* .jpg')  #  拍摄的十几张棋盘图片所在目录
i=0
for fname in images:

    img = cv2.imread(fname)
    #  获取画面中心点
    # 获取图像的长宽
    h1, w1 = img.shape[0], img.shape[1]
    gray = cv2.cvtColor(img,cv2.COLOR_BGR2GRAY)
    u, v = img.shape[:2]
    #  找到棋盘格角点
    ret, corners = cv2.findChessboardCorners(gray,(w,h),None)
    #  如果找到足够点对,将其存储起来
    if ret ==True:
        print("i:", i)
        i = i+1
        #  在原角点的基础上寻找亚像素角点
        cv2.cornerSubPix(gray,corners,(11,11),(-1,-1),criteria)
        # 存储世界坐标和图像坐标
        objpoints.append(objp)
        imgpoints.append(corners)
        #  将角点在图像上显示
        cv2.drawChessboardCorners(img,(w,h), corners, ret)
        cv2.namedWindow('findCorners', cv2.WINDOW_NORMAL)
        cv2.resizeWindow('findCorners', 640, 480)
        cv2.imshow('findCorners',img)
        cv2.waitKey(200)
cv2.destroyAllWindows()
#%% 标定
print('正在计算')
# 标定
ret, mtx, dist, rvecs, tvecs = \
    cv2.calibrateCamera(objpoints, imgpoints, gray.shape[::-1], None, None)

print("ret:",ret  )
print("mtx:\n",mtx) #  内参数矩阵
print("dist 畸变值:\n",dist) #  畸变系数
print("rvecs 旋转(向量)外参:\n",rvecs)  #  旋转向量  #  外参数
```

```
print("tvecs 平移(向量)外参:\n",tvecs  )  #  平移向量  #  外参数
newcameramtx, roi = cv2.getOptimalNewCameraMatrix(mtx, dist,(u, v), 0, (u, v))
print('newcameramtx 外参',newcameramtx)
# 打开摄像机
camera=cv2.VideoCapture(0)
while True:
    (grabbed,frame)=camera.read()
    h1, w1 = frame.shape[:2]
    newcameramtx, roi = cv2.getOptimalNewCameraMatrix(mtx, dist,(u, v), 0, (u, v))
    #  纠正畸变
    dst1 = cv2.undistort(frame, mtx, dist, None, newcameramtx)
    # dst2 = cv2.undistort(frame, mtx, dist, None, newcameramtx)
    mapx,mapy=cv2.initUndistortRectifyMap(mtx,dist,None,newcameramtx,(w1,h1),5)
    dst2=cv2.remap(frame,mapx,mapy,cv2.INTER_LINEAR)
    #  裁剪图像,输出纠正畸变以后的图片
    x, y, w1, h1 = roi
    dst1 = dst1[y:y + h1, x:x + w1]

    # cv2.imshow('frame',dst2)
    # cv2.imshow('dst1',dst1)
    cv2.imshow('dst2', dst2)
    if cv 2.waitKey(1) & 0xFF ==ord('q'):  #  按 q 保存一张图片
        cv2.imwrite("../u4/frame.jpg", dst1)
        break

camera.release()
cv2.destroyAllWindows()
```

这个程序的功能是对一个摄像头进行标定，并实时显示和纠正摄像头捕获图像的畸变。这个过程主要包括以下步骤：

a. 棋盘格角点检测与存储：程序首先定义了一个棋盘格模板的大小（w=9，h=6），并设置了寻找亚像素角点的参数（criteria）。使用 glob.glob（'./*.jpg'）加载当前目录下所有 .jpg 格式的图像文件。对于每张图像，程序将其转换为灰度图，然后使用 cv2.findChessboardCorners 函数尝试找到棋盘格角点。如果成功找到角点，则使用 cv2.cornerSubPix 进一步细化角点位置至亚像素级别，并将这些角点的世界坐标（objp）和图像坐标（corners）分别存储在 objpoints 和 imgpoints 列表中。同时，程序会在图像上绘制棋盘格角点，并通过窗口显示这些图像。

b. 摄像头标定：使用 cv2.calibrateCamera 函数，根据之前存储的角点坐标（objpoints 和 imgpoints）以及灰度图像的尺寸（gray.shape［::-1］），计算摄像头的内参数矩阵（mtx）、畸变系数（dist）、旋转向量（rvecs）和平移向量（tvecs）。这些参数用于描述摄像头的内部几何特性和畸变情况，是后续进行图像畸变纠正的基础。

c. 图像畸变纠正：程序通过 cv2.VideoCapture（0）打开默认摄像头，并进入一个无限循环，不断从摄像头捕获图像。对于每张捕获的图像，程序首先使用 cv2.getOptimalNewCameraMatrix 函数根据之前计算得到的内参数矩阵和畸变系数，计算一个最优的新相机矩

阵（newcameramtx）和一个用于裁剪图像的感兴趣区域（roi）。接着，程序使用 cv2. undistort 函数或 cv2. remap 函数来纠正图像的畸变。cv2. undistort 直接返回纠正后的图像，而 cv2. remap 则允许更灵活的处理，包括裁剪。最后，程序根据 roi 裁剪纠正后的图像，并通过窗口显示纠正结果。

d. 退出与保存：如果用户按下 q 键，程序将纠正后的图像保存到指定路径（../u4/frame. jpg），然后释放摄像头资源并关闭所有 OpenCV 窗口，结束程序。

程序运行结果如图 2-40 所示。

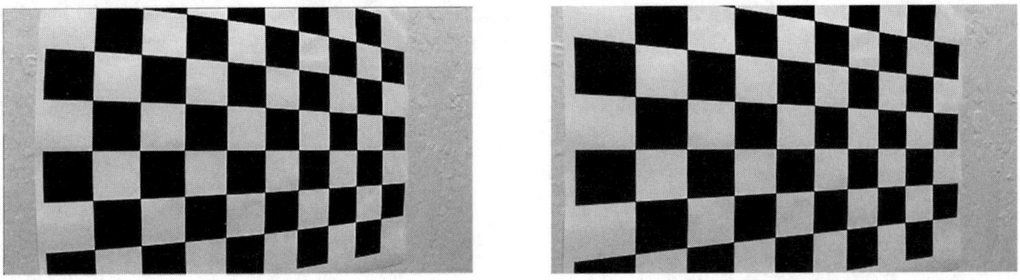

(a) 纠正前图片　　(b) 纠正后图片

图 2-40　纠正前后对比图

2. 5. 2　张正友标定法

张正友标定法（Zhang's camera calibration method）是一种相机标定的方法，由张正友（Zhengyou Zhang）在 1998 年提出。这种方法通过使用一个或多个已知图案的平面（通常是黑白相间的棋盘格）来计算相机的内部参数（如焦距、主点等）和外部参数（相机在世界坐标系中的位置和方向）。

张正友标定法的特点是简单高效，它仅需要拍摄几张不同角度的棋盘格图片，而不需要知道棋盘格的实际尺寸。这种方法假设成像平面和成像传感器是平行的，这对于大多数现代相机而言是一个合理的假设。标定过程中，算法会提取图像中棋盘格的角点，并利用这些角点来计算相机参数。这些参数对于计算机视觉应用非常重要，比如三维重建、姿态估计、增强现实等。张正友标定法的示意图如图 2-41 所示。

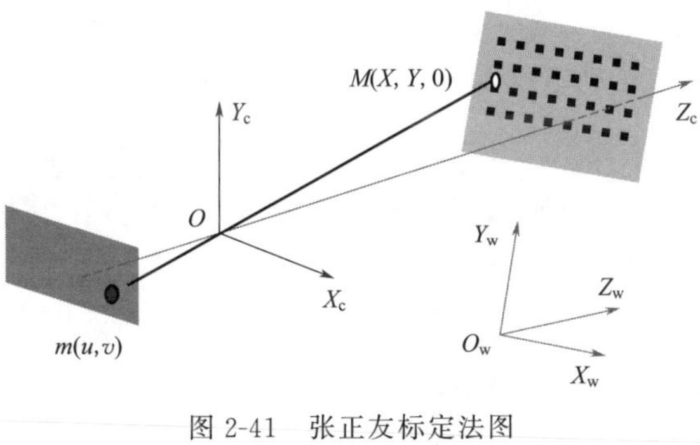

图 2-41　张正友标定法图

张正友标定法的步骤大致如下：

① 打印一个棋盘格图案并放置在平稳的表面上。

② 使用相机从不同的角度和距离拍摄多张棋盘格的图片。

③ 在拍摄的图片中检测棋盘格的角点。

④ 利用检测到的角点建立成像模型，并计算相机内参和外参。

⑤ 通过优化算法来提高标定的精度。

张正友标定法 Python 程序代码如下：

```
import cv2
import numpy as np
import glob
# criteria:角点精准化迭代过程的终止条件
criteria = (cv2.TERM_CRITERIA_EPS + cv2.TERM_CRITERIA_MAX_ITER, 30, 0.001)
# 棋盘格模板规格
len = 18# 黑白格长度
w = 6
h = 13
# 世界坐标系中的棋盘格点,例如(0,0,0), (1,0,0), (2,0,0),…,(8,5,0),去掉Z 坐标,记为二维矩阵
world_point = np.zeros((w* h, 3), np.float32)# 初始化一个 6×13 行 3 列的矩阵,类型为 float

# 把每一个世界坐标的x、y 赋值[:,:2]中,:表示列表的所有字列表,:2 表示从 1 截止到第二个数字
world_point[:, :2] = np.mgrid[0:w* len:len, 0:h* len:len].T.reshape(-1, 2)
# 储存棋盘格角点的世界坐标和图像坐标对
world_points = []  # 在世界坐标系中的三维点
imgpoints = []  # 在图像平面的二维点
j=1
images = glob.glob('./*.jpg')# 读取所有 jpg 文件
for fname in images:
    img = cv2.imread(fname)
    # 将图片缩小
    img = cv2.resize(img,None,fx=0.4, fy=0.4, interpolation = cv2.INTER_CUBIC)
    gray = cv2.cvtColor(img,cv2.COLOR_BGR2GRAY)
    # 找到棋盘格角点
    # 寻找角点,存入 corners,ret 是找到角点的 flag(如果找到角点则为 True)
    ret, corners = cv2.findChessboardCorners(gray,(w, h), None)
    # 如果找到足够点对,将其存储起来
    if ret is True:
        cv2.cornerSubPix(gray, corners,(11, 11), (-1, -1), criteria)
        # 加入世界坐标系
        world_points.append(world_point)
        # 角点加入图像坐标系
        imgpoints.append(corners)
        # 将角点在图像上显示
        cv2.drawChessboardCorners(img,(w, h), corners, ret)
        cv2.imshow('findCorners', img)
        cv2.waitKey(1)
        print(str(j)+"完成\n")
```

```
            j+=1
        else:
            print('错误')
            j+=1
    cv2.destroyAllWindows()

    # 求解摄像机的内部参数和外部参数。mtx 为内参数矩阵,dist 为畸变系数,rvecs 为旋转向量,
tvecs 为平移向量
    ret, mtx, dist, rvecs, tvecs = cv2.calibrateCamera(world_points, imgpoints,
gray.shape[::-1], None, None)

    # 找棋盘格角点
    # 去畸变
    img2 = cv2.imread('1.jpg')
    img2=cv2.resize(img2,None,fx=0.4, fy=0.4, interpolation = cv2.INTER_CUBIC)
    cv2.imshow("畸变图像", img2)
    cv2.waitKey(100)
    cv2.destroyAllWindows()
    h, w = img2.shape[:2]
    # 内参数矩阵
    newcameramtx, roi = cv2.getOptimalNewCameraMatrix(mtx, dist,(w, h), 0, (w, h))  #
自由比例参数
    # 校正后图像
    dst = cv2.undistort(img2, mtx, dist, None, newcameramtx)
    cv2.imwrite('calibresult.png', dst)
    f = open('内参数矩阵.txt', 'w+')
    f.write('内参数矩阵:\n'+str(newcameramtx)+'\n')
    f.close()
    print('内参数输出完毕')
    f = open('外参数矩阵.txt', 'w+')
    # 得到旋转矩阵与平移向量
    for t in range(0,j-1):# 向量变为矩阵
        newrvecs=cv2.Rodrigues(rvecs[t].ravel())
        newtvecs=cv2.Rodrigues(tvecs[t].ravel())
        f.write('第'+str(t+1)+'张图像的外参数矩阵:\n'+'(1)旋转矩阵:\n'+str(newrvecs
[0])+'\n'+'(2)平移矩阵:\n'+str(newtvecs[0])+'\n')
        t+=1
    f.close()
    print('外参数输出完毕')
    f = open('畸变系数.txt', 'w+')
    f.write('畸变系数:\n'+str(dist)+'\n')
    f.close()
    print('结果输出完毕')
    np.savez('data.npz', mtx=mtx, dist=dist,rvecs=rvecs,tvecs=tvecs)
    print('*.npz 文件输出完毕')
```

程序运行结果如图 2-42 所示。

(a) 纠正前图片

(b) 纠正后图片

图 2-42　利用张正友标定法纠正前后对比图

第3章 数字图像预处理基础

3.1 数字图像简介

3.1.1 数字图像处理的发展及应用

（1）数字图像处理的发展

数字图像处理最早出现于20世纪50年代，当时的电子计算机已经发展到一定水平，人们开始利用计算机来处理图形和图像信息。数字图像处理作为一门学科大约形成于20世纪60年代初期。早期图像处理的目的是改善图像的质量，它以人为对象，以改善人的视觉效果为目的。图像处理中，输入的是质量低的图像，输出的是改善质量后的图像，常用的图像处理方法有图像增强、复原、编码、压缩等。

对此首次获得实际成功应用的是美国喷气推进实验室（JPL）。他们对航天探测器徘徊者7号在1964年发回的几千张月球照片使用了图像处理技术，如使用几何校正、灰度变换、去除噪声等方法进行处理，并考虑了太阳位置和月球环境的影响，由计算机成功地绘制出月球表面地图，获得了巨大的成功。随后又对探测器发回的近十万张照片进行更为复杂的图像处理，以致获得了月球的地形图、彩色图及全景镶嵌图，取得了非凡的成果，为人类登月创举奠定了坚实的基础，也推动了数字图像处理这门学科的诞生。在之后的宇航空间技术，如对火星、土星等星球的探测研究中，数字图像处理技术都发挥了巨大的作用。

20世纪70年代中期开始，随着计算机技术和人工智能、思维科学研究的迅速发展，数字图像处理向更高、更深层次发展。人们已开始研究如何用计算机系统解释图像，实现类似人类视觉系统理解外部世界的功能，这被称为图像理解或计算机视觉。很多国家，特别是发达国家投入更多的人力、物力到这项研究中，取得了不少重要的研究成果。其中代表性的成果是20世纪70年代末MIT的Marr提出的视觉计算理论，这个理论成为计算机视觉领域其后十多年的主导思想。图像理解虽然在理论方法研究上已取得不小的进展，但它本身是一个比较难的研究领域，存在不少困难，因人类本身对自己的视觉过程还了解甚少，因此计算机视觉是一个有待人们进一步探索的领域。

根据行业分析报告，中国数字图像处理应用端市场规模从2020年的217.3亿元快速增长，到2024年达到了约4800亿元人民币，并且预计在未来五年内将以20%～30%的增长率持续增长。随应用端需求爆发，数字图像处理行业持续保持较高的市场规模增长趋势，数字图像处理技术已在各行业投入使用，广泛应用于手机、汽车、金融服务、互联网打车和线上租赁公寓等，是人工智能技术中落地最广的技术之一。

截至2021年，安防影像分析、金融身份认证及互联网娱乐已成为数字图像处理行业最重要的技术发展方向。而包括智慧安防、电商消费、智慧金融、手机娱乐、交通运输、智能家居、智能制造、医疗卫生和物流快运等在内的应用端的数量激增，推动了数字图像处理行业上游硬件及算法进步，驱动了数字图像处理行业中游技术方向持续创新，未来行业规模将继续增长。

图像是人类获取和交换信息的主要来源，因此，图像处理的应用领域必然涉及人类生活和工作的方方面面。随着人类活动范围的不断扩大，图像处理的应用领域也将随之不断扩大。

（2）数字图像处理的应用

① 航天和航空方面。数字图像处理技术在航天和航空技术方面的应用，除了美国喷气推进实验室对月球、火星照片的处理之外，另一方面的应用是在飞机遥感和卫星遥感技术中。许多国家派出很多侦察飞机对地球上有兴趣的地区进行大量的空中摄影，并对照片进行处理分析，以前需要雇用几千人，而现在改用配备有图像处理系统的高级计算机来判读分析，既节省人力，又加快了速度，还可以从照片中提取人工所不能发现的大量有用情报。

20世纪60年代末以来，美国及一些国际组织发射了资源遥感卫星（如LANDSAT系列）和天空实验室（如SKYLAB），由于成像条件受飞行器位置、姿态、环境条件等影响，图像质量不是很高。因此，以如此昂贵的代价进行简单直观的图像判读是不划算的，必须采用数字图像处理技术。如LANDSAT系列陆地卫星，采用多波段扫描器（MSS），在900km高空对地球每一个地区以18天为一周期进行扫描成像，其图像分辨率大致相当于地面上十几米或100米左右（如1983年发射的LANDSAT-4，分辨率为30m）。

2005年1月14日，“惠更斯”探测器拍摄了“土卫六”的图像，这些图像在空中先处理（数字化、编码）成数字信号存入磁带中，在卫星经过地面站上空时，再高速传送下来，然后由处理中心分析判读。这些图像无论是在成像、存储、传输过程中，还是在判读分析中，都必须采用很多数字图像处理方法。现在世界各国都在利用陆地卫星所获取的图像进行资源调查（如森林调查、海洋泥沙和渔业调查、水资源调查等）、灾害检测（如病虫害检测、水火检测、环境污染检测等）、资源勘察（如石油勘查、矿产量探测、大型工程地理位置勘探分析等）、农业规划（如土壤营养、水分和农作物生长、产量的估算等）和城市规划（如地质结构、水源及环境分析等）等。中国也陆续开展了以上诸方面的一些实际应用，并取得了良好的效果。在气象预报和对太空其他星球研究方面，数字图像处理技术也发挥了相当大的作用。

② 生物医学工程方面。数字图像处理在生物医学工程方面的应用十分广泛，而且很有成效。除了CT技术之外，还有一类是对医用显微图像的处理分析，如红细胞和白细胞分类、染色体分析、癌细胞识别等。此外，在X射线肺部图像增晰、超声波图像处理、心电图分析、立体定向放射治疗等医学诊断方面都广泛地应用图像处理技术。

③ 通信工程方面。当前通信的主要发展方向是声音、文字、图像和数据相结合的多媒

体通信。具体地讲是将电话、电视和计算机以三网合一的方式在数字通信网上传输。其中以图像通信最为复杂和困难，因图像的数据量巨大，如传送彩色电视信号的速率为 100Mbit/s 以上，要将这样高速率的数据实时传送出去，必须采用编码技术来压缩数据量。在一定意义上讲，编码压缩是这些技术成败的关键。除了已应用较广泛的熵编码、DPCM（差分脉码调制）编码、变换编码外，国内外正在大力开发研究新的编码方法，如自适应网络编码和小波变换图像压缩编码等。

④ 工业和工程方面。在工业和工程领域中图像处理技术有着广泛的应用，如自动装配线中零件质量的检测、零件分类，印刷电路板疵病检查，弹性力学照片的应力分析，流体力学图片的阻力和升力分析，邮政信件的自动分拣，在一些有毒、放射性环境中识别工件及物体的形状和排列状态，先进的设计和制造技术中的工业视觉等。其中值得一提的是研制具备视觉、听觉和触觉功能的智能机器人，将会给工农业生产带来新的激励，目前已在工业生产中的喷漆、焊接、装配中得到有效的利用。

⑤ 军事公安方面。军事方面的图像处理和识别主要用于导弹的精确制导，各种侦察照片的判读，具有图像传输、存储和显示的军事自动化指挥系统，飞机、坦克和军舰模拟训练系统等；公安方面的图像处理和识别主要用于公安业务图片的判读分析、指纹识别、人脸鉴别、不完整图片的复原，以及交通监控、事故分析等。目前已投入运行的高速公路停车自动收费系统中的车辆和车牌的自动识别便是图像处理技术成功应用的例子。

总之，图像处理技术应用领域相当广泛，已在国家安全、经济发展、日常生活中充当越来越重要的角色，对国计民生的作用不可低估。

3.1.2　图像采样和量化

一幅图像可表示成一个范围有限二维空间内幅值有限的函数，其数学表达为：

$$I=f(x,y),x_{\text{start}}\leqslant x\leqslant x_{\text{end}},y_{\text{start}}\leqslant y\leqslant y_{\text{end}},I_{\min}\leqslant I\leqslant I_{\max} \tag{3-1}$$

其中，(x, y) 表示图像中像素的空间坐标；$I=f(x,y)$ 表示图像某个位置的响应值；x_{start} 和 x_{end} 表示图像在水平方向上的边界；y_{start} 和 y_{end} 表示图像在垂直方向上的边界；$I_{\min}$ 和 $I_{\max}$ 分别表示响应幅值的最小值和最大值。

数字图像中像素的空间位置 (x, y) 以及响应值 I 均为离散值，而传感器的输出是连续电压波形信号。为了产生一幅数字图像，需要把连续的数据转换为离散的数字化形式。图像的数字化是将连续的模拟图像转换为计算机可处理的离散数字图像的过程，该过程包括两种操作——采样和量化。采样是图像空间坐标的离散化，决定了图像的空间分辨率。量化是图像响应幅值的离散化，决定了图像的灰度分辨率。采样和量化是将模拟图像转换为数字图像的两个最重要的操作。

（1）图像采样

图像采样是将一幅在空间上连续分布的模拟图像分割成 $M\times N$ 的网格，每个网格为一个像素，$M\times N$ 为图像的空间分辨率。根据香农采样定理，只要采样的频率大于被采样信号最高频率的 2 倍，就可以由采样信号对原始信号的形态进行完整恢复。图像采样可以看作是对原始图像信号的一种数字化逼近，采样需要确定水平和垂直方向上分割出像素的数量，该数量又称为图像的分辨率。一般来说，采样间隔越大，所得图像像素数越少，空间分辨率越低，图像质量越差，严重时出现马赛克效应；采样间隔越小，所得图像像素数越多，空间分辨率越高，图像质量越好，但数据量较大。

图像采样的 Python 代码：

```
# 导入所需要的包
fromskimage import data,io
from matplotlib import pyplot as plt
# from matplotlib import pylot as plt
import numpy as np
plt.rcParams['font.sans-serif']=['SimHei'] # 显示中文标签
plt.rcParams['axes.unicode_minus']=False

# 载入测试图像
image=io.imread('cat.jpg')
plt.subplot(1,2,1)
plt.imshow(image)
plt.title('原始图片')

print(image.shape)  # 显示图像原始大小
print(type(image))  # 显示图像类型
ratio = 5  # 设置采样比率
# 设置采样后的图片大小
image1 = np.zeros((int(image.shape[0] / ratio), int(image.shape[1] / ratio), image.shape[2]), dtype='int32')
# 对图像进行遍历
for i in range(image1.shape[0]):
    for j in range(image1.shape[1]):
        for k in range(image1.shape[2]):
            delta = image[i * ratio:(i + 1) * ratio, j * ratio:(j + 1) * ratio, k]  # 获取需要采样的图像块
            image1[i, j, k] = np.mean(delta)  # 计算均值,并存入结果图像

plt.subplot(1,2,2)
plt.imshow(image1)
plt.title('采样后')
plt.savefig('plt.jpg')
plt.show()
```

图像采样程序运行结果如图 3-1 所示。

（2）图像量化

模拟图像经过采样后，在空间上实现了离散化并形成像素。但采样所得的像素值（即灰度值）依旧是连续量，采样后所得的各像素的灰度值从连续量到离散量的转换称为图像灰度的量化。

图像的像素值（响应值）$I(x,y)$ 的数字化被称为图像的量化，即将图像响应值 $I(x,y)$ 从 I_{min} 到 I_{max} 的实数域映射为有限级别的离散数值。图像采样将图像的空间域限定为有限的离散坐标，而图像量化则将图像的响应值限定为有限的离散数值。与图像量化相关的度量为灰度级，灰度级（灰度层次）是表示像素明暗程度的正数量。

图像的量化比率决定了图像的颜色精细程度。目前的一般做法是从图像响应最大值到响应最小值进行均匀量化，划分为若干量化层级。目前常见的量化级数一般为 2^n，如 256，最

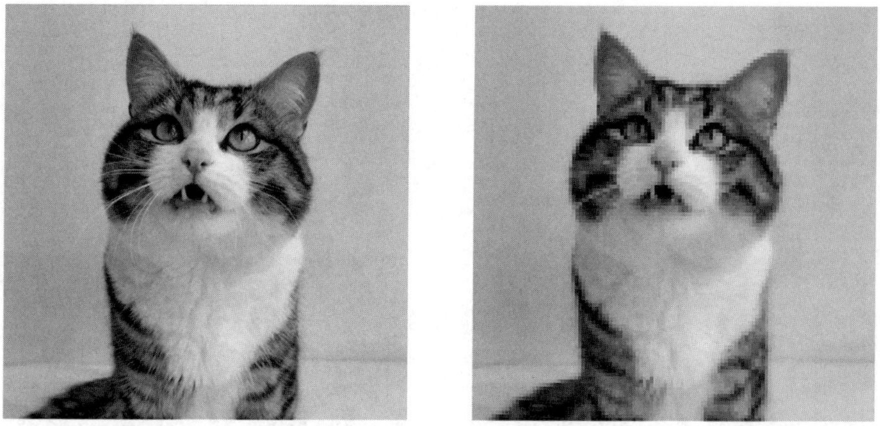

图 3-1　图像采样

小的量化级数为 2，即灰度图像转变为二值图像，量化后的图像仅有 0 和 1 两种灰度取值。除均匀量化方法外，也有非均匀量化的方式。

量化等级越多，所得图像层次越丰富，灰度分辨率越高，图像质量越好，但数据量较大；量化等级越少，图像层次越欠丰富，灰度分辨率越低，可能会出现假轮廓现象，图像质量变差，但数据量较小。然而，在极少数情况下固定图像大小，减少灰度级能改善质量，产生这种情况的可能原因是减少灰度级一般会增加图像的对比度。例如，对细节比较丰富的图像量化，可能会减少图像中用户不感兴趣的一些细节，增加感兴趣区域与背景图像的对比度。

图像量化的 Python 代码：

```
import cv2
import numpy as np
import matplotlib.pyplot as plt

# 读取原始图像
img = cv2.imread('./cat/cat1.png')

# 获取图像高度和宽度
height = img.shape[0]
width = img.shape[1]
# 创建一幅图像
new_img = np.zeros((height, width, 3), np.uint8)
# 图像量化操作,量化等级为 2
for i in range(height):
    for j in range(width):
        for k in range(3):  # 对应 BGR 三分量
            if img[i, j][k] < 128:
                gray = 0
            else:
                gray = 128
            new_img[i, j][k] = np.uint8(gray)
# 显示图像
cv2.imshow("src", img)
```

```
cv2.imshow("", new_img)
# 等待显示
cv2.waitKey(0)
cv2.destroyAllWindows()
```

图像量化程序运行结果如图 3-2 所示。

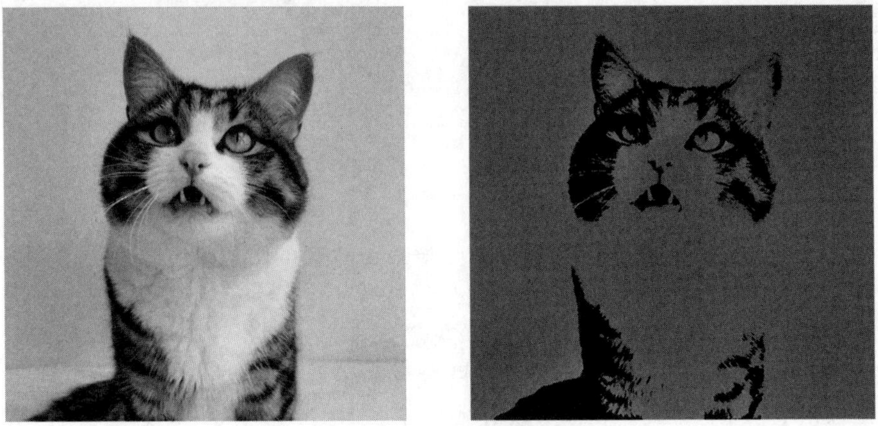

图 3-2 量化结果

3.1.3 图像的表示和可视化

二维矩阵是表示数字图像的重要数学形式。一幅 $M \times N$ 的图像可以表示为矩阵，矩阵中的每个元素称为图像的像素。每个像素都有它自己的空间位置和值，值是这一位置像素的颜色或强度。

按照图像矩阵包含元素的不同，大致可以将图像分为二值图像、灰度图像、彩色图像三类。二值图像也称单色图像或 1 位图像，即颜色深度为 1 的图像，颜色深度为 1 表示每个像素点仅占 1 位（一般用 0 表示黑，1 表示白)。灰度图像是包含灰度级（亮度）的图像，每个像素由 8 位组成，其值的范围为 0～255，表示 256 种不同的灰度级，与二值图像相比，灰度图像可以呈现出图像的更多细节信息。彩色图像与灰度图像类似，每个像素也会呈现 256 个灰度级，与灰度图像不同的是，彩色图像每个像素由 3 个 8 位灰度值组成，分别对应红、绿、蓝 3 个颜色通道。

图像有一系列基本属性：

① 图像像素：在位图图像的水平和垂直方向上包含的像素数量。单纯增加像素数量并不能提升图像的显示效果，图像的显示效果由像素数量和显示器的分辨率共同决定。

② 图像分辨率：指图像在单位打印长度上分布的像素的数量，主要用以表征数字图像信息的密度，它决定了图像的清晰程度。在单位面积上，图像的分辨率越高，包含的像素点的数量越多，像素点越密集，数字图像的清晰度也就越高。

③ 图像大小：图像大小决定了存储图像文件所需的存储空间，一般以字节（B）进行衡量，计算公式为：图像大小=(位图高×位图宽×图像深度)/8。从计算公式可以看出，图像文件的存储大小与像素数量直接相关。

④ 图像深度：又称为图像的位深，是指图像中每个像素点所占的位数。图像的每个像素对应的数据通常可以用 1 位或多位字节表示，数据深度越深，所需位数越多，对应的颜色表示也就越丰富。

⑤ 图像色调：指各种图像颜色对应原色的明暗程度，日常所说的色调的调整也就是对原色明暗程度的调节。色调的范围为 0～255，如灰度图像将色调划分为从白色到黑色的 256 个色调；RGB 图像（彩色图像）中则需要对红、绿、蓝三种颜色的明暗程度进行表征，如将红色调加深图像就趋向于深红，绿色调加深图像就趋向于深绿。

⑥ 图像饱和度：表明了图像中颜色的纯度。自然景物照片的饱和度取决于物体反射或透射的特性。在数字图像处理中一般用纯色中混入白光的比例衡量饱和度，纯色中混入的白光越多，饱和度越低，反之饱和度越高。

⑦ 图像亮度：指数字图像中包含色彩的明暗程度，是人眼对物体本身明暗程度的感觉，取值范围一般为 0%～100%。

⑧ 图像对比度：指的是图像中不同颜色的对比或者明暗程度的对比。对比度越大，颜色之间的亮度差异越大或者黑白差异越大。当对比度增加到极限时，灰度图像就会变成黑白两色图像。

⑨ 图像层次：在计算机设计系统中，为更加便捷有效地处理图像素材，通常将它们置于不同的层中，而图像可看作由若干层图像叠加而成。若一个图像有多个图层，则每个图层具有相同的像素、通道数及格式。

图像可视化的 Python 代码：

```
from skimage import data   # skimage 包
from skimage import io    # 导入读取模块
from matplotlib import pyplot as plt  # 导入绘图模块
image=io.imread('./cat/cat1.png')   # io 读入数据
print(image.shape)   # 读入的图片的大小为 130×208;包含红、绿、蓝三个颜色通道
plt.imshow(image)   # 可视化数据
plt.show()

# 索引操作:单个元素索引和多个元素索引;
image1=image[20:80,30:100,:]    # 输出图像的第 20 到 80 行、30 到 100 列
plt.imshow(image1)
plt.show()
```

对图像的第 20～80 行、30～100 列进行输出，如图 3-3 所示。

图 3-3　可视化结果

输出颜色通道的 Python 代码：

```
# 颜色通道操作
from skimage importio,data,color
from matplotlib import pyplot as plt
image=io.imread('123.jpg')
image_r=image[:,:,0]
image_g=image[:,:,1]
image_b=image[:,:,2]
plt.subplot(2,2,2)
io.imshow(image_r)
plt.subplot(2,2,3)
io.imshow(image_g)
plt.subplot(2,2,4)
io.imshow(image_b)
plt.show()
```

输出图像的颜色通道如图 3-4 所示。

(a) R通道

(b) G通道

(c) B通道

图 3-4　颜色通道

3.1.4　像素间的关系

① 邻域关系：用于描述相邻像素之间的相邻关系，包括 4 邻域、8 邻域和 D 邻域等。

a. 4 邻域：像素 $p(x,y)$ 的 4 邻域是 $(x+1, y)$，$(x-1, y)$，$(x, y+1)$，$(x, y-1)$。用 $N_4(p)$ 表示像素 p 的 4 邻域，如图 3-5 所示。每个像素距 (x, y) 一个单位距离，如果 (x, y) 位于图像的边界上，则 p 的某些相邻像素位于数字图像的外部。

b. D 邻域：像素 $p(x,y)$ 的 D 邻域是对角上的点 $(x+1, y+1)$，$(x+1, y-1)$，$(x-1, y+1)$，$(x-1, y-1)$。用 $N_D(p)$ 表示像素 p 的 D 邻域，如图 3-6 所示。

c. 8 邻域：像素 $p(x,y)$ 的 8 邻域包括 4 邻域的点和 D 邻域的点。用 $N_8(p)$ 表示像素 p 的 8 邻域，即 $N_8(p)=N_4(p)+N_D(p)$，如图 3-7 所示。

② 连通性：描述区域和边界的重要概念。像素间的连通性可分为 4 连通、8 连通和 m 连通。两个像素连通的两个必要条件是：两个像素的位置是否相邻；两个像素的灰度值是否满足特定的相似性准则（或者是否相等）。

a. 4 连通：对于具有值 V 的像素 p 和 q，如果 q 在集合 $N_4(p)$ 中，则称这两个像素是

4 连通，如图 3-8 所示。

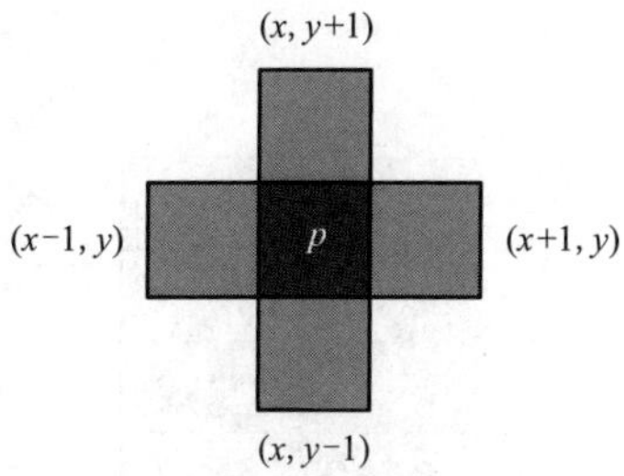

图 3-5　4 邻域

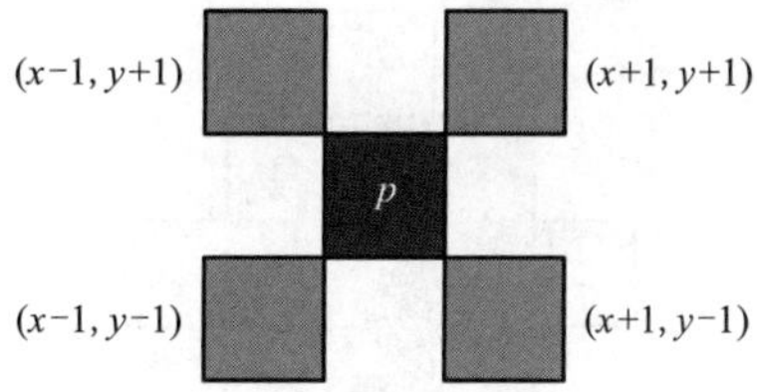

图 3-6　D 邻域

b. 8 连通：对于具有值 V 的像素 p 和 q，如果 q 在集合 $N_8(p)$ 中，则称这两个像素是 8 连通，如图 3-9 所示。

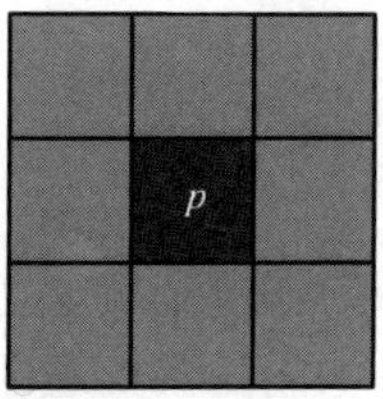

图 3-7　8 邻域

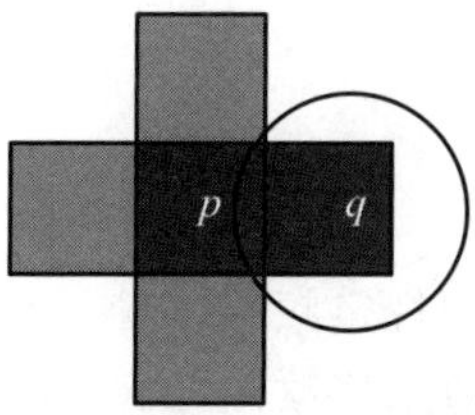

图 3-8　4 连通

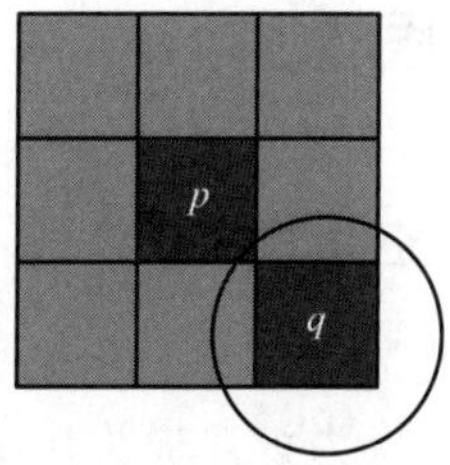

图 3-9　8 连通

c. m 连通：对于具有值 V 的像素 p 和 q，如果 q 在集合 $N_4(p)$ 中或 q 在集合 $N_D(p)$ 中，并且 $N_4(p)$ 与 $N_4(q)$ 的交集为空（没有值 V 的像素），则称这两个像素是 m 连通的，如图 3-10 所示。

③ 像素的距离：用来衡量两个像素之间的距离，通常直接通过像素之间的坐标进行计算。假设有两个像素点 $p(x,y)$ 和 $q(s,t)$，可以定义它们之间不同的距离，包括欧氏距离、城市距离和棋盘距离等。

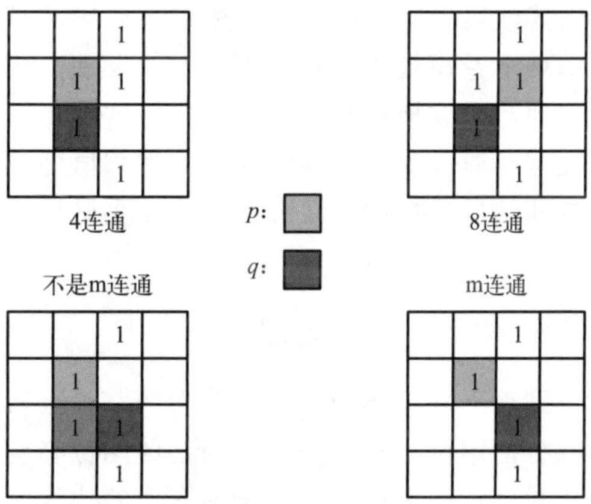

图 3-10　m 连通

a. 欧氏距离（D_E）：根据坐标位置计算 2D 平面上的距离，如式(3-2) 所示：

$$D_E=\sqrt{(x-s)^2+(y-t)^2} \tag{3-2}$$

b. 城市距离（D_4）：到某个像素的城市距离小于或者等于某个值的那些像素形成了一个菱形，如图 3-11 所示。例如，与点（x，y）（中心点）的 D_4 距离等于 2 的像素，形成固定距离的轮廓，而 $D_4=1$ 的像素是（x，y）的 4 邻域。D_4 的计算方式如式(3-3) 所示：

$$D_4=|x-s|+|y-t| \tag{3-3}$$

c. 棋盘距离（D_8）：与（x，y）距离小于等于某个值 r 的那些像素形成一个正方形，如图 3-12 所示。例如，与点（x，y）（中心点）的 D_8 距离等于 2 的像素，形成固定距离的轮廓，而 $D_8=1$ 的像素是（x，y）的 8 邻域。像素 $p(x,y)$ 和 $q(s,t)$ 间的棋盘距离定义如式(3-4) 所示：

$$D_8=\max\{|x-s|,|y-t|\} \tag{3-4}$$

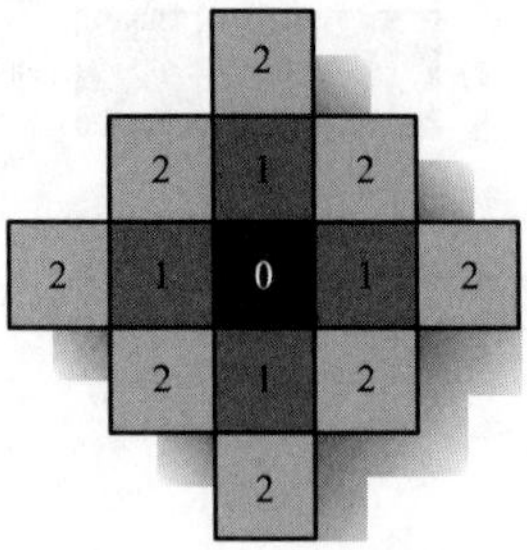

图 3-11　城市距离

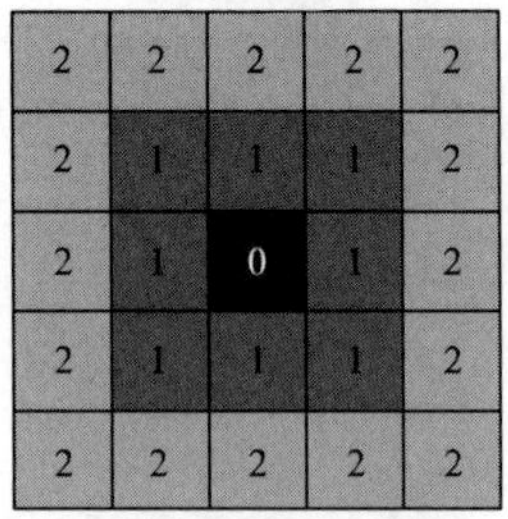

图 3-12　棋盘距离

3.2　图像滤波

3.2.1　空间滤波基础

滤波是指通过、修改或抑制图像的规定频率分量。空间（空间域）滤波是通过把每个像素的值替换为该像素及其邻域的函数值来修改图像。空间滤波是一种采用滤波处理的影像增强方法，其理论基础是空间卷积和空间相关，目的是改善影像质量，包括去除高频噪声与干扰，影像边缘增强、线性增强以及去模糊等，分为低通滤波（平滑）、高通滤波（锐化）和带通滤波。处理方法有计算机处理（数字滤波）和光学信息处理。

如果对图像像素执行的运算是线性的，那么该滤波器称为线性空间滤波器，否则该滤波器称为非线性空间滤波器。空间滤波的机理是在待处理图像中逐点地移动掩模。线性空间滤波由滤波器系数与滤波器掩模扫过区域的相应像素值的乘积之和给出。线性空间滤波处理与频率域中卷积处理的概念很相似，因此，线性空间滤波经常被称为“掩模与图像的卷积”。类似地，滤波掩模有时也可以称为“卷积模板”“卷积核”。非线性空间滤波处理也是基于邻域处理，通过引入非线性操作，如阈值处理、自适应调节等，将信号与非线性函数进行操作来改变信号特性的滤波方法，能够更好地处理信号中的非线性特征和噪声，并提供更准确的结果。

3.2.2　平滑和锐化处理

图像平滑是指用于突出图像的宽大区域、低频成分、主干部分或抑制图像噪声和干扰高频成分的图像处理方法，目的是使图像亮度平缓渐变，减小突变梯度，改善图像质量。图像锐化是补偿图像的轮廓，增强图像的边缘及灰度跳变的部分，使图像变得清晰的方法，分为空间域（空域）处理和频域处理两类。图像锐化是为了突出图像上物体的边缘、轮廓，或某些线性目标要素的特征，提高物体边缘与周围像元之间的反差，因此也被称为边缘增强。

（1）平滑处理

平滑处理常用于模糊处理和降低噪声。平滑空间滤波器使用给定邻域内像素的平均灰度值或逻辑运算值代替原始图像中像素的灰度值，这种处理降低了图像灰度的“尖锐”变化。然而，图像边缘也是由图像灰度尖锐的变化产生的，因此平滑空间滤波器有边缘模糊化的负面效应。平滑空间滤波器可分为平滑线性空间滤波器和平滑非线性空间滤波器。平滑处理的目的：模糊图像，提取较大目标前，先去掉太小的细节，或者将目标内的小间断连接起来；改善图像质量，降低干扰，消除图像中的随机噪声，起到平滑作用。

图像中常见的噪声有椒盐噪声和高斯噪声等，具体如下：

① 椒盐噪声。椒盐噪声也称为脉冲噪声、盐和胡椒噪声，是图像中经常见到的一种噪声，是一种随机出现的白点或者黑点，可能源于亮的区域有黑色像素或在暗的区域有白色像素（或者两者皆有）。椒盐噪声的成因可能是影像信号受到突如其来的强烈干扰或位元传输错误等。

椒盐噪声的 Python 代码：

```
def sp_noise(image, prob):
    # 添加椒盐噪声
    # prob:噪声比例
    output = np.zeros(image.shape, np.uint8)
    thres = 1 - prob
    for i in range(image.shape[0]):
        for j in range(image.shape[1]):
            rdn = random.random()
            if rdn < prob:
                output[i][j] = 0
            elif rdn > thres:
                output[i][j] = 255
            else:
                output[i][j] = image[i][j]
    return output
```

椒盐噪声的程序处理结果如图 3-13 所示。

图 3-13　椒盐噪声

② 高斯噪声。高斯噪声是指它的概率密度函数服从高斯分布（即正态分布）的一类噪声，区别于椒盐噪声随机出现在图像的任意位置，高斯噪声出现在图像的所有位置。

高斯噪声的 Python 代码：

```
# 高斯噪声
def gaussian_noise(image, mean=0, var=0.001):
    # 添加高斯噪声
    # mean : 均值
    # var : 方差
    image = np.array(image / 255, dtype=float)
    noise = np.random.normal(mean, var ** 0.5, image.shape)
    out = image + noise
    if out.min() < 0:
        low_clip = -1.
    else:
        low_clip = 0.
    out = np.clip(out, low_clip, 1.0)
    out = np.uint8(out * 255)
    return out
```

图 3-14　高斯噪声

高斯噪声程序处理结果如图 3-14 所示。

常见的平滑处理方法有均值滤波、中值滤波、高斯滤波和双边滤波等，具体如下：

① 均值滤波。均值滤波是典型的线性滤波算法，给图像上的目标像素一个模板，该模板包括其周围的邻近像素（以目标像素为中心的周围 8 个像素，构成一个滤波模板，即去掉目标像素本身），再用模板中的全体像素的平均值来代替原来像素值。对噪声图像（特别是有大的孤立点的图像）非常敏感，即使有极少数量点存在较大差异也会导致平均值的明显波动。

均值滤波的 Python 代码：

```
# encoding:utf-8
import cv2
import numpy as np
import matplotlib.pyplot as plt

# 读取图片
img = cv2.imread('zxp_noise.jpg')
source = cv2.cvtColor(img, cv2.COLOR_BGR2RGB)

# 均值滤波
result = cv2.blur(source,(3, 3)) # 可以更改核的大小

# 显示图形
titles = ['Source Image', 'Blur Image (3, 3)']
images = [source, result]
```

```
for i in range(2):
    plt.subplot(1, 2, i + 1),plt.imshow(images[i], 'gray')
    plt.title(titles[i])
    plt.xticks([]), plt.yticks([])
plt.show()
```

② 中值滤波。中值滤波是一种非线性平滑技术，将每一像素点的灰度值设置为该点某邻域窗口内的所有像素点灰度值的中值，也就是将中心像素的值用所有像素值的中间值（不是平均值）替换。中值滤波通过选择中间值避免图像孤立噪声点的影响，对脉冲噪声有良好的滤除作用，特别是在滤除噪声的同时，能够保护信号的边缘，使之不被模糊。这些优良特性是线性滤波方法所不具有的。此外，中值滤波的算法比较简单，也易于用硬件实现。

中值滤波的 Python 代码：

```
# encoding:utf-8
import cv2
import numpy as np
import matplotlib.pyplot as plt

# 读取图片
img = cv2.imread('./cat/cat1_noise.jpg')

# 中值滤波
result = cv2.medianBlur(img, 3)  # 可以更改核的大小

# 显示图像
cv2.imshow("source img", img)
cv2.imshow("medianBlur", result)

# 等待显示
cv2.waitKey(0)
cv2.destroyAllWindows()
```

③ 高斯滤波。高斯滤波是一种线性平滑滤波，适用于消除高斯噪声，广泛应用于图像处理的减噪过程。通俗地讲，高斯滤波是对整幅图像进行加权平均，每一个像素点的值都由其本身和邻域内的其他像素值经过加权平均后得到。高斯滤波的具体操作是：用一个模板（或称卷积核、掩模）扫描图像中的每一个像素，用模板确定的邻域内像素的加权平均灰度值去替代模板中心像素点的值。进行高斯滤波的通常原因是真实图像在空间内的像素是缓慢变化的，因此邻近点的像素变化不会很明显，但是随机的两个点就可能形成很大的像素差。正是基于这一点，高斯滤波在保留信号的条件下减少噪声。高斯平滑滤波器对于抑制服从正态分布的噪声是非常有效的，但是高斯滤波在接近边缘处无效，因此高斯滤波会磨平边缘。

高斯滤波的 Python 代码：

```
# encoding:utf-8
import cv2
import numpy as np
```

```
import matplotlib.pyplot as plt
# 读取图片
img = cv2.imread('./cat/cat1_noise.jpg')
source = cv2.cvtColor(img, cv2.COLOR_BGR2RGB)
# 高斯滤波
result = cv2.GaussianBlur(source,(3, 3), 0)  # 可以更改核大小
# 显示图形
titles = ['Source Image', 'GaussianBlur Image (3, 3)']
images = [source, result]
for i in range(2):
    plt.subplot(1, 2, i + 1),plt.imshow(images[i], 'gray')
    plt.title(titles[i])
    plt.xticks([]), plt.yticks([])
plt.show()
```

④ 双边滤波。双边滤波是一种非线性的滤波方法，是结合图像的空间邻近度和像素值相似度的一种折中处理方法，同时考虑空域信息和灰度相似性，达到保边去噪的目的，具有简单、非迭代和局部的特点。双边滤波提供了一种不会将边缘平滑掉的方法，但作为代价，需要更多的处理时间。与高斯滤波类似，双边滤波会依据每个像素及其邻域构造一个加权平均值，加权计算包括两个部分：第一部分加权方式与高斯滤波中相同；第二部分也属于高斯加权，但不是基于中心像素点与其他像素点的空间距离之上的加权，而是基于其他像素与中心像素的亮度差值的加权。双边滤波对相似的像素赋予较高的权重，不相似的像素赋予较小的权重，也可用于图像分割之中。

双边滤波器（bilateral filter）的好处是可以做边缘保存（edge preserving）。采用高斯滤波降噪会较明显地模糊边缘，对于高频细节的保护效果并不明显。双边滤波比高斯滤波多了一个高斯方差，它是基于空间分布的高斯滤波函数，所以在边缘附近，离得较远的像素不会太多影响到边缘上的像素值，这样就保证了边缘附近像素值的保留。但是由于保存了过多的高频信息，对于彩色图像里的高频噪声，双边滤波器不能干净地滤掉，只能对低频信息进行较好的滤波。

双边滤波的 Python 代码：

```
import os
import cv2
import numpy as np


def BilateralFilter_11(img_path='./cat/cat1.png'):
    img_src=cv2.imread(img_path)
    img=cv2.resize(src=img_src,dsize=(450,450))
    img=cv2.bilateralFilter(img,5,11,11)
    cv2.imshow('img',img)
    cv2.imshow('img_src',img_src)
    cv2.waitKey(0)
    cv2.destroyAllWindows()
```

```
def detectBilateralFilter():
    cap=cv2.VideoCapture(0)
    while cap.isOpened():
        OK,frame=cap.read()
        img_src = cv2.imread(frame)
        img = cv2.resize(src=img_src, dsize=(450, 450))
        img = cv2.bilateralFilter(img, 5, 11, 11)
        cv2.imshow('img', img)
        if cv2.waitKey(1)&0XFF==27:
            break
    cap.release()
    cv2.destroyAllWindows()

if __name__=='__main__':
    BilateralFilter_11()
    detectBilateralFilter()
    BilateralFilter_155()
```

（2）锐化处理

基于拉普拉斯算子的锐化是最常用和基础的一种方法。其基本思想是对原始图像进行高通滤波，以增强其高频成分。这里可以使用离散拉普拉斯算子模板对图像进行卷积操作，从而得到锐化后的图像。由于彩色图像具有多个颜色通道，因此需要对每个通道分别进行卷积操作，然后再将结果合并。

除此之外，基于梯度的锐化方法也比较常用，它利用像素间的梯度信息来进行锐化。具体地，可以采用 Sobel 算子等模板对图像进行卷积操作，得到梯度图像，然后将梯度图像与原始图像进行加权叠加，得到锐化后的图像。

另外，基于双边滤波的锐化方法也比较流行，它能够在增强图像细节的同时，保留图像的平滑性，从而避免出现过度锐化和噪声增强等问题。其基本思想是利用双边滤波器对图像进行平滑处理，然后用原始图像减去平滑后的图像，并加上一个增益系数，得到最终锐化后的图像。

图像锐化的代码：

```
# -*- coding: utf-8 -*-

import cv2
import numpy as np

# 加载图像
image = cv2.imread('cat1.png')
# 自定义卷积核
kernel_sharpen_1 = np.array([
    [-1, -1, -1],
    [-1, 9, -1],
    [-1, -1, -1]])
```

```
kernel_sharpen_2 = np.array([
    [1, 1, 1],
    [1, -7, 1],
    [1, 1, 1]])
kernel_sharpen_3 = np.array([
    [-1, -1, -1, -1, -1],
    [-1, 2, 2, 2, -1],
    [-1, 2, 8, 2, -1],
    [-1, 2, 2, 2, -1],
    [-1, -1, -1, -1, -1]]) / 8.0
# 卷积
output_1 = cv2.filter2D(image, -1, kernel_sharpen_1)
output_2 = cv2.filter2D(image, -1, kernel_sharpen_2)
output_3 = cv2.filter2D(image, -1, kernel_sharpen_3)
# 显示锐化效果
# cv2.imshow('Original Image', image)
# cv2.imshow('sharpen_1 Image', output_1)
cv2.imshow('sharpen_2 Image', output_2)
# cv2.imshow('sharpen_3 Image', output_3)
# 停顿
if cv2.waitKey(0) & 0xFF ==27:
    cv2.destroyAllWindows()
```

图像锐化程序处理结果如图 3-15 所示。

图 3-15　锐化结果

3.2.3　频域滤波基础

频域变换为信号处理提供了不同的思路，有时在空间域无法处理的问题，通过频域变换却变得非常容易，其中傅里叶变换可以将任何周期函数分解为不同频率的信号成分。

傅里叶变换中将图像看作二维信号，其水平方向和垂直方向作为二维空间的坐标轴，将图像本身所在的域称为空间域。图像灰度值随空间坐标变换的节奏可以通过频率度量，称为空间频率或者频域。数字图像的傅里叶变换是将原始图像通过傅里叶变换转换到频域，然后在频域中对图像进行处理的方法。基于傅里叶变换的数字图像频域处理过程如图 3-16 所示。

首先通过正向傅里叶变换将原始图像从空间域转换到频域；然后使用频域滤波器将某些频率成分过滤掉，保留某些特定频率；最后使用傅里叶逆变换将滤波后的频域图像重新转换到空间域，得到处理后的图像。

相较于空间域图像处理，频域图像处理有以下优点：频域图像处理可以通过频域成分的特殊性质完成一些空间域图像处理难以完成的任务；频域图像处理更有利于信号处理的解释，它可以对滤波过程中产生的某些效果做出比较直观的解释；频域滤波器可以作为空间滤

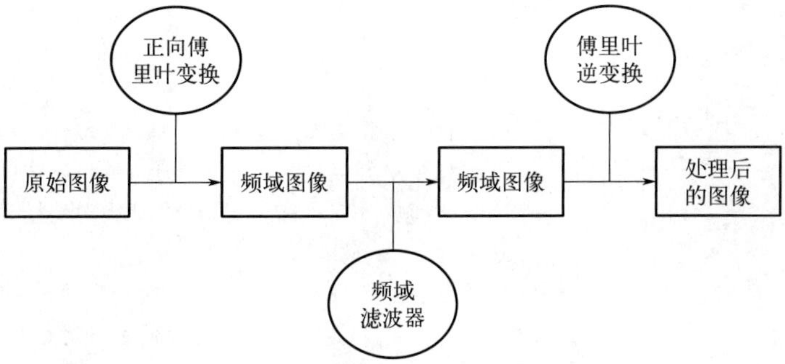

图 3-16　基于傅里叶变换的数字图像频域处理过程

波器设计的指导，通过傅里叶逆变换可以将频域滤波器转换为空间域，即通过频域滤波做前期设计，然后实施阶段用空间域滤波实现。

想了解频域滤波，需要掌握傅里叶变换，傅里叶变换是一种常见的正交数学变换，可以将一维信号或函数分解为具有不同频率、不同幅度的正弦信号或余弦信号的组合。傅里叶变换中最重要的结论是几乎“所有”信号或函数都可以分解成简单的正弦波和余弦波之和，从而提供了一种具有物理意义的函数表达方式。

傅里叶变换的核心贡献在于：求出每种正弦波和余弦波的比例（频率）；给定每种正弦波和余弦波的比例，可以恢复出原始信号。傅里叶变换在图像分析、图像增强、图像去噪、边缘检测、特征提取、图像压缩和加密中都有重要的应用。空间采样和频率间隔是相互对应的，频域中样本之间的间隔，与空间样本之间的间隔及样本数量的乘积成反比。空间滤波器和频域滤波器也是相互对应的，二者形成一个傅里叶变换对，也就是说，有些空间滤波器在频域通过傅里叶变换实现会更方便、更快速。对信号或图像进行傅里叶变换后，可以得到信号或图像的低频信息和高频信息。低频信息对应图像中缓慢变化的灰度分量，高频信息则对应尖锐变化的灰度分量。低通滤波就是保留傅里叶变换的低频信息、削弱高频信息，而高通滤波则是保留傅里叶变换的高频信息、削弱低频信息。

图像的二维傅里叶变换的 Python 代码：

```
import cv2
import numpy as np
import matplotlib.pyplot as plt

# 读取图像并转换为灰度图像
img = cv2.imread('input.jpg', 0)

# 进行二维傅里叶变换
f = np.fft.fft2(img)
fshift = np.fft.fftshift(f)
magnitude_spectrum = 20 * np.log(np.abs(fshift))

# 显示原始图像和傅里叶变换后的频谱图像
plt.subplot(121), plt.imshow(img, cmap='gray')
plt.title('Input Image'), plt.xticks([]), plt.yticks([])
plt.subplot(122), plt.imshow(magnitude_spectrum, cmap='gray')
```

```
plt.title('Magnitude Spectrum'), plt.xticks([]), plt.yticks([])
plt.show()

f = np.fft.fft2(img) # 快速傅里叶变换算法得到频率分布
fshift = np.fft.fftshift(f) # 默认结果中心点位置是在左上角,转移到中间位置
fimg = np.log(np.abs(fshift)) # 快速傅里叶变换结果是复数,求绝对值结果才是振幅
# 展示结果
plt.subplot(121), plt.imshow(img, 'gray'), plt.title('原始图像')
plt.subplot(122), plt.imshow(fimg, 'gray'), plt.title('傅里叶频谱')
plt.subplot(122)
fimg=fimg.astype(np.uint8)
cv.namedWindow('image')
cv.imshow("image",fimg* 23)
cv.waitKey()
plt.show()
```

图像的二维傅里叶变换的程序处理结果如图 3-17 所示。

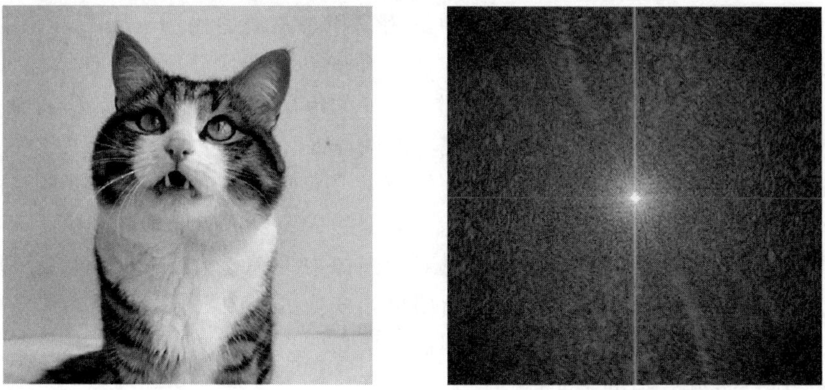

(a) 图像的原图　　(b) 二维傅里叶变换结果

图 3-17　图像变换结果

3.2.4　低通和高通滤波

图像变换是对图像信息进行变换，使能量保持并重新分配，以利于加工、处理（滤除不必要信息，如噪声，加强提取感兴趣的部分或特征）。假定原图像 $f(x,y)$ 经傅里叶变换为 $F(u,v)$，频域增强就是选择合适的滤波器函数 $H(u,v)$ 对 $F(u,v)$ 的频谱成分进行调整，然后经傅里叶变换得到增强的图像 $g(x,y)$。该过程可以通过图 3-18 描述。

$$f(x,y) \xrightarrow{\text{DFT}} F(u,v) \xrightarrow[\text{滤波}]{H(u,v)} G(u,v) \xrightarrow{\text{IDFT}} g(x,y)$$

图 3-18　图像变换流程

DFT—离散傅里叶变换；IDFT—离散傅里叶逆变换

频域滤波的核心在于如何确定传递函数（滤波器函数），即 $H(u,v)$。可以选择合适的频率传递函数 $H(u,v)$ 突出 $f(x,y)$ 某一方面的特征，从而得到需要的图像 $g(x,y)$。例如，利用传递函数 $H(u,v)$ 突出高频分量，以增强图像的边缘信息，即高通滤波；如果突出低频分量，就可以使图像显得比较平滑，即低通滤波。

（1）低通滤波

图像从空间域变换到频域后，其低频分量对应图像中灰度值变化比较缓慢的区域，高频分量则表征图像中物体的边缘和随机噪声等信息。低通滤波是指保留低频分量，而通过滤波器函数 $H(u,v)$ 减弱或抑制高频分量在频域进行的滤波。低通滤波与空间域中的平滑滤波器一样，可以消除图像中的随机噪声，减弱边缘效应，起到平滑图像的作用。

二维理想低通滤波器的传递函数如下：

$$H(u,v)=\begin{cases}1, D(u,v)\leqslant D_0\\0, D(u,v)>D_0\end{cases} \tag{3-5}$$

阶段频率 D_0 是一个非负整数，$D(u,v)$ 是从点 (u,v) 到频率平面原点的距离，理想低通滤波器的含义是指小于 D_0 的频率，即以 D_0 为半径的圆内的所有频率分量可以完全无损地通过，而圆外的频率，即大于 D_0 的频率分量则完全被除掉。理想低通滤波器的平滑作用非常明显，但由于变换有一个陡峭的波形，它的逆变换 $H(u,v)$ 有强烈的振铃特性，使滤波后的图像产生模糊效果。因此，这种理想低通滤波器在实际中并不采用。理想低通滤波器在数学上定义得很清楚，在计算机模拟中也可实现，但在截断频率处，直上直下的理想低通滤波器不能用实际的电子器件实现，物理上可实现的是 Butterworth（巴特沃斯）低通滤波器。理想低通滤波器的傅里叶逆变换结果如图 3-19 所示。

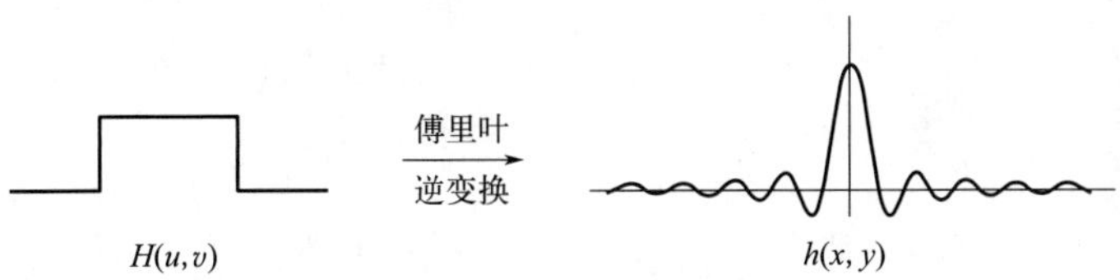

图 3-19 理想低通滤波器的傅里叶逆变换结果

二维图像的理想低通滤波的 Python 代码：

```
# 低通滤波器代码
# -* - coding: utf-8 -* -
import cv2
import numpy as np
from matplotlib import pyplot as plt
# 读取图像
img = cv2. imread('. /cat/cat1. png', 0)
# 傅里叶变换
dft = cv2. dft(np. float32(img), flags = cv2. DFT_COMPLEX_OUTPUT)
fshift = np. fft. fftshift(dft)
# 设置低通滤波器
rows, cols = img. shape
crow,ccol = int(rows/2), int(cols/2) # 中心位置
mask = np. zeros((rows, cols, 2), np. uint8)
mask[crow-30:crow+30, ccol-30:ccol+30] = 1
# 掩模图像和频谱图像乘积
f = fshift * mask
print=f. shape, fshift. shape, mask. shape
# 傅里叶逆变换
```

```
ishift = np.fft.ifftshift(f)
iimg = cv2.idft(ishift)
res = cv2.magnitude(iimg[:,:,0], iimg[:,:,1])
# 显示原始图像和低通滤波处理图像
plt.subplot(121), plt.imshow(img, 'gray'), plt.title('Original Image')
plt.axis('off')
plt.subplot(122), plt.imshow(res, 'gray'), plt.title('Result Image')
plt.axis('off')
plt.show()
```

图 3-20　二维图像的理想低通滤波结果

二维图像的理想低通滤波程序处理结果如图 3-20 所示。

（2）高通滤波

图像的边缘、细节主要在高频，图像模糊的原因是高频成分较弱。为了消除模糊，突出边缘，可以采用高通滤波的方法，使低频分量得到抑制，从而增强高频分量，使图像的边缘或线条变得清晰，实现图像的锐化。

理想高通滤波器的形状与低通滤波器的形状正好相反，其传递函数为：

$$H(u,v)=\begin{cases}0, & D(u,v)\leqslant D_0\\ 1, & D(u,v)>D_0\end{cases} \tag{3-6}$$

高通滤波的 Python 代码：

```
# -*- coding: utf-8 -*-
import cv2 as cv
import numpy as np
from matplotlib import pyplot as plt
# 读取图像
img = cv.imread('./cat/cat1.png', 0)
# 傅里叶变换
f = np.fft.fft2(img)
fshift = np.fft.fftshift(f)
# 设置高通滤波器
rows, cols = img.shape
crow,ccol = int(rows/2), int(cols/2)
fshift[crow-30:crow+30, ccol-30:ccol+30] = 0
# 傅里叶逆变换
ishift = np.fft.ifftshift(fshift)
iimg = np.fft.ifft2(ishift)
iimg = np.abs(iimg)
# 显示原始图像和高通滤波处理图像
plt.subplot(121), plt.imshow(img, 'gray'), plt.title('Original Image')
plt.axis('off')
```

```
plt.subplot(122), plt.imshow(iimg, 'gray'), plt.title('Result Image')
plt.axis('off')
plt.show()
```

高通滤波的程序处理结果如图 3-21 所示。

图 3-21　高通滤波结果

3.3　边缘检测

3.3.1　边缘检测的定义

边缘是指周围像素灰度有跳跃变化的那些像素的集合，如物体与背景之间、物体与物体之间，是图像局部特征不连续的结果。边缘是图像的最基本的特征，常常意味着一个区域的结束和另一个区域的开始，对图像识别和计算机分析非常有用。

边缘的特性是沿边缘走向的像素变化平缓，而垂直于边缘方向的像素变化剧烈。所以边缘检测的实质是采用某种算法来提取出图像中灰度发生急剧变化的区域边界，首先检测出图像局部特性不连续性，然后将这些不连续的边缘像素连成完备的边界。边缘检测方法其实就是对原始图像中像素的某小邻域构造边缘检测算子，它们的绝大部分可以划分为两类：基于查找和基于零穿越。基于查找的方法通过寻找图像一阶导数中的最大和最小值来检测边界，通常是将边界定位在梯度最大的方向。基于零穿越的方法通过寻找图像二阶导数零穿越来寻找边界，通常是 Laplacian 过零点或者非线性差分表示的过零点。

3.3.2　几种算子的比较

图像的边缘有方向和幅度两个属性，沿边缘方向像素变化平缓，垂直于边缘方向像素变化剧烈，边缘上的这种变化可以用微分算子检测出来，通常用一阶或者二阶导数来检测边缘。常见的边缘检测算子主要有：一阶的 Roberts 算子、Cross 算子、Prewitt 算子、Sobel 算子、Canny 算子、Krisch 算子、罗盘算子；二阶的 Laplacian 算子、Marr-Hildreth 算子。

（1）Roberts（罗伯特）算子

Roberts 算子又称为交叉差分算子，它是基于交叉差分的梯度算法，通过局部差分计算检测边缘线条。常用来处理具有陡峭边缘的低噪声图像，当图像边缘接近于+45°或−45°时，该算法处理效果更理想。其缺点是对边缘的定位不太准确，提取的边缘线条较粗。

罗伯特算子边缘检测的 Python 代码：

```
# -----------------Roberts 算子边缘检测----------------------

import cv2
import numpy as np
from scipy import signal

def roberts(I, _boundary='fill', _fillvalue=0):
    # 图像的高、宽
    H1, W1 = I.shape[0:2]

    # 卷积核的尺寸
    H2, W2 = 2, 2
    # 卷积核 1 和锚点的位置
    R1 = np.array([[1, 0], [0, -1]], np.float32)
    kr1, kc1 = 0, 0
    # 计算 full 卷积
    IconR1 = signal.convolve2d(I,R1,mode='full', boundary=_boundary, fillvalue=_
fillvalue)
    IconR1 = IconR1[H2 - kr1 - 1:H1 + H2 - kr1 - 1, W2 - kc1 - 1:W1 + W2 - kc1 - 1]

    # 卷积核 2 和锚点的位置
    R2 = np.array([[0, 1], [-1, 0]], np.float32)
    kr2, kc2 = 0, 1
    # 再计算 full 卷积
    IconR2=signal.convolve2d(I,R2, mode='full', boundary=_boundary, fillvalue=_
fillvalue)
    IconR2 = IconR2[H2 - kr2 - 1:H1 + H2 - kr2 - 1, W2 - kc2 - 1:W1 + W2 - kc2 - 1]

    return (IconR1, IconR2)


if __name__ =='__main__':
    I = cv2.imread('./cat/cat1_noise.jpg', cv2.IMREAD_GRAYSCALE)
    # 显示原图
    cv2.imshow('origin', I)
    # 卷积,注意边界一般扩充采用的 symm
    IconR1, IconR2 = roberts(I, 'symm')

    # 45 度方向上的边缘强度的灰度级显示
    IconR1 = np.abs(IconR1)
    edge45 = IconR1.astype(np.uint8)
    cv2.imshow('edge45', edge45)
```

```
# 135 度方向上的边缘强度的灰度级显示
IconR2 = np.abs(IconR2)
edge135 = IconR2.astype(np.uint8)
cv2.imshow('edge135', edge135)

# 用平方和的开方来衡量最后输出的边缘
edge = np.sqrt(np.power(IconR1, 2.0) + np.power(IconR2, 2.0))
edge = np.round(edge)
edge[edge > 255] = 255
edge = edge.astype(np.uint8)

# 显示边缘
cv2.imshow('edge', edge)
cv2.waitKey(0)
cv2.destroyAllWindows()
```

罗伯特算子边缘检测的程序处理结果如图 3-22 所示。

(a) 原图

(b) 罗伯特算子45° 方向上显示结果

图 3-22　罗伯特算子处理结果

（2）Prewitt 算子

Prewitt 算子是利用像素点上下、左右邻点的灰度差在边缘处达到极值来检测边缘，去掉部分伪边缘，对噪声具有平滑作用。其原理是在图像空间利用两个方向模板与图像进行邻域卷积，这两个方向模板一个检测水平边缘，一个检测垂直边缘。由于 Prewitt 算子采用 3×3 模板对区域内的像素值进行计算，而 Roberts 算子的模板为 2×2，故 Prewitt 算子的边缘检测结果在水平方向和垂直方向均比 Roberts 算子更加明显。Prewitt 算子适合用来识别噪声较多、灰度渐变的图像。

Prewitt 算子的 Python 代码：

```
# ------------------ Prewitt 算子边缘检测------------------------

kernelx = np.array([[1, 1, 1], [0, 0, 0], [-1, -1, -1]], dtype=int)
kernely = np.array([[-1, 0, 1], [-1, 0, 1], [-1, 0, 1]], dtype=int)
```

```
x = cv2.filter2D(grayImage, cv2.CV_16S, kernelx)
y = cv2.filter2D(grayImage, cv2.CV_16S, kernely)
```

图 3-23 Prewitt 算子处理结果

Prewitt 算子的程序处理结果如图 3-23 所示。

（3）Sobel 算子

Sobel 算子是一种离散的微分算子，该算子结合了高斯平滑和微分求导运算。该算子利用局部差分寻找边缘，计算图像明暗程度近似值，根据图像边缘旁边明暗程度把该区域内超过某个数的特定点记为边缘。Sobel 算子在 Prewitt 算子的基础上增加了权重的概念，认为相邻点的距离远近对当前像素点的影响是不同的，距离越近的像素点对当前像素的影响越大，从而实现图像锐化并突出边缘轮廓。

Sobel 算子根据像素点上下、左右邻点灰度加权差，在边缘处达到极值这一现象检测边缘。对噪声具有平滑作用，提供较为精确的边缘方向信息。因为 Sobel 算子结合了高斯平滑和微分求导(分化)，因此结果会具有更强的抗噪性，对精度要求不是很高时，Sobel 算子是一种较为常用的边缘检测方法。Sobel 算子的边缘定位更准确，常用于噪声较多、灰度渐变的图像。

Sobel 算子的 Python 代码：

```
# -----------------Sobel 边缘检测----------------------
x = cv2.Sobel(gray_img, cv2.CV_16S, 1, 0)
y = cv2.Sobel(gray_img, cv2.CV_16S, 0, 1)
#  cv2.convertScaleAbs(src[, dst[, alpha[, beta]]])
#  可选参数 alpha 是伸缩系数,beta 是加到结果上的一个值,结果返回 uint 类型的图像
Scale_absX = cv2.convertScaleAbs(x)  #  convert 为转换,scale 为缩放
Scale_absY = cv2.convertScaleAbs(y)
result = cv2.addWeighted(Scale_absX, 0.5, Scale_absY, 0.5, 0)
```

Sobel 算子程序处理结果如图 3-24 所示。

（4）Canny 算子

Canny 算子是由 John F. Canny 于 1986 年提出来的一个多级边缘检测算法，被认为是目前使用最广泛的边缘检测方法之一，具有很好的信噪比和检测精度。Canny 提出了边缘检测的三个准则：高准确性，检测的结果里应尽量多地包含真正的边缘，尽量少地包含假边缘；高精确度，被边缘算子找到的边缘像素与真正的边缘像素间的距离应尽可能地小；响应更少，对于单个边缘点仅有一个响应。Canny 算子首先用高斯平滑滤波来抑制图像中的噪声，通过一阶差分算子计算图像梯度幅值的方向，然后对图像幅值进行非极大

图 3-24 Sobel 算子处理结果

值抑制，最后通过双阈值方法来提取边缘。

Canny 算子的 Python 代码：

```
# ------------------Canny 算子边缘检测-----------------------

import numpy as np
import cv2 as cv
from matplotlib import pyplot as plt

img = cv.imread('./cat/cat1.png',0)
edges = cv.Canny(img, 100, 200)

plt.subplot(121),plt.imshow(img,cmap = 'gray')
plt.title('Original Image'), plt.xticks([]), plt.yticks([])
plt.subplot(122),plt.imshow(edges,cmap = 'gray')
plt.title('Edge Image'), plt.xticks([]), plt.yticks([])

plt.show()
```

Canny 算子的程序处理结果如图 3-25 所示。

（5）Laplacian（拉普拉斯）算子

Laplacian 算子是一种二阶微分算子，在数字图像处理中，Laplacian 算子可以用于边缘检测。它可以检测出图像中的亮度变化率的最大值和最小值，从而确定图像中的边缘。

图 3-25　Canny 算子处理结果

Laplacian 算子可以通过对离散的图像矩阵进行离散卷积运算来实现边缘检测。在这个过程中，以像素点为中心的 3×3 矩阵的元素值表示了该像素点周围的八个像素点与该像素点本身的亮度之差，相当于计算了该像素点的二阶导数值。

在图像处理中，为了减少噪声的影响，通常会将图像先进行平滑处理，然后再应用 Laplacian 算子进行边缘检测。使用 Laplacian 算子检测边缘时，需要根据图像的大小和特征等因素来选择合适的 Laplacian 算子模板，以提高检测的准确性和可靠性。

拉普拉斯算子边缘检测的 Python 代码：

```
# -----------------Laplacian(拉普拉斯)算子边缘检测-----------------------

import cv2
import numpy as np
import matplotlib.pyplot as plt

# 读取图像
```

```
img = cv2.imread('./cat/cat1.png')
lenna_img = cv2.cvtColor(img, cv2.COLOR_BGR2RGB)

# 灰度化处理图像
grayImage = cv2.cvtColor(img, cv2.COLOR_BGR2GRAY)

# 拉普拉斯算法
dst = cv2.Laplacian(grayImage, cv2.CV_16S, ksize=3)
Laplacian = cv2.convertScaleAbs(dst)
# 用来正常显示中文标签
plt.rcParams['font.sans-serif'] = ['SimHei']
# 显示图形
titles = ['原始图像', 'Laplacian 算子']
images = [lenna_img, Laplacian]
for i in range(2):
    plt.subplot(1, 2, i + 1),plt.imshow(images[i], 'gray')
    plt.title(titles[i])
    plt.xticks([]), plt.yticks([])
plt.show()
```

拉普拉斯算子边缘检测的程序处理结果如图 3-26 所示。

图 3-26　拉普拉斯算子处理结果

（6）Marr-Hildreth 算子

Marr-Hildreth 算子也叫 Laplacian of Gaussian（高斯-拉普拉斯，LoG）算子，由 David Marr 和 Ellsworth Hildreth 在 1980 年提出，它采用了高斯滤波作为前置步骤，可以使图像平滑化并减少噪声。

Marr-Hildreth 算子实际上是一种多尺度边缘检测方法，通过逐层卷积高斯函数生成不同尺度的图像，然后对这些图像分别应用拉普拉斯算子，以便在不同的尺度下寻找图像中的边缘。由于较细的边缘对应的尺度上进行滤波的拉普拉斯算子响应相对较大，所以可以通过多尺度比较来检测出较细的边缘。

不过由于图像中的噪声会影响边缘检测的效果，因此在滤波之后，还需要对拉普拉斯算子响应进行非极大值抑制和零交叉检测等后处理，以消除假边缘。

Marr-Hildreth 算子边缘检测的 Python 代码：

```
# ----------------Marr-Hildreth 边缘检测----------------------

import numpy as np
import matplotlib.pyplot as plt
```

```
    import cv2

    def edgesMarrHildreth(img, sigma):
        # 根据输入的高斯标准差确定窗口大小,3 * sigma 占 99.7%
        size = int(2 * (np.ceil(3 * sigma)) + 1)
        # 生成(-size / 2 + 1, size / 2 + 1)的网格
        x, y = np.meshgrid(np.arange(-size / 2 + 1, size / 2 + 1), np.arange(-size / 2 + 1,
size / 2 + 1))
        # 计算 LoG 核
        kernel = ((x ** 2 + y ** 2 - (2.0 * sigma ** 2)) / sigma ** 4) * np.exp(
    -(x ** 2 + y ** 2) / (2.0 * sigma ** 2))  # LoG filter

        kern_size = kernel.shape[0]
        # 生成与输入图像相同大小的全零矩阵 log
        log = np.zeros_like(img, dtype=float)

        # 应用 LoG 核
        for i in range(img.shape[0] -(kern_size - 1)):
            for j in range(img.shape[1] -(kern_size - 1)):
                window = img[i:i + kern_size, j:j + kern_size] * kernel
                log[i, j] = np.sum(window)

        # 将 log 由 float 转换为 int64
        log = log.astype(np.int64, copy=False)

        # 生成与 log 相同大小的全零矩阵 zero_crossing
        zero_crossing = np.zeros_like(log)

        # 判断零交叉点
        for i in range(log.shape[0] -(kern_size - 1)):
            for j in range(log.shape[1] -(kern_size - 1)):
                if log[i][j] ==0:
                    if (log[i][j - 1] < 0 and log[i][j + 1] > 0) or (log[i][j - 1] < 0 and
log[i][j + 1] < 0) or(
                            log[i - 1][j] < 0 and log[i + 1][j] > 0) or (log[i - 1][j] > 0
and log[i + 1][j] < 0):
                        zero_crossing[i][j] = 255
                if log[i][j] < 0:
                    if (log[i][j - 1] > 0) or (log[i][j + 1] > 0) or (log[i - 1][j] > 0) or
(log[i + 1][j] > 0):
                        zero_crossing[i][j] = 255
```

Marr-Hildreth 算子边缘检测的程序处理结果如图 3-27 所示。

图 3-27　Marr-Hildreth 算子处理结果

3.4　图像分割

3.4.1　阈值分割的基本概念

阈值分割是图像处理中一种基本的分割方法，其基本概念是将一幅灰度图像（或彩色图像的颜色通道之一）转化为二值图像，即将图像中的像素分成两个部分：一部分像素点的灰度值大于或等于设定的阈值，被标记为白色（或前景），而另一部分则被标记为黑色（或背景）。阈值分割方法的核心就是阈值的确定，常用的阈值确定方法有全局阈值法、自适应阈值法等。阈值分割在数字图像处理中有着广泛的应用，在目标检测、图像识别、图像分割等领域都有着重要的作用。

阈值分割的实现过程通常包括以下步骤：

① 选择阈值确定方法，如全局阈值法、自适应阈值法等。

② 将原始图像转化为灰度图像，由于阈值是基于灰度值进行判断的，需要将彩色图像转化为灰度图像。

③ 确定阈值，采用所选的阈值确定方法，得到一个阈值 T。这个值可以是预先设定的，也可以通过计算得出。

④ 将图像二值化，根据阈值 T，将图像中的像素点标记为白色或黑色。如果像素点的灰度值大于或等于 T，则被标记为白色，否则被标记为黑色。

⑤ 后处理（可选），当需要使用二值图像进行后续操作时，通常需要对二值图像进行后处理。例如，去除噪声、连接断裂区域、填补空洞等。

阈值分割具有以下几个优点：算法简单易懂，阈值分割是一种比较基础的图像分割方法，其原理直观且易于理解，容易实现；计算量小，阈值分割不需要进行复杂的计算，在选定阈值之后，对每个像素进行判断即可得到二值图像，因此计算量较小，能够实时处理大量图像数据；适用范围广，阈值分割方法适用于多种类型的图像，包括灰度图像、彩色图像等，且在数字图像处理中被广泛应用；可靠性高，使用阈值分割方法能够较好地区分目标物与背景，而且分割结果较为稳定，对于相同的图像输入，输出结果也较为稳定。

综上所述，阈值分割虽然算法简单，但在实际应用中却能发挥出重要的作用，特别是在实时系统、嵌入式设备等场景下运用广泛。

3.4.2　基于点的全局阈值选取方法

基于点的全局阈值选取方法（也称为全局固定阈值法）是一种常用的阈值分割方法，其基本思想是根据全局图像灰度值的分布情况，选择一个合适的阈值来进行二值化处理。这种阈值选取方法的实现步骤如下：将彩色图像转换为灰度图像，统计整个灰度图像中像素点的灰度值频数直方图，得到灰度值分布曲线；根据实际情况选择一个合适的阈值 T_0，可以根据经验、实验或其他算法等方式进行确定；对灰度图像进行二值化处理，如果像素点的灰度值大于或等于 T_0，则将该像素点标记为白色（前景），否则标记为黑色（背景）。

需要注意的是，在使用基于点的全局阈值选取方法时，阈值 T_0 的选取对分割结果影响较大，因此选取合适的阈值 T_0 是非常关键的。

点的全局阈值的 Python 代码如下：

```
import cv2

# 读取原始图像并进行灰度化处理
img = cv2.imread('./cat/cat1.png', 0)

# 计算全局阈值
threshold_value, threshold_image = cv2.threshold(img, 0, 255, cv2.THRESH_BINARY +
cv2.THRESH_OTSU)

# 显示原始图像和二值化后的图像
cv2.imshow('Original Image', img)
cv2.imshow('Thresholded Image', threshold_image)
cv2.waitKey(0)
cv2.destroyAllWindows()
```

点的全局阈值程序处理结果如图 3-28 所示。

图 3-28　点的全局阈值处理结果

3.4.3　基于区域的全局阈值选取方法

基于区域的全局阈值选取方法是一种阈值分割方法，它与基于点的全局阈值选取方法相比，在选取阈值时，不再考虑整幅图像的灰度值分布情况，而是将图像分割为多个区域，对每个区域内的像素灰度值进行统计及分析，最终确定一个全局的阈值。

基于区域的全局阈值选取方法的主要实现步骤：将彩色图像转换为灰度图像；将图像分割成多个区域，常用的分割方法有平均分割法和区域生长法等，平均分割法将图像均分为 N 个互不重叠的区域，每个区域内的像素数量大致相等，区域生长法则通过选择一些区域像素作为种子，种子的灰度值向外延伸生长直到像素灰度变化剧烈的边界处，从而得到多个不规则形状的区域；对每个区域内的像素的灰度值进行统计，得到灰度值的频率分布曲线或直方图；选择一个合适的阈值，常用的选择方法包括带权平均法和加权最大类间方差法等，带权平均法是将每个像素的灰度值乘以对应的频率，然后计算平均灰度值，加权最大类间方差法是通过最大化不同类间的方差来选取阈值；对灰度图像进行二值化处理，如果像素点的灰度值大于或等于选定的阈值，则将该像素点标记为白色（前景），否则标记为黑色（背景）。

相比基于点的全局阈值选取方法，基于区域的全局阈值选取方法能够更好地考虑到图像中不同部分的特性，从而得到更精确的分割结果。

基于区域的全局阈值选取的 Python 代码如下：

```
import numpy as np
import cv2
import math

image = cv2.imread(r"./cat/cat1.png", 0)
rows, cols = image.shape[:2]
gray_hist = np.zeros([256], np.uint64)
for i in range(rows):
    for j in range(cols):
        gray_hist[image[i][j]] +=1
uniformGrayHist = gray_hist / float(rows * cols)
# 计算零阶累积距和一阶累积距
zeroCumuMomnet = np.zeros(256, np.float32)
oneCumuMomnet = np.zeros(256, np.float32)
for k in range(256):
    if k ==0:
        zeroCumuMomnet[k] = uniformGrayHist[0]
        oneCumuMomnet[k] = (k) * uniformGrayHist[0]
    else:
        zeroCumuMomnet[k] = zeroCumuMomnet[k - 1] + uniformGrayHist[k]
        oneCumuMomnet[k] = oneCumuMomnet[k - 1] + k * uniformGrayHist[k]
# 计算类间方差
variance = np.zeros(256, np.float32)
for k in range(255):
    if zeroCumuMomnet[k] ==0 or zeroCumuMomnet[k] ==1:
        variance[k] = 0
    else:
        variance[k] = math.pow(oneCumuMomnet[255] * zeroCumuMomnet[k] - oneCumu-
Momnet[k], 2) /(
                zeroCumuMomnet[k] * (1.0 - zeroCumuMomnet[k]))
# 找到阈值
threshLoc = np.where(variance[0:255] ==np.max(variance[0:255]))
thresh = threshLoc[0][0]
# 阈值处理
threshold = np.copy(image)
```

```
threshold[threshold > thresh] = 255
threshold[threshold <=thresh] = 0
cv2.imshow("test", threshold)
cv2.waitKey(0)
```

基于区域的全局阈值选取的程序处理结果如图 3-29 所示。

图 3-29　基于区域的全局阈值处理效果

3.4.4　局部阈值法和多阈值法

当一幅图像的色彩不均衡时，用全局阈值分割图像效果不是很好，此时要采用自适应阈值来处理图像。

（1）局部阈值法

局部阈值法是一种阈值分割方法，也称为自适应阈值法或动态阈值法。该方法在选取阈值时，不再使用全局固定阈值，而是根据像素点周围的邻域信息，动态地选取每个像素点的阈值。

局部阈值法的主要实现步骤：将彩色图像转换为灰度图像；按照一定规则，将灰度图像划分为若干个不重叠的小区域，每个小区域内的像素值被认为服从近似的概率分布，如高斯分布，对每个小区域内像素值的概率分布进行统计，可以采用直方图等方法；对于每个小区域，计算一个合适的阈值，这个阈值通常为小区域内像素值的均值、中值或者加权平均值；对于图像中的每个像素点，根据它所在的小区域确定该像素点的阈值；如果像素点的灰度值大于或等于选定的阈值，则将该像素点标记为白色（前景），否则标记为黑色（背景）。局部阈值法可以克服全局固定阈值法对于不同亮度、对比度的图像均不能有效分割的缺点，适用于背景不均匀、目标大小和形状不规则等情况下的图像分割任务。

局部阈值法的 Python 代码如下：

```
import cv2

# 读取原始图像并进行灰度化处理
img = cv2.imread('./cat/cat1.png', 0)

# 利用自适应阈值法进行局部阈值处理
threshold_image = cv2.adaptiveThreshold(img, 255, cv2.ADAPTIVE_THRESH_MEAN_C,
cv2.THRESH_BINARY, 11, 2)

# 局部阈值处理后的图像
cv2.imshow('Local Thresholding', threshold_image)
cv2.waitKey(0)
cv2.destroyAllWindows()
```

局部阈值法的程序处理结果如图 3-30 所示。

图 3-30　局部阈值法处理结果

（2）多阈值法

多阈值法是一种阈值分割方法，它将像素灰度值分成多个范围，并为每个范围分别选取一个合适的阈值。通过这种方式，可以对不同强度的目标进行更精细的区分，从而得到更准确的二值化图像。多阈值法在图像分割、边缘检测和形状分析等领域中被广泛应用。

多阈值法的主要实现步骤：将彩色图像转换为灰度图像；选择一个阈值分割算法，该算法可以对整幅图像进行全局阈值分割，将像素灰度值分为两部分（前景和背景）；根据前面得到的前景区域，将像素灰度值再次分割为多个区间，可以根据实际需要选择划分的个数和区间范围，例如，将像素灰度值分为低灰度区、中灰度区和高灰度区三个区间；对于每个区间，根据一定的规则选取一个合适的阈值，通常，可以根据区间内像素的平均灰度值或局部极值来计算阈值；对于图像中每个像素点，根据它的灰度值所在的区间来确定该像素点的阈值；如果像素点的灰度值属于某个区间，并且大于或等于该区间对应的选定阈值，则将该像素点标记为白色（前景），否则标记为黑色（背景）。多阈值法可以克服全局阈值法和局部阈值法对于图像中不同强度目标无法有效进行分割的缺点，使图像分割结果更加准确。

多阈值法的 Python 代码如下：

```
import cv2
import numpy as np

# 读取原始图像并进行灰度化处理
img = cv2.imread('./cat/cat1.png', 0)

# 对图像进行多阈值处理
ret, thresh1 = cv2.threshold(img, 100, 255, cv2.THRESH_BINARY)
ret, thresh2 = cv2.threshold(img, 150, 255, cv2.THRESH_BINARY)
ret, thresh3 = cv2.threshold(img, 200, 255, cv2.THRESH_BINARY)

# 将三个阈值处理后的图像进行合并
multi_thresh = cv2.bitwise_or(thresh1, thresh2)
multi_thresh = cv2.bitwise_or(multi_thresh, thresh3)

# 多阈值处理后的图像
cv2.imshow('Multi-Thresholding', multi_thresh)
cv2.waitKey(0)
cv2.destroyAllWindows()
```

多阈值法的程序处理结果如图 3-31 所示。

3.4.5 图像分割的评价

图像分割的评价指标非常多，常用的包括像素准确率（pixel accuracy，PA）、交并比（intersection-over-union，IoU）、Dice 系数（dice coeffcient，骰子系数）、豪斯多夫距离（Hausdorff distance，HD95）和体积相关误差（relative volume error，RVE）。

图 3-31　多阈值法处理结果

① 像素准确率：像素准确率是一种用于评估图像分类和分割结果的指标，也称为像素精度（pixel accuracy）。该指标是将分类或分割结果中被正确分类或分割的像素数量除以总像素数得到的百分比。像素准确率通常用于有限类别（如二分类）的情况下评价模型性能。它可以简单地计算模型在整个数据集上分类或分割的准确率，但不能衡量每个类别的识别或分割细节。像素准确率的计算公式如下：

$$PA=\frac{\sum_{i=0}^{n}p_{ii}}{\sum_{i=0}^{n}\sum_{j=0}^{n}p_{ij}}=\frac{TP+TN}{TP+TN+FP+FN} \tag{3-7}$$

其中，p_{ii} 表示混淆矩阵中第 i 类的正确预测数量，也就是实际类别为 i 且被正确预测为类别 i 的像素数量；p_{ij} 表示混淆矩阵中实际类别为 i，但被预测为类别 j 的像素数量；TP 为 True Positive，分类器预测结果为正样本，实际也为正样本，即正样本被正确识别的数量；TN 为 True Negative，分类器预测结果为负样本，实际为负样本，即负样本被正确识别的数量；FP 为 False Positive，分类器预测结果为正样本，实际为负样本，即负样本被当成正样本识别的数量；FN 为 False Negative，分类器预测结果为负样本，实际为正样本，即正样本被当成负样本识别的数量。

像素准确率的 Python 代码如下：

```
def binary_pa(s, g):
    """
        calculate the pixel accuracy of two N-d volumes.
        s: the segmentation volume of numpy array
        g: the ground truth volume of numpy array
        """
    pa = ((s ==g).sum()) / g.size
    return pa
g = np.array([1, 1, 1, 1, 1, 0, 0, 0, 0])
s = np.array([0, 1, 0, 1, 1, 0, 0, 0, 0])
pa = binary_pa(s, g)
```

② 交并比（IoU）：也称为 Jaccard 指数，是语义分割中最常用的指标之一，是一个非常简单的指标。简单地说，IoU 是预测分割 A 和标签 B 之间的重叠区域除以预测分割和标签

之间的联合区域（两者的交集/两者的并集）得到的百分比。交并比的计算公式如下：

$$\mathrm{IoU}=\frac{|A\cap B|}{|A\cup B|}=\frac{\mathrm{TP}}{\mathrm{TP}+\mathrm{FP}+\mathrm{FN}} \tag{3-8}$$

交并比的 Python 代码如下：

```
def binary_iou(s, g):
    assert (len(s.shape) ==len(g.shape))
    # 两者相乘值为 1 的部分为交集
    intersecion = np.multiply(s, g)
    # 两者相加,值大于 0 的部分为交集
    union = np.asarray(s + g > 0, np.float32)
    iou = intersecion.sum() / (union.sum() + 1e-10)
    return iou
g = np.array([1, 1, 1, 1, 1, 0, 0, 0, 0])
s = np.array([0, 1, 0, 1, 1, 0, 0, 0, 0])
iou = binary_iou(s, g)
```

③ Dice（骰子）系数：Dice 系数定义为两倍的交集除以像素和，也叫 F1 分数。Dice 系数与 IoU 非常相似，它们是正相关的。与 IoU 一样，它们的范围都从 0 到 1，其中 1 表示预测和真实情况之间的最大相似度。骰子系数的计算公式如下：

$$\mathrm{Dice}=\frac{2|A\cap B|}{|A|+|B|}=\frac{2\mathrm{TP}}{2\mathrm{TP}+\mathrm{FP}+\mathrm{FN}} \tag{3-9}$$

骰子系数的 Python 代码如下：

```
def binary_dice(s, g):
    """
    calculate the Dice score of two N-d volumes.
    s: the segmentation volume of numpy array
    g: the ground truth volume of numpy array
    """
    assert (len(s.shape) ==len(g.shape))
    prod = np.multiply(s, g)
    s0 = prod.sum()
    dice = (2.0 * s0 + 1e-10) / (s.sum() + g.sum() + 1e-10)
    return dice
g = np.array([1, 1, 1, 1, 1, 0, 0, 0, 0])
s = np.array([0, 1, 0, 1, 1, 0, 0, 0, 0])
dice = binary_dice(s, g)
```

3.5 彩色图像处理

3.5.1 彩色视觉

彩色视觉是人类视觉系统识别物体颜色和颜色变化的能力，彩色视觉涉及多个生物学和物理学方面的知识，包括颜色感知、光谱分析和颜色空间等。

在人眼中，彩色感知是通过三种类型的视锥细胞完成的，分别对应蓝色、绿色和红色光，它们的激活程度共同组成了人类视觉系统对颜色的感知。关于彩色视觉的两种互补的理论分别是三色视觉（trichromacy）理论和互补处理（opponent process）理论。三色视觉理论，或称杨-亥姆霍兹理论（Young-Helmholtz theory），19 世纪时由托马斯·杨和赫尔曼·冯·亥姆霍兹提出，说明了视网膜的三种视锥细胞分别优先敏感于蓝、绿和红色。Ewald Hering 于 1872 年提出互补处理理论，提出视觉系统以一种方式解释颜色：红对绿，蓝对黄，黑对白。绿-红、蓝-黄、黑-白是具有相互排斥的边界的标度。现在知道，这两个理论都是正确的，描述视觉生理的不同阶段。

对于彩色图像处理，需要考虑将彩色信息转换为数字信息，并对其进行处理。在计算机图形学中，常用的彩色空间包括 RGB、HSI、Lab 等。RGB 是一种常见的彩色空间，它将颜色表示为红、绿、蓝三个通道的值，通常使用 8 位或 16 位整数表示。HSI 彩色空间是一种更加直观的颜色空间，它将颜色表示为色调、饱和度和亮度三个分量。Lab 颜色空间是一种基于生理视觉的颜色空间，它将颜色表示为明度、a 轴和 b 轴三个分量，其中 a 轴表示红色-绿色轴，b 轴表示黄色-蓝色轴。

彩色图像处理涉及许多应用，包括图像增强、图像分割、图像识别等。例如，对于图像增强，可以使用直方图均衡化技术来增强图像的对比度，同时保持颜色信息不变；对于图像分割，可以使用基于颜色的分割方法来将图像中的不同区域分离出来，这种方法利用了不同区域的颜色特征；对于图像识别，可以使用颜色特征作为图像的一种特征，将其用于分类和识别。

总之，彩色视觉是人类视觉系统中非常重要的一部分，它涉及多个学科的知识，包括生物学、物理学、计算机图形学等。彩色图像处理在许多应用中都起着重要的作用，因此彩色视觉的研究和应用具有广泛的前景。

3.5.2　彩色模型

彩色模型（又称彩色空间或彩色系统）是描述色彩的一种方法，本质上，彩色模型就是坐标系统和子空间的规范，系统中的每种颜色由单个点来表示。下面介绍常用的彩色模型：RGB 模型、CMYK 模型、HSI 模型、YUV 模型。

（1）RGB 模型

RGB 模型是指由红色（R）、绿色（G）和蓝色（B）三个颜色通道组成的一种颜色模型，常用于数字图像显示和处理。在 RGB 模型中，每个像素的颜色由三个数值表示，分别代表红、绿、蓝三个通道的颜色强度值。

通过调整三个通道的强度值，可以实现各种不同的颜色，包括所有人类可见的颜色。例如，当三个通道的强度值均为 0 时，表示黑色；当三个通道的强度值均为 255 时，表示白色。R、G、B 三个通道如图 3-32 所示。

在 RGB 模型中，颜色的亮度和饱和度可以通过调节三个通道的强度比例实现。例如，当三个通道的值相等时，颜色饱和度最高；而当某个通道的值最大，其他通道的值较小时，颜色则更加偏向该通道颜色的亮度。

RGB 模型广泛应用于电子设备、计算机图形学、数字媒体等领域。

（2）CMYK 模型

CMYK 模型是一种基于颜料原理的彩色模型，常用于印刷行业。CMYK 模型包括青色（cyan）、品红色（magenta）、黄色（yellow）和黑色（key），也被称为四色（four-color）

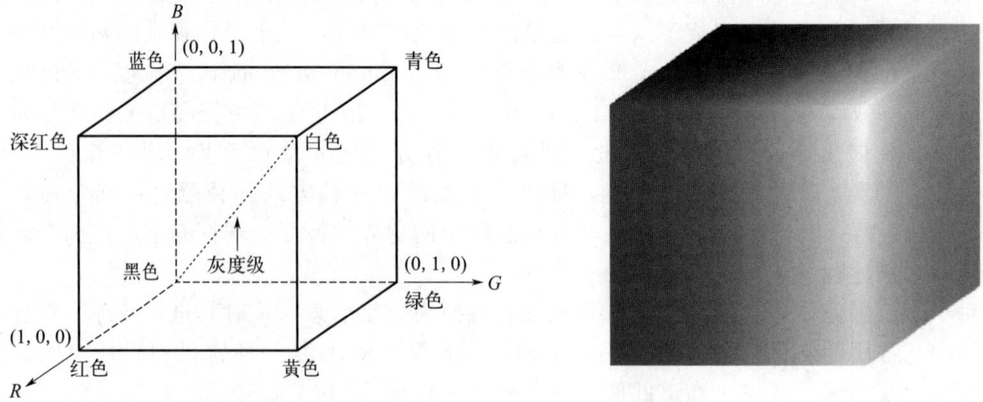

图 3-32　R、G、B 三个通道（见文后彩图）

模型。在 CMYK 模型中，颜色的表示方式是四个数值，分别代表四种颜色通道的百分比强度值。与 RGB 模型中为加色混合不同，CMYK 模型中为减色混合，即混合的颜色会吸收、削弱部分光谱分量，因此通过在印刷中叠加不同颜色的墨水，可以合成出各种颜色。在 CMYK 模型中，黑色（K）通道的引入是为了解决 C、M、Y 三个颜色混合产生的颜色偏差和印刷成本问题。由于 C、M、Y 三色混合无法完全达到黑色，因此要通过添加黑色墨水来提高深色区域的打印质量和效率。

CMYK 颜色用于打印和印刷复制，通过 CMYK 的值来确定给墨量，从而最终形成颜色。另外需要将图片进行打印和印刷时，则需要调整为 CMYK 颜色模式。在图形制版过程中，首先将图片中的 RGB 分量提取出来，然后经过计算，得到 CMYK 的值，再由 CMYK 的值确定承印物上的颜色，此工艺在印刷过程中称为“分色”。

（3）HSI 模型

HSI 模型更符合人描述和解释颜色的方式，以色调（hue）、饱和度（saturation）和亮度（intensity）三个特征量来描述颜色。色调（H）是色彩的基本属性，就是平常所说的颜色名称，如红色、黄色等；饱和度（S）是指色彩的纯度（纯光被白光稀释的程度），饱和度越高，颜色越鲜艳；亮度（I）是一个主观的描述子，实际上不可测量，体现了无色的强度概念。

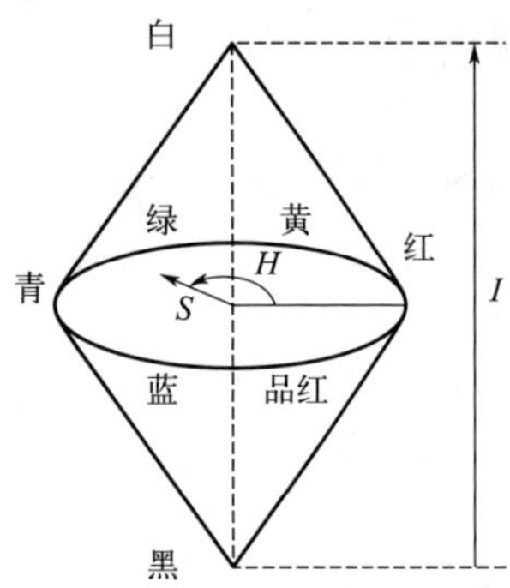

图 3-33　HSI 颜色空间

通常把色调和饱和度统称为色度，HSI 模型将图像的亮度信息和色度信息分离，使很多针对灰度图像的算法可直接作用在亮度图像上而不改变彩色图像的色度信息。

HSI 模型确定的颜色空间如图 3-33 所示。在 HSI 模型中，色调表示颜色在色轮上的位置，取值为 0°～360°，可分为红、黄、绿、青、蓝、品红六种基本颜色。饱和度表示颜色的纯度，取值范围从 0 到 1，0 表示灰度，1 表示最大饱和度。亮度取值范围也是 0 到 1，0 表示黑色，1 表示白色。HSI 模型将颜色信息分解成三个单独的部分，使得色调、饱和度和亮度的调整相互独立，简化了颜色的编辑和调整过程。同时，HSI 模型也更符合人类对颜色的感知方式，直观易懂。HSI 模型广泛应用于图像处理、计算机视觉、人工智能等领域，如图像识别、颜色分类、图像分割等。

（4）YUV 模型

YUV 模型指的是一种将亮度和色度分离的彩色模型，通常用于视频编解码、图像处理和显示等领域。YUV 模型中，Y 代表亮度（luma），U 和 V 分别代表色度（chroma），也称为色差。

在 YUV 模型中，亮度（Y）表示图像的明暗程度，其取值范围一般为 0 到 255，其中 128 表示亮度为 0 的灰色。色度（U 和 V）表示颜色信息，如图 3-34 所示，图中数值为归一化后的色度值，范围为－0.5 至 0.5，对应原始整数值的－128 至 127，分别代表针对红色和蓝色的颜色差值。通过调整亮度和色度，可以得到不同的颜色。

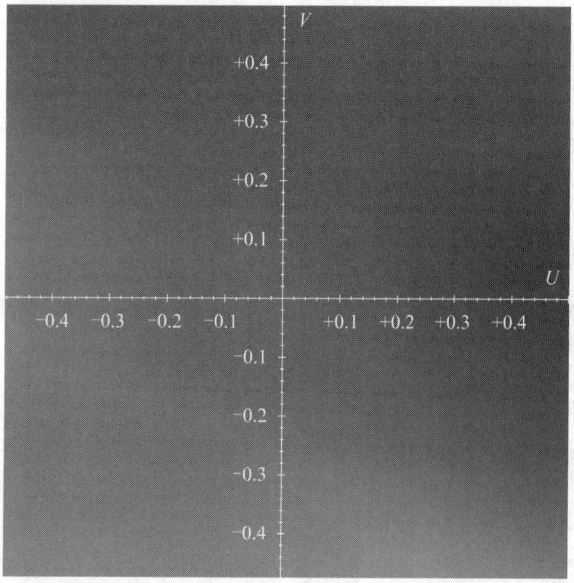

图 3-34 U-V 颜色平面的例子（见文后彩图）

在数字视频编解码的过程中，YUV 模型通常用于压缩视频数据，由于很多影片中的场景或者物体具有相似的颜色，因此采用 YUV 模型进行压缩能够有效地减少视频数据量，提高视频编解码的效率。

而在图像处理和显示方面，YUV 模型除了能够节省数据存储空间外，还能够更好地适应不同硬件设备之间的差异，实现更好的图像质量。例如，DVD（数字通用光碟）播放器就使用 YUV 模型来将存储在光碟中的数字数据转换为可视化的图像。在计算机显示中，YUV 模型也常用于显示设备和图像处理器之间的数据传输。

3.5.3 彩色变换

（1）RGB 转换到 HSI

此转换的基本要求是将 RGB 中的亮度因素分离，将色度分解为色调和饱和度，并用角向量表示色调。HSI 颜色空间（简称 HSI 空间）中的色调、饱和度和亮度分别对应了人类对颜色的感知方式，更符合人类直觉。在某些应用场景下，例如计算机视觉和图像处理中，需要对颜色进行分析和处理。HSI 颜色空间中的色调、饱和度和亮度分量可以分别提取出颜色信息、纯度信息和亮度信息，更方便色彩分析和处理。因此将 RGB 颜色值转换为 HSI 颜色值后，可以更容易地进行颜色调整和处理，提高了可视化效果和交互性。

RGB到HSI的转换是将RGB空间下的颜色信息（红、绿、蓝三个通道）转换为HSI空间下的颜色信息（色调、饱和度、亮度三个通道）。

转换过程如下：

计算色调 H（hue）：

$$H=\text{atan2}(B-G,R-G) \tag{3-10}$$

其中，atan2为反正切函数，返回值范围是[$-\pi$，$+\pi$]。

计算饱和度 S（saturation）：

$$S=1-[3/(R+G+B)]\times\min(R,G,B) \tag{3-11}$$

计算亮度 I（intensity）：

$$I=(R+G+B)/3 \tag{3-12}$$

其中，R、G、B 分别表示红、绿、蓝三个通道的亮度值，需要将它们的取值范围从0～255归一化到0～1之间。在计算饱和度时，需要除以RGB三通道的总和，并且要求出最小值，以避免分母为0。

转换完成后，可以得到HSI三通道的值，可以根据这些值来描述图像的颜色属性。在实际应用中，HSI空间通常被用来进行颜色分割和识别等任务。

与RGB颜色空间相比，HSI颜色空间可以适用于更广泛的应用场景，例如艺术设计、颜色检测和机器视觉等。

RGB转换到HSI的Python代码如下：

```
import cv2
from skimage import data,color
from matplotlib import pyplot as plt
import numpy as np
L=255
def GetR(gray):
    if gray<L/2:
        return 0
    elif gray>L/4* 3:
        return L
    else:
        return 4* gray-2* L
def GetG(gray):
    if gray<L/4:
        return 4* gray
    elif gray>L/4* 3:
        return 4* L-4* gray
    else:
        return L
def GetB(gray):
    if gray<L/4:
        return L
    elif gray>L/2:
        return 0
    else:
```

```
        return 2* L-4* gray
img=cv2.imread('C:/Users/xpp/Desktop/Lena.png')# 原始图像
cv2.imshow("original",img)
grayimg=color.rgb2gray(img) * 255# 将彩色图片转换为灰度图片
colorimg=np.zeros(img.shape,dtype='uint8')
for ii in range(img.shape[0]):
    for jj in range(img.shape[1]):
        r,g,b=GetR(grayimg[ii,jj]),GetG(grayimg[ii,jj]),GetB(grayimg[ii,jj])# 灰度值到彩色变换
        colorimg[ii,jj,:]=(r,g,b)
cv2.imshow("result",colorimg)
cv2.waitKey()
cv2.destroyAllWindows()
plt.imshow(colorimg)
```

RGB 转换到 HSI 的程序处理结果如图 3-35 所示。

(2) RGB 转换到 YUV

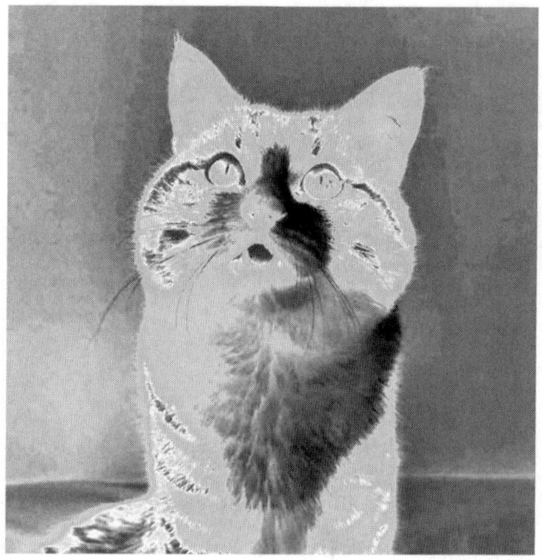

图 3-35　RGB 转换到 HSI（见文后彩图）

RGB 模型和 YUV 模型的颜色编码方式不同，因此需要进行转换。以下是将 RGB 转换到 YUV 的方法：将 RGB 模型中的红、绿、蓝三个通道的颜色分量转换为 0 到 1 之间的小数值。

计算亮度 Y，公式如下：

$$Y=0.299R+0.587G+0.114B \tag{3-13}$$

对于 U，公式为：

$$U=-0.14713R-0.28886G+0.436B \tag{3-14}$$

对于 V，公式为：

$$V=0.615R-0.51499G-0.10001B \tag{3-15}$$

将计算得出的 Y、U、V 值缩放并平移，得到最终的 Y、U、V 值。因为 Y、U、V 的取值范围一般是 0 到 255，所以首先需要对它们进行缩放。常用的缩放方法是将 Y 值乘以 219，将 U 和 V 值分别加上 128，然后再将结果都向下取整，得到整数值。

这样，就可以利用以上公式将 RGB 模型的颜色转换为 YUV 模型的颜色了。YUV 模型主要应用在数字视频压缩、视频编辑等方面，可降低存储空间和传输带宽的需求。

RGB 转换到 YUV 的 Python 代码如下：

```
import cv2 as cv

src = cv.imread(r"D:\p\mm\cat\cat1.png")
cv.namedWindow("rgb", cv.WINDOW_AUTOSIZE)
cv.imshow("rgb", src)

#  RGB to YUV
```

```
yuv = cv.cvtColor(src, cv.COLOR_BGR2YUV)
cv.imshow("yuv format image", yuv)
```

RGB 转换到 YUV 的程序处理结果如图 3-36 所示。

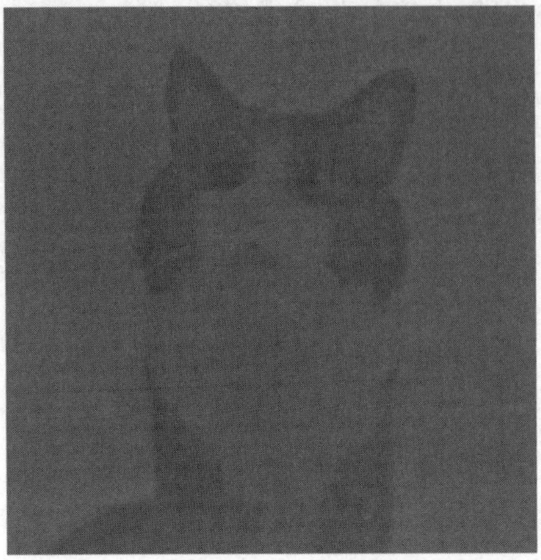

图 3-36 RGB 转换到 YUV（见文后彩图）

3.5.4 彩色图像增强

彩色图像增强是指对彩色图像进行处理，使其在视觉上更加清晰、鲜艳、有层次感，以及更符合人类视觉习惯和需求的一系列操作。彩色图像增强可以应用于许多领域，例如数字媒体、医学图像、航空航天、安全监控等。

人的肉眼可分辨的灰度级在十几到二十几之间，却能区分几千种不同色度、不同亮度的色彩。可以说人眼对彩色的分辨力可以达到灰度分辨力的百倍以上。将灰度图像转换为彩色图像，或改变已有彩色的分布，会改善图像的可视性，是从可视角度实现图像增强的有效方法之一。

目前彩色增强技术分为两大类：伪彩色（pseudo color）处理，把灰度图像处理成伪彩色图像；假彩色（false color）处理，把自然彩色图像或遥感多光谱图像处理成假彩色图像。彩色图像增强就是对图像采用某种方法增强，并保持色调不变的过程。彩色图像比灰度图像包含更多的信息，无论是对人们的视觉感受，还是后续的图像理解与分析，彩色图像都具有灰度图像无可比拟的优越性。

（1）自动色彩增强

自动色彩增强（automatic color enhancement，ACE）是一种自动增强图像颜色和对比度的技术。它可以根据图像的内容和特点，自适应地对图像进行颜色和对比度的调整，从而提高图像的可视化效果。

自动色彩增强技术的基本原理是通过对图像中的像素进行分析，找到图像中的颜色分布特征和对比度分布特征，然后根据这些特征对图像进行颜色和对比度的调整。

自动色彩增强（ACE）的 Python 代码如下：

```
import cv2
import numpy as np
import math
def stretchImage(data, s=0.005, bins=2000):  # 线性拉伸,去掉最大最小 0.5% 的像素值,
然后线性拉伸至[0,1]
    ht = np.histogram(data, bins);
    d = np.cumsum(ht[0]) / float(data.size)
    lmin = 0;
    lmax = bins - 1
    while lmin < bins:
        if d[lmin] >=s:
            break
```

```
            lmin +=1
        while lmax >=0:
            if d[lmax] <=1 - s:
                break
            lmax -=1
        return np.clip((data - ht[1][lmin]) / (ht[1][lmax] - ht[1][lmin]), 0, 1)
    g_para = {}
    def getPara(radius=5):  # 根据半径计算权重参数矩阵
        global g_para
        m = g_para.get(radius, None)
        if m is not None:
            return m
        size = radius * 2 + 1
        m = np.zeros((size, size))
        for h in range(-radius, radius + 1):
            for w in range(-radius, radius + 1):
                if h ==0 and w ==0:
                    continue
                m[radius + h, radius + w] = 1.0 / math.sqrt(h ** 2 + w ** 2)
        m /=m.sum()
        g_para[radius] = m
        return m

    def zmIce(I, ratio=4, radius=300):  # 常规的 ACE 实现
        para = getPara(radius)
        height, width = I.shape
        zh, zw = [0] * radius + [x for x in range(height)] + [height - 1] * radius, [0] *
radius + [x for x in range(width)] + [width - 1] * radius
        Z = I[np.ix_(zh, zw)]
        res = np.zeros(I.shape)
        for h in range(radius * 2 + 1):
            for w in range(radius * 2 + 1):
                if para[h][w] ==0:
                    continue
                res +=(para[h][w] * np.clip((I - Z[h:h + height, w:w + width]) * ratio, -
1, 1))
        return res


    def zmIceFast(I, ratio, radius):  # 单通道 ACE 快速增强实现
        height, width = I.shape[:2]
        if min(height, width) <=2:
            return np.zeros(I.shape) + 0.5
        Rs = cv2.resize(I,((width + 1) // 2, (height + 1) // 2))
        Rf = zmIceFast(Rs, ratio, radius)  # 递归调用
        Rf = cv2.resize(Rf,(width, height))
```

```
        Rs = cv2.resize(Rs,(width, height))

        return Rf + zmIce(I, ratio, radius) - zmIce(Rs, ratio, radius)


    def zmIceColor(I, ratio=4, radius=3):  # RGB三通道分别增强,ratio是对比度增强因子,
radius是卷积模板半径
        res = np.zeros(I.shape)
        for k in range(3):
            res[:, :, k] = stretchImage(zmIceFast(I[:, :, k], ratio, radius))
        return res


    if __name__ =='__main__':
        m = zmIceColor(cv2.imread("./cat/cat1.png") / 255.0) * 255
        cv2.imshow('m', m)
        cv2.waitKey(0)
```

图 3-37 自动色彩增强（ACE）（见文后彩图）

自动色彩增强（ACE）的程序处理结果如图 3-37 所示。

（2）RGB 模型颜色增强

RGB 模型的颜色增强主要通过调整通道亮度/灰度值来实现，通常可以将增强后的图像看作是原始图像亮度/灰度值的一种线性变换（或非线性变换），其中每个通道的亮度/灰度值都有所提高或降低。

① 线性拉伸法：该方法比较简单，只需要将原始图像中灰度值较低的区域和灰度值较高的区域分别映射到 0～255 的灰度范围内即可。具体步骤如下：计算原始图像的最小灰度值 Min 和最大灰度值 Max；对于每个像素点（x，y），计算其新的灰度值，公式为 G_new＝255(G_old－Min)/(Max－Min)，其中 G_old 为原始灰度值；将各个通道的 G_new 作为 RGB 图像的新灰度值，得到增强后的图像。

② 直方图均衡化法：该方法旨在使图像的亮度分布更加均匀，从而增强图像的对比度。具体步骤如下：计算 RGB 图像的直方图，并对各个通道的直方图进行均衡化；利用均衡化后的直方图得到 RGB 图像中每个像素点新的亮度值；将各个通道的新亮度值组合起来，得到增强后的 RGB 图像。

③ Gamma 校正法：该方法是一种非线性变换方法，通过对灰度值进行幂次变换，使得图像灰度值的分布更加符合人眼的感知特性，从而提高图像的清晰度和对比度。具体步骤如下：

选择一个 Gamma 值，常用的 Gamma 值范围为 0.5～2.5；

对于每个像素点（x，y），计算其新的灰度值：

$$G\_new = 255 \times (G\_old/255)^{Gamma} \tag{3-16}$$

将各个通道的 G_new 作为 RGB 图像的新灰度值，得到增强后的图像。

需要注意的是，在进行 RGB 模型颜色增强时，应根据具体情况选择合适的增强方法，并根据实际效果进行调整，以达到最佳的增强效果。直方图均衡化的 RGB 模型颜色增强的 Python 代码如下：

```
import cv2

# 读取原始图像
img = cv2.imread('input.jpg')

# 对各个通道进行直方图均衡化
equ_rgb0 = cv2.equalizeHist(img[:, :, 0])
equ_rgb1 = cv2.equalizeHist(img[:, :, 1])
equ_rgb2 = cv2.equalizeHist(img[:, :, 2])

# 组合三个通道
img_new = cv2.merge((equ_rgb0, equ_rgb1, equ_rgb2))

# 显示增强后的图像
cv2.imshow('Enhanced Image', img_new)
cv2.waitKey(0)
ax1.imshow(img_co)
ax1.set_title("Color Image Enhancement(RGB)")
plt.show()
```

RGB 模型颜色增强的程序处理结果如图 3-38 所示。

(3) HSI 模型颜色增强

在 HSI 模型中进行颜色增强可以通过调整其属性来实现。两种常见的 HSI 模型颜色增强方法是增强饱和度方法和增强亮度方法。

① 增强饱和度：在 HSI 模型中，增加饱和度可以使颜色更加强烈，增强饱和度的一种常见方法是通过增加色度（chroma）来实现，即保持色调和亮度不变，仅提高饱和度。具体步骤为：将 RGB 图像转换为 HSI 模型；提高饱和度，以增强颜色。公式如下：

$$S\_new = S\_old \times k \tag{3-17}$$

其中，S_new 和 S_old 为提高后和原始饱和度；k 为增强系数。增强饱和度的 HSI 模型颜色增强的 Python 代码如下：

图 3-38　RGB 模型颜色增强（见文后彩图）

```
import numpy as np
import cv2
```

```
# 读取原始图像
img = cv2.imread('input.jpg')

# 将 RGB 图像转换为 HSI 模型
img_hsi = cv2.cvtColor(img, cv2.COLOR_BGR2HSV)
h, s, i = cv2.split(img_hsi)

# 增强饱和度
k = 2  # 饱和度增强系数
s_new = np.uint8(np.clip(k * s, 0, 255))

# 将 HSI 图像转换回 RGB 模型
img_hsi_new = cv2.merge((h, s_new, i))
img_new = cv2.cvtColor(img_hsi_new, cv2.COLOR_HSV2BGR)

# 显示增强后的图像
cv2.imshow('Enhanced Image', img_new)
cv2.waitKey(0)
```

增强饱和度的 HSI 模型颜色增强的程序处理结果如图 3-39 所示。

图 3-39　增强饱和度的 HSI 模型颜色增强（见文后彩图）

② 增强亮度：在 HSI 模型中，将图像的亮度增加可以使图像更加明亮，从而增强颜色，具体步骤为：将 RGB 图像转换为 HSI 模型；提高亮度，以增强颜色。公式如下：

$$I\_new = I\_old \times k \tag{3-18}$$

其中，I_new 和 I_old 为提高后和原始亮度；k 为增强系数。增强亮度的 HSI 模型颜色增强的 Python 代码如下：

```
import numpy as np
import cv2

# 读取原始图像
```

```
img = cv2.imread('input.jpg')

# 将 RGB 图像转换为 HSI 模型
img_hsi = cv2.cvtColor(img, cv2.COLOR_BGR2HSV)
h, s, i = cv2.split(img_hsi)

# 增强亮度
k = 50  # 亮度增强系数
i_new = np.uint8(np.clip(i + k, 0, 255))

# 将 HSI 图像转换回 RGB 模型
img_hsi_new = cv2.merge((h, s, i_new))
img_new = cv2.cvtColor(img_hsi_new, cv2.COLOR_HSV2BGR)

# 显示增强后的图像
cv2.imshow('Enhanced Image', img_new)
cv2.waitKey(0)
```

增强亮度的 HSI 模型颜色增强程序处理结果如图 3-40 所示。

3.5.5　彩色图像的平滑

彩色图像的平滑处理方法类似于灰度图像，可以基于均值、中值、高斯等滤波器进行滤波处理。但需要注意的是，在进行彩色图像处理时，需要对每个颜色通道分别操作，以保持图像的色彩信息。

图 3-40　增强亮度的 HSI 模型颜色增强（见文后彩图）

在 HSI 颜色空间中，可以对亮度通道进行均值滤波处理。具体来说，均值滤波操作分为以下步骤：将原始图像从 RGB 颜色空间转换到 HSI 颜色空间，并将亮度通道的值提取出来；对亮度通道进行均值滤波处理，这里可以使用一个固定大小的窗口或者更加灵活的可变窗口；将处理后的亮度通道与原始图像的色调和饱和度通道合并，得到均值滤波后的 HSI 彩色图像；最后将均值滤波后的 HSI 彩色图像转换回 RGB 颜色空间，得到最终的平滑图像。需要注意的是，在执行 HSI 均值滤波时，需要考虑色调和饱和度的变化。因为这两个通道并不是独立的，而是与亮度通道相关联的。一种常用的方法是对邻域内所有像素的色调和饱和度进行加权平均，以获得平滑的结果。HSI 均值滤波可以有效地消除图像中的噪声和杂点，同时保留图像的色彩信息和一些细节。但也需要根据具体场景和需求选择合适的滤波器大小和参数。

彩色图像的平滑处理 Python 代码如下：

```
import cv2
import numpy as np
```

```
# 读取图像
img = cv2.imread("example.jpg", cv2.IMREAD_COLOR)

# 将图像转换为 HSI 颜色空间
hsv_img = cv2.cvtColor(img, cv2.COLOR_BGR2HSV)

# 提取亮度通道
i_channel = hsv_img[:,:,2]

# 设置卷积核大小
ksize = 5

# 进行均值滤波
i_channel_filtered = cv2.blur(i_channel,(ksize, ksize))

# 将滤波后的亮度通道替换原来的亮度通道
hsv_img[:,:,2] = i_channel_filtered

# 将图像还原为 BGR 颜色空间
filtered_img = cv2.cvtColor(hsv_img, cv2.COLOR_HSV2BGR)

# 显示原始图像和滤波后的图像
cv2.imshow("Original Image", img)
cv2.imshow("Filtered Image", filtered_img)
cv2.waitKey(0)
```

3.5.6 彩色图像的锐化

彩色图像的锐化原理是通过增强图像的高频部分，使图像的边缘更加清晰和突出。彩色图像的锐化可以采用多种方法实现，包括基于拉普拉斯算子、基于梯度、基于双边滤波等。在选择合适的方法时，需要根据图像的特点和需求进行调整。

彩色图像的锐化操作可以通过卷积运算来实现。具体步骤如下：将彩色图像转换为灰度图像，可以使用灰度转换算法，如将 RGB 三个通道的像素值进行加权平均；对灰度图像应用拉普拉斯滤波器，滤波器是一个二维矩阵，其中心元素为正数，周围元素为负数；将滤波器与图像进行卷积运算，得到一个锐化后的图像，拉普拉斯滤波器可以突出图像中的高频部分，即边缘和细节；将锐化后的图像与原始图像进行叠加，可以通过将两个图像的像素值相加或者进行加权平均来实现，可以保留原始图像的低频信息，同时增强边缘和细节。

彩色图像的锐化代码如下：

```
def la(img_gray):
    kernel_laplacian = np.array((
        [1, 1, 1],
        [1, -8, 1],
        [1, 1, 1]), np.int8)
    imgkernel_laplacian = cv2.filter2D(img_gray, -1, kernel_laplacian)
```

```
    laplacian_img = np.uint8(normalize(img_gray + imgkernel_laplacian) * 255)

    return laplacian_img
img_ori = cv2.imread('D:\\picture\\test.jpg')
img_ori = img_ori[:, :, ::-1]
img_rgb = np.array(img_ori)
img_hsi = cv2.cvtColor(np.array(img_ori), cv2.COLOR_RGB2HSV)
img_hsi = np.array(img_hsi)

img_rgb_new = np.zeros(img_rgb.shape, np.uint8)

for i in range(3): #  对每个分量进行拉普拉斯运算
    img_temp = img_rgb[:, :, i]
    img_dst = la(img_temp)
    img_rgb_new[:, :, i] = img_dst

img_hsi1 = np.zeros(img_rgb.shape, np.uint8)

for i in range(3):
    if i ==2:
        img_temp = img_hsi[:, :, i]
        img_dst = la(img_temp)
        img_hsi1[:, :, i] = img_dst
    else:
        img_hsi1[:, :, i] = img_hsi[:, :, i]
img_hsi_rgb = cv2.cvtColor(img_hsi1, cv2.COLOR_HSV2RGB)
plt.figure(figsize=(15, 5))
plt.subplot(1, 2, 1), plt.imshow(img_rgb_new), plt.title('RGB')
plt.subplot(1, 2, 2), plt.imshow(img_hsi_rgb), plt.title('HSI RGB')
plt.tight_layout()
plt.show()
```

3.5.7　彩色图像的分割

彩色图像的分割是指将图像区域划分为不同的类别或对象，以便对图像进行进一步的分析和处理。常用的彩色图像分割方法包括阈值分割、基于边缘的分割、基于区域的分割、基于聚类的分割等。

其中，阈值分割是最简单且广泛使用的方法之一。其基本思想是选择一个合适的阈值，将图像中的像素分为两个类别：一类像素的灰度值大于阈值，另一类像素的灰度值小于等于阈值。通过调整阈值的大小，可以得到不同的分割结果。对于彩色图像而言，可以将每个颜色通道看作一个灰度图像，然后分别对每个通道进行阈值分割，最终将三个通道的分割结果合并起来，得到彩色图像的分割结果。

除此之外，基于边缘的分割方法也比较常用，它利用图像中的边缘信息来实现分割。具体地，可以采用 Canny 算子等方法来提取图像中的边缘，然后利用边缘连接技术将边缘点组成封闭的区域，即得到图像的分割结果。

另外，基于区域的分割方法也比较常见，它将图像分成一些具有相似颜色或纹理的区域。具体来说，可以采用图像分割算法对图像进行分割，然后利用区域合并或分裂技术对分割结果进行调整和优化，以得到最终的彩色图像分割结果。

在选择合适的方法时，需要考虑图像的特点和需求，以及方法的复杂度和效果等因素。

简单的彩色图像分割 Python 代码如下：

```
import cv2 as cv
import numpy as np

img = cv.imread('./cat/cat1.png')
img = cv.resize(img,(240 * 3, 240 * 2))
# BGR 通道分离
B, G, R = cv.split(img)
# BGR 转 RGB(合并通道)
img_rgb1 = cv.merge([R, G, B])
cv.imshow("BGR", img_rgb1)
cv.waitKey(0)
# BGR 通道再次分离
B, G, R = cv.split(img_rgb1)
cv.imshow("B chanel", B)
cv.waitKey(0)

# 图像预处理
# 滤波器模糊处理
blur = cv.blur(img_rgb1,(5, 5))
blur0 = cv.medianBlur(blur, 3)
blur1 = cv.GaussianBlur(blur0,(3, 3), 0)
blur2 = cv.bilateralFilter(blur1, 5, 75, 75)
# cv.imshow("after blur", blur0)
# cv.waitKey(0)

# HSI 空间中,三者相对独立,可以准确描述像素的亮度、饱和度和色调
hsv = cv.cvtColor(blur, cv.COLOR_BGR2HSV)
# 颜色分割:阈值分割,需要尝试
low_blue = np.array([80, 50, 50])
high_blue = np.array([150, 255, 255])
# "mask"将所有不在描述对象范围内的其他像素进行覆盖
mask = cv.inRange(hsv, low_blue, high_blue)
res = cv.bitwise_and(img_rgb1, img_rgb1, mask=mask)
# cv.imshow("mask...", res)
# cv.waitKey(0)

# 取灰度图
gary = cv.cvtColor(res, cv.COLOR_BGR2GRAY)
cv.imshow("gary", gary)
```

```
cv.waitKey(0)

# 二值化,取阈值为 30
ret, binary_img = cv.threshold(gary, 30, 255, 0)
cv.imshow("binary_img", binary_img)
cv.waitKey(0)

# 膨胀
dilate = cv.dilate(binary_img, None, iterations=4)
cv.imshow("dilate0 image", dilate)
cv.waitKey(0)
# 开运算
kernel = cv.getStructuringElement(cv.MORPH_RECT,(9, 9))
open = cv.morphologyEx(dilate, cv.MORPH_OPEN, kernel)
cv.imshow("open image", open)
cv.waitKey(0)
# 闭运算
closing = cv.morphologyEx(open, cv.MORPH_CLOSE,(9, 9))
cv.imshow("closing image", closing)
cv.waitKey(0)

# # 膨胀
dilate = cv.dilate(closing, None, iterations=3)
cv.imshow("dilate1 image", dilate)
cv.waitKey(0)
# 腐蚀
erode = cv.erode(closing, None, iterations=3)
cv.imshow("erode1 image", erode)
cv.waitKey(0)
# 闭运算
closing = cv.morphologyEx(erode, cv.MORPH_CLOSE,(5, 5))
cv.imshow("closing image2", closing)
cv.waitKey(0)

# 寻找图像中的轮廓
contours, hierarchy = cv.findContours(closing, cv.RETR_TREE, cv.CHAIN_APPROX_SIM
PLE)
# 绘制独立轮廓(边缘拟合)
img = cv.drawContours(img, contours, -1,(0, 0, 255), 2)

for i in range(3):
    # 轮廓特征
    cnt = contours[i]
    # 轮廓面积
    area = cv.contourArea(cnt)
    # 轮廓周长
```

```
        perimeter = cv.arcLength(cnt, True)

        # 边界矩形
        # 有两类边界矩形
        """
        1. 直边界矩形：一个直矩形(就是没有旋转的矩形),它不会考虑对象是否旋转,所以边界矩形的面积不是最小的
                    可以使用函数 cv2.boundingRect() 查找得到
        (x ,y )为矩形左上角的坐标,w 、h 是矩形的宽和高
        """
        # x, y, w, h = cv.boundingRect(cnt)
        # # 绘制矩形:使用对角线的两点(x , y ), (x + w , y + h )画一个矩形轮廓
        # img = cv.rectangle(img,(x, y), (x+w, y+h), (255, 0, 0), 2)
        """
        2. 旋转的边界矩形:这个边界矩形是面积最小的,因为它考虑了对象的旋转。用到的函数为cv2.minAreaRect()
        """
        rect = cv.minAreaRect(cnt)
        box = cv.boxPoints(rect)
        box = np.int0(box)
        im = cv.drawContours(img, [box], 0,(0, 255, 0), 2)

    cv.imshow("contour", img)
    cv.waitKey(0)
```

彩色图像分割的程序处理结果如图 3-41 所示。

图 3-41 彩色图像分割效果

MACHINE
VISION

第4章 数字图像处理的数学工具

数字图像处理的数学工具是一系列数学方法和算法，被广泛应用于图像的分析、增强、恢复、压缩、分割、识别等任务中。这些工具涵盖了傅里叶变换、离散余弦变换、偏微分方程、小波变换、形态学等多个分支，为图像处理提供了坚实的理论基础和强大的计算能力。其中，傅里叶变换可以将图像从空间域转换到频域，揭示图像的频率成分，进而用于图像的滤波、去噪等。离散余弦变换作为图像压缩领域的经典算法，通过其高效的能量集中特性，极大地提高了图像数据的压缩效率。偏微分方程（PDE）则以其强大的建模能力，为图像恢复、增强等任务提供了数学上的精确描述与解决方案，通过构建合适的 PDE 模型，可以实现对图像退化过程的逆向求解，从而恢复出高质量的图像。小波变换则是一种多尺度的分析方法，它能够在不同尺度上提取图像的特征，适用于图像的压缩、去噪、边缘检测等多种任务。形态学操作是图像处理中基于形状和结构的一种分析方法，它利用结构元素对图像进行腐蚀、膨胀、开运算、闭运算等操作，实现图像的分割、边缘检测等任务。本章将详细介绍几种关键的数学工具及其在图像处理中的典型应用。

4.1 傅里叶变换图像处理

4.1.1 傅里叶变换基础

傅里叶变换（Fourier transform，FT）是一种线性积分变换，它将一个时间函数（或空间函数）转换为频域中的复函数。这种转换便于分析信号的频率成分及其相对强度。

（1）一维傅里叶变换

一维傅里叶变换（one dimensional Fourier transform，1D-FT）是一种数学分析工具，它可以将一个信号（通常是在时间域或空间域）分解成若干个正弦波的叠加。这种分解基于傅里叶级数公式，即将信号表示为不同频率、幅度和相位的正弦波和余弦波的线性组合。在数字信号处理中，一维傅里叶变换常用于频域滤波、频谱分析等领域。

对于连续时间信号 $x[t]$，其一维傅里叶变换的公式为：

$$X[\omega]=\int_{-\infty}^{+\infty} x[t]\mathrm{e}^{\mathrm{j}\omega t}\,\mathrm{d}t \tag{4-1}$$

式中，ω 是角频率；j 是虚数单位。

对于时域离散信号 $x[n]$（长度为 N，采样频率为 f_s），其一维离散傅里叶变换（DFT）的公式为：

$$X[k]=\sum_{n=0}^{N-1}x[n]\mathrm{e}^{-\mathrm{j}\frac{2\pi}{N}kn} \tag{4-2}$$

式中，$x[n]$ 是原始的时域离散信号，n 是时间索引，取值范围是 0 到 $N-1$；N 是信号 $x[n]$ 的长度，即采样点的总数；$\mathrm{e}^{-\mathrm{j}\frac{2\pi}{N}kn}$ 是复指数函数，j 是虚数单位（满足 $\mathrm{j}^2=-1$），$\frac{2\pi}{N}kn$ 是旋转的角度；$X[k]$ 是信号 $x[n]$ 的离散傅里叶变换结果，k 是频域中的索引，对应于不同的频率分量。

一维傅里叶变换的性质如下：

① 线性性质：线性组合的信号的傅里叶变换等于各信号傅里叶变换的线性组合。

② 周期性：离散傅里叶变换（DFT）的结果 $X[k]$ 在其索引 k 上具有周期性，周期为 N，即信号的长度，即：$X[k+N]=X[k]$。

③ 对称性：如果 $x[n]$ 是一个实值时域离散信号，那么它的离散傅里叶变换 $X[k]$ 将满足共轭对称性。具体来说，对于 $0\leqslant k\leqslant 2N$（对于偶数 N）或 $0\leqslant k\leqslant 2N-1$（对于奇数 N），有 $X[N-k]=X^*[k]$，其中 $X^*[k]$ 是 $X[k]$ 的共轭复数。

（2）二维傅里叶变换

二维傅里叶变换（two dimensional Fourier transform，2D-FT）是将二维信号（如图像）从空间域转换到频域的一种数学工具。它将图像表示为一系列不同频率、方向和相位的正弦和余弦波的叠加。这种变换在图像处理、通信系统等领域有广泛应用。

对于连续二维信号 $f[x,y]$，其二维傅里叶变换的公式为：

$$F[u,v]=\int_{-\infty}^{\infty}\int_{-\infty}^{\infty}f[x,y]\mathrm{e}^{-\mathrm{i}(ux+vy)}\,\mathrm{d}x\,\mathrm{d}y \tag{4-3}$$

对于离散二维信号 $f[x,y]$（大小为 $M\times N$），其二维离散傅里叶变换（DFT）的公式为：

$$F[u,v]=\sum_{x=0}^{M-1}\sum_{y=0}^{N-1}f[x,y]\mathrm{e}^{-\mathrm{j}2\pi\left(\frac{ux}{M}+\frac{vy}{N}\right)} \tag{4-4}$$

式中，x，y 是空间变量；u，v 是频率变量。

二维傅里叶变换的性质如下：

① 线性性质：对于任意实数 a 和 b 以及二维函数 $f(x,y)$ 和 $g(x,y)$，其二维离散傅里叶变换满足线性性质，即：$F[af(x,y)+bg(x,y)]=aF[f(x,y)]+bF[g(x,y)]$。

② 共轭对称性：如果是一个实值的二维信号，其二维离散傅里叶变换将满足共轭对称性，即：$F[-u,-v]=F^*[u,v]$，其中，F^* 表示 F 的复共轭。

③ 卷积定理：二维傅里叶变换的卷积定理表明，两个二维信号在空间域中的卷积相当于它们在频域中傅里叶变换的乘积。

4.1.2 傅里叶变换在图像处理中的典型应用

傅里叶变换作为一种强大的数学工具，在图像处理领域具有广泛的应用。通过将图像从空间域转换到频域，傅里叶变换使我们能够分析和操作图像的频率成分，从而实现一系列图像处理任务。以下是傅里叶变换在图像处理中的几个典型应用：

（1）图像滤波

傅里叶变换常用于图像滤波，包括低通滤波和高通滤波，以改善图像质量或增强特定特征。

① 低通滤波是图像处理中常用的一种技术，主要用于去除图像中的高频噪声，从而达到平滑图像的效果。在频域中，低通滤波器表现为一个中心亮、四周暗的滤波模板，它允许低频成分通过，而抑制高频成分。常见的低通滤波器包括理想低通滤波器、巴特沃斯低通滤波器和高斯低通滤波器。

实现低通滤波的步骤如下：

a. 傅里叶变换：计算图像的傅里叶变换，将图像从空间域转换到频域。

b. 应用低通滤波器：在频域中，应用所选的低通滤波器，以抑制高频成分，保留低频成分。

c. 逆傅里叶变换：将处理后的频域图像通过逆傅里叶变换转换回空间域，得到滤波后的图像。

这种方法常用于图像去噪和模糊处理，通过去除高频噪声，使图像更加平滑和清晰。

低通滤波的 Python 代码如下：

```
import numpy as np
import cv2
from scipy.fftpack import fft2, ifft2, fftshift, ifftshift
import matplotlib.pyplot as plt

def low_pass_filter(image_path, cutoff):
    # 读取图像
    image = cv2.imread(image_path, cv2.IMREAD_GRAYSCALE)
    if image is None:
        raise ValueError(f"无法读取图像:{image_path}")

        # 进行傅里叶变换
    f_transform = fft2(image)
    f_transform_shifted = fftshift(f_transform)

    # 创建低通滤波器
    rows, cols = image.shape
    center = (rows // 2, cols // 2)
    mask = np.zeros((rows, cols))
    r, c = np.ogrid[:rows, :cols]
    mask_area = (r - center[0]) ** 2 + (c - center[1]) ** 2 <=cutoff ** 2
    mask[mask_area] = 1

    # 应用滤波器
    f_transform_shifted * =mask
    f_transform_filtered = ifftshift(f_transform_shifted)
    img_filtered = np.abs(ifft2(f_transform_filtered))
```

```
    return img_filtered

# 读取图像
image_path = 'chapter4.png'
image = cv2.imread(image_path, cv2.IMREAD_GRAYSCALE)

if image is None:
    raise ValueError(f"无法读取图像:{image_path}")

# 应用低通滤波
cutoff_frequency = 30
filtered_image = low_pass_filter(image_path, cutoff_frequency)

plt.figure(figsize=(12, 6))
plt.subplot(1, 2, 1)
plt.imshow(image, cmap='gray')
plt.title('Original Image')

plt.subplot(1, 2, 2)
plt.imshow(filtered_image, cmap='gray')
plt.title('Filtered Image')
plt.show()
```

低通滤波程序运行结果如图 4-1 所示。

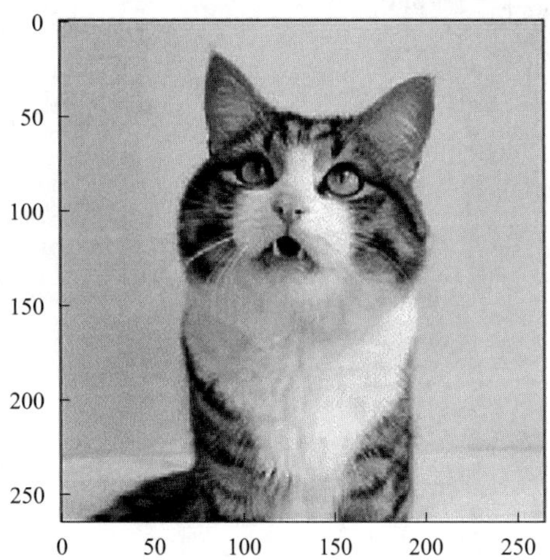

(a) 原始图像

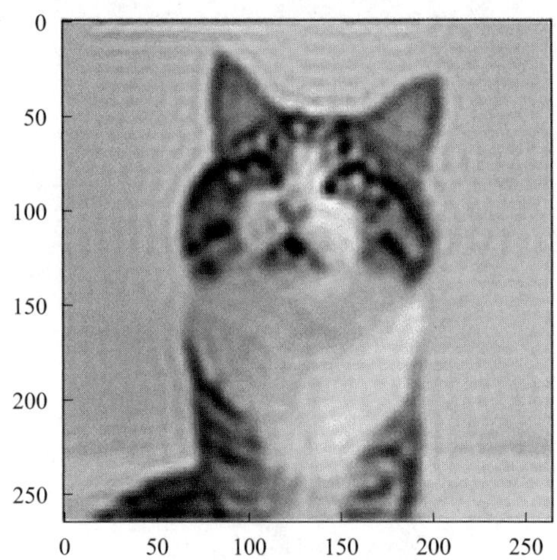

(b) 经过低通滤波处理后的图像

图 4-1　图像低通滤波效果对比图

② 高通滤波：与低通滤波相反，它主要用于增强图像的边缘和细节。因为边缘和细节在图像中通常对应着高频成分，所以高通滤波器在频域中表现为一个中心暗、四周亮的滤波模板。常见的高通滤波器包括理想高通滤波器、巴特沃斯高通滤波器和高斯高通滤波器。

具体来说，高通滤波的作用是去除图像中的低频成分，保留高频成分。在图像处理中，低频成分通常与图像的平滑区域相关，而高频成分则与图像的细节、边缘等相关。因此，通过高通滤波处理，可以增强图像的边缘和细节，使图像看起来更加锐利。这在某些应用中是非常有用的，比如边缘检测、图像锐化等。

实现高通滤波的步骤如下：

a. 进行傅里叶变换：将图像从空间域转换到频域。

b. 应用高通滤波器：在频域中，使用高通滤波器去除低频成分，保留高频成分。

c. 进行逆傅里叶变换：将处理后的频域图像转换回空间域，得到滤波后的图像。

高通滤波的 Python 代码如下：

```
import numpy as np
import cv2
from scipy.fftpack import fft2, ifft2, fftshift, ifftshift
import matplotlib.pyplot as plt


def high_pass_filter(image, cutoff):
    # 进行傅里叶变换
    f_transform = fft2(image)
    f_transform_shifted = fftshift(f_transform)

    # 创建高通滤波器
    rows, cols = image.shape
    center = (rows // 2, cols // 2)
    mask = np.ones((rows, cols))
    r, c = np.ogrid[:rows, :cols]
    mask_area = (r - center[0]) ** 2 + (c - center[1]) ** 2 <=cutoff ** 2
    mask[mask_area] = 0

    # 应用滤波器
    f_transform_shifted *=mask
    f_transform_filtered = ifftshift(f_transform_shifted)
    img_filtered = np.abs(ifft2(f_transform_filtered))

    return img_filtered


# 读取图像
image = cv2.imread('chapter4.png', cv2.IMREAD_GRAYSCALE)

# 检查图像是否正确读取
if image is None:
    raise ValueError("无法读取图像:'chapter4.png'")

# 应用高通滤波
```

```
cutoff_frequency = 30
filtered_image = high_pass_filter(image, cutoff_frequency)

# 显示原始图像和滤波后的图像
plt.figure(figsize=(12, 6))
plt.subplot(1, 2, 1)
plt.imshow(image, cmap='gray')
plt.title('Original Image')

plt.subplot(1, 2, 2)
plt.imshow(filtered_image, cmap='gray')
plt.title('Filtered Image')
plt.show()
```

高通滤波程序运行结果如图 4-2 所示。

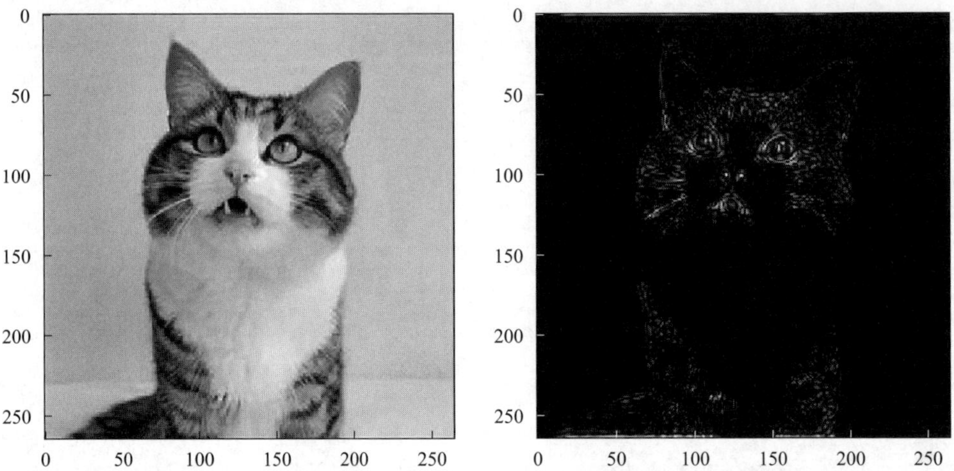

(a) 原始图像　　(b) 经过高通滤波处理后的图像

图 4-2　图像高通滤波效果对比图

（2）图像分析

傅里叶变换能够将图像中的纹理和周期性变化分解出来，进而进行特征提取和分析。比如可以通过傅里叶变换来检测和分析图像中的纹理特征。傅里叶变换进行图像分析通常包括以下步骤：

① 将图像转换为频域：通过使用二维离散傅里叶变换（DFT）将图像从空域转换到频域，得到其频域数据。

② 分析频域数据：可以分析得到的频域数据来提取图像的各种属性，如频率谱、图像的峰值、频域滤波器等。

③ 将频域数据转换回空域：通过使用离散傅里叶逆变换（IDFT）可以将分析后的频域数据转换回空域。

④ 观察分析结果：通过观察分析得到的结果可得到图像各种属性的分布情况以及与其他图像的比较结果等。

在实际应用中，频域数据的分析需要根据具体的应用需求来进行。例如，可以观察图像的频率谱来判断图像中的高频或低频信号，或者利用频域滤波器来去除图像中的噪声。然而，需要注意的是，由于傅里叶变换基于局部均衡性的假设，因此分析结果可能会受到光照、投影等因素的影响。为了减小这些因素的影响，需要在实际运用中选用合适的算法，并根据具体情况进行调整和优化。

通过傅里叶变换将图片从空域转换到频域，提取图像的频率特征，并同时显示原始图像及其频率谱以便于图像分析的 Python 程序代码如下：

```
import numpy as np
import cv2
from scipy.fftpack import fft2, fftshift
import matplotlib.pyplot as plt


def extract_frequency_features(image):
    # 进行傅里叶变换
    f_transform = fft2(image)
    # 计算频率谱幅度并居中
    magnitude_spectrum = np.abs(fftshift(f_transform))
    return magnitude_spectrum


# 读取图像
image = cv2.imread('chapter4.png', cv2.IMREAD_GRAYSCALE)

# 检查图像是否正确读取
if image is None:
    raise ValueError("无法读取图像:'chapter4.png'")

# 提取频率特征
frequency_features = extract_frequency_features(image)

# 显示原始图像和频率谱
plt.figure(figsize=(12, 6))
plt.subplot(1, 2, 1)
plt.imshow(image, cmap='gray')
plt.title('Original Image')

plt.subplot(1, 2, 2)
# 使用对数变换来增强显示效果
plt.imshow(np.log1p(frequency_features), cmap='gray')
plt.title('Frequency Spectrum')
plt.show()
```

图像分析的程序运行结果如图 4-3 所示。

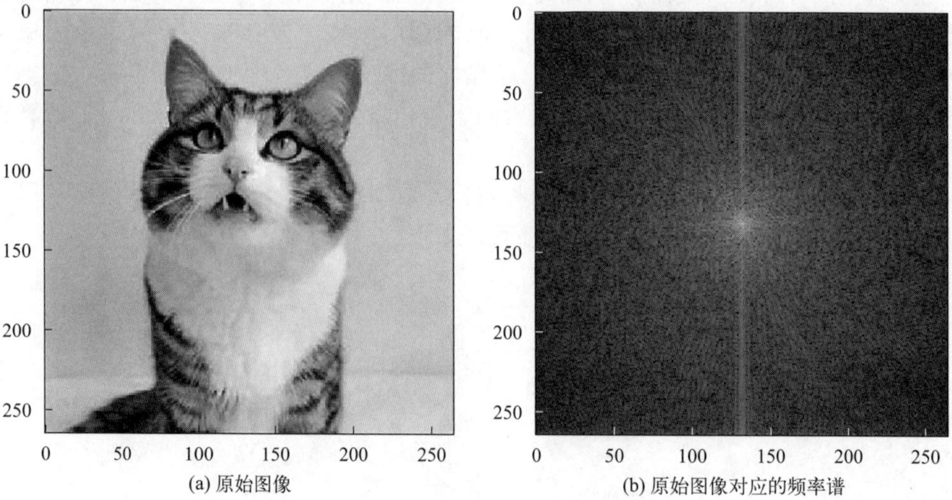

图 4-3 图像分析输出结果

4.2 离散余弦变换图像处理

4.2.1 离散余弦变换基础

离散余弦变换（discrete cosine transform，DCT）是数字信号处理中的一种重要工具，广泛应用于图像处理、压缩以及信号分析等领域。DCT 的主要作用是将信号从时域转换到频域，从而帮助分析信号的频率成分。DCT 特别适用于图像压缩和信号处理，因为它能够有效地表示信号的低频信息，同时去除高频噪声。

（1）一维离散余弦变换

一维离散余弦变换（1D-DCT）用于将一维信号（如音频信号或时间序列数据）转换为频域表示。其基本公式为：

$$X[k]=\sum_{n=0}^{N-1}x[n]\cos\left[\frac{\pi}{N}(n+\frac{1}{2})k\right] \tag{4-5}$$

式中，$x[n]$ 是输入信号的第 n 个样本；$X[k]$ 是频率分量 k 的变换系数；N 是信号的长度；k 是频率分量的索引。

（2）二维离散余弦变换

二维离散余弦变换（2D-DCT）用于将二维图像（或矩阵）转换为频域表示。其公式为：

$$X[u,v]=\sum_{x=0}^{N-1}\sum_{y=0}^{N-1}x[x,y]\cos\left[\frac{(2x+1)u\pi}{2N}\right]\cos\left[\frac{(2y+1)v\pi}{2N}\right] \tag{4-6}$$

式中，$x[x,y]$ 是图像的像素值；$X[u,v]$ 是频率分量（u，v）的变换系数；N 是图像的尺寸（假设为 $N\times N$）。

DCT 在图像处理中的优势主要体现在以下几个方面：

① 计算效率：由于 DCT 的核函数是余弦函数而非指数函数，相比 DFT，其计算速度更快，尤其在大规模图像处理中具有显著的优势。

② 能量集中性：在 DCT 后的系数中，图像的能量主要集中在左上角的低频部分，而高频部分的系数通常接近零，从而有效减少数据量。

③ 图像压缩：DCT 广泛应用于图像压缩，特别是在 JPEG 图像压缩标准中。通过对图像进行 DCT，能够将图像数据的能量集中在少量的系数中，从而实现高效的有损数据压缩。

4.2.2　离散余弦变换在图像处理中的典型应用

通过将图像从空间域转换到频率域，DCT 使我们能够深入分析和有效操作图像的频率成分，进而实现一系列图像处理任务。以下是 DCT 在图像处理中的几个典型应用。

（1）图像压缩

JPEG 压缩：DCT 在 JPEG 压缩标准中扮演了重要角色。JPEG 压缩过程包括：

① 分块：将图像分成 8×8 像素的块。

② DCT：对每个 8×8 块进行 DCT，转换到频率域。

③ 量化：使用量化表对 DCT 系数进行压缩，降低精度以减少数据量。

④ 编码：对量化后的系数进行霍夫曼编码或算术编码。

⑤ 逆变换：解码并将压缩的图像块还原成原图像。

图像压缩的 Python 代码如下：

```
import numpy as np
import cv2
from scipy.fftpack import dct, idct
import matplotlib.pyplot as plt
# 读取图像并转换为灰度图
image = cv2.imread('chapter4.png', cv2.IMREAD_GRAYSCALE)
if image is None:
    raise ValueError("无法读取图像")
block_size = 8
height, width = image.shape
# DCT 量化表
quantization_table = np.array([
    [16, 11, 10, 16, 24, 40, 51, 61],
    [12, 12, 14, 19, 26, 58, 60, 55],
    [14, 13, 16, 24, 40, 57, 69, 56],
    [14, 17, 22, 29, 51, 87, 80, 62],
    [18, 22, 37, 56, 68, 109, 103, 77],
    [24, 35, 55, 64, 81, 104, 113, 92],
    [49, 64, 78, 87, 103, 121, 120, 101],
    [72, 92, 95, 98, 112, 100, 103, 99]
])
# 对每个 8×8 块进行 DCT、量化和 IDCT(逆离散余弦变换)
compressed_image = np.zeros_like(image, dtype=np.float32)
for i in range(0, height, block_size):
    for j in range(0, width, block_size):
        block = image[i:i + block_size, j:j + block_size]
        if block.shape ==(block_size, block_size):
```

```
            dct_block = dct(dct(block.T, norm='ortho').T, norm='ortho')
            quantized_block = np.round(dct_block / quantization_table)
            idct_block = idct(idct(quantized_block.T * quantization_table, norm='
ortho').T, norm='ortho')
            compressed_image[i:i + block_size, j:j + block_size] = idct_block
        else:
            # 处理边缘不完整的块(可选)
            # 可以选择跳过这些块,或者用其他方式处理它们
            pass
        # 裁剪和类型转换以正确显示图像
    compressed_image = np.clip(compressed_image, 0, 255).astype(np.uint8)
    plt.imshow(compressed_image, cmap='gray')
    plt.title('Compressed Image')
    plt.show()
```

图像压缩的程序运行结果如图 4-4 所示。

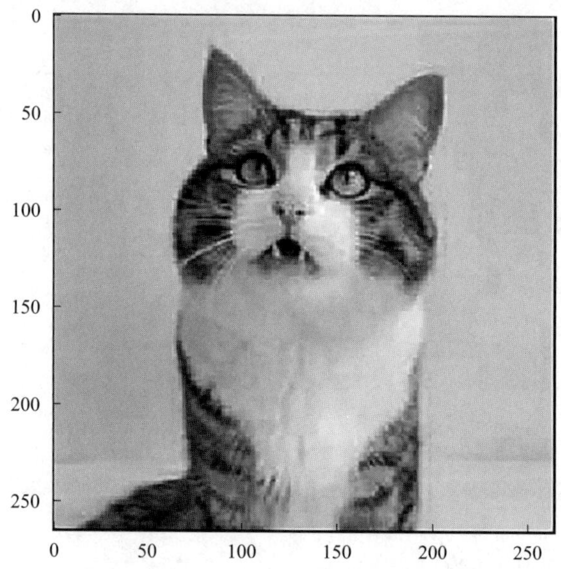

图 4-4　JPEG 压缩效果演示图

（2）图像去噪

噪声抑制：DCT 可以用于图像去噪，通过在频域中抑制高频噪声来改善图像质量。

步骤：

① 对图像进行 DCT。

② 在频域中去除高频成分（通常噪声集中在高频）。

③ 进行 IDCT，得到去噪后的图像。

图像去噪的 Python 代码如下：

```
import numpy as np
import cv2
```

```
from scipy.fftpack import dct, idct
import matplotlib.pyplot as plt

# 读取图像并转换为灰度图
image = cv2.imread('chapter4.png', cv2.IMREAD_GRAYSCALE)
# 添加噪声(示例)
noisy_image = image + np.random.normal(0, 25, image.shape).astype(np.uint8)
# 进行 DCT
dct_image = dct(dct(noisy_image.T, norm='ortho').T, norm='ortho')
# 去除高频噪声
dct_image[20:, 20:] = 0
# 进行 IDCT
idct_image = idct(idct(dct_image.T, norm='ortho').T, norm='ortho')

plt.figure(figsize=(12, 6))
plt.subplot(121), plt.imshow(noisy_image, cmap='gray')
plt.title('Noisy Image')
plt.subplot(122), plt.imshow(idct_image, cmap='gray')
plt.title('DCT Denoised Image')
plt.show()
```

图像去噪的程序运行结果如图 4-5 所示。

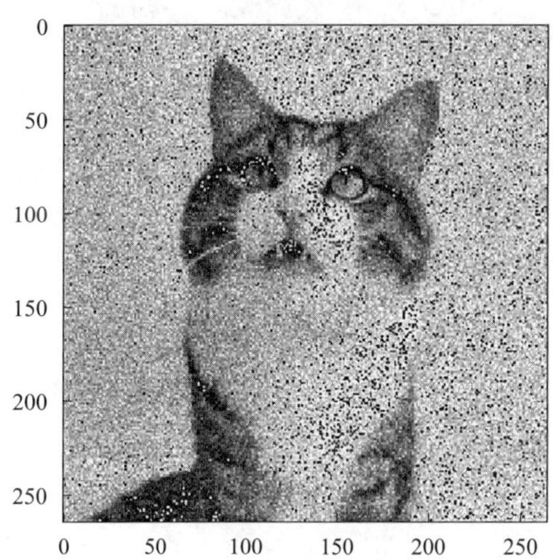

(a) 添加噪声图像

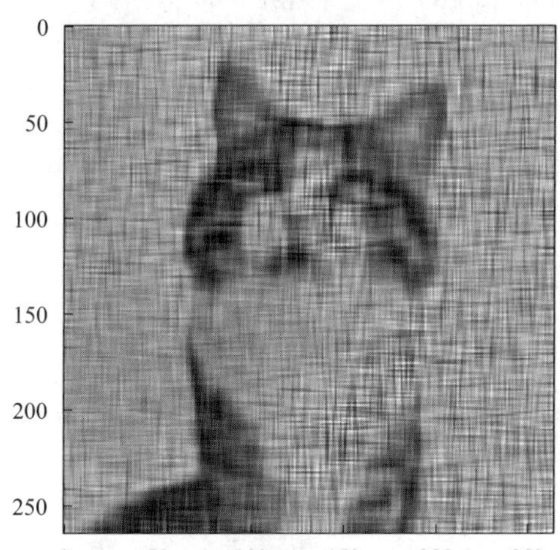

(b) 去除高频噪声后的图像

图 4-5　DCT 去噪效果对比图

4.3 偏微分方程图像处理

4.3.1 偏微分方程基础

偏微分方程（partial differential equation，PDE）是包含多个独立变量和未知函数的偏导数的方程。在图像处理中，PDE 主要用于描述图像中的空间和时间变化，广泛应用于图像去噪、图像增强、图像分割和图像恢复等任务。

一般地，任意的二维二阶线性偏微分方程都可以写成如下形式：

$$a\frac{\partial^2 u}{\partial x^2}+b\frac{\partial^2 u}{\partial x\partial y}+c\frac{\partial^2 u}{\partial y^2}+d\frac{\partial u}{\partial x}+e\frac{\partial u}{\partial y}+fu(x,y)+g(x,y)=0 \tag{4-7}$$

常见的经典二阶线性偏微分方程如下：

波动方程：$\frac{\partial^2 u}{\partial u^2}-\frac{1}{a^2}\nabla^2 u=f(x,y,z,t)$，$\nabla^2>0$ 属双曲线型方程；

热传导方程：$\frac{\partial u}{\partial t}-k\nabla^2 u=f(x,y,z,t)$，$\nabla^2=0$ 属抛物线型方程；

泊松方程：$\nabla^2 u=f(x,y,z,t)$，其齐次形式$\nabla^2 u=0$ 称为拉普拉斯方程，拉普拉斯方程就是典型的椭圆方程。

其中，a 代表波速；u 在波动方程中表示物理量（如位移、声压、电磁场强度），在热传导方程中代表温度分布，是空间（x,y,z）和时间 t 的函数，在泊松方程中代表了标量势函数（如电势、重力势、静水压力）；k 是热扩散系数，反映材料导热能力的强弱。

偏微分方程本身不能单独确定解，为了确定偏微分方程的解，必须提供特定的条件，这些条件称为定解条件。常见的定解条件包括初始条件和边界条件，需要给出初始条件、边界条件，或者给出由初始条件和边界条件构成的混合条件。

边界条件规定了未知量在偏微分方程边界上的取值或偏导数等，如果 u 的偏微分方程的区域关于自变量 x 的边界是 $x=x_1$ 和 $x=x_2$，则式(4-8）就构成了一组边界条件：

$$u(x,y)|_{x=x_1}=u_1(y),u(x,y)|_{x=x_2}=u_2(y) \tag{4-8}$$

一般来说，有三类边界条件：

第一类边界条件——狄利克雷（Dirichlet）条件（给出未知量取值），$u(x,y)|_{\Sigma}=\phi(x,y)$，其中，$\Sigma$为边界面的形状。

第二类边界条件——诺伊曼（Neumann）条件（给出未知量的偏导数值），$\frac{\partial u(x,y)}{\partial \boldsymbol{n}}=\Psi(x,y)$，其中 $\boldsymbol{n}$ 为边界上某点的单位法向量。

第三类边界条件——斯托克斯（Stokes）条件（给出未知量取值和偏导数的线性叠加），$\alpha u(x,y)|_{\Sigma}+\beta\frac{\partial u(x,y)}{\partial \boldsymbol{n}}=\gamma(x,y)$。

初始条件规定了未知量 u 在某个独立变量取特定值时的取值或偏导数值等，关于独立变量 x、y 的未知量$u(x,y)$ 构成了初始条件，如式(4-9）所示：

$$u(x,y)|_{x=x_0}=u_0(y),\left.\frac{\partial u}{\partial x}\right|_{x=x_0}=f(y) \tag{4-9}$$

初始条件也会给出一个变量处在边界上的情形，实际上可以理解为一种边界条件，但是初始条件是“单边条件”，即只给出一个变量在一个点的值，而不会给出在整个边界上的信息，因此二者很容易区分。

4.3.2 偏微分方程在图像处理中的典型应用

偏微分方程在图像处理中的应用主要表现在如下几个方面：

(1) 图像去噪

图像去噪是图像处理中的一个重要问题，偏微分方程可以通过模型实现各种图像平滑算法。常见的偏微分方程去噪模型有总变分模型和非局部模型。

总变分模型是一种基于全变分的去噪方法，总变分是图像灰度在空间上的变化程度的度量，通过控制总变分的大小，可以去除图像中的噪声。非局部模型通过对图像进行非局部相似性的测量，将图像的每个像素点与其周围像素点进行比较，从而实现去噪的效果。

下面是一个使用偏微分方程进行图像去噪的示例程序，使用了总变分去噪（total variation denoising）方法：

```
import numpy as np
import matplotlib.pyplot as plt
fromskimage import io, color, restoration

# 加载图像
image_path = 'chapter4.png'# 替换为用户的图像路径
image = io.imread(image_path)

# 如果图像是彩色的,转换为灰度图像
if image.ndim ==3:
    image = color.rgb2gray(image)

# 设置去噪的权重参数,这个值可以根据图像和去噪需求调整
weight = 0.1

# 应用总变分去噪
denoised_image = restoration.denoise_tv_chambolle(image, weight=weight)

# 显示原图和去噪后的图像
fig, ax = plt.subplots(1, 2, figsize=(12, 6))

ax[0].imshow(image, cmap='gray')
ax[0].set_title('Original Image')
ax[0].axis('off')

ax[1].imshow(denoised_image, cmap='gray')
ax[1].set_title('Denoised Image(TV)')
ax[1].axis('off')

plt.tight_layout()
plt.show()
```

以上示例程序中，总变分去噪方法通过迭代更新图像来减小图像的总变分，从而达到去噪的效果。在每次迭代中，计算图像的梯度，并计算总变分的梯度，然后根据正则化参数和步长参数更新图像，最后将图像转换为 8 位无符号整型，并返回去噪后的图像。

基于偏微分方程的图像去噪程序运行效果如图 4-6 所示。

（2）图像增强

图像增强是指通过一系列的处理方法，改善图像的质量和视觉效果。偏微分方程可以通过图像的梯度信息来实现图像的增强。

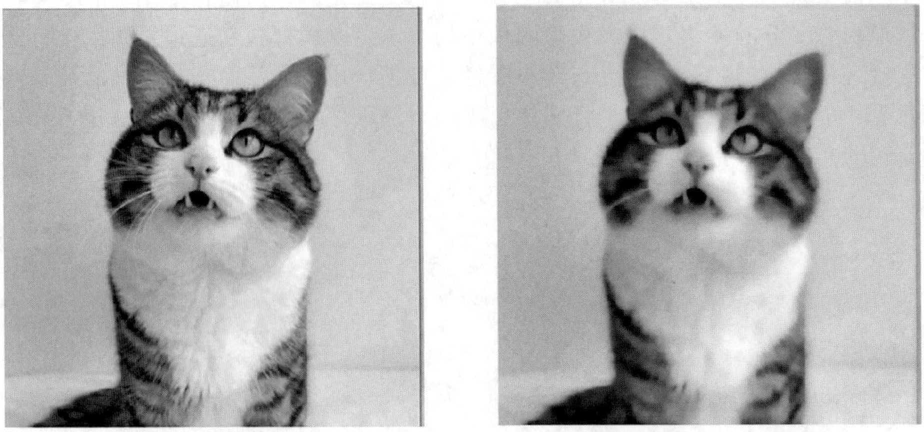

(a) 原始图像　　(b) 总变分去噪方法处理后的图像

图 4-6　偏微分方程去噪效果对比图

梯度是指图像中像素灰度变化的速率，是图像中最重要的特征之一。通过计算图像的梯度可以得到图像中每个像素点的亮度变化情况，从而实现图像的增强。常见的偏微分方程增强模型有梯度扩散模型和非线性扩散模型。梯度扩散模型通过对图像的梯度进行扩散，使得图像中的细节信息得到增强。非线性扩散模型则是通过对图像的梯度进行非线性的处理，进一步增强图像的细节信息。

基于偏微分方程的图像增强 Python 程序代码如下：

```
import numpy as np
from scipy.ndimage import convolve
fromskimage import io, color, filters
import matplotlib.pyplot as plt


def nonlinear_diffusion_enhancement(image, niter=10, kappa=0.1, lambda_val=
10.0):

    # 转换为浮点数以进行计算
    image = image.astype(np.float32)

    # 计算梯度
    Ix = convolve(image, np.array([[-1, 0, 1]]).astype(np.float32), mode='nearest')
    Iy = convolve(image, np.array([[-1, 0, 1]]).T.astype(np.float32), mode='nea-
rest')
    grad_mag = np.sqrt(Ix ** 2 + Iy ** 2) + 1e-10  # 防止除零

    # 初始化增强后的图像
    enhanced_image = image.copy()

    # 非线性扩散函数
    def diffusion_coefficient(grad_mag):
```

```
        return 1.0 / (1.0 + (grad_mag / lambda_val) ** 2)

        # 迭代进行非线性扩散

    for _ in range(niter):
        # 计算扩散系数
        c = diffusion_coefficient(grad_mag)

        # 扩散步骤(简化的二维扩散)
        # 这里使用了梯度方向上的简单近似,实际应用中可能需要更复杂的方案
        Ix_diffused = convolve(c * Ix, np.array([[0, 1, 0], [1, -4, 1], [0, 1, 0]]).as-
type(np.float32), mode='nearest')
        Iy_diffused = convolve(c * Iy, np.array([[0, 1, 0], [1, -4, 1], [0, 1, 0]]).
T.astype(np.float32),
                               mode='nearest')

        # 更新图像
        enhanced_image += kappa * (Ix_diffused + Iy_diffused)

        # 限制输出范围并转换回整数类型
    enhanced_image = np.clip(enhanced_image, 0, 255).astype(np.uint8)
    return enhanced_image


# 读取图像
img_path = 'chapter4.png'
img = io.imread(img_path)
if len(img.shape) ==3:  # 如果是 RGB 图像,转换为灰度图像
    img = color.rgb2gray(img)

# 应用非线性扩散增强
enhanced_img = nonlinear_diffusion_enhancement(img,niter=10,kappa=0.2, lambda_
val=20.0)

# 显示原图和增强图
plt.figure(figsize=(10, 5))
plt.subplot(1, 2, 1)
plt.imshow(img, cmap='gray')
plt.title('Original Image')
plt.axis('off')

plt.subplot(1, 2, 2)
plt.imshow(enhanced_img, cmap='gray')
plt.title('Enhanced Image with Nonlinear Diffusion')
plt.axis('off')
```

```
plt.tight_layout()
plt.show()
```

基于偏微分方程的图像增强的程序运行结果如图 4-7 所示。

(a) 原始图像

(b) 图像增强后的图像

图 4-7　偏微分方程图像增强效果对比图

（3）图像分割

图像分割是将图像分成若干个具有独立特征的区域的过程。偏微分方程可以通过对图像的边缘进行检测，实现图像的分割。

边缘是图像中灰度变化突然的地方，是图像分割中最重要的特征之一。通过对图像的边缘进行检测，可以将图像中的不同区域分割开来。常见的偏微分方程分割模型有基于水平集的模型和基于变分的模型。基于水平集的模型通过对图像中的边缘进行区分，实现图像的分割。基于变分的模型则是通过最小化图像的能量函数，将图像分割成不同的区域。

基于偏微分方程的图像分割的 Python 程序代码如下：

```
import numpy as np
import cv2
import matplotlib.pyplot as plt



def compute_gradient_magnitude(image):
    # 转换为 float32 以避免整数溢出
    image_float = np.float32(image)
    # 计算x 和y 方向的梯度
    grad_x = cv2.Sobel(image_float, cv2.CV_64F, 1, 0, ksize=3)
    grad_y = cv2.Sobel(image_float, cv2.CV_64F, 0, 1, ksize=3)
    # 计算梯度幅度
    grad_mag = np.sqrt(grad_x ** 2 + grad_y ** 2)
    # 归一化梯度幅度到 0~255
    grad_mag_normalized = cv2.normalize(grad_mag, None, 0, 255, cv2.NORM_MINMAX)
    return grad_mag_normalized.astype(np.uint8)
```

```
def simple_segmentation_using_gradient(image, threshold):
    # 计算梯度幅度
    grad_mag = compute_gradient_magnitude(image)
    # 使用阈值进行分割
    _, segmented = cv2.threshold(grad_mag, threshold, 255, cv2.THRESH_BINARY)
    return segmented


# 读取图像
image = cv2.imread('chapter4.png', cv2.IMREAD_GRAYSCALE)
if image is None:
    print("Error: Image could not be read.")
    exit()

# 设置梯度阈值
threshold = 50  # 这个值需要根据实际情况调整

# 执行分割
segmented_image = simple_segmentation_using_gradient(image, threshold)

# 显示结果
plt.figure(figsize=(12, 4))
plt.subplot(121)
plt.imshow(image, cmap='gray')
plt.title('Original Image')
plt.axis('off')

plt.subplot(122)
plt.imshow(segmented_image, cmap='gray')
plt.title('Segmented Image based on Gradient Magnitude')
plt.axis('off')

plt.show()
```

程序中使用了 Sobel 算子进行图像边缘检测，然后通过求解偏微分方程进行图像分割。在演化过程中，每一次迭代都会计算图像的梯度和曲率，然后更新图像像素的值。最终得到二值化图像，并进行形态学处理，得到最终的分割结果。

基于偏微分方程的图像分割程序运行效果如图 4-8 所示。

（4）图像恢复

图像修复（恢复）技术是指针对数字图像中遗失或者损坏的部分，利用未被损坏的图像信息，按照一定的规则填补，以使修复后的图像接近或达到原图的视觉效果。基于偏微分方程的修复原理就是将图像修复过程转化为一系列的偏微分方程或能量泛函模型，从而通过数值迭代和智能优化的方法来处理图像。该算法可以使待修复区域周围的有用信息沿着等照度线自动向内扩散修复图像，在保持图像边缘的基础上同时平滑了噪声，对于小块的破损具有良好的修复效果。

(a) 原始图像　　(b) 分割结果

图 4-8　偏微分方程图像分割效果对比图

基于偏微分方程的图像恢复的 Python 程序代码如下：

```
import cv2
import numpy as np
from matplotlib import pyplot as plt

# 读取图像
image = cv2.imread('damaged_image.jpg')
if image is None:
    raise ValueError("图像文件未找到,请检查文件路径。")

# 转换为灰度图像(可选,但在此示例中保持彩色图像进行修复)
# gray_image = cv2.cvtColor(image, cv2.COLOR_BGR2GRAY)

# 自动生成掩码(这里以左上角的一个小矩形为例)
# 可以根据需要修改这里的坐标和大小来匹配图像中的损坏区域
mask = np.zeros(image.shape[:2], dtype=np.uint8)
damage_start_x, damage_start_y = 50, 50  # 损坏区域的起始坐标
damage_width, damage_height = 100, 100   # 损坏区域的宽度和高度
mask[damage_start_y:damage_start_y+ damage_height, damage_start_x:damage_start_x+ damage_width] = 255

# 使用 OpenCV 的 inpaint 函数进行修复
# 这里的修复半径(3)和算法(cv2.INPAINT_TELEA)可以根据需要进行调整
# cv2.INPAINT_TELEA 和 cv2.INPAINT_NS 是两种可用的修复算法
repaired_image = cv2.inpaint(image, mask, 3, cv2.INPAINT_TELEA)
# 如果想尝试另一种算法,可以取消下面这行注释,并取消上面使用 TELEA 算法的行
# repaired_image = cv2.inpaint(image, mask, 3, cv2.INPAINT_NS)

# 显示原始图像、掩码和修复后的图像
plt.figure(figsize=(15, 5))
```

```
    plt.subplot(1, 3, 1)
    plt.title('Original Image')
    plt.imshow(cv2.cvtColor(image, cv2.COLOR_BGR2RGB))  # 转换为 RGB 格式以正确显示颜色

    plt.subplot(1, 3, 2)
    plt.title('Mask')
    plt.imshow(mask, cmap='gray')  # 使用灰度颜色映射来显示掩码

    plt.subplot(1, 3, 3)
    plt.title('Repaired Image')
    plt.imshow(cv2.cvtColor(repaired_image, cv2.COLOR_BGR2RGB))  # 转换为 RGB 格式以
正确显示颜色

    plt.tight_layout()  # 调整子图之间的间距以避免重叠
    plt.show()
```

基于偏微分方程的图像恢复程序运行效果如图 4-9 所示。

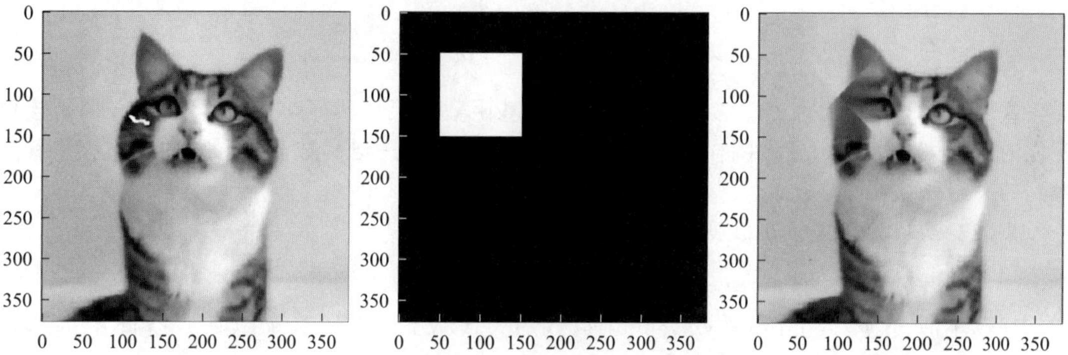

(a) 损坏图像　(b) 掩码　(c) 恢复的图像

图 4-9　偏微分方程图像恢复效果对比图

4.4　小波变换图像处理

4.4.1　小波变换基础

小波变换（wavelet transform，WT）是一种新的变换分析方法，它继承和发展了短时傅里叶变换局部化的思想，同时又克服了窗口大小不随频率变化等缺点，能够提供一个随频率改变的“时间-频率”窗口。其是进行信号时频分析和处理的理想工具，主要特点是通过变换能够充分突出问题某些方面的特征，对时间（空间）频率进行局部化分析，通过伸缩平移运算对信号（函数）逐步进行多尺度细化，最终达到高频处时间细分、低频处频率细分的目的，自动适应时频信号分析的要求，从而可聚焦到信号的任意细节，解决了 Fourier（傅里叶）变换的难题，成为继 Fourier 变换以来在科学方法上的重大突破。

小波，顾名思义就是小区域的波，长度有限，平均值为 0。小波具有两大特点：

① 小波在时域都具有紧支集或者近似紧支集，即具有时域局限性，同时又具有正则性。

② 小波具有正负交替的波动性。

在傅里叶分析中，所用的正弦波在时间上没有限制，但是小波倾向于不规则和不对称。傅里叶分析是将信号分解成一系列不同频率的正弦波的叠加，同样，小波分析将信号分解成一系列小波函数的叠加，这些小波函数都是由一个基本小波函数经过平移与尺度伸缩得来的。正弦波和小波如图 4-10 所示。

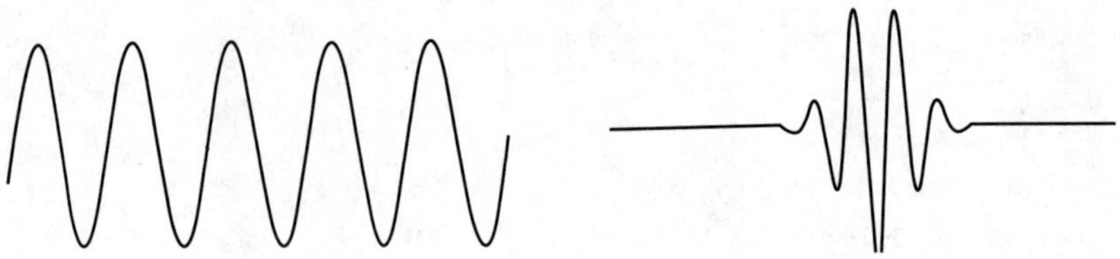

(a) 正弦波　　(b) 小波

图 4-10　正弦波和小波

小波函数是将某一平方可积函数 $\psi(t)[\psi(t)\in L^2(\mathbb{R})]$ 表示成一个小波产生的正交序列，此时，$\psi(t)$ 为一个基本小波或者小波母函数，将小波母函数 $\psi(t)$ 进行伸缩和平移，其伸缩因子为 a，a 也叫尺度因子，其平移因子为 τ。经过平移和伸缩后的函数为 $\psi_{a,\tau}(t)$，则有：

$$\psi_{a,\tau}(t)=a^{-\frac{1}{2}}\psi\left(\frac{t-\tau}{a}\right),a>0,\tau\in\mathbb{R} \tag{4-10}$$

式中，$\psi_{a,\tau}(t)$ 为依赖于参数 a、τ 的小波基函数。尺度因子 a 和平移因子 τ 都是连续变化的值，因此 $\psi_{a,\tau}(t)$ 也叫作连续小波基函数，是由同一母函数 $\psi(t)$ 经过伸缩和平移后得到的一组函数系列。

小波变换可分为连续小波变换和离散小波变换。

(1) 连续小波变换

连续小波变换（continue wavelet transform，CWT）将任意 $L^2(\mathbb{R})$ 空间中的函数 $f(t)$ 在小波基下进行展开，表达式为：

$$\mathrm{WT_f}(a,\tau)=\langle f(t),\psi_{a,\tau}(t)\rangle=\frac{1}{\sqrt{a}}\int_{\mathbb{R}}f(t)\overline{\psi\left(\frac{t-\tau}{a}\right)}\mathrm{d}t \tag{4-11}$$

式中，$\mathrm{WT_f}(a,\tau)$ 为小波变换系数，由于小波基函数不同于傅里叶基函数，所以小波变换与傅里叶变换有很多不同点，最显著的不同点就是小波基函数具有尺度因子 a 和平移因子 τ 两个参数，将函数在小波基下展开，就等于将一个时间函数投影到二维的时间-尺度相平面上。

(2) 离散小波变换

离散小波变换有以下几种。

① 一维离散小波变换。一维离散小波变换是将一维的离散数字序列 $f(x)$ 通过小波变换得到正向的离散小波变换系数，表达式为：

$$W_\varphi(j_0,k)=\frac{1}{\sqrt{M}}\sum_{x=0}^{M-1}f(x)\varphi_{j_0,k}(x)$$

$$W_\psi(j,k)=\frac{1}{\sqrt{M}}\sum_{x=0}^{M-1}f(x)\psi_{j,k}(x)\quad j\geqslant j_0 \tag{4-12}$$

式中，φ 为尺度函数，ψ 为小波函数，根据具体分析给定；W_φ 为近似系数；W_ψ 为小波系数或细节系数；j 和 j_0 为尺度因子；k 为平移因子；M 为归一化系数。

通常令 $j_0=0$，并选择 M 为 2 的幂（$M=2^j$，称为双尺度小波变换）；$j=0$，1，2，…，$J-1$；$x=0$，1，2，…，$M-1$；$k=0$，1，2，…，2^j-1。则逆向的离散小波变换为：

$$f(x)=\frac{1}{\sqrt{M}}\sum_{k=0}^{2^j-1}W_\varphi(j_0,k)\varphi_{j_0,k}(x)+\frac{1}{\sqrt{M}}\sum_{j=j_0}^{\infty}\sum_{k=0}^{2^j-1}W_\psi(j,k)\psi_{j,k}(x) \tag{4-13}$$

② 快速小波变换。快速小波变换（FWT）是一种实现离散小波变换的高效计算方法，尺度函数可以表示为：

$$\varphi(x)=\sum_n h_\varphi(n)\sqrt{2}(2x-n) \tag{4-14}$$

式中，$h_\varphi(n)$ 称为尺度函数系数。

③ 二维离散小波变换。前面的一维变换可扩展到图像这样的二维函数，在二维情况下，需要一个二维尺度函数 $\varphi(x,y)$ 和三个二维小波函数 $\psi^H(x,y)$、$\psi^V(x,y)$、$\psi^D(x,y)$，分别如式(4-15)～式(4-18) 所示。每个都是两个一维函数的乘积，排除产生一维结果的乘积，可产生一个可分离的尺度函数和三个可分离的小波函数。

$$\varphi(x,y)=\varphi(x)\varphi(y) \tag{4-15}$$

$$\psi^H(x,y)=\psi(x)\varphi(y) \tag{4-16}$$

$$\psi^V(x,y)=\psi(x)\varphi(y) \tag{4-17}$$

$$\psi^D(x,y)=\psi(x)\varphi(y) \tag{4-18}$$

式中，$\psi^H(x,y)$ 度量沿列方向的变化（如水平边缘）；$\psi^V(x,y)$ 度量沿行方向的变化（如垂直边缘）；$\psi^D(x,y)$ 度量沿对角方向的变化（如斜边缘）。

定义二维尺度函数和二维小波函数如式(4-19) 和式(4-20) 所示。

$$\varphi_{j,m,n}(x,y)=2^{\frac{j}{2}}\varphi(2^jx-m,2^jy-n) \tag{4-19}$$

$$\psi^i_{j,m,n}(x,y)=2^{\frac{j}{2}}\varphi^i(2^jx-m,2^jy-n),i=\{H,V,D\} \tag{4-20}$$

对于大小为 $M\times N$ 的图像，$f(x,y)$ 的离散小波变换为：

$$W_\varphi(j_0,m,n)=\frac{1}{\sqrt{MN}}\sum_{x=0}^{M-1}\sum_{y=0}^{N-1}f(x,y)\varphi_{j_0,m,n}(x,y)$$

$$W^i_\psi(j_0,m,n)=\frac{1}{\sqrt{MN}}\sum_{x=0}^{M-1}\sum_{y=0}^{N-1}f(x,y)\psi^i_{j,m,n}(x,y),i=\{H,V,D\},j\geqslant j_0 \tag{4-21}$$

同一维情况一样，j_0 是一个任意开始的尺度，W_φ 为近似系数，W_ψ 为小波系数，在这里为水平、垂直和对角方向的细节。通常令 $j_0=0$，选择 M 为 2 的幂（$M=N=2^j$）；$j=0$，1，2，…，$J-1$；$m=n=0$，1，2，…，2^j-1。逆向二维离散小波变换为：

$$f(x,y)=\frac{1}{\sqrt{MN}}\sum_{m,n}W_\varphi(j_0,m,n)\varphi_{j_0,m,n}(x,y)+$$

$$\frac{1}{\sqrt{MN}}\sum_{i=H,V,D}\sum_{j=j_0}^{J-1}\sum_{m,n}W^j_\psi(j,m,n)\psi^i_{j,m,n}(x,y) \tag{4-22}$$

类似一维离散小波变换，二维离散小波变换可以使用数字滤波器和下采样来实现，利用可分离的二维尺度函数和小波函数，可以先简单地取 $f(x,y)$ 的行的一维离散小波变换，然后取结果列的一维离散小波变换。二维离散小波变换分析滤波器组如图 4-11 所示。

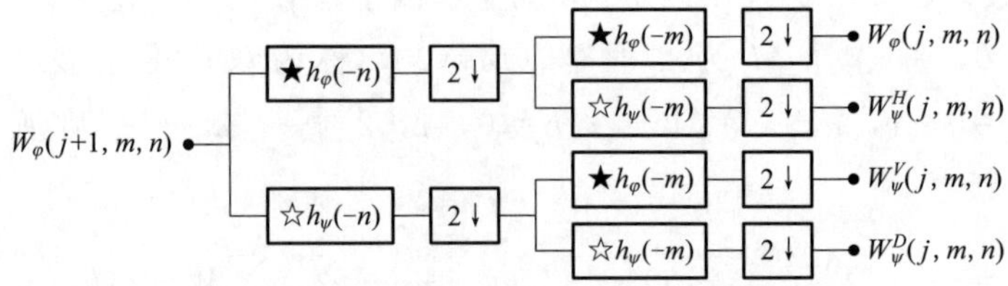

图 4-11　二维离散小波变换分析滤波器组

对于一幅二维图像，$f(x,y)$ 可作为 $W_\varphi(j,m,n)$ 的输入，它的行与 $h_\varphi(-n)$ 和 $h_\psi(-n)$ 卷积，并对它的列下采样，得到两个子图像，它们的水平分辨率以 2 为因子下降。细节或高通分量描述了图像垂直方向的高频信息，近似或低通分量包含了它的低频垂直信息。然后，沿列的方向对两幅子图像进行滤波并下采样，得到 4 幅$\frac{1}{4}$大小的输出子图像。对于近似分量，还可以继续产生二尺度分解。二维图像分析结果如图 4-12 所示，其中 $W_\varphi(j,m,n)$、$W_\psi^H(j,m,n)$、$W_\psi^V(j,m,n)$、$W_\psi^D(j,m,n)$ 分别为原始图像的近似值、水平细节、垂直细节和图像的对角线细节子带。

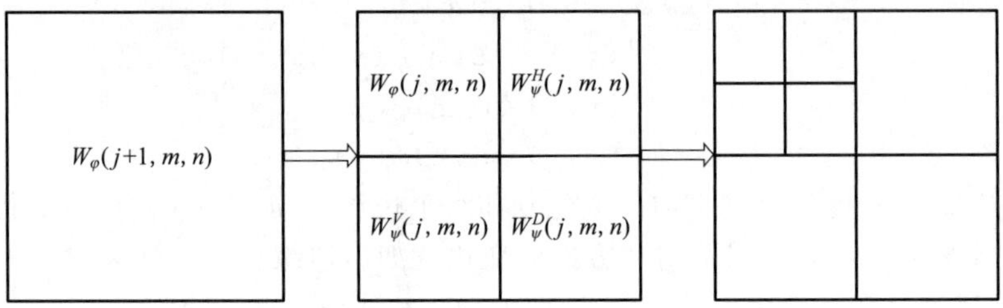

图 4-12　二维图像分析结果

4.4.2　小波变换在图像处理中的典型应用

小波变换作为一种强大的数学工具，在图像处理领域展现出了巨大的应用潜力和独特的优势。其多尺度分析能力和对图像细节特征的敏锐捕捉，使小波变换在图像处理的多个关键环节中都发挥着重要作用。以下是小波变换在图像处理中的几个典型应用。

（1）小波变换在图像边缘检测中的作用

边缘像素是图像中局部灰度发生急剧变化的点，这些点被视为图像中的奇异点。在二维图像中，这些奇异点的集合构成了图像的边缘。边缘检测是图像处理中的一个重要环节，其目标是从图像中提取出这些高频变化的边缘信息，同时准确地区分边缘与噪声，从而精确地确定边缘的位置。

边缘点和噪声在频域上都表现为高频信号，使得它们难以直接区分。小波变换作为一种多尺度分析工具，能够在不同尺度上捕捉图像中的细节特征，将图像分解为不同频率和尺度的分量，进而有效地分离出边缘信息。此外，小波变换还能提供图像在多个方向上的信息，能够更准确地识别边缘的方向和形状。

小波变换在图像边缘检测中的 Python 程序代码如下：

```
import cv2
import pywt
import numpy as np
```

```
import matplotlib.pyplot as plt

def wavelet_edge_detection(image_path):
# 读取图像
img = cv2.imread('chapter4.png', cv2.IMREAD_GRAYSCALE)
if img is None:
    raise ValueError(f"无法读取图像: {image_path}")

    # 选择小波类型和模式
wavelet = 'haar'  # 可以选择其他小波类型,如'db1'、'sym2'等
mode = 'symmetric'  # 小波变换的模式

# 进行二维离散小波变换
coeffs2 = pywt.dwt2(img, wavelet, mode=mode)
LL, (LH, HL, HH) = coeffs2

# 边缘信息主要包含在高频分量中,即 LH、HL、HH
# 可以简单地将它们相加或取绝对值来增强边缘
edge_map = np.abs(LH) + np.abs(HL) + np.abs(HH)

# 为了可视化,可以对边缘图进行归一化和类型转换
edge_map = cv2.normalize(edge_map, None, 0, 255, cv2.NORM_MINMAX)
edge_map = edge_map.astype(np.uint8)

# 显示原始图像和边缘检测结果
plt.figure(figsize=(12, 6))
plt.subplot(1, 2, 1)
plt.title('Original Image')
plt.imshow(img, cmap='gray')
plt.axis('off')

plt.subplot(1, 2, 2)
plt.title('Edge Detection using Wavelet Transform')
plt.imshow(edge_map, cmap='gray')
plt.axis('off')

plt.show()

# 调用函数进行边缘检测
# 确保替换为实际图像路径
image_path = 'chapter4.png'  # 或者使用其他路径
wavelet_edge_detection(image_path)
```

小波变换在图像边缘检测中的程序运行效果如图 4-13 所示。

(a) 原始图像　　(b) 小波变换的边缘检测结果

图 4-13　小波变换进行边缘检测的效果对比图

（2）小波变换在图像去噪与图像增强中的作用

图像在获取和传输过程中往往会受到各种噪声的干扰，导致图像质量下降。为了改善图像质量，需要进行图像去噪和增强处理，小波多分辨分析是一种有效的图像去噪和增强方法。

小波多分辨分析通过多尺度、多角度地提取图像信号的特征，能够在不同尺度上将噪声和信号明显地区分开来。在图像去噪过程中，可以利用小波变换将图像分解为不同尺度上的小波系数。然后，根据噪声和信号在不同尺度上的特性，设计合适的增益函数来对高频部分的小波系数进行筛选和处理，从而有效地去除噪声。

在图像增强方面，基于小波多分辨分析的图像增强方法能够突出图像的边缘细节，同时尽可能地消除负面因素。通过增强图像中的重要特征，可以提高图像的清晰度和对比度，从而改善图像的视觉效果。

小波变换在图像去噪与图像增强中发挥作用的 Python 程序代码如下：

```
import cv2
import numpy as np
import pywt
import matplotlib.pyplot as plt


def soft_threshold(data, threshold):
    """应用软阈值处理"""
    return np.sign(data) * np.maximum(np.abs(data) - threshold, 20)


def wavelet_denoise(image, wavelet='db1', level=1, threshold=50):  # 降低了阈值
    if len(image.shape) ==3:
        image = cv2.cvtColor(image, cv2.COLOR_BGR2GRAY)

    coeffs = pywt.dwt2(image, wavelet)
```

```
        cA, (cH, cV, cD) = coeffs

        # 应用软阈值去噪
        threshold_value = threshold / 255.0
        cA_thresh = soft_threshold(cA, threshold_value * np.max(np.abs(cA)))  # 使用
最大绝对值进行归一化
        cH_thresh = soft_threshold(cH, threshold_value)
        cV_thresh = soft_threshold(cV, threshold_value)
        cD_thresh = soft_threshold(cD, threshold_value)

        coeffs_thresh = (cA_thresh,(cH_thresh, cV_thresh, cD_thresh))
        denoised_image = pywt.idwt2(coeffs_thresh, wavelet)

        denoised_image = np.clip(denoised_image, 0, 255).astype(np.uint8)

        return denoised_image


    def wavelet_enhance(image, wavelet='haar', level=1, gain=1.5):
        # 将图像转换为灰度图像(如果是彩色图像)
        if len(image.shape) ==3:
            image = cv2.cvtColor(image, cv2.COLOR_BGR2GRAY)

            # 执行小波变换
        coeffs = pywt.dwt2(image, wavelet)
        cA, (cH, cV, cD) = coeffs

        # 应用增益增强
        cA_enh = cA * gain

        # 重构图像
        coeffs_enh = (cA_enh,(cH, cV, cD))
        enhanced_image = pywt.idwt2(coeffs_enh, wavelet)

        # 将图像裁剪到 0~255 范围
        enhanced_image = np.clip(enhanced_image, 0, 255).astype(np.uint8)

        return enhanced_image


    # 读取图像
    image = cv2.imread('chapter4.png')

    # 去噪
    denoised_image = wavelet_denoise(image, wavelet='db1', level=1, threshold=30)
```

```
# 增强
enhanced_image = wavelet_enhance(image, wavelet='db1', level=1, gain=1.5)

# 显示结果
plt.figure(figsize=(12, 6))

plt.subplot(1, 3, 1)
plt.title('Original Image')
plt.imshow(cv2.cvtColor(image, cv2.COLOR_BGR2RGB))
plt.axis('off')

plt.subplot(1, 3, 2)
plt.title('Denoised Image')
plt.imshow(denoised_image, cmap='gray')
plt.axis('off')

plt.subplot(1, 3, 3)
plt.title('Enhanced Image')
plt.imshow(enhanced_image, cmap='gray')
plt.axis('off')

plt.show()
```

小波变换在图像去噪与图像增强中的程序运行结果如图 4-14 所示。

(a) 原始图像　(b) 图像去噪　(c) 图像增强

图 4-14　输出结果

4.5　形态学图像处理

4.5.1　形态学基础

形态学图像处理（简称形态学处理）是数字图像处理领域中的一种重要技术，它基于图像的几何形状和结构特性进行操作。与基于像素值的传统图像处理技术不同，形态学处理更侧重于图像中对象的形状、大小和结构关系。形态学操作通常使用预定义的结构元素（也称为核或模板）对图像进行局部变换，以实现对图像形状和结构的分析和修改。这些操作在图像处理、计算机视觉、医学成像等领域有广泛应用，如噪声去除、边缘检测、形状分析、特征提取等。

（1）基本形态学操作

① 膨胀（dilation）。膨胀操作是将图像中的高亮区域（即前景对象）向外扩展的过程。通过将结构元素在图像上滑动，并将结构元素内的高亮像素点合并到图像中来实现。膨胀操作常用于填补图像中的小孔洞、连接邻近的对象或使对象的边界向外扩展。膨胀操作的原理是在背景为黑（0），前景为白（1）的图像中，核（1）与其覆盖的图像部分做“与”操作，如果全为 0，则该像素点为 0，否则为 1。膨胀操作的过程如图 4-15 所示。

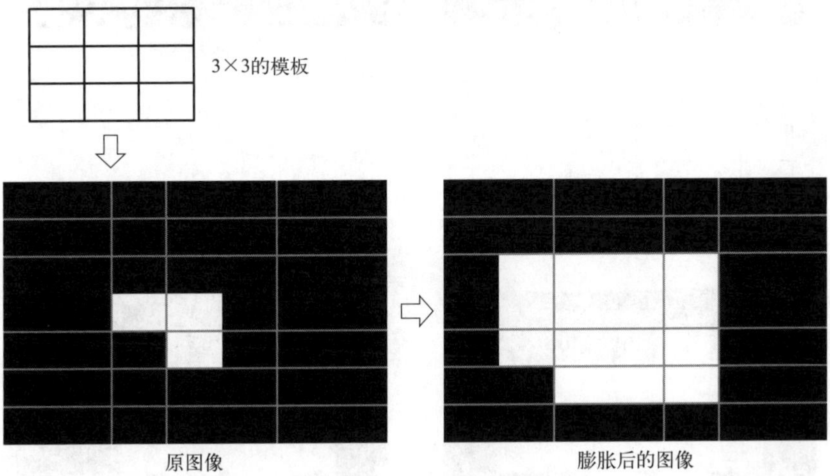

图 4-15　膨胀操作过程

② 腐蚀（erosion）。腐蚀操作是形态学图像处理中的一种基本运算，主要用于消除小的物体、断开物体之间的连接，或平滑物体的边界。它通过将结构元素（也称为核或模板）在图像上滑动，并根据结构元素覆盖的像素值来决定中心像素的值，从而实现图像的收缩。

在二值图像［即背景为黑（0），前景为白（1）］中，首先定义一个结构元素（通常是一个小的矩形或其他形状），将结构元素在图像上滑动，每次滑动都使结构元素的中心与图像中的一个像素对齐。对于每个对齐的位置，检查结构元素覆盖的所有像素值。如果结构元素覆盖的所有像素都是前景像素（即值为 1），则将该中心像素的值设为 1（前景）；如果结构元素覆盖的像素中有任何一个是背景像素（即值为 0），则将该中心像素的值设为 0（背景）。这种操作相当于对图像中的高亮区域（前景）进行了“收缩”，因为只有当结构元素完全位于前景区域时，中心像素才会保持为前景。

腐蚀操作的过程如图 4-16 所示。

③ 开运算（opening）。开运算是先对图像进行腐蚀操作，然后再进行膨胀操作的过程。开运算能够去除图像中的小对象，同时保持较大对象的形状和大小基本不变，常用于消除噪声、平滑对象的边界或分离连接在一起的对象。开运算过程如图 4-17 所示。

④ 闭运算（closing）。闭运算就是对图像首先进行膨胀操作，将两个分开的图块结合起来；接着通过腐蚀操作，将连通域的边缘和突起削平；最后得到一个无突起的连通域（纯白的部分）。闭运算过程如图 4-18 所示。

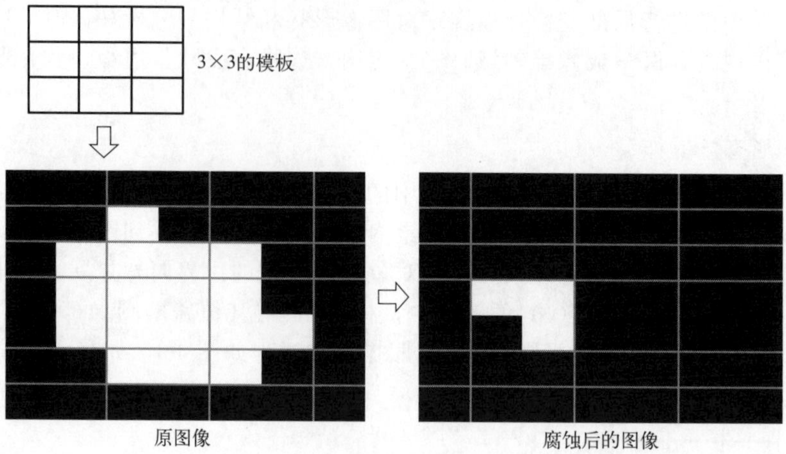

图 4-16　腐蚀操作过程

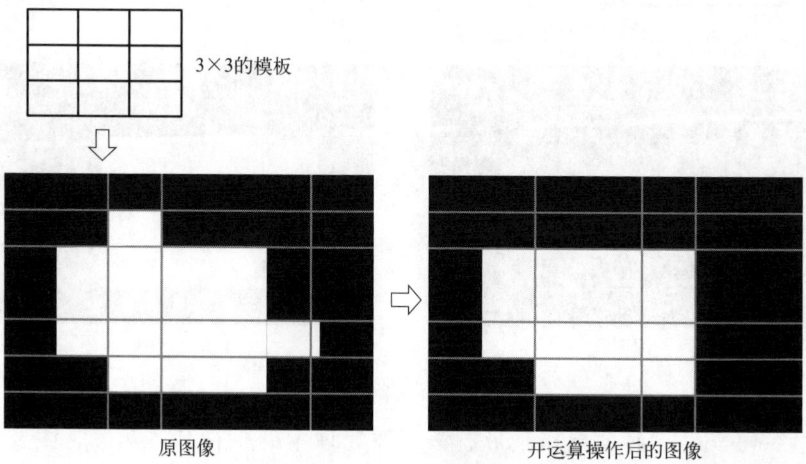

图 4-17　开运算操作过程

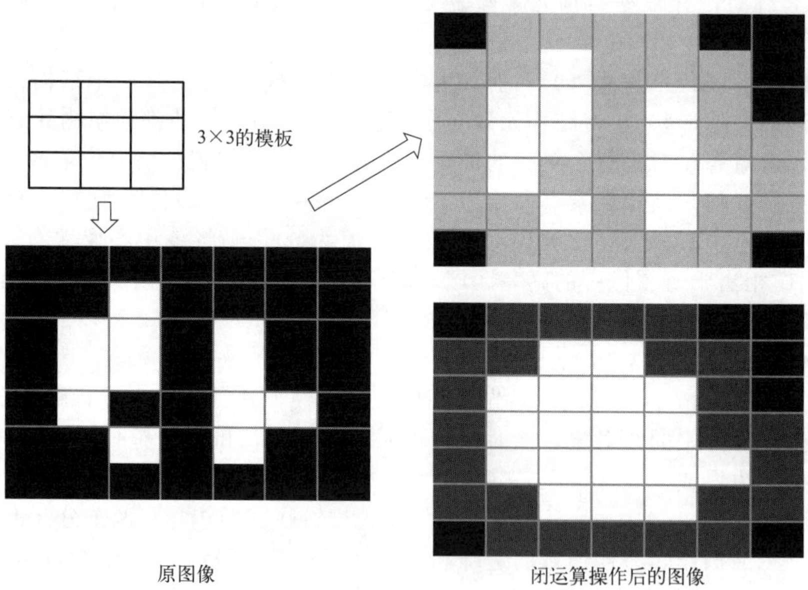

图 4-18　闭运算操作过程

（2）形态学操作的性质

① 幂等性。某些形态学操作（如腐蚀和膨胀）在连续应用多次时可能达到稳定状态，即继续应用这些操作不再改变图像的形状和大小，这种性质称为幂等性。

② 扩展性和侵蚀性。膨胀操作具有扩展性，它会使图像中的高亮区域向外扩展；而腐蚀操作具有侵蚀性，它会使图像中的高亮区域向内收缩。这两种操作在形态学处理中起着相反但互补的作用。

③ 对偶性。膨胀和腐蚀操作在某种程度上是对称的。具体来说，对一幅图像进行腐蚀操作后再进行膨胀操作（或先膨胀后腐蚀），其结果可能接近于原始图像（尽管可能受到边界效应的影响），这种性质称为对偶性。

④ 结合性。在某些情况下，形态学操作之间具有结合性，即多个操作的顺序可以交换而不影响最终结果。然而，这一性质并不是所有形态学操作都具备的，它取决于具体的操作类型和结构元素的选择。

4.5.2　形态学在图像处理中的典型应用

形态学作为图像处理的一个重要分支，通过基于形状和结构的方法对图像进行分析和处理。以下将详细介绍形态学在图像处理中的几个典型应用：腐蚀和膨胀、边界提取、孔洞填充、细化（骨架化）以及粗化。

（1）腐蚀和膨胀

腐蚀操作会缩小图像中的高亮区域，通常用于去除小的噪声点或分离相互连接的对象。膨胀操作则与腐蚀相反，它会扩大图像中的高亮区域，常用于填补目标内部的空洞或裂缝。这两种操作在图像处理中经常组合使用，以达到噪声消除、目标分离等效果。

腐蚀和膨胀的 Python 程序代码如下：

```
import cv2
import numpy as np
from matplotlib import pyplot as plt

# 读取图像(假设图像是二值化的,即图像中的像素值为 0 或 255)
image = cv2.imread('chapter4.png', 0)  # 0 表示以灰度模式读取图像

# 显示原始图像
plt.subplot(1, 3, 1)
plt.imshow(image, cmap='gray')
plt.title('Original Image')
plt.axis('off')

# 定义腐蚀操作的核(结构元素)
kernel = np.ones((5, 5), np.uint8)  # 可以根据需要调整核的大小

# 应用腐蚀操作
eroded_image = cv2.erode(image, kernel, iterations=1)  # iterations 参数表示腐蚀
操作的次数
```

```
    # 显示腐蚀后的图像
    plt.subplot(1, 3, 2)
    plt.imshow(eroded_image, cmap='gray')
    plt.title('Eroded Image')
    plt.axis('off')

    # 定义膨胀操作的核(结构元素)
    # 通常与腐蚀操作的核相同,但也可以根据需要调整

    # 应用膨胀操作
    dilated_image = cv2.dilate(image, kernel, iterations=1)  # iterations参数表示膨
胀操作的次数

    # 显示膨胀后的图像
    plt.subplot(1, 3, 3)
    plt.imshow(dilated_image, cmap='gray')
    plt.title('Dilated Image')
    plt.axis('off')

    # 显示所有图像
    plt.show()
```

图像腐蚀与膨胀的程序运行结果如图 4-19 所示。

(a) 原始图像　　(b) 经过腐蚀操作后的图像　　(c) 经过膨胀操作后的图像

图 4-19　图像腐蚀与膨胀效果对比图

(2) 边界提取

形态学梯度是边界提取的一种有效方法。它通过计算膨胀后的图像与腐蚀后的图像之间的差值来得到梯度图像。形态学梯度图像能够突出显示图像中的边缘信息，为后续的边缘检测和特征提取提供便利。

边界提取的 Python 程序代码如下：

```
    import cv2
    import numpy as np
```

```
# 读取图像
image = cv2.imread('chapter4.png', 0)

# 设定结构元素
kernel = np.ones((3, 3), np.uint8)

# 腐蚀操作
erosion = cv2.erode(image, kernel, iterations=1)

# 膨胀操作
dilation = cv2.dilate(image, kernel, iterations=1)

# 边界提取
boundary = dilation - erosion

# 显示结果
cv2.imshow('Boundary', boundary)
cv2.waitKey(0)
cv2.destroyAllWindows()
```

边界提取的程序运行结果如图 4-20 所示。

图 4-20　图像边界提取效果图

（3）孔洞填充

孔洞填充是数字图像处理中的一项重要技术，用于填充或修复图像中的孔洞区域。在形态学处理中，孔洞填充通常与膨胀操作相结合使用。通过多次应用膨胀操作，可以逐渐扩大孔洞周围的区域，直至孔洞被完全填充。这种方法适用于图像修复、目标分割等场景，能够提高图像的质量和完整性。

孔洞填充的 Python 程序代码如下：

```
import cv2
import numpy as np
```

```
# 读取图像
image = cv2.imread('chapter4.png', 0)


# 设定结构元素
kernel = np.ones((5, 5), np.uint8)


# 孔洞填充
filling = cv2.dilate(image, kernel, iterations=1)
filling = cv2.erode(filling, kernel, iterations=1)


# 显示结果
cv2.imshow('Hole Filling', filling)
cv2.waitKey(0)
cv2.destroyAllWindows()
```

图像孔洞填充的程序运行结果如图 4-21 所示。

图 4-21　图像孔洞填充效果图

（4）细化（骨架化）

细化（骨架化）是形态学在图像处理中的一个高级应用。它通过多次迭代应用腐蚀操作，将图像中的目标对象细化为一组像素宽的线条或骨架。细化操作能够提取出图像中的关键结构信息，对于图像分析和识别具有重要意义。例如，在指纹识别、道路网络提取等应用中，细化操作可以帮助提取出关键的线条或骨架信息。

细化（骨架化）的 Python 程序代码如下：

```
import cv2
import numpy as np
```

```
def simple_thinning(image_path, output_path):
    """
    对指定路径的二值图像进行细化,并将结果保存到输出路径。

    参数:
    image_path (str): 输入的二值图像路径。
    output_path (str): 细化后的图像保存路径。
    """
    # 读取二值图像[应为黑白图像,前景为白色(255),背景为黑色(0)]
    image = cv2.imread(image_path, cv2.IMREAD_GRAYSCALE)

    # 检查图像是否成功加载
    if image is None:
        raise FileNotFoundError(f"无法加载图像:{image_path}")
        # 确保图像是二值的(如果不是,需要进行二值化处理)
    # 这里假设图像已经是二值的,所以直接跳过二值化步骤
    # 如果需要二值化,可以使用以下代码:
   # _, binary_image = cv2.threshold(image, 127, 255, cv2.THRESH_BINARY)

    # 使用 OpenCV 的细化函数进行细化处理
    thinned_image = cv2.ximgproc.thinning(image)

    # 保存细化后的图像
    cv2.imwrite(output_path, thinned_image)

    print(f"细化后的图像已保存到:{output_path}")
# 示例用法
input_image_path = 'chapter4.png'' # 替换为用户的二值图像路径
output_image_path = 'thinned_image.png'  # 细化后的图像保存路径

simple_thinning(input_image_path, output_image_path)
```

细化（骨架化）的程序运行结果如图 4-22 所示。

图 4-22　图像骨架化效果图

（5）粗化

粗化是形态学处理中的另一种操作，与细化相反，它使图像中的物体区域膨胀并保留一定的分隔。粗化操作可以通过多次应用膨胀操作并设置适当的阈值来实现。粗化后的图像可以更加突出物体的整体形状和特征，同时减少图像中的细节和噪声。

粗化的 Python 程序代码如下：

```
import cv2
import numpy as np


# 读取图像
image = cv2.imread('chapter4.png', 0)


# 设定结构元素
kernel = np.ones((3, 3), np.uint8)


# 粗化操作
thickening = cv2.dilate(image, kernel, iterations=2)



# 显示结果
cv2.imshow('Thickening', thickening)
cv2.waitKey(0)
cv2.destroyAllWindows()
```

粗化的程序运行结果如图 4-23 所示。

图 4-23　图像粗化效果图

MACHINE
VISION

第 5 章 图像的特征提取

由于计算机不认识图像，只认识数字，为了使计算机能够“理解”图像，从而具有真正意义上的“视觉”，我们要从图像中提取有用的数据或信息，得到图像的“非图像”的表示或描述，如数值、向量和符号等。这一过程就是特征提取，提取出来的这些“非图像”的表示或描述就是特征。有了这些数值或向量形式的特征就可以通过训练教会计算机懂得这些特征，从而使计算机具有识别图像的本领。图像特征提取可分为图像颜色特征提取、图像纹理特征提取、图像形状特征提取、图像边缘特征提取和图像点特征提取。

5.1 图像颜色特征提取

5.1.1 颜色直方图

（1）颜色直方图的概念

颜色直方图是一种常见的图像特征，是用来反映图像颜色组成分布的直方图。颜色直方图的横轴表示像素值或像素值范围，纵轴表示该像素值范围内像素点的个数或出现频率。颜色直方图描述的是不同色彩在整幅图像中所占的比例，而并不关心每种色彩所处的空间位置，即无法描述图像中的对象或物体。

（2）颜色直方图的类别

颜色直方图按类别可分为全局颜色直方图以及累加颜色直方图。

全局颜色直方图反映了图像中颜色的组成分布，即出现的颜色以及各种颜色出现的概率。这种直方图对于图像的旋转、平移和缩放等几何变换以及图像质量的变化（如模糊）不甚敏感，丢失了像素的空间位置信息，常用于图像检索、图像分类以及颜色特征分析等应用。

实现颜色直方图的 Python 代码如下：

```
import numpy as np
import matplotlib.pyplot as plt
np.random.seed(19680801)
mu, sigma = 100, 15
```

```
x = mu + sigma * np.random.randn(10000)
n, bins, patches = plt.hist(x, 50, density=True, facecolor='g', alpha=0.75)
# n, bins, patches = plt.hist(x, 50, density=True, facecolor='r', alpha=0.75)
# n, bins, patches = plt.hist(x, 50, density=True, facecolor='b', alpha=0.75)
plt.xlabel('Smarts')
plt.ylabel('Probability')
plt.title('Histogram of IQ')
plt.text(60, .025, r'$ \mu=100,\ \sigma=15$ ')
plt.axis([40, 160, 0, 0.03])
plt.grid(True)
plt.show()
```

颜色直方图程序运行结果如图 5-1 所示。

累加颜色直方图用于更准确地描述图像中颜色的分布情况。当图像中的特征并不能取遍所有可取值时，统计直方图中会出现一些零值。这些零值的出现会对相似性度量的计算带来影响，从而使得相似性度量并不能正确反映图像之间的颜色差别。为解决这个问题，进一步提出了“累加颜色直方图”的概念，它是在全局颜色直方图的基础上发展而来的，通过累加操作解决了传统直方图中可能出现的零值问题，并提高了颜色特征的表示精度。

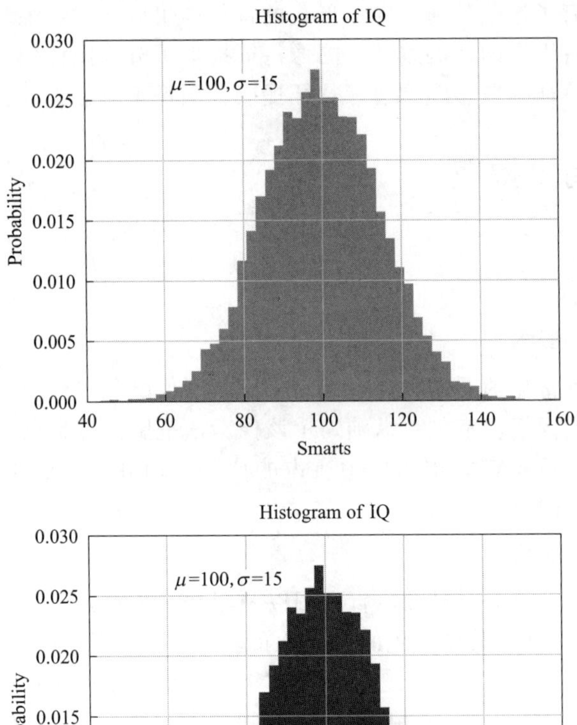

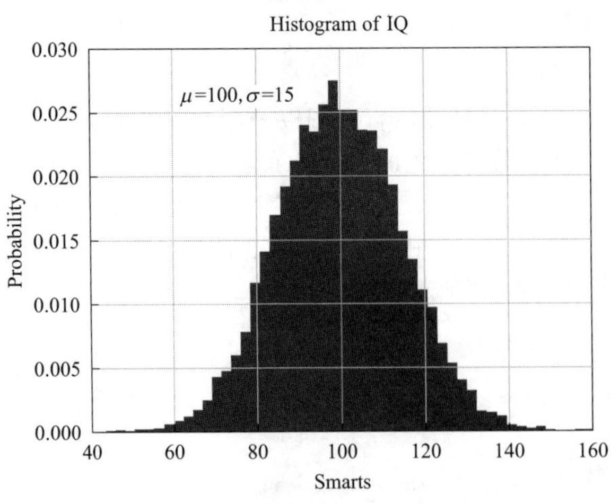

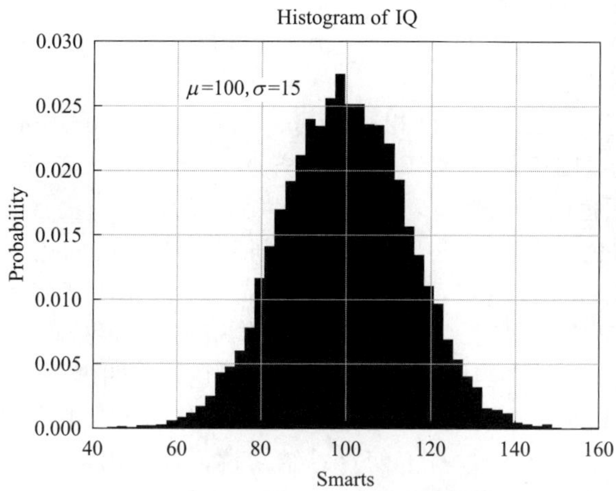

图 5-1 RGB 颜色直方图（见文后彩图）

Histogram of IQ—图片的颜色分布；Probability—颜色值出现的概率密度；Smarts—某种颜色特征量化值；μ—颜色特征均值；σ—颜色特征方差

具体来说，累加颜色直方图将图像中每个像素的颜色值与其相邻像素的颜色值进行累加，从而得到一个新的直方图。在这个直方图中，每个颜色值对应的频数不再是该颜色值出现的次数，而是小于等于该颜色值的所有像素的累加频数。这样，累加颜色直方图就能够更全面地反映图像中颜色的分布情况，避免了零值对相似性度量计算的影响。

例如，在一张包含多种颜色的图像中，如果直接计算全局颜色直方图，可能会因为某些颜色值在图像中出现的次数较少而出现零值。而使用累加颜色直方图，即使某些颜色值出现的次数较少，也会因为与其他颜色值的累加而得到一定的频数，从而在直方图中得到更准确的表示。累加颜色直方图计算公式的一般形式如下：

$$I(k)=\sum_{i=0}^{k}\frac{n_i}{N}(k=0,1,2,\cdots,L-1) \tag{5-1}$$

其中，L 代表图像经过量化的颜色数，即直方图中颜色条柱的数量；n_i 代表图像中位于颜色值 i 处的像素点数；N 代表图像中的像素总数目；k 代表颜色直方图中的颜色集合取值，即当前考虑的累计颜色值；$I(k)$ 表示颜色值小于或等于 k 的像素点在图像中出现的累计频率，随着 k 的增加，$I(k)$ 会逐渐增大，形成一个单调递增的序列，从而构成累加颜色直方图。

(3) 颜色空间

颜色空间是指用一组值来定义颜色的系统，不同的颜色空间使用不同的方式来描述和表示颜色。常见的颜色空间包括：

① RGB 颜色空间。这是最常见的颜色空间之一，用于电脑屏幕和数字图像。RGB 代表红色（red）、绿色（green）、蓝色（blue），这三种颜色的不同组合可以产生几乎所有其他颜色。在 RGB 颜色空间中，每个颜色由红、绿、蓝三个分量的亮度值定义，通常取值范围是 0 到 255（8 位深度）或 0 到 1（浮点数）。

② CMYK 颜色空间。这是印刷行业常用的颜色空间，CMYK 代表青色（cyan）、品红（magenta）、黄色（yellow）和黑色（key）。在印刷过程中，这四种颜色的油墨按照不同比例混合，可以在纸张上产生各种颜色。

③ HSV（HSB）颜色空间。HSV 代表色相/色调（hue）、饱和度（saturation）、明度

（value），HSB 中的 B 代表亮度（brightness），在实际应用中，两者常被视为同一种模型。这种颜色空间更接近人类视觉感知颜色的方式，色相定义了颜色，饱和度定义了颜色的纯度，明（亮）度定义了颜色的明暗程度。

④ HSL 颜色空间。HSL 代表色相（hue）、饱和度（saturation）、亮度（lightness）。我们可以看到 HSL 与 HSV 都有关于亮度的概念，以下是二者的对比：HSL 中的亮度（lightness，L）表示颜色的感知亮度，范围为 0%到 100%，当亮度为 0%时表示黑色，当亮度为 100%时表示白色，亮度为 50%时表示中间灰，HSL 中的亮度调整类似于将彩色颜料与黑白颜料混合，增加亮度会混入更多白色，稀释颜色并使其变浅，降低亮度会添加黑色，使颜色变暗；HSV 中的明度（value，V）也称为亮度，但处理方式与 HSL 中的亮度不同，范围同样为 0%到 100%，当明度为 0%时表示黑色，当明度为 100%时表示所选色调的最亮色调，HSV 中的明度调整类似于在彩色物体上照射白光，提高明度会使颜色变亮，就像加强光线一样，同时保持颜色本身不变。总结来说，HSL 中的亮度更侧重于颜色的感知亮度，与黑白颜料的混合相似；而 HSV 中的明度则更侧重于颜色的整体亮度，与光线的照射效果类似。这两种处理方式使得 HSL 和 HSV 在颜色表示和调整上各有特色。

⑤ Lab 颜色空间：Lab 是一种与设备无关的颜色空间，基于人对颜色的感觉来定义颜色。Lab 颜色空间由三个坐标组成：L 表示亮度，a 和 b 表示颜色对立轴，其中 a 表示红色到绿色的范围，b 表示黄色到蓝色的范围。

⑥ YUV 和 YCbCr 颜色空间：主要用于电视系统和数字视频。Y 代表亮度（luminance），U 和 V（或 Cb 和 Cr）代表色度（chrominance）。这种颜色空间的优点是可以将亮度和色度分离，从而在不影响亮度的情况下处理颜色信息，在压缩视频数据时非常有用。

⑦ XYZ 颜色空间：XYZ 是一种与设备无关的颜色空间，它基于三个假想的原色（X、Y、Z）来定义颜色。XYZ 颜色空间与人的视觉响应紧密相关，通常用于色彩管理和跨设备颜色匹配。

BGR 颜色空间转换为其他几种常见的颜色空间（RGB、HSV）的 Python 代码如下：

```
import cv2
def convert_color_spaces(image_path):
    # 读取图像(默认为 BGR 格式)
    bgr_image = cv2.imread(image_path)
    if bgr_image is None:
        print(f"Error: Unable to read image {image_path}")  # 使用变量而不是硬编码的路径
        return
        # 转换为 RGB 颜色空间(注意:OpenCV 默认是 BGR,需要手动转换)
    rgb_image = cv2.cvtColor(bgr_image, cv2.COLOR_BGR2RGB)
    # 转换为 HSV 颜色空间
    hsv_image = cv2.cvtColor(bgr_image, cv2.COLOR_BGR2HSV)
    # 转换为灰度图像
    gray_image = cv2.cvtColor(bgr_image, cv2.COLOR_BGR2GRAY)
    # 显示图像(需要 OpenCV 的 GUI 支持,或者可以选择保存图像)
    cv2.imshow('BGR Image', bgr_image)
    cv2.imshow('RGB Image', rgb_image)
    cv2.imshow('HSV Image', hsv_image)
    cv2.imshow('Grayscale Image', gray_image)
```

```
        # 任意键盘按键后等待关闭所有窗口
        cv2.waitKey(0)
        cv2.destroyAllWindows()
    # 主程序
    if __name__=='__main__':
        # 指定图像路径
        image_path = 'D:/chapter5.png'
        convert_color_spaces(image_path)
```

程序运行结果如图 5-2 所示。

5.1.2　颜色矩

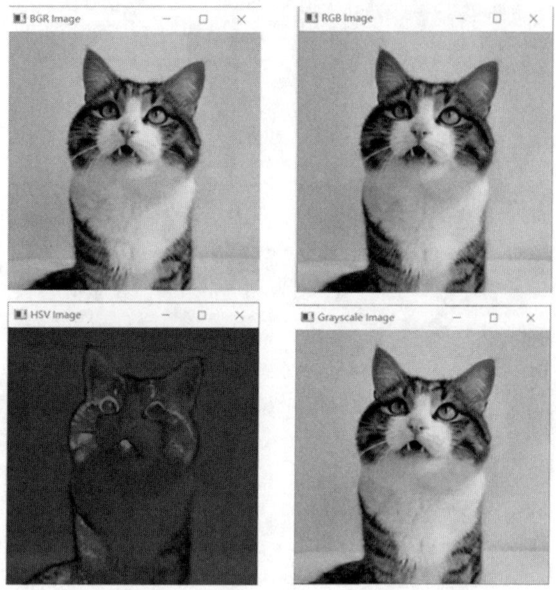

图 5-2　颜色空间转换结果（见文后彩图）

颜色矩是由 Stricker 和 Orengo 所提出的一种非常简单而有效的颜色特征，这种方法的数学基础在于图像中任何的颜色分布均可以用它的矩来表示。此外，由于颜色分布信息主要集中在低阶矩中，因此仅采用颜色的一阶矩、二阶矩和三阶矩就足以表达图像的颜色分布。与颜色直方图相比，颜色矩无需对特征进行量化。因此，图像的颜色矩一共只需要 9 个分量（3 个颜色分量，每个分量上 3 个低阶矩），与其他的颜色特征相比是非常简洁的。在实际应用中为弥补低阶矩较弱的分辨能力，颜色矩常和其他特征结合使用，一般起到过滤缩小范围的作用。

① 一阶矩。一阶矩表示第 i 个颜色通道上所有像素的均值，反映图像的整体明暗程度，值越大，图像越亮。

$$E_i = \sum_{j=1}^{N} \frac{1}{N} P_{ij} \tag{5-2}$$

式中，i 为图像的颜色通道数，若为灰度图像，$i=1$，若为彩色图像，$i=3$；P_{ij} 为第 j 个像素在第 i 个颜色通道上的颜色值；N 为该颜色通道上像素数量。

② 二阶矩。二阶矩表示第 i 个颜色通道上所有像素的标准差，反映图像的颜色分布范围，值越大，颜色分布范围越广。

$$\sigma_i = \sqrt{\frac{1}{N} \sum_{j=1}^{N} (P_{ij} - E_i)^2} \tag{5-3}$$

式中，E_i 为所有像素第 i 个颜色通道的颜色均值。

③ 三阶矩。三阶矩采用三阶中心距的立方根，即偏差，反映图像颜色分布的对称性。

$$S_i = \left[\frac{1}{N} \sum_{j=1}^{N} (P_{ij} - E_i)^3\right]^{\frac{1}{3}} \tag{5-4}$$

当 $S_i=0$ 时，图像的颜色分布是对称的；当 $S_i<0$ 时，颜色分布左偏或负偏；当 $S_i>0$

时，颜色分布右偏或正偏。

图像的三个分量的前三阶颜色矩组成一个 9 维颜色特征向量：

$$\boldsymbol{F}_{\text{color}}=[\mu_r,\sigma_r,s_r,\mu_g,\sigma_g,s_g,\mu_b,\sigma_b,s_b] \tag{5-5}$$

其中，μ_r、μ_g、μ_b 分别是红、绿、蓝通道像素值的均值，反映各颜色分量平均亮度；σ_r、σ_g、σ_b 为对应通道像素值的方差，体现颜色分量像素值离散程度；s_r、s_g、s_b 是各通道像素值的三阶中心矩，描述颜色分量概率分布的不对称性。以上共同构成 9 维颜色特征向量来表征图像颜色特性。

颜色矩的 Python 代码实现如下：

```
import cv2
import numpy as np
def color_moments(filename):
    # 读取图像
    img = cv2.imread(filename)
    if img is None:
        print("错误:无法读取图像")
        return None
        # 将 BGR 颜色空间转换为 HSV 颜色空间
    hsv = cv2.cvtColor(img, cv2.COLOR_BGR2HSV)
    # 分割 HSV 颜色空间的通道:色调 H、饱和度 S、亮度 V
    h, s, v = cv2.split(hsv)
    # 初始化颜色特征列表
    color_feature = []
    # 一阶矩:平均值
    h_mean = np.mean(h)
    s_mean = np.mean(s)
    v_mean = np.mean(v)
    color_feature.extend([h_mean, s_mean, v_mean])
    # 二阶矩:标准差
    h_std = np.std(h)
    s_std = np.std(s)
    v_std = np.std(v)
    color_feature.extend([h_std, s_std, v_std])
    # 三阶矩:偏差
    h_skewness = np.mean((h - h_mean) ** 3)
    s_skewness = np.mean((s - s_mean) ** 3)
    v_skewness = np.mean((v - v_mean) ** 3)
    # 偏度的三次方根(注意:这是与严格的偏度不同但相关的一个度量)
    h_thirdMoment = np.sign(h_skewness) * np.abs(h_skewness) ** (1. / 3)
# 取符号和三次方根
    s_thirdMoment = np.sign(s_skewness) * np.abs(s_skewness) ** (1. / 3)
    v_thirdMoment = np.sign(v_skewness) * np.abs(v_skewness) ** (1. / 3)
    color_feature.extend([h_thirdMoment, s_thirdMoment, v_thirdMoment])
    # 打印颜色特征列表
    print(color_feature)
```

```
        return color_feature
    if __name__ == '__main__':
        # 调用函数并传入图像路径
        color_moments("'D:/chapter5.png'")
```

程序运行结果如图 5-3 所示。

```
[75.09262069240906, 27.00177694365691, 197.18172742882243, 46.751939288860044, 34.60273769188083, 40.189732634231525, -31.45435443276853, 47.59003378444506, -50.05588053330843]

进程已结束，退出代码 0
```

图 5-3　图像提取出的颜色矩特征信息

5.1.3　颜色集

为支持大规模图像库中的快速查找，Smith 和 Chang 提出了用颜色集（color sets）作为对颜色直方图的一种近似。首先将 RGB 颜色空间转化成视觉均衡的颜色空间（如 HSV 空间），并将颜色空间量化成若干个 bin（区间/类别）。然后，用色彩自动分割技术将图像分为若干区域，每个区域用量化颜色空间的某个颜色分量来索引，从而将图像表达成一个二进制的颜色索引集（颜色集）。在图像匹配中，比较不同图像颜色集之间的距离和色彩区域的空间关系（区域的分离、包含、交等）。颜色集同时考虑了颜色空间的选择和颜色空间的划分，通常使用 HSL 空间。由于颜色集的表达形式为二进制的特征向量，可以构造二分查找树来加快检索速度，这对于大规模的图像集合十分有利。

颜色集通常指的是一组特定的颜色，这些颜色可能是为了特定的目的或应用而挑选出来的。颜色集可以基于不同的标准，如色相、饱和度、亮度等，也可以基于文化、设计、科学或技术标准。以下是一些常见的颜色集类型：

① Web 安全颜色集：这是一组在 8 位显示模式下（即每个颜色通道有 256 种可能的值）被所有计算机显示器准确显示的颜色，通常用于网页设计，以确保所有用户都能看到相同的颜色。

② 国家标准颜色集：某些国家或组织会定义自己的颜色标准，例如 Pantone 色彩系统，它被广泛应用于印刷、设计和时尚行业。

③ 色相环颜色集：基于色相环的颜色集包括了一系列的色相，可以用来创建和谐或对比的颜色组合。例如，互补颜色集包含色相环上相对位置的颜色。

④ 渐变颜色集：包含了从一种颜色平滑过渡到另一种颜色的颜色系列，常用于背景设计、图表和视觉效果。

⑤ 自然颜色集：这些颜色集模拟自然界中的颜色，如天空蓝、草绿、土褐等，常用于户外装备、艺术创作等。

⑥ 主题颜色集：这些颜色集基于特定主题或情感，如圣诞节可能会使用红色和绿色，万圣节可能会使用橙色和黑色。

⑦ 数据可视化颜色集：在数据可视化中，颜色集用于表示不同的数据集或类别，通常需要具有良好的可区分性和可读性。RColorBrewer 颜色集就是为了这个目的而设计的。

⑧ 无障碍颜色集：这些颜色集考虑了色盲和其他视觉障碍用户的需求，确保颜色对比度足够高，以便所有人都能轻松识别。

在选择颜色集时，需要考虑颜色的一致性、可访问性、文化含义和特定应用的需求。开发者通常会根据项目的具体要求来挑选或创建合适的颜色集。

5.1.4 颜色聚合向量

（1）颜色聚合向量（CCV）的描述

颜色聚合向量（color coherence vector，CCV）是一种颜色特征，是一种基于颜色分布的图像特征描述方法，用于捕捉图像中颜色的空间聚合特性。CCV 是一种将图像中的颜色像素划分为聚合像素和非聚合像素的颜色特征表示方法，通过量化颜色空间并统计每个量化区间内聚合像素和非聚合像素的数量来构建特征向量。聚合像素指的是属于图像中较大连通区域的像素，而非聚合像素则位于较小的连通区域。颜色聚合向量包含了颜色分布的空间信息，克服了颜色直方图无法表达图像色彩的空间位置的缺点。

（2）颜色聚合向量的构建过程

① 颜色量化：将图像中的像素颜色值从 0～255 的连续区间量化为 n 个离散的颜色区间。这通常通过均匀量化实现。

② 连通区域划分：根据量化后的颜色值，将图像划分为不同的连通区域，每个连通区域内的像素具有相同的量化值。

③ 聚合与非聚合像素判定：根据连通区域的大小（通常与预设的阈值比较），将区域内的像素判定为聚合像素或非聚合像素，大于阈值的连通区域中的像素被认为是聚合的，否则为非聚合的。

④ 向量构建：对于每个量化区间，统计该区间内的聚合像素和非聚合像素的数量，形成一对数值，如 α_j、β_j。其中 α_j 表示聚合像素的数量，β_j 表示非聚合像素的数量。所有量化区间的这些数值对共同构成了图像的颜色聚合向量（CCV）。

（3）颜色聚合向量构建示例

输入数据如图 5-4 所示，一共包含 36 个像素点，判断是否聚合的阈值设定为 4。

① 量化。量化其实就是一个降维的过程，使特征更加紧凑。将图 5-4 所示输入数据按照均匀量化的原则进行量化，数值 10～19 对应 1，数值 20～29 对应 2，30～39 对应 3，即将原来的颜色特征量化为了 1、2、3 三种颜色。按照这种方法量化后的结果如图 5-5 所示。

② 划分连通区域。将量化后的结果划分成 4 个连通区域 A、B、C、D，如图 5-6 所示。

22	10	21	22	15	16
24	21	13	20	14	17
23	17	38	23	17	16
25	25	22	14	15	14
27	22	12	11	17	18
24	21	10	12	15	19

图 5-4　输入的数据

2	1	2	2	1	1
2	2	1	2	1	1
2	1	3	2	1	1
2	2	2	1	1	1
2	2	1	1	1	1
2	2	1	1	1	1

图 5-5　量化后的结果

B	C	B	B	A	A
B	B	C	B	A	A
B	C	D	B	A	A
B	B	B	A	A	A
B	B	A	A	A	A
B	B	A	A	A	A

图 5-6　划分的连通区域

③ 判断聚合性。对图 5-6 得到的 A、B、C、D 四个连通区域分别统计像素数目，如表 5-1 所示。

表 5-1　统计连通区域像素数目

区域	A	B	C	D
颜色	1	2	1	3
数目	17	15	3	1

然后与之前设定的阈值 4 做比较，像素数大于 4 的连通区域中的像素为聚合像素，小于 4 的连通区域中的像素为非聚合像素，如此可知连通区域 A、B 中的像素都是聚合像素，而连通区域 C、D 中的像素为非聚合像素。

④ 构建向量。对于量化的 3 个颜色 1、2、3 分别统计其中聚合像素和非聚合像素的数目，如表 5-2 所示。

表 5-2　统计各颜色分量像素聚合情况

颜色	1	2	3
α	17	15	0
β	3	0	1

由表 5-2 可知该图像的聚合向量为＜(17,3),(15,0),(0,1)＞。

计算颜色聚合向量的 Python 程序如下：

```
import numpy as np
from sklearn.cluster import KMeans
from collections import Counter
import cv2
def extract_color_features(image_path, num_clusters=3):
    # 读取图像
    image = cv2.imread(image_path)
    # 将图像转换为 RGB 格式
    image = cv2.cvtColor(image, cv2.COLOR_BGR2RGB)
    # 将图像 reshape(重塑)为一个二维数组,每个元素是一个颜色向量
    pixels = image.reshape(-1, 3)
    # 使用 KMeans 算法进行聚类
    kmeans = KMeans(n_clusters=num_clusters, random_state=42)
    kmeans.fit(pixels)
    # 获取聚类中心
    cluster_centers = kmeans.cluster_centers_
    # 获取每个像素的聚类标签
    labels = kmeans.labels_
    # 计算每个聚类的像素数量
    cluster_counts = Counter(labels)
    # 计算每个聚类的颜色聚合向量
    color_coherence_vectors = []
    for i, center in enumerate(cluster_centers):
        count = cluster_counts[i]
        coherence_vector = np.append(center, count)
        color_coherence_vectors.append(coherence_vector)
    return color_coherence_vectors
# 示例用法
image_path = r'D:/chapter5.png'
num_clusters = 3
```

```
    ccvs = extract_color_features(image_path, num_clusters)
    print(ccvs)
```

程序运行结果如图 5-7 所示。

[array([207.70767064, 209.0239538, 212.78967429, 77414.]), array([89.94449018, 71.92038104, 53.14218511, 8489.]), array([161.88451296, 145.55592151, 126.68325158, 14269.])]

图 5-7　颜色聚合向量结果

5.1.5　颜色相关图

颜色相关图是图像颜色分布的另一种表达方式，这种特征不但刻画了某一种颜色的像素数量占整个图像的比例，还反映了不同颜色之间的空间相关性。颜色相关图比颜色直方图和颜色聚合向量具有更高的检索效率，特别是查询空间关系一致的图像时。传统的颜色直方图只刻画了某一种颜色的像素数目占像素总数目的比例，只是一种全局的统计关系；而颜色相关图则表达了颜色随距离变化的空间关系，也就是颜色相关图不仅包含图像颜色统计信息，还包括颜色之间的空间关系。

定义一个图像 I，它是由像素点 p 组成的。每一个像素点 p 都有一个特定的灰度级别，设 g_1，g_2，…，g_n 为图像 I 的所有可能的灰度级别。对于任意一个像素点 p，其灰度级别用 $I(p)$ 来表示，再引入一个集合 I_g，该集合包含所有灰度级别为 g 的像素点。灰度直方图的具体数学表达式通常表示为像素数量与灰度级别的函数关系。对于灰度级别为 g 的直方图，其数学表达式可以简写为：

$$h_{g_i}(I)=\sum_{p\in I} p\in I_{g_i} \tag{5-6}$$

其中，$h_{g_i}(I)$ 表示灰度级别为 g_i 的直方图值，即图像 I 中灰度级别为 g_i 的像素点数量。

直方图算法虽然统计了像素点的灰度分布，但它是对整幅图像的宏观统计，忽略了像素的空间分布信息。二阶统计方法颜色自相关图填补了颜色直方图空间信息的空白，公式如下：

$$C_g^{(d)}(I)=r_{g,g}^d(I) \tag{5-7}$$

式中，$C_g^{(d)}(I)$ 表示图像 I 中，颜色 g 在距离 d 上的自相关值；$r_{g,g}^d(I)$ 是一个统计量，表示在图像 I 中，颜色 g 与其在距离 d 上的颜色 g（即自身）的相关性。它在颜色直方图的基础上统计了图像中与某一像素点距离为 d 并与该像素点灰度级别相同（都具有灰度级别 g）的像素点的个数。

颜色相关图在颜色自相关图的基础上加入颜色渐变的信息，统计了像素在一定距离内的颜色变化程度。设 d 为距离集合 $\{d_0$，d_1，…，$d_n\}$，颜色相关图描述了距离为 d 的灰度对（g_i，g_j）。公式如下：

$$R_{g_i,g_j}^{(d)}(I)=\Pr_{p_i\in I_{g_i},p_j\in I}[p_j\in I_{g_j} \mid |p_i-p_j|=d] \tag{5-8}$$

颜色相关图的 Python 程序如下：

```
import cv2
import numpy as np
import matplotlib.pyplot as plt
```

```
# 读取图片
image = cv2.imread(r'D:/78/image.jpg ')
# 将图片从 BGR 转换为 RGB 格式
image_rgb = cv2.cvtColor(image, cv2.COLOR_BGR2RGB)
# 计算颜色相关图
# 首先,需要计算每个颜色通道的平均值
mean_r = np.mean(image_rgb[:, :, 0])
mean_g = np.mean(image_rgb[:, :, 1])
mean_b = np.mean(image_rgb[:, :, 2])

# 然后,计算每个颜色通道的协方差矩阵
# 由于只有三个通道,可以手动计算相关图
cov_rg = np.mean((image_rgb[:, :, 0] - mean_r) * (image_rgb[:, :, 1] - mean_g))
cov_rb = np.mean((image_rgb[:, :, 0] - mean_r) * (image_rgb[:, :, 2] - mean_b))
cov_gb = np.mean((image_rgb[:, :, 1] - mean_g) * (image_rgb[:, :, 2] - mean_b))

# 创建相关图矩阵
correlation_matrix = np.array([[1, cov_rg, cov_rb],
                               [cov_rg, 1, cov_gb],
                               [cov_rb, cov_gb, 1]])


# 显示图片
plt.figure(figsize=(12, 6))

# 第一行显示图片
plt.subplot(1, 2, 1)
plt.imshow(image_rgb)
plt.title('Original Image')
plt.axis('off')

# 第二行显示相关图
plt.subplot(1, 2, 2)
plt.imshow(correlation_matrix, cmap='bwr', vmin=-1, vmax=1)
plt.colorbar()
plt.title('Color Correlation Matrix')
plt.xticks([0, 1, 2], ['R', 'G', 'B'])
plt.yticks([0, 1, 2], ['R', 'G', 'B'])

# 显示图表
plt.tight_layout()
plt.show()
```

程序运行结果如图 5-8 所示。

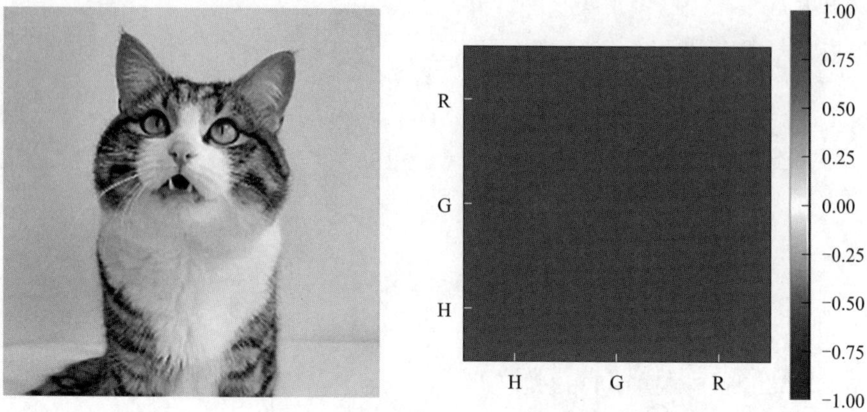

图 5-8 原图和相关图（见文后彩图）

5.2 图像纹理特征提取

5.2.1 图像的纹理

纹理是一种反映图像中同质现象的视觉特征，体现物体表面具有缓慢变化或周期性变化的组织结构排列属性，自然纹理如图 5-9(a) 所示，规则纹理如图 5-9(b) 所示，随机纹理如图 5-9(c) 所示。纹理特征具有三大标志：某种局部序列性不断重复、非随机排列、纹理区域内大致为均匀的统一体。纹理不同于灰度、颜色等图像特征，它通过像素及其周围空间邻域的灰度分布来表现，纹理具有局部性，当局部纹理重复出现时就是全局纹理信息。

(a) 自然纹理图 (b) 规则纹理图 (c) 随机纹理图

图 5-9 纹理图

5.2.2 纹理特征描述方法

纹理特征描述方法可以分为以下几类：

（1）统计方法

统计方法是通过研究图像中像素和它们周围的灰度信息，来了解图像纹理的特点。这些特点可以是像素的灰度值（这是一阶统计特性），也可以是像素和周围像素灰度值之间的关系（这是二阶或高阶统计特性）。

其中，灰度共生矩阵（GLCM）就是一种很典型的统计方法，它主要是看图像中两个像素在特定距离和方向上的灰度值组合出现的概率。想象一下，如果我们在图像上画一个小格子，然后看这个小格子里的像素和它旁边某个位置的像素的灰度值，GLCM 就是统计这些灰度值组合出现的次数或概率。GLCM 有四个很重要的特征：能量、惯量、熵和相关性。这四个特征可以帮助更好地理解和描述图像的纹理。比如，能量可以说明纹理的粗细，熵可以说明纹理的复杂程度。但是，GLCM 也有一个缺点，那就是计算起来很复杂，特别是如果要对图像中的每一个像素都进行分类的话，计算速度就更慢了。所以，虽然 GLCM 能很好地描述纹理，但在实际应用中，可能要考虑其他更快的方法，或者对图像进行一些处理，让计算变得更简单。

（2）几何法

几何法构建于纹理基元理论之上，该理论指出复杂纹理可由基本的纹理元素依据特定规律重复排列构成，基本的纹理元素即纹理基元。这些纹理基元形式多样，如线条、斑点、小块等，它们的特定组合形成了复杂纹理。在几何法中，主要通过剖析纹理基元的形状、大小以及排列方式等特征来提取关键纹理信息。其中，Voronio 棋盘格特征法颇具影响力，此方法将图像划分为众多小棋盘格，借助统计每个棋盘格内的纹理基元特征，实现对整幅图像纹理的描述。不过，几何法在应用与发展中存在局限。一方面，其仅适用于具有显著纹理基元且排列规则的纹理图像，面对复杂或不规则的纹理图像，效果欠佳；另一方面，因需处理大量纹理基元信息及排列组合情况，导致计算复杂度高，实际应用效率低。

（3）模型法

模型法是一种假设纹理是由某种参数控制的分布模型形成的分析方法。简单来说，就是认为纹理图像背后隐藏着一个数学模型，这个模型可以用一些参数来描述。随机场模型方法是一种常用的模型法，它试图用概率模型来描述纹理的随机过程，就像是在掷骰子一样，每次掷出的结果都是随机的，但背后却有一个固定的概率分布。随机场模型方法就是对这个概率分布进行统计运算，估计出纹理模型的参数。然后，它会对这些参数进行聚类，形成和纹理类型数一致的模型参数。最后，根据这些参数，可以对图像中的每个像素进行最大后验概率估计，确定它最可能属于的纹理。随机场模型方法的优点在于它能够同时考虑纹理的局部随机性和整体规律性，非常灵活；它的缺点在于模型系数的求解比较困难，计算量也很大。另一种模型法是分形模型方法。分形是一个很有趣的概念，它描述的是自然界中那些看似无规则却又自相似的现象。在图像处理中，可以用分形维数来描述图像区域的纹理特征。分形维数就像是一个度量工具，它能够把图像的空间信息和灰度信息有机地结合起来。分形模型方法的优点在于它能够捕捉到自然界的自相似性，生成具有无限细节的图形，而且计算相对高效。但是，它的缺点在于迭代过程会消耗大量的计算资源，适用性也受到一定限制，而且需要较复杂的理论专业知识。

（4）信号处理法

信号处理法是建立在时域、频域分析，以及多尺度分析的基础上，对纹理图像某个区域内实行某种变换后，再提取出能够保持相对平稳的特征值，并以该特征值作为特征，表示区域内的一致性以及区域之间的相异性。信号处理法主要是利用某种线性变换、滤波器或者滤波器组将纹理转换到变换域，然后应用某种能量准则提取纹理特征。因此，信号处理法也称为滤波方法。信号处理法的经典算法有灰度共生矩阵、Tamura 纹理特征、自回归纹理模型、小波变换等，可以对纹理进行多分辨表示，能在更精细的尺度上分析纹理，能够空间/频域结合分析纹理特征，但是计算量也较大。

（5）结构分析法

结构分析法将纹理视为由“纹理基元”按照特定规则和数量组合而成，且这些纹理基元间的关系具有显著规律性，类似拼图中各板块有特定位置与形状。该方法聚焦于找出纹理基元，并探究它们的排列规则，对规律性极强的人造纹理，如瓷砖图案、织物纹理等的分析极为适用。但对于树叶、石头等自然纹理，因其通常不规则且无明显重复单元，结构分析法便会遭遇难题。结构分析法涵盖句法纹理描述算法、数学形态学方法等典型算法，这些算法能从不同尺度分析纹理，具备一定的抗噪声和干扰能力，有一定的鲁棒性。然而，该方法并非适用于所有纹理，存在计算量大、算法对参数敏感、需大量实验优化参数等问题。

几何法与结构分析法看似相似，实则差异明显。理论上，几何法侧重纹理基元自身特征，像形状、大小等；结构分析法关注纹理基元间的规律性组合关系。在适用纹理类型上，几何法适合有明显规则纹理基元的图像；结构分析法擅长处理规律性强的人造纹理，对自然纹理适应性差。算法特性方面，几何法以 Voronio 棋盘格特征法为代表，计算复杂；结构分析法的算法虽有一定抗干扰能力，但计算量大且对参数敏感，需大量实验调参。

5.2.3 Laws 纹理能量测量法

Laws 纹理能量测量法是一组用于纹理分析的特征提取方法，由 Michael Laws 在 19 世纪 80 年代提出，基于一组纹理滤波器设计捕捉图像中的纹理信息。Laws 纹理能量测量法主要包括两部分：Laws 纹理滤波器和能量测量。

① Laws 纹理滤波器。Laws 纹理滤波器是一组 5×5 的线性滤波器，设计响应特定的纹理方向和频率。这些滤波器包括以下几种：

a. L5：水平方向；

b. E5：垂直方向；

c. S45：45°方向；

d. S135：135°方向；

e. W5：对角线方向。

每个滤波器都对图像进行卷积操作，以提取特定方向上的纹理信息。

② 能量测量。能量测量是通过计算滤波器响应的平方和来进行的。对于每个滤波器，计算其响应图像的每个像素的平方值，并将这些值求和，得到一个单一的数值，这个数值代表了该方向上的纹理能量。

Laws 纹理能量测量法的步骤通常如下：

① 将 Laws 纹理滤波器应用到输入图像上，得到多个滤波器响应图像。

② 计算每个响应图像的平方和，得到纹理能量。

可以进一步计算纹理能量的比率或其他组合特征，以提供更全面的纹理描述。

Laws 纹理能量测量法的优点是能够捕捉到不同方向和频率的纹理信息，并且计算相对简单。这些特征可以用于图像分类、纹理识别和其他计算机视觉任务。然而，Laws 纹理能量测量法也有一些局限性，例如它依赖于滤波器的大小和形状，这可能不适用于所有类型的纹理。此外，对于具有复杂纹理结构的图像，可能需要更多的滤波器和特征来充分描述纹理。在实际应用中，Laws 纹理能量测量法可以与其他纹理特征提取方法结合使用，以提高纹理分析的准确性和鲁棒性。

Laws 纹理能量测量法的 Python 程序代码如下：

```
import cv2
import numpy as np
# 定义 Laws 纹理滤波器
```

```
laws_filters ={
    'L5': np.array([[1, 4, 6, 4, 1],
                    [4, 16, 24, 16, 4],
                    [6, 24, 36, 24, 6],
                    [4, 16, 24, 16, 4],
                    [1, 4, 6, 4, 1]]),
    'E5': np.array([[1, 4, 6, 4, 1],
                    [4, 16, 24, 16, 4],
                    [6, 24, -476, 24, 6],
                    [4, 16, 24, 16, 4],
                    [1, 4, 6, 4, 1]]),
    # ... 其他 Laws 纹理滤波器 ...
}
# 读取图像
image = cv2.imread(r'D:/chapter5.png', cv2.IMREAD_GRAYSCALE)
# 确保图像是灰度图
if image is None:
    print('Could not open or find the image.')
else:
    # 计算 Laws 纹理能量
    texture_energies ={}
    for filter_name, filter_kernel in laws_filters.items():
        # 应用滤波器
        filtered_image =cv2.filter2D(image, -1, filter_kernel)
        # 计算能量
        energy =np.sum(filtered_image** 2)
        texture_energies[filter_name] = energy
        # 显示滤波后的图像
        cv2.imshow(f'Filtered Image {filter_name}', filtered_image)
        cv2.waitKey(0)
    # 显示原始图像
    cv2.imshow('Original Image', image)
    cv2.waitKey(0)
    # 打印纹理能量
    for filter_name, energy in texture_energies.items():
        print(f"{filter_name}: {energy}")
# 关闭所有窗口
cv2.destroyAllWindows()
```

程序运行结果如图 5-10 所示。

5.2.4 Gabor 变换

大量心理学和生理学研究发现，在人类的低级视觉中，输入信号被一系列具有不同频率和方位的线性空间滤波器分解成一组频率和方位通道，Gabor 变换可以很好地描述这一信号分解过程。Gabor 变换具有良好的空间域与频域局部化性质，二维 Gabor 基函数具有与大多数哺乳动物的视觉表皮简单细胞的二维感知域模型相似的性质。Gabor 小波与人类视觉系统

图 5-10 原图及 Laws 纹理能量图

中简单细胞的视觉刺激响应非常相似，它在提取目标的局部空间和频域信息方面具有良好的特性。Gabor 小波对于图像的边缘敏感，具有良好的方向选择和尺度选择特性，而且对于光照变化不敏感，具有对光照变化良好的适应性。上述特点使 Gabor 小波被广泛应用于视觉信息理解。

借鉴人类处理信号的特性，用包含多个 Gabor 滤波器的滤波器组对图像进行不同中心频率和方位的滤波处理，从而提取包含不同频率成分和不同方位的特征，作为目标的非参数化特征，研究其不同分辨率目标的特征与图像分辨率的关系。考虑到计算效率的问题，不可能在 Gabor 滤波器组中包含所有中心频率的滤波器，实际应用中通常根据经验选取某几个中心频率和方位。

Gabor 变换属于加窗傅里叶变换。Gabor 函数可以在频域不同尺度、不同方向上提取相关的特征。另外，Gabor 函数与人眼的生物作用相仿，所以经常用在纹理识别上，并取得了较好的效果。二维 Gabor 函数可以表示为：

$$f(x,y,\sigma_x,\sigma_y,\omega_f,\theta_f)=\frac{1}{2\pi\sigma_x\sigma_y}\exp\left\{-\left[\frac{(x\cos\theta_f+y\sin\theta_f)^2}{2\sigma_x^2}+\frac{(-x\sin\theta_f+y\cos\theta_f)^2}{2\sigma_y^2}\right]\right\}\times \exp[\mathrm{j}2\pi(\omega_f x\cos\theta_f+\omega_f y\sin\theta_f)] \tag{5-9}$$

式中，σ_x、σ_y 分别代表水平和垂直方位的空间尺度因子；ω_f、θ_f 分别表示中心频率及方位。分解该滤波器可以得到余弦 Gabor 滤波器和正弦 Gabor 滤波器。

余弦 Gabor 滤波器表示为：

$$f(x,y,\sigma_x,\sigma_y,\omega_f,\theta_f)=\frac{1}{2\pi\sigma_x\sigma_y}\exp\left\{-\left[\frac{(x\cos\theta_f+y\sin\theta_f)^2}{2\sigma_x^2}+\frac{(-x\sin\theta_f+y\cos\theta_f)^2}{2\sigma_y^2}\right]\right\}\times \cos[2\pi(\omega_f x\cos\theta_f+\omega_f y\sin\theta_f)] \tag{5-10}$$

正弦 Gabor 滤波器表示为：

$$f(x,y,\sigma_x,\sigma_y,\omega_f,\theta_f)=\frac{1}{2\pi\sigma_x\sigma_y}\exp\left\{-\left[\frac{(x\cos\theta_f+y\sin\theta_f)^2}{2\sigma_x^2}+\frac{(-x\sin\theta_f+y\cos\theta_f)^2}{2\sigma_y^2}\right]\right\}\times \sin[2\pi(\omega_f x\cos\theta_f+\omega_f y\sin\theta_f)] \tag{5-11}$$

二维余弦 Gabor 滤波器是较常用的图像特征提取滤波器，通过对余弦 Gabor 滤波器进行傅里叶变换，可得：

$$F(x,y,\sigma_x,\sigma_y,\omega_f,\theta_f)=\frac{1}{2}\exp\{-2\pi^2[\sigma_x^2(\omega_x\cos\theta_f+\omega_y\sin\theta_f+\omega_f)^2+\sigma_y^2(-\omega_x\sin\theta_f+\omega_y\cos\theta_f)^2]\}+$$

$$\frac{1}{2}\exp\{-2\pi^2[\sigma_x^2(\omega_x\cos\theta_f+\omega_y\sin\theta_f-\omega_f)^2+\sigma_y^2(-\omega_x\sin\theta_f+\omega_y\cos\theta_f)^2]\} \quad (5\text{-}12)$$

其中，ω_x 和 ω_y 是频域坐标，分别表示在 x 方向和 y 方向上的频率分量，用于描述图像在频域中的特征分布。

在计算机中对图像应用 Gabor 滤波器分为以下几个过程：

① Gabor 滤波器的离散化。由于图像在计算机中是以离散像素点的形式存储的，因此不能直接使用连续的 Gabor 滤波器函数对图像进行滤波。首先，需要将连续的 Gabor 滤波器函数采样为离散的滤波器矩阵（也称为 Gabor 模板或 Gabor 核）。

② 图像滤波。图像滤波通常是通过卷积运算来实现的。卷积是一种数学运算，即将滤波器矩阵与图像数据中的每个局部区域（与滤波器尺寸相匹配）进行逐元素相乘，然后求和得到输出图像中的一个像素值。当图像和滤波器矩阵的尺寸很大时，卷积运算的计算复杂度会非常高。这是因为每个输出像素都需要进行大量的乘法和加法运算。因此，直接在空间域中进行卷积可能会非常耗时。

③ 频域中的卷积。卷积定理指出，空间域中的卷积等价于频域中的相乘。因此，首先将图像和滤波器矩阵转换到频域［通常通过快速傅里叶变换（FFT)］，然后在频域中进行相乘运算，最后再将结果转换回空间域［通过逆快速傅里叶变换（IFFT)］。这种方法通常被称为快速卷积算法，它可以显著减少计算量，特别是当图像和滤波器尺寸较大时。

Gabor 变换的 Python 实现代码如下：

```
import cv2
import numpy as np
def apply_gabor_filter(image, kernel_size, sigma, theta, lambda_, gamma, psi):
    # 将角度转换为弧度
    theta = np.deg2rad(theta)
    # 计算 Gabor 核的波长和角度
    kernel = cv2.getGaborKernel((kernel_size, kernel_size), sigma, theta, lambda
_, gamma, psi,
ktype=cv2.CV_32F)
    # 应用 Gabor 滤波器
    filtered_image = cv2.filter2D(image, cv2.CV_8UC3, kernel)
    return filtered_image
# 读取图像
image = cv2.imread(r'D:/chapter5.png', cv2.IMREAD_COLOR)
if image is None:
    print('Could not open or find the image.')
    exit()
# 定义 Gabor 滤波器的参数
kernel_size = 21
sigma = 5.0
theta = 0  # 角度,0 度表示水平方向
lambda_ = 10.0
gamma = 0.5
psi = 0  # 相位偏移,0 表示无偏移
# 应用 Gabor 滤波器
filtered_image = apply_gabor_filter(image, kernel_size, sigma, theta, lambda_,
gamma, psi)
```

```
# 显示原始图像和滤波后的图像
cv2.imshow('Original Image', image)
cv2.imshow('Gabor Filtered Image', filtered_image)
cv2.waitKey(0)
cv2.destroyAllWindows()
```

程序运行结果如图 5-11 所示。

图 5-11　原图及 Gabor 滤波结果图

5.2.5　局部二值模式

（1）传统局部二值模式

LBP（local binary pattern，局部二值模式）是一种用来描述图像局部纹理特征的算子，具有旋转不变性和灰度不变性等显著优点。其由 T. Ojala、M. Pietikäinen 和 D. Harwood 在 1994 年提出，由于 LBP 特征计算简单，表征能力强，在机器视觉中得到了广泛的应用，如人脸识别、指纹识别、光学字符识别以及车牌识别等。

局部二值模式的基本思想是将中心像素点的灰度值作为阈值，将其邻域内的像素点灰度值与阈值进行比较，从而得到二进制编码用以表述局部纹理特征。原始的 LBP 算子使用 3×3 的窗口，以窗口中心像素为阈值，将相邻的 8 个像素的灰度值与其进行比较，若周围像素值大于中心像素值，则该像素点的位置被标记为 1，否则为 0。从左上角开始遍历组成二进制数，如图 5-12 所示，可以产生 8 位二进制数，将其转化为十进制数便得到了 LBP 编码（256 种）。LBP 表示方法不易受图像整体灰度线性变化的影响，当图像的灰度值发生线

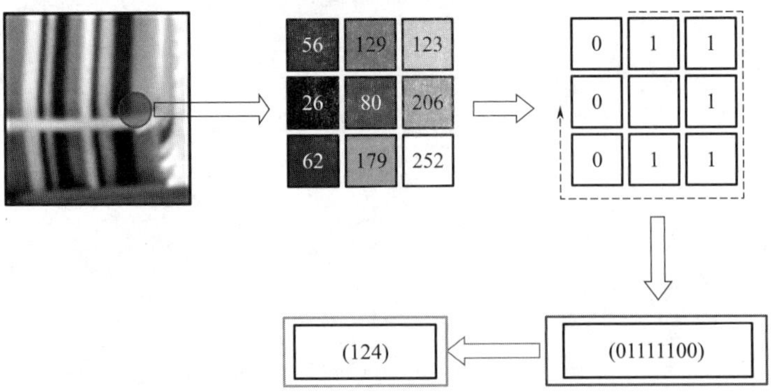

图 5-12　原始的 LBP 转化过程

性均匀变化时，其 LBP 编码是不变的。

基于传统的局部二值模式的 Python 代码如下：

```
import cv2
import numpy as np
def origin_LBP(img):
    dst = np.zeros(img.shape,dtype=img.dtype)
    h,w=img.shape
    start_index=1
    for i in range(start_index,h-1):
        for j in range(start_index,w-1):
            center = img[i][j]
            code = 0
#  顺时针,左上角开始的 8 个像素点与中心点比较,大于等于中心点的为 1,小于的为 0
                code |=(img[i-1][j-1] >=center) << (np.uint8)(7)
                code |=(img[i-1][j  ] >=center) <<(np.uint8)(6)
                code |=(img[i-1][j+ 1] >=center) <<(np.uint8)(5)
                code |=(img[i  ][j+ 1] >=center) <<(np.uint8)(4)
                code |=(img[i+ 1][j+ 1] >=center) << (np.uint8)(3)
                code |=(img[i+ 1][j  ] >=center) <<(np.uint8)(2)
                code |=(img[i+ 1][j-1] >=center) <<(np.uint8)(1)
                code |=(img[i  ][j-1] >=center) <<(np.uint8)(0)
                dst[i-start_index][j-start_index]=code
    return dst
#  读入灰度图
gray = cv2.imread('D:/chapter5.png', cv2.IMREAD_GRAYSCALE)
#  LBP 处理
org_lbp = origin_LBP(gray)
cv2.imshow('img', gray)
cv2.imshow('org_lbp', org_lbp)
#  若针对视频取图片,delay= k 时表示下一帧在 k ms 后选取
cv2.waitKey(0)
```

程序的运行结果如图 5-13 所示。

图 5-13　局部二值化结果

（2）圆形局部二值模式（circular LBP）

基本的局部二值模式算子的最大缺陷在于只覆盖了一个固定半径范围内的小区域，这显然不能满足不同尺寸和频率纹理的需要。为了适应不同尺度的纹理特征，并达到灰度和旋转不变性的要求，Ojala 等对局部二值模式算子进行了改进，将 3×3 邻域扩展到任意邻域，并用圆形邻域代替了正方形邻域。改进后的局部二值模式算子允许在半径为 R 的圆形邻域内有任意多个像素点，从而得到了含有 P 个采样点的局部二值模式算子，如图 5-14 所示。

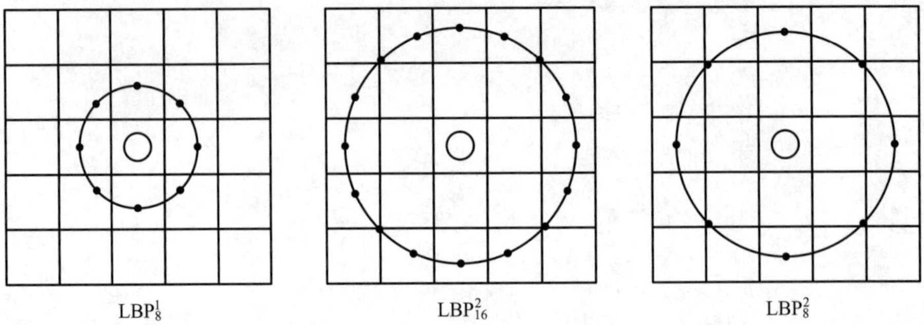

图 5-14　圆形局部二值模式

圆形局部二值模式特征提取及显示的 Python 代码如下：

```
import cv2
import numpy as np
import math
def bilinear_interpolation(x, y, img):
    """ 双线性插值函数,用于计算非整数坐标点的像素值 """
    x1, y1 = int(math.floor(x)), int(math.floor(y))
    x2, y2 = min(x1 + 1, img.shape[1] - 1), min(y1 + 1, img.shape[0] - 1)
    Q11 = img[y1, x1]
    Q21 = img[y1, x2]
    Q12 = img[y2, x1]
    Q22 = img[y2, x2]
    fx = x - x1
    fy = y - y1
    return (1 - fx) * (1 - fy) * Q11 + fx * (1 - fy) * Q21 + (1 - fx) * fy * Q12 + fx * fy *
Q22
def circular_lbp(img, radius, points):
    """ 计算圆形局部二值模式特征 """
    height, width = img.shape
    lbp_img = np.zeros((height, width), dtype=np.uint8)
    for y in range(radius, height - radius):
        for x in range(radius, width - radius):
            center = img[y, x]
            lbp_value = 0
            for p in range(points):
                # 计算采样点的坐标
                theta = 2 * math.pi * p / points
```

```
            dx, dy = radius * math.cos(theta), -radius * math.sin(theta)
  # 注意:y 轴方向取反,因为图像坐标y 向下为正
            sx, sy = x + dx, y + dy
            # 使用双线性插值计算采样点的像素值
            sample_value = bilinear_interpolation(sx, sy, img)
            # 比较采样点与中心点的像素值,进行二进制编码
            if sample_value >=center:
                lbp_value |=(1 < < p)
        lbp_img[y, x] = lbp_value
    return lbp_img
# 读取图像(灰度)
img = cv2.imread('D:/chapter5.png', cv2.IMREAD_GRAYSCALE)
# 设置圆形 LBP 的参数
radius = 1  # 半径
points = 8  # 采样点数量
# 计算圆形 LBP 特征
lbp_img = circular_lbp(img, radius, points)
# 显示原始图像和 LBP 图像
cv2.imshow('Original Image', img)
cv2.imshow('LBP Image', lbp_img)
cv2.waitKey(0)
cv2.destroyAllWindows()
# 如果需要保存 LBP 图像,可以使用以下代码
# cv2.imwrite('lbp_image.jpg', lbp_img)
```

程序的运行结果如图 5-15 所示。

图 5-15　圆形局部二值化结果

5.3　图像形状特征提取

形状特征是图像中另外一类重要特征。不同于颜色、纹理等底层特征，对形状特征的描述必须以对图像中的物体或区域对象的分割为前提。形状特征可以分为两大类：轮廓特征和

区域特征。轮廓特征主要关注物体的外边界，如周长、凹凸性等；而区域特征则关注形状所属的整个区域，如面积、紧凑度、形状指数等。

5.3.1 简单形状特征

（1）轮廓特征及其度量

① 周长是形状边界的总长度。通常通过遍历边界像素并累加相邻像素间的距离得到。对于离散图像，可以使用边界跟踪算法来近似计算。

② 凹凸性指形状边界的凹凸程度。可通过计算形状边界上各点到其最小外接圆或椭圆的距离变化来度量，或者使用曲率分析，计算边界上各点的曲率值，正值表示凸出，负值表示凹入。

③ 边界方向直方图是描述边界像素点梯度方向分布的直方图。首先计算边界像素点的梯度方向，然后将方向量化到直方图的各个区间（bin）中，统计每个区间（bin）的像素点数量。

（2）区域特征及其度量

① 面积是形状所占平面的大小，度量单位为平方单位（如 m^2）。对于规则形状，如矩形，面积 A＝长×宽；对于不规则形状，可通过积分或分割成小块后求和计算。

② 紧凑度是形状紧凑程度的度量，反映了形状与其外接圆（或外接矩形）的相似度，即：

$$C=\frac{4\pi A}{P^2} \tag{5-13}$$

其中，A 为面积；P 为周长。紧凑度值越接近 1，形状越紧凑。

③ 在已知物体的边界时，用其外接矩形的尺寸来刻画它的基本形状是最简单的方法。如果仅计算其在坐标系方向上的外接矩形是很简单的，只需计算物体边界点的最大和最小坐标值，就可得到物体的水平和垂直跨度。但通常需要计算反映物体形状特征的主轴方向上的长度和与之垂直方向上的宽度，这样的外接矩形是物体最小的外接矩形（MER，minimum enclosing rectangle）。

计算 MER 可以将物体在 90°范围内等间隔地旋转，每次记录其坐标系方向上的外接矩形参数，取面积最小的矩形，参数为主轴意义下的长度和宽度。通常主轴可以通过矩（moments）的计算得到，也可以用求物体的最佳拟合直线的方法求出。

矩形度反映物体对其外接矩形的充满程度，用物体的面积与其最小外接矩形的面积之比描述，即：

$$R=\frac{A_O}{A_{MER}} \tag{5-14}$$

式中，A_O 是该物体的面积；A_{MER} 是其最小外接矩形的面积。当物体为矩形时，R 取得最大值 1.0；圆形物体的 R 取值为$\frac{\pi}{4}$。矩形度值越接近 1，形状越接近矩形。细长的、弯曲的物体的 R 取值较小。

④ 与矩形度相关的辅助特征为长宽比：

$$r=\frac{W_{MER}}{L_{MER}} \tag{5-15}$$

式中，W_{MER} 表示物体最小外接矩形的宽度；L_{MER} 表示最小外接矩形的长度。利用长宽比可以将细长的物体与圆形或方形的物体区分开。

⑤ 球状性（sphericity）既可以描述二维目标，也可以描述三维目标，如图 5-16 所示，其定义为：

$$S=\frac{r_{\mathrm{i}}}{r_{\mathrm{c}}} \tag{5-16}$$

描述二维目标时，r_{i} 表示目标区域内切圆的半径，r_{c} 表示目标区域外接圆的半径，两个圆的圆心都在区域的重心上。

可知 S 的取值范围为 $0<S<1$。当目标区域为圆形时，目标的球状性值 S 达到最大值 1；当目标区域为其他形状时，$S<1$。显然，S 不受区域平移、旋转和尺度变化的影响。

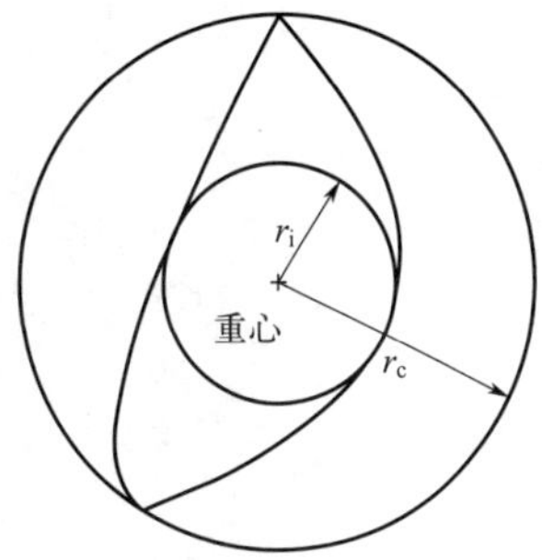

图 5-16　球状性

针对灰度图像，区域重心可以定义为：

$$\bar{x}=\frac{\sum_{j=0}^{N-1}\sum_{i=0}^{M-1}x_i I(x_i,y_i)}{\sum_{i=0}^{M-1}\sum_{j=0}^{N-1}I(x_i,y_i)},\bar{y}=\frac{\sum_{j=0}^{N-1}\sum_{i=0}^{M-1}y_i I(x_i,y_i)}{\sum_{i=0}^{M-1}\sum_{j=0}^{N-1}I(x_i,y_i)} \tag{5-17}$$

其中，(x_i,y_i) 为图像边界点坐标；$I(x_i,y_i)$ 为灰度值；图像大小为 $M\times N$。分母是图像区域内所有像素灰度值的总和，分子分别是所有像素在 X 方向和 Y 方向上的坐标与其灰度值的加权和。式(5-17) 用于计算灰度图像中某个特定区域（如物体、分割区域等）的重心位置，可以用于图像分析、目标跟踪等应用。

计算图像中检测到的轮廓的矩形度的 Python 代码如下：

```
import cv2
import numpy as np
def calculate_rectangularity(contour):
    # 计算轮廓的边界框
    x, y, w, h = cv2.boundingRect(contour)
    # 计算边界框面积
    bounding_box_area = w * h
    # 计算轮廓面积
    contour_area = cv2.contourArea(contour)
    # 检查轮廓面积是否小于边界框面积(理论上应该是小于的)
    if contour_area > bounding_box_area:
        print("Warning:Contour area is larger than bounding box area, which is theoretically impossible.")
        return 0  # 或者可以返回一个特殊的值或抛出异常
    # 计算矩形度
    rectangularity = contour_area / bounding_box_area
    return rectangularity
def main():
    # 读取图像
    image_path = 'D:/chapter5.png' # 替换为用户的图像路径
    image = cv2.imread(image_path)
    if image is None:
```

```
        print("Error: Image not found or unable to read. ")
        return

        # 转换为灰度图
    gray = cv2.cvtColor(image, cv2.COLOR_BGR2GRAY)
    # 应用阈值化,这里以固定阈值为例
    _, thresh = cv2.threshold(gray, 127, 255, cv2.THRESH_BINARY)
    # 查找轮廓
    contours, _ = cv2.findContours(thresh, cv2.RETR_EXTERNAL, cv2.CHAIN_APPROX_SIMPLE)
    # 遍历轮廓
    for contour in contours:
        # 计算并打印矩形度
        rect_degree = calculate_rectangularity(contour)
        print(f"Rectangularity: {rect_degree:.2f}")
if __name__ =='__main__':
    main()
```

```
Rectangularity: 0.40
Rectangularity: 0.00
Rectangularity: 0.00
Rectangularity: 0.00
Rectangularity: 0.00
Rectangularity: 0.00
Rectangularity: 0.00
Rectangularity: 0.24
Rectangularity: 0.00
Rectangularity: 0.00
Rectangularity: 0.38
Rectangularity: 0.00
Rectangularity: 0.95
```

图 5-17 矩形度

输出结果如图 5-17 所示。

5.3.2 傅里叶描述符

（1）傅里叶描述符的概念

傅里叶描述符是用于单封闭曲线形状特征描述的常用工具。傅里叶描述符将待描述目标曲线看作一维数值序列，使用傅里叶变换对该序列进行转换，得到描述该曲线的一系列傅里叶系数。傅里叶描述符具有计算简单、描述清晰等优点。相较于其他复杂的描述方法，傅里叶描述符更加直观，易于理解。

（2）傅里叶描述符的基本原理

将单封闭曲线的边界看作一个在复平面上随时间（或沿曲线长度）变化的向量函数，这个向量函数的实部和虚部分别对应于曲线上的点在二维坐标系中的 x 和 y 坐标，对参数化后的边界曲线进行傅里叶变换。由于曲线是封闭的，其对应的复数序列也是周期性的，因此，可以使用离散傅里叶变换（DFT）来处理这个序列。傅里叶变换将边界曲线的复数序列转换为一个频域表示，即一系列傅里叶系数。从傅里叶变换得到的众多系数中选择一部分作为傅里叶描述符。通常，低频系数描述了边界曲线的整体形状特征，如大小、方向和基本形状；而高频系数则反映了曲线的细节和局部特征。一般来说，只采用对应低频信息的傅里叶系数来近似描述物体的边界形状就可以了。

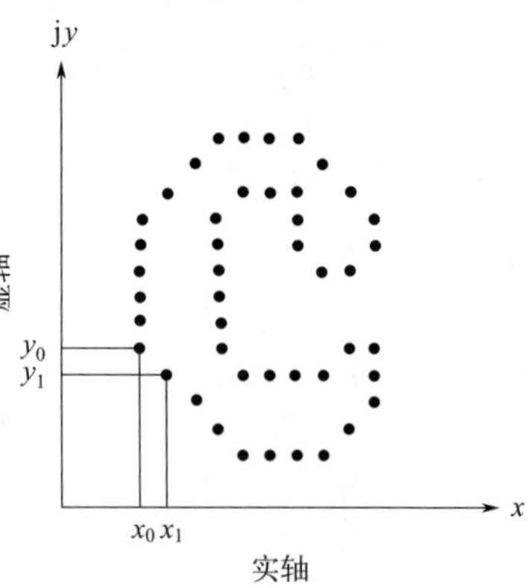

图 5-18 一条数字边界及其副序列表示

如图 5-18 显示了 xy 平面内的一条数字边界。从任意点（x_0，y_0）开始，以逆时针方向在该边界上行进时，会遇到坐标对（x_0，y_0），（x_1，y_1），（x_2，y_2），…，

(x_{k-1}, y_{k-1})。每个坐标对可当作一个复数来处理，即

$$s(k)=x(k)+\mathrm{j}y(k) \tag{5-18}$$

其中，$k=0, 1, 2, \cdots, K-1$，K 表示 xy 平面内数字边界上点的总数；x 轴为复数序列的实轴；y 轴为复数序列的虚轴。

$s(k)$ 的离散傅里叶变换（DFT）为：

$$S(w)=\frac{1}{N}\sum_{k=0}^{N-1}s(k)\exp\left(-\mathrm{j}\,\frac{2\pi wk}{N}\right) \tag{5-19}$$

式中，$s(k)$ 是离散信号，其中 k 取值为 0 到 $N-1$，共 N 个点；$S(w)$ 是 $s(k)$ 的离散傅里叶变换，其中 w 是频率变量，通常也取值为 0 到 $N-1$。

使用 OpenCV 进行图像处理和轮廓提取，然后计算傅里叶描述符并进行逆变换以重建轮廓，Python 程序代码如下：

```
import cv2
import numpy as np
def calculate_fourier_descriptor(contour, num_coefficients=10):
    # 将轮廓点转换为复数形式
    complex_contour = contour[:, 0, 0] + 1j * contour[:, 0, 1]
    # 获取傅里叶描述符
    complex_contour_fft = np.fft.fft(complex_contour)
    # 保留前 num_coefficients 个系数,其余设为 0
    complex_contour_fft[num_coefficients:] = 0
    # 傅里叶逆变换
    reconstructed_contour = np.fft.ifft(complex_contour_fft)
    # 将结果转换为形式为[-1, 1, 2]的数组
    return np.expand_dims(np.column_stack((np.real(reconstructed_contour),
np.imag(reconstructed_contour))), axis=1)
# 读取图像
image = cv2.imread('D:/chapter5.png', cv2.IMREAD_GRAYSCALE)
if image is None:
    print("Error: Image not found.")
    exit()
# 提取轮廓
contours, hierarchy = cv2.findContours(image, cv2.RETR_EXTERNAL, cv2.CHAIN_AP-
PROX_SIMPLE)
if not contours:
    print("Error: No contours found.")
    exit()
# 选择一个轮廓进行傅里叶描述符计算
chosen_contour = contours[0]
# 计算傅里叶描述符
reconstructed_contour = calculate_fourier_descriptor(chosen_contour)
# 转换为三通道图像以显示彩色
image_color = cv2.cvtColor(image, cv2.COLOR_GRAY2BGR)
# 显示结果
```

```
    cv2.drawContours(image_color, [chosen_contour], -1,(255, 255, 255), 2)  #  白色为原始轮廓
    cv2.drawContours(image_color, [reconstructed_contour.astype(int)], -1,(0, 0, 255), 2)  #  红色为重建轮廓
    cv2.imshow('Original and Reconstructed Contour', image_color)
    cv2.waitKey(0)
    cv2.destroyAllWindows()
```

程序运行结果如图 5-19 所示。

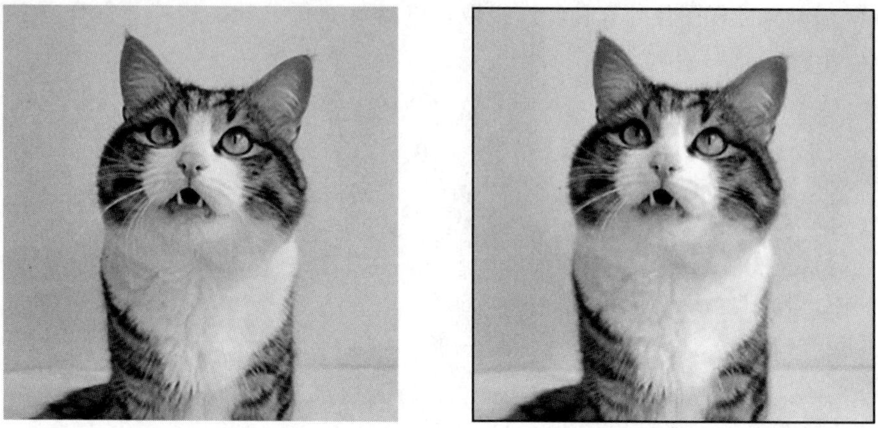

(a) 原图　(b) 输出图

图 5-19　原图及重建轮廓图

5.3.3　形状无关矩

（1）形状无关矩的定义

形状无关矩是基于区域的物体形状表示法，通过计算图像或形状区域的特定数学矩量，得到对平移、旋转和尺度变化不敏感的特征描述符。矩是图像特征描述的一个重要工具，它们通过计算图像区域中像素的坐标和强度的加权和来捕捉图像的形状、大小、方向等特征。矩可以用于计算图像的各种特征，如质心、面积、周长、方向等。通过计算不同阶数的矩，可以捕捉到图像中不同级别的形状细节。例如，低阶矩（如 M_{00}、M_{10}、M_{01}）通常用于计算图像的质心和面积，而高阶矩则可以捕捉到更复杂的形状特征。特别地，零阶矩是物体的面积，即：

$$M_{00}=f(x,y)\mathrm{d}x\mathrm{d}y \tag{5-20}$$

对二维离散函数 $f(x,y)$，零阶矩可表示为：

$$M_{00}=\sum_{x=1}^{N}\sum_{y=1}^{M}f(x,y) \tag{5-21}$$

所有的一阶矩和高阶矩除以 M_{00}，可实现矩的值与物体的大小无关。

（2）质心坐标与中心距

当 $j=1$，$k=0$ 时，M_{10} 对二值图像来讲就是物体上所有点的 x 坐标的总和，类似地，

M_{01} 就是物体上所有点的 y 坐标的总和，所以，$\overline{x}=\frac{M_{10}}{M_{00}}$，$\overline{y}=\frac{M_{01}}{M_{00}}$ 就是二值图像中一个物体的质心坐标。为了获得矩的不变特征，往往采用中心矩以及归一化的中心距。中心距的定义为：

$$M'_{jk}=\sum_{x=1}^{N}\sum_{y=1}^{M}(x-\overline{x})^{j}(y-\overline{y})^{k}f(x,y) \tag{5-22}$$

式中，$(\overline{x}, \overline{y})$ 是物体的质心。中心矩以质心作为原点进行计算，因此它具有位置无关性。

将 x、y 轴分别旋转 θ 角得坐标轴 x' 和 y'，x'、y' 称为该物体的主轴。如果物体在计算矩之前旋转 θ 角，或相对于 x'、y' 轴计算矩，那么计算后得出的矩具有旋转不变性。

（3）不变矩组合

相对于主轴计算并用面积归一化的中心距，在物体放大、平移、旋转时保持不变。只有三阶或更高阶的矩经过这样的归一化后无法保持不变性。对于 $j+k=2, 3, 4, \cdots$ 的高阶矩，可以定义归一化的中心矩为：

$$\mu_{jk}=\frac{M'_{jk}}{(M_{00})^{r}}, r=\frac{j+k}{2}+1 \tag{5-23}$$

利用归一化的中心距，可以获得 6 个不变矩组合，这些组合对于平移、旋转、尺度等变换都是不变的，具体如下：

$$\begin{gathered}
\varphi_1=\mu_{20}+\mu_{02} \\
\varphi_2=(\mu_{20}-\mu_{02})^2+4\mu_{11} \\
\varphi_3=(\mu_{30}-3\mu_{12})^2+(\mu_{03}-3\mu_{21})^2 \\
\varphi_4=(\mu_{30}+\mu_{12})^2+(\mu_{03}+\mu_{21})^2 \\
\varphi_5=(\mu_{30}-3\mu_{12})(\mu_{03}+\mu_{12})[(\mu_{30}+\mu_{12})^2-3(\mu_{03}+\mu_{12})^2]+(\mu_{03}-3\mu_{21}) \\
(\mu_{30}+\mu_{21})[(\mu_{03}+\mu_{21})^2-3(\mu_{30}+\mu_{12})^2] \\
\varphi_6=(\mu_{20}-\mu_{02})[(\mu_{30}+\mu_{12})^2-(\mu_{03}+\mu_{21})^2]+4\mu_{11}(\mu_{30}+\mu_{12})(\mu_{03}+\mu_{21})
\end{gathered} \tag{5-24}$$

使用 OpenCV 库对输入的图像进行处理，首先将彩色图像转换为灰度图像，然后计算图像的矩和不变矩特征，并输出这些特征值，Python 程序代码如下：

```
import cv2
def test(img):
    moments = cv2.moments(img)
    humoments = cv2.HuMoments(moments)
    #  humoments = no.log(np.abs(humoments)) #  同样建议取对数
    print(humoments)
if __name__ =='__main__':
    fp = 'D:/chapter5.png'
    img = cv2.imread(fp)
    img_gray = cv2.cvtColor(img, cv2.COLOR_BGR2GRAY)
    test(img_gray)
```

程序运行结果如图 5-20 所示。

```
[[ 9.04189794e-04]
 [ 1.29698396e-09]
 [ 1.55178097e-12]
 [ 6.03761176e-13]
 [ 6.71048937e-26]
 [ 2.16178753e-17]
 [-5.80538251e-25]]
```

图 5-20　输出结果图

5.4　图像边缘特征提取

5.4.1　梯度边缘检测

（1）图像边缘特征

图像边缘具有方向和幅度两个主要成分。沿边缘方向移动，像素的灰度值变化速率较为平缓。而沿垂直于边缘的方向移动，像素的灰度值变化速率较为剧烈。这种剧烈的变化或者呈阶跃状，或者呈屋顶状，分别称为阶跃状边缘（step edge）和屋顶状边缘（roof edge）。根据边缘的性质，一般用一阶和二阶导数对其进行描述与检测。图像中的边缘可以通过对它们求导数确定，而导数可利用微分算子计算。对于数字图像来说，通常利用差分近似微分。

（2）梯度边缘计算

设 $f(x,y)$ 为连续图像函数，G_x 和 G_y 分别为 x 方向和 y 方向的梯度，在点 (x,y) 处的梯度可以表示为一个矢量，其梯度定义为：

$$\boldsymbol{G}[f(x,y)]=\left[\frac{\partial f(x,y)}{\partial x}\quad\frac{\partial f(x,y)}{\partial y}\right]^{\mathrm{T}} \tag{5-25}$$

其中，$\boldsymbol{G}[f(x,y)]$ 是梯度向量，包含了水平梯度和垂直梯度分量；$\frac{\partial f(x,y)}{\partial x}$是沿着 x 轴方向（水平方向）的梯度分量，它可以通过比较当前像素和它左侧像素的灰度值来计算；$\frac{\partial f(x,y)}{\partial y}$是沿着 y 轴方向（垂直方向）的梯度分量，它可以通过比较当前像素和它上方像素的灰度值来计算。

计算梯度分量的公式如下：

$$\frac{\partial f(x,y)}{\partial x}=f(x,y)-f(x-1,y) \tag{5-26}$$

$$\frac{\partial f(x,y)}{\partial y}=f(x,y)-f(x,y-1) \tag{5-27}$$

在实际应用中，由于图像通常是离散的，所以这些梯度分量通常通过差分来近似：

$$\frac{\partial f}{\partial x}\approx\frac{f(x,y)-f(x-1,y)}{d_x} \tag{5-28}$$

$$\frac{\partial f}{\partial y}\approx\frac{f(x,y)-f(x,y-1)}{d_y} \tag{5-29}$$

式中，d_x 和 d_y 是图像中两个相邻像素之间的水平和垂直距离。

可以使用 OpenCV 库来计算梯度边缘，Python 程序代码如下：

```
import cv2
import numpy as np   #  导入 numpy 库,并给它取一个别名 np
#  读取图像
image_path = 'D:/chapter5.png'
image = cv2.imread(image_path)
#  检查图像是否成功读取
if image is None:
    print(f"Error: Unable to read image at {image_path}")
    exit(1)
#  转换为灰度图像
gray_image = cv2.cvtColor(image, cv2.COLOR_BGR2GRAY)
#  计算梯度
gradient_x = cv2.Sobel(gray_image, cv2.CV_64F, 1, 0, ksize=5)
gradient_y = cv2.Sobel(gray_image, cv2.CV_64F, 0, 1, ksize=5)
#  计算梯度方向和强度
gradient_direction = np.arctan2(gradient_y, gradient_x)
#  现在 np 已经被定义,这里不会出错
gradient_strength = np.sqrt(gradient_x** 2 + gradient_y** 2)
#  显示梯度图像
cv2.imshow('Gradient Image', gradient_strength)
cv2.waitKey(0)
cv2.destroyWindow('Gradient Image')   #  只关闭特定的窗口
```

程序运行结果如图 5-21 所示。

图 5-21　计算梯度边缘图

5.4.2　一阶边缘检测算子

（1）Roberts（罗伯特）算子

Roberts 算子是一种利用局部差分寻找边缘的算子。Roberts 算子的模板分为水平方向和垂直方向，如下式所示，从其模板可以看出，Roberts 算子能较好地增强±45°的图像边缘。

$$\boldsymbol{d}_x=\begin{bmatrix}-1 & 0\\ 0 & 1\end{bmatrix} \tag{5-30}$$

$$\boldsymbol{d}_y=\begin{bmatrix}0 & -1\\ 1 & 0\end{bmatrix} \tag{5-31}$$

例如，图 5-22 给出 Roberts 算子的模板，在像素点 P_5 处 x 和 y 方向上的梯度大小分别计算为：

$$\begin{aligned} g_x&=\frac{\partial f}{\partial x}=P_9-P_5\\ g_y&=\frac{\partial f}{\partial y}=P_8-P_6 \end{aligned} \tag{5-32}$$

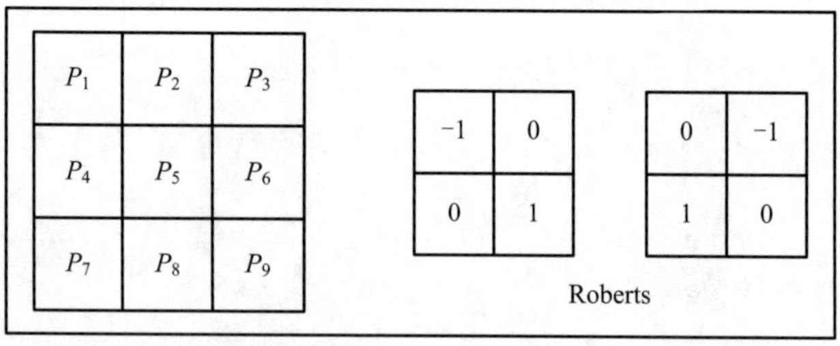

图 5-22　Roberts 算子模板

在灰度图像上应用 Roberts 算子进行边缘检测，计算边缘强度，并将结果映射到输出图像，Python 程序代码如下：

```
import cv2
import numpy as np
def robert(img):
    h, w = img. shape[:2]
    # Roberts 算子的卷积核
    r = np. array([[-1, -1], [1, 1]], dtype=np. float32)
    # 创建一个和原图像同大小的图像用于存储结果
    result_img = np. zeros((h, w), dtype=np. uint8)
    # 遍历图像,应用 Roberts 算子
    for i in range(h - 1):  # 减 1 是因为卷积核是 2×2 的
        for j in range(w - 1):
            # 提取当前 2×2 子区域
            process_img = img[i:i + 2, j:j + 2]
            # 计算卷积(注意这里使用了 numpy 的点乘和求和)
            list_robert = np. sum(r * process_img)
            # 将结果存储到对应位置,取绝对值并确保结果在 0~255 范围内
            result_img[i, j] = np. clip(np. abs(list_robert), 0, 255)
    return result_img
# 读取图像(确保图像路径正确)
img = cv2. imread('D:/chapter5. png', cv2. IMREAD_GRAYSCALE)
if img is None:
    print("Error: Unable to read image. ")
    exit(1)
# 显示原始图像
cv2. imshow('orig_img', img)
# 应用 Roberts 算子
img_robert = robert(img)
# 显示处理后的图像
cv2. imshow('robert', img_robert)
# 等待按键按下,然后关闭所有窗口
cv2. waitKey(0)
cv2. destroyAllWindows()
```

程序运行结果如图 5-23 所示。

(a) 原图　　(b) Roberts算子检测结果图

图 5-23　Roberts 算子检测结果

(2) Sobel 算子

索伯算子（Sobel operator）主要用作边缘检测，当需要确定图片中物体的轮廓位置时，Sobel 算子能够提供有效的帮助，其工作原理是基于图片中各点与其周围点的亮度差异进行分析。具体而言，它并非直接观察亮度值，而是关注亮度的变化，这类似于观察山坡时，关注的是坡度而非山的高度。

Sobel 卷积因子为：

$$\boldsymbol{S}_x=\begin{bmatrix}-1 & 0 & 1\\-2 & 0 & 2\\-1 & 0 & 1\end{bmatrix},\boldsymbol{S}_y=\begin{bmatrix}-1 & -2 & -1\\0 & 0 & 0\\1 & 2 & 1\end{bmatrix}\tag{5-33}$$

该算子包含两个 3×3 的矩阵，一个负责看左右方向的亮度变化，另一个负责看上下方向的亮度变化。在图片上滑动这两个矩阵，并计算当前位置与周围像素的亮度差异，然后将这些差异值相加，得到一个新的数值，该数值即代表了该位置的边缘强度。当对整个图片进行遍历后，可以得到两张新的图片，一张展示了横向的边缘，另一张展示了纵向的边缘。将这两张图片结合，即可呈现出物体的完整轮廓。然而，由于相邻像素点的计算结果往往相似，因此会产生大量的冗余信息。为了减少这些信息，通常会进行额外的处理，如保留最大值、最小值或计算平均值。

使用 OpenCV 库中的 cv.Sobel 函数来计算图像的 Sobel 梯度，并进一步使用 cv.magnitude 函数来计算梯度的幅值。通过显示原始图像、x 方向梯度图像、y 方向梯度图像以及梯度幅值图像，可以更直观地了解图像中像素值的变化情况，Python 程序代码如下：

```
import cv2 as cv
import numpy as np
# 读取图像,0 表示以灰度模式读取
image_path = 'D:/chapter5.png'
image = cv.imread(image_path, 0)
# 检查图像是否成功读取
if image is None:
    print(f"Error: Unable to read image at {image_path}")
    exit(1)
```

```
# 计算 x 方向上的 Sobel 梯度
Sobelx = cv.Sobel(image, cv.CV_64F, 1, 0, ksize=3)
# 注意:这里没有立即转换为 8 位无符号整数
# 计算 y 方向上的 Sobel 梯度
Sobely = cv.Sobel(image, cv.CV_64F, 0, 1, ksize=3)
# 计算梯度的幅值
gradient_magnitude = cv.magnitude(Sobelx, Sobely)
gradient_magnitude = cv.convertScaleAbs(gradient_magnitude)
# 显示原始图像和梯度图像
cv.imshow("Original Image", image)
cv.imshow("Sobel X", cv.convertScaleAbs(Sobelx))  # 这里需要转换以显示
cv.imshow("Sobel Y", cv.convertScaleAbs(Sobely))  # 这里也需要转换以显示
cv.imshow("Gradient Magnitude", gradient_magnitude)
# 等待用户按键,然后关闭所有窗口
cv.waitKey(0)
cv.destroyAllWindows()
```

程序运行结果如图 5-24 所示。

(a) 原图　(b) x 方向梯度图像　(c) y 方向梯度图像　(d) 梯度幅值图像

图 5-24　基于 Sobel 算子的边缘检测输出

5.4.3　二阶边缘检测算子

（1）拉普拉斯算子

利用一阶导数的边缘检测算子进行边缘检测时，有时会出现因检测到的边缘点过多而导致边缘线过粗的情况。通过去除一阶导数中的非局部最大值，就可以检测出更细的边缘，而一阶导数的局部最大值对应二阶导数的零交叉点。所以，通过找图像的二阶导数的零交叉点就能找到精确的边缘点。

对于阶跃状边缘，其二阶导数在边缘点出现过零交叉，即边缘点两旁的二阶导数取异号，据此可以通过二阶导数检测边缘点。Laplacian（拉普拉斯）算子正是对函数进行二阶导数运算的标量算子，定义为：

$$\nabla^2 f = \frac{\partial^2 f}{\partial x^2} + \frac{\partial^2 f}{\partial y^2} \tag{5-34}$$

其二阶差分可以近似表示为：

$$\frac{\partial^2 f}{\partial x^2} = f(x+1, y) + f(x-1, y) - 2f(x, y) \tag{5-35}$$

同理，

$$\frac{\partial^2 f}{\partial y^2}=f(x,y+1)+f(x,y-1)-2f(x,y) \tag{5-36}$$

进一步合并，可得：

$$\frac{\partial^2 f}{\partial x^2}+\frac{\partial^2 f}{\partial y^2}=f(x+1,y)+f(x-1,y)+f(x,y+1)+f(x,y-1)-4f(x,y) \tag{5-37}$$

对应的拉普拉斯运算模板如下：

$$\boldsymbol{H}_1=\begin{bmatrix}0 & -1 & 0\\ -1 & 4 & -1\\ 0 & -1 & 0\end{bmatrix}\quad \boldsymbol{H}_2=\begin{bmatrix}-1 & -1 & -1\\ -1 & 8 & -1\\ -1 & -1 & -1\end{bmatrix} \tag{5-38}$$

拉普拉斯算子模板的基本特征是中心位置的系数为正，其余位置的系数为负，且模板的系数之和为零。拉普拉斯算子模板的特点是各向同性，对孤立点及线段的检测效果好，缺点是会出现边缘方向信息丢失，对噪声敏感，整体检测效果不如梯度算子。

（2）LOG 算子

为了克服拉普拉斯算子对噪声的敏感性，人们提出了 LOG 算子。LOG 算子是在拉普拉斯算子的基础上，先进行高斯滤波，然后再应用拉普拉斯算子进行边缘检测。其中，高斯滤波是一种平滑滤波方法，可以有效地减少图像中的噪声。通过高斯滤波，可以得到一个平滑后的图像，该图像在保留图像主要特征的同时，去除了大部分噪声。二阶高斯滤波公式为：

$$G(x,y)=\frac{1}{2\pi\sigma^2}\exp\left(-\frac{x^2+y^2}{2\sigma^2}\right) \tag{5-39}$$

其中，σ 是高斯滤波的标准差，它决定了滤波的平滑程度。

在平滑后的图像上应用拉普拉斯算子，可以准确地检测出图像中的边缘。因为拉普拉斯算子是二阶导数算子，它能够在边缘处产生极值，从而标识出边缘的位置。

LOG 算子的计算步骤：

① 选择高斯滤波参数，根据图像的噪声水平和边缘检测的需求，选择合适的高斯滤波标准差。

② 应用高斯滤波，使用选定的高斯滤波函数对图像进行卷积运算，得到平滑后的图像。

③ 计算拉普拉斯算子，在平滑后的图像上应用拉普拉斯算子，计算图像的二阶导数。

④ 检测零交叉点，遍历拉普拉斯算子结果图像，查找从正变负或从负变正的零交叉点，这些点通常对应于图像中的边缘。

LOG 算子是在经典算子的基础上发展起来的边缘检测算子，所以它具有边界定位精度高、抗干扰能力强、连续性好等优点。

5.5 图像点特征提取

5.5.1 角点检测

角点通常被定义为两条边的交点，或者说，角点的局部邻域应该具有两个不同区域的不同方向的边界。角点是个很特殊的存在。如果某一点在任意方向的一个微小的变动都会引起灰度很大的变化，那么就可以把该点看作角点。角点检测（corner detection）是计算机视觉系统中获取图像特征的一种方法，广泛应用于运动检测、图像匹配、视频跟踪、三维重建和目标识别等，也可称为特征点检测。

（1）Harris 角点检测

Harris 角点检测是一种在计算机视觉中用来检测图像中的角点的算法。Harris 角点检测器具有旋转不变性，这意味着即使图像旋转，检测到的角点位置也不会改变。它的工作原理是通过计算图像中每个像素的局部梯度，然后使用这些梯度来构造一个称为自相关矩阵 $\boldsymbol{M}$ 的特征。自相关矩阵 $\boldsymbol{M}$ 是根据图像在 x 和 y 方向上的导数 I_x 和 I_y 构造的：

$$\boldsymbol{M}=\sum_{(x,y)}\begin{bmatrix} I_x^2 & I_xI_y \\ I_xI_y & I_y^2 \end{bmatrix} \tag{5-40}$$

其中，求和是在一个小的邻域内进行的。然后，Harris 角点检测器计算一个角点响应函数 R，它是自相关矩阵 $\boldsymbol{M}$ 的特征值的函数：

$$R=\det\boldsymbol{M}-k\times \mathrm{tr}\boldsymbol{M}^2 \tag{5-41}$$

其中，$\det\boldsymbol{M}$ 是矩阵 $\boldsymbol{M}$ 的行列式；$\mathrm{tr}\boldsymbol{M}^2$ 是矩阵 $\boldsymbol{M}^2$ 的迹（即对角线元素之和）；k 是一个经验常数，通常取值较小（例如 0.04～0.06）。

如果 R 的值很大，那么该点就被认为是角点。如果 R 的值很小，那么该点可能是平坦区域。如果 R 的值是负数，那么该点可能是边缘。

Harris 角点检测器在计算机视觉领域中被广泛应用，因为它简单、高效，并且对于图像的旋转和亮度变化具有一定的鲁棒性。然而，它可能不适用于所有类型的角点检测，特别是当角点的非极大值响应不是很明显时，或者当图像中有大量的噪声时。在这种情况下，可能会使用更复杂的角点检测算法，如 Shi-Tomasi 角点检测器，它是 Harris 角点检测器的一个改进版本，通过选择较大的特征值来提高角点的稳定性。

Harris 角点检测器的 Python 程序代码如下：

```
import cv2
import numpy as np
# 加载图像
image = cv2.imread('D:/chapter5.png')  # 替换为用户的图像路径
if image is None:
    print('Could not open or find the image.')
    exit()
# 将图像转换为灰度图
gray = cv2.cvtColor(image, cv2.COLOR_BGR2GRAY)
# 执行 Harris 角点检测
# blockSize 是邻域大小,ksize 是 Sobel 算子的孔径大小,k 是 Harris 参数
blockSize = 2
ksize = 3
k = 0.04
corners = cv2.cornerHarris(gray, blockSize, ksize, k)
# 阈值化角点响应
threshold = 0.01 * corners.max()
corner_threshold = corners > threshold
# 在原图上标记角点
image[corner_threshold] = [0, 0, 255]  # 红色
```

```
# 显示图像
cv2.imshow('Harris Corner Detection', image)
cv2.waitKey(0)
cv2.destroyAllWindows()
```

程序运行结果如图 5-25 所示。

图 5-25　Harris 角点检测结果图（见文后彩图）

（2）Shi-Tomasi 角点检测

Shi-Tomasi 角点检测算法是一种用于计算机视觉和图像处理中的角点检测算法。它是 Harris 角点检测算法的一个改进版本，由 David Shi 和 Michael Tomasi 在 1998 年提出。Shi-Tomasi 算法通过考虑角点响应函数的稳定性来选择角点，这使得它在某些情况下比 Harris 角点检测算法更为可靠。

Shi-Tomasi 算法的主要思想是计算图像中每个像素点的自相关矩阵，并找出其中的最大特征值。这个特征值对应于图像中变化最为显著的点，即角点。为了提高检测的稳定性，Shi-Tomasi 算法使用了一种基于 RANSAC（随机抽样一致性）的角点验证方法，这有助于过滤掉那些由噪声引起的假角点。与 Harris 角点检测算法相比，Shi-Tomasi 算法在选择最大特征值时考虑了角点响应函数的稳定性，这使得它在图像存在噪声或受到旋转、缩放等变换时表现更为稳健。此外，Shi-Tomasi 算法还可以通过设置不同的参数来适应不同的图像和应用场景。

Shi-Tomasi 角点检测的 Python 程序代码如下：

```
import cv2
import numpy as np
# 加载图像
image = cv2.imread('D:/chapter5.png')  # 替换为用户的图像路径
if image is None:
    print('Could not open or find the image.')
    exit()
# 将图像转换为灰度图
gray = cv2.cvtColor(image, cv2.COLOR_BGR2GRAY)
# 执行 Shi-Tomasi 角点检测
corners = cv2.goodFeaturesToTrack(gray, maxCorners=5, qualityLevel=0.01, minDis-
tance=10)
# 提取角点坐标
corners2 = np.int32(corners[0, :, :])
# 在原图上标记角点
for (x, y) in corners2:
    cv2.circle(image,(x, y), 3, (0, 255, 0), -1)
# 显示图像
cv2.imshow('Shi-Tomasi Corner Detection', image)
cv2.waitKey(0)
cv2.destroyAllWindows()
```

图 5-26　Shi-Tomasi 角点检测结果图

程序运行结果如图 5-26 所示。

（3）亚像素级角点检测

亚像素级角点检测是指在图像处理中，以比像素精度更高（亚像素）的分辨率来确定角点的位置。这种检测通常用于需要高精度定位的应用，例如机器人导航、图像拼接、光学测量等。在数字图像中，每个像素点代表了图像中的一个区域，通常这个区域的尺寸是固定的，例如在标准分辨率下，每个像素点代表一个边长为 1/200 英寸的区域。亚像素级角点检测意味着角点的位置被确定在一个像素内部，通常是通过插值来实现的。亚像素级角点检测的常见方法有：

① 双线性插值：这是最简单的亚像素级插值方法。它通过计算像素周围四个邻居的像素值，然后通过线性插值来估计角点位置的像素值。

② 双三次插值：考虑了像素周围八个邻居的像素值，并通过三次插值来估计角点位置的像素值，从而提供更高的精度。

③ 滤波后插值：用矩形滤波器（如 Sobel 滤波器）来检测边缘，然后通过对边缘进行亚像素级插值来估计角点位置。

④ 最小二乘法：通过对角点响应函数（如 Harris 角点响应函数）进行最小二乘拟合，来估计角点位置。

⑤ 迭代方法：使用迭代算法（如 Levenberg-Marquardt 算法）来最小化角点响应函数的误差，从而得到亚像素级的角点位置。

在实际应用中，选择哪种方法取决于所需的角点定位精度、计算资源以及实时性要求。例如，简单的双线性插值在处理速度上更快，但精度较低；而更复杂的双三次插值或迭代方法可以提供更精确的角点位置，但计算成本更高。

亚像素级角点检测的 Python 程序代码如下：

```
import cv2
import numpy as np
# 加载图像
image = cv2.imread('D:/chapter5.png')  # 替换为用户的图像路径
# 转换为灰度图像
gray = cv2.cvtColor(image, cv2.COLOR_BGR2GRAY)
# 使用 Shi-Tomasi 算法检测角点
# 可以调整 maxCorners 和 qualityLevel 参数来获得更好的结果
maxCorners = 100
qualityLevel = 0.01
minDistance = 10
corners = cv2.goodFeaturesToTrack(gray, maxCorners, qualityLevel, minDistance)
# 校正亚像素级角点位置
# 可以调整 winSize 来改变搜索窗口的大小
winSize = (5, 5)
zeroZone =(-1, -1)
criteria = (cv2.TERM_CRITERIA_EPS + cv2.TERM_CRITERIA_MAX_ITER, 40, 0.001)
```

```
corners_subpix = cv2.cornerSubPix(gray, corners, winSize, zeroZone, criteria)
# 绘制检测到的角点
for corner in corners_subpix:
    x, y = corner.ravel()
    cv2.circle(image,(int(x), int(y)), 5, (0, 0, 255), -1)
# 显示图像
cv2.imshow('Corner Detection', image)
cv2.waitKey(0)
cv2.destroyAllWindows()
```

程序运行结果如图 5-27 所示。

图 5-27　亚像素级角点检测图

5.5.2　SIFT 特征点

SIFT（scale-invariant feature transform，尺度不变特征变换）是一种用于图像处理中检测和描述图像局部结构的算法。它由 David Lowe 在 1999 年提出，并在 2004 年进行了详细的描述。SIFT 特征点具有许多优点，包括对图像缩放、旋转和亮度变化的不变性，因此在图像匹配、物体识别和机器人导航等领域得到了广泛应用。

SIFT 算法的主要步骤如下：

① 尺度空间极值检测：在不同的尺度空间中搜索图像的极值点，以检测潜在的特征点，可以通过使用高斯差分（DoG）金字塔来实现。

② 关键点定位：对检测到的潜在特征点进行精确的位置和尺度定位，去除低对比度和位于边缘的点，以增强关键点的稳定性。

③ 方向赋值：基于关键点周围的图像梯度方向，为每个关键点分配一个或多个方向，这有助于实现特征的旋转不变性。

④ 关键点描述：生成关键点的描述符。对于每个关键点，在其周围取一个 16×16 的窗口，并将其分为 16 个 4×4 的小区域。计算每个小区域内的 8 个方向的梯度大小和方向，形成一个 128 维的向量，该向量即为该关键点的 SIFT 描述符。

SIFT 特征点具有以下特性：

① 尺度不变性：能够在不同的尺度下识别相同的特征点。

② 旋转不变性：即使图像发生旋转，也能正确匹配特征点。

③ 亮度不变性：对图像亮度的变化具有一定的鲁棒性。

④ 稳定性：能够抵抗噪声和部分遮挡。

由于 SIFT 的优异性能，它在计算机视觉领域有着广泛的应用，包括图像拼接、3D 建模、物体识别和动作分类等。然而，SIFT 的一个缺点是它的计算复杂度较高，这使得它在一些实时应用中不太适用。随着技术的发展，后来出现了许多 SIFT 的变体和替代品，如 SURF、ORB 和 AKAZE 等，它们在不同程度上提高了计算效率，并保持了良好的特征点检测性能。

SIFT 算法检测的 Python 程序代码如下：

```
import cv2
import numpy as np
img = cv2.imread('D:/chapter5.png')
```

```
gray = cv2.cvtColor(img, cv2.COLOR_BGR2GRAY)
sift = cv2.SIFT_create()
kp = sift.detect(gray, None)
img = cv2.drawKeypoints(gray, kp, img)
# 计算关键点描述符
# 使用函数 sift.detect And Compute() 来计算一些关键点的描述符。例如
kp, des = sift.detectAndCompute(gray,None)
cv2.imwrite('sift_keypoints.jpg', img)
cv2.imshow('sift_keypoints.jpg', img)
cv2.waitKey(0)
```

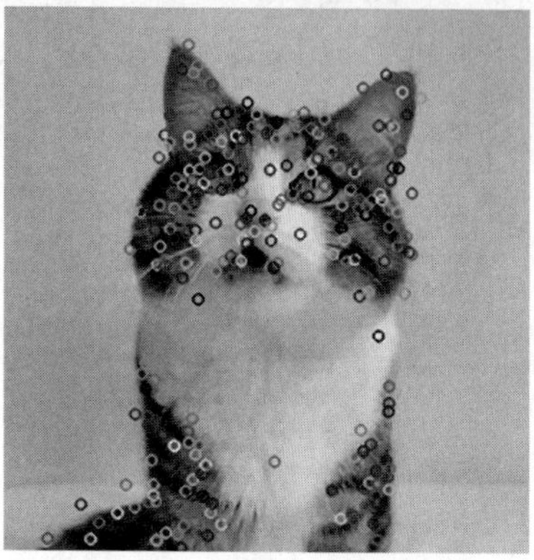

图 5-28　SIFT 算法检测结果

程序运行结果如图 5-28 所示。

5.5.3　SURF 特征点

（1）SURF 简介

SURF（加速鲁棒特征）是一个稳健的图像识别和描述算法，于 2006 年发表在 ECCV（欧洲计算机视觉会议）上，它是对 David Lowe 在 1999 年提出的 SIFT 算法的改进，主要体现在速度上，SURF 是 SIFT 速度的 3 倍。SIFT 在尺度和旋转变换的情况下匹配效果比 SURF 好，而 SURF 在亮度变化下匹配效果比较好，提升了算法的执行效率，为算法在实时计算机视觉系统中应用提供了可能。SURF 算法的基本流程可以分为三大部分：局部特征点的提取、特征点的描述和特征点的匹配。

（2）SURF 描述子形成步骤

① 构造高斯金字塔尺度空间。SURF 算法的核心目标是在图像中准确识别特征点，这些特征点是图像中独特且容易识别的位置，并且这些特征点需具备尺度不变性，即无论物体在图像中的大小如何变化，特征点都能被稳定地检测出来。为了实现这一目标，SURF 算法巧妙地采用了金字塔图像构建策略。它与 SIFT 算法之间有显著的差异，SIFT 采用的是 DoG 图像，而 SURF 采用的是 Hessian 矩阵行列式近似值图像，Hessian 矩阵是 SURF 算法的核心，它是一个描述图像灰度值在各个方向上变化快慢的矩阵。对于图像来说，灰度值变化快的地方往往是边缘或纹理丰富的区域，这些地方更可能是特征点所在。对一个图像 $f(x,y)$，其 Hessian 矩阵如下：

$$\boldsymbol{H}[f(x,y)]=\begin{bmatrix}\dfrac{\partial^2 f}{\partial x^2} & \dfrac{\partial^2 f}{\partial x\partial y}\\ \dfrac{\partial^2 f}{\partial x\partial y} & \dfrac{\partial^2 f}{\partial y^2}\end{bmatrix}\tag{5-42}$$

图像中的每一个像素点都可以求出一个 Hessian 矩阵，但是由于特征点需要具备尺度无关性，所以在进行 Hessian 矩阵构造前，需要对其进行高斯滤波。高斯滤波是一种平滑滤波方法，可以有效地减少图像中的噪声，并且其平滑程度可以通过调整高斯函数的标准差来控制。如果给定图像中的一点 $p(x,y)$，Hessian 矩阵 $\boldsymbol{H}(x,\sigma)$ 在 x 处尺度为 σ 的定义通常涉及计算图像的二阶导数（即拉普拉斯算子）与高斯滤波器的卷积。数学表达式可以大致写为：

$$\boldsymbol{H}(x,\sigma)=\begin{bmatrix}L_{xx}(x,\sigma) & L_{xy}(x,\sigma)\\ L_{xy}(x,\sigma) & L_{yy}(x,\sigma)\end{bmatrix} \tag{5-43}$$

式中，$L_{xx}(x,\sigma)$ 表示图像在点 x 处且尺度为 σ 时的二阶偏导数与高斯滤波器的卷积结果，它反映了图像在水平方向上的局部曲率或边缘强度；混合二阶导数 $L_{xy}(x,\sigma)$ 表示图像在点 x 处先对 x 方向求导再对 y 方向求导（或反之）后与高斯滤波器的卷积结果，反映了图像在水平和垂直方向上的联合变化特性，常用于检测角点或交叉边缘；$L_{yy}(x,\sigma)$ 表示图像在点 x 处沿 y 方向且尺度为 σ 时的二阶偏导数与高斯滤波器的卷积结果，它反映了图像在垂直方向上的局部曲率或边缘强度。

但是直接计算 Hessian 矩阵的行列式会很慢，所以 SURF 算法使用了一种近似的方法来计算。这个方法就是使用盒式滤波器，它是一种简单的滤波器，只考虑像素值在一个小矩形区域内的平均值。通过应用不同尺寸的盒式滤波器，可以在不同尺度上计算 Hessian 矩阵的近似行列式。计算出来的近似行列式值会被用来构建一个变换图像。Hessian 矩阵行列式的近似公式通常表示为：

$$\det\boldsymbol{H}_{\text{approx}}=D_{xx}D_{yy}-(0.9D_{xy})^2 \tag{5-44}$$

其中，$\boldsymbol{H}_{\text{approx}}$ 表示近似矩阵；D_{xx}、D_{yy} 和 D_{xy} 分别是图像在 x 方向、y 方向和 xy 方向上的二阶导数近似值。

然后，在这个变换图像上寻找特征点，通常是通过找到那些局部极大值或极小值的位置来实现的。最后，一旦在变换图像上找到了特征点，就可以根据这些特征点的位置信息，在原图中找到对应的位置。这样，就得到了原图上的特征点位置。

② 利用非极大值抑制初步确定特征点。将经过 Hessian 矩阵处理过的每个像素点与其三维邻域的 26 个点进行大小比较，如果它是这 26 个点中的最大值或者最小值，则保留下来，当作初步的特征点。

③ 精准定位极值点。采用三维线性插值法得到亚像素级的特征点，同时去掉小于一定阈值的点。

④ 选取特征点的主方向。SIFT 选取特征点主方向是在特征点邻域内统计其梯度直方图，取直方图 bin 值最大的以及超过最大 bin 值 80%的那些方向作为特征点的主方向。而在 SURF 中，不统计其梯度直方图，而是统计特征点邻域内的 Harr 小波特征。即在特征点的邻域内统计 60°扇形内所有点的水平 Haar 小波特征和垂直 Haar 小波特征总和，然后扇形以 0.2rad 大小的间隔进行旋转并再次统计该区域内的 Haar 小波特征值，并给这些特征值按照离特征点的远近赋予不同程度的权重，最后将最大值那个扇形作为该特征点的主方向。该过程的示意图如图 5-29 所示。

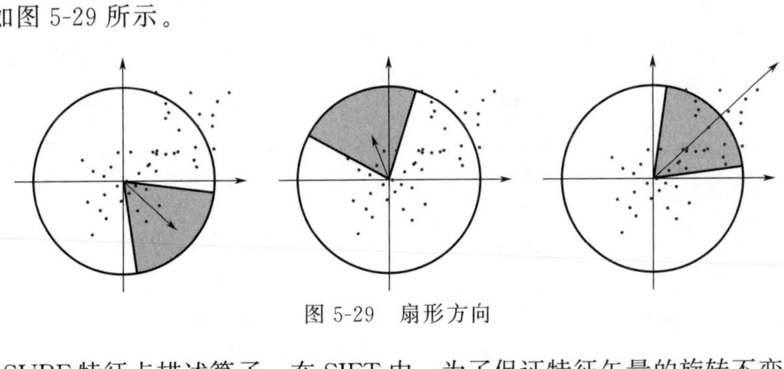

图 5-29　扇形方向

⑤ 构造 SURF 特征点描述算子。在 SIFT 中，为了保证特征矢量的旋转不变性，先以特征点为中心，在附近邻域内将坐标轴旋转 θ（特征点的主方向）角度，然后提取特征点周围 4×4 个区域块，统计每小块内 8 个梯度方向，这样一个关键点就可以产生 128 维的 SIFT 特征向量。

SURF算法中，也是提取特征点周围4×4个矩形区域块，但是所取的矩形区域方向是沿着特征点的主方向，而不是像SIFT算法一样，经过旋转θ角度。每个子区域统计25个像素点水平方向和垂直方向的Haar小波特征，这里的水平和垂直方向都是相对主方向而言的。该Harr小波特征为水平方向值之和、垂直方向值之和、水平方向值绝对值之和以及垂直方向绝对值之和，把这4个值作为每个子块区域的特征向量，所以一共有4×4×4=64维向量作为SURF特征的描述子（描述符），比SIFT特征的描述子减少了一半，在特征匹配过程中会大大加快匹配速度。该过程的示意图如图5-30所示。

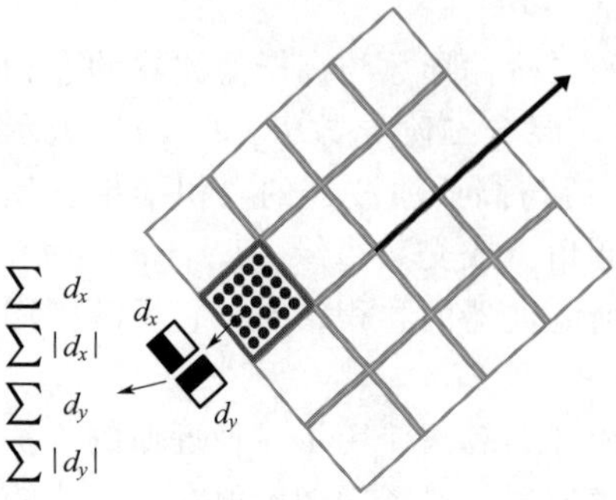

图5-30　提取过程

显示SURF特征点的Python程序代码如下：

```
import cv2
import matplotlib.pyplot as plt
import sys
# 读取图像
try:
    img = cv2.imread('D:/78/image.jpg', cv2.IMREAD_GRAYSCALE)
    if img is None:
        print("Error: Image could not be read.")
        sys.exit(1)  # 使用1作为退出代码表示错误
    else:
        print("Image read successfully.")
except Exception as e:
    print(f"An error occurred: {e}")
    sys.exit(1)
# 创建ORB检测器
orb = cv2.ORB_create(nfeatures=500)
# 查找关键点和描述符
try:
    kp, des = orb.detectAndCompute(img, None)
except Exception as e:
    print(f"Error detecting keypoints and descriptors: {e}")
    sys.exit(1)
# 绘制关键点
img_with_keypoints = cv2.drawKeypoints(img, kp, None, color=(0, 255, 0), flags=0)
# 使用matplotlib显示图像
try:
    plt.imshow(img_with_keypoints, cmap='gray')
    plt.axis('off')  # 不显示坐标轴
    plt.show()
except Exception as e:
    print(f"Error displaying image: {e}")
# 打印描述符的形状
```

```
if des is not None:
    print(f"Descriptors Shape: {des.shape}")
else:
    print("No descriptors found.")
```

程序运行结果如图 5-31 所示。

图 5-31　SURF 算法检测结果

5.6　案例——基于 PCA 的人脸识别

（1）主成分分析法介绍

主成分分析也称主分量分析，旨在利用降维的思想，把多指标转化为少数几个综合指标。在统计学中，主成分分析（principal components analysis，PCA）是一种简化数据集的技术。它是一个线性变换，这个变换把数据变换到一个新的坐标系统中，使得任何数据投影的第一大方差在第一个坐标（称为第一主成分）上，第二大方差在第二个坐标（第二主成分）上，以此类推。主成分分析常用来减少数据集的维数，同时保持数据集对方差贡献最大的特征，主要通过保留低阶主成分，忽略高阶主成分实现。

（2）主成分分析法的基本原理

① 数据标准化：将原始数据集中的每个特征（维度）标准化，使其平均值为 0，标准差为 1。这是为了避免不同特征的量纲和数值大小对结果产生影响。

② 计算协方差矩阵：协方差矩阵描述了数据集中各特征之间的相关性。如果两个特征的协方差较大，则它们可能线性相关；如果协方差较小，则它们可能线性无关。

③ 求解特征值和特征向量：对协方差矩阵进行特征分解，求出特征值和对应的特征向量。特征值表示了各个特征向量方向上数据的方差大小，而特征向量则定义了新的坐标轴（即主成分）。

④ 选择主成分：根据特征值的大小，选择前 k 个最大的特征值对应的特征向量作为主成分。这些主成分能够保留数据中的大部分信息。

⑤ 构造投影矩阵：将选择的主成分构造为一个投影矩阵。这个矩阵将用于将原始数据投影到新的特征空间中。

⑥ 数据降维：使用投影矩阵将原始数据投影到新的特征空间中，实现数据的降维。

通过 PCA 降维后的数据，可以在保留大部分信息的同时，降低数据的复杂性，从而减轻模型或算法的计算负担，提高计算效率。此外，降维后的数据有时可以更好地展示数据的结构和分布，有助于数据分析和可视化。

（3）基于 PCA 的人脸识别的实现

本程序旨在通过利用 PCA 算法对人脸图像数据进行降维处理，进而实现高效的人脸识别功能。通过图形用户界面（GUI），用户可以直观地看到人脸识别系统的运作过程和结果。

```
import numpy as np
import os
from PIL import Image
from tkinter import Tk, Label
from PIL import ImageTk
# 定义 PCA 类
class PCA:
    def __init__(self, n_components):
        self.n_components = n_components
    def fit(self, X):
        # 均值化
        X_mean = np.mean(X, axis=0)
        X_norm = X - X_mean
        # 计算协方差矩阵
        X_cov = np.cov(X_norm, rowvar=False)
        # 计算特征值和特征向量
        eigenvalues, eigenvectors = np.linalg.eig(X_cov)
        # 特征值排序
        index = np.argsort(eigenvalues)[::-1]
        # 选择最大的 n_components 个特征向量
        n_index = index[:self.n_components]
        self.w = eigenvectors[:, n_index]
        return self
    def transform(self, X):
        # 降维处理
        return np.dot(X, self.w)
# 数据读取和处理
def Data_Processing(root):
    X, y = [], []
    path_list = ['s' + str(i) for i in range(1, 7)]
    for idx, folder in enumerate(path_list):
        for i in range(1, 11):
            path = os.path.join(root, folder, str(i) + '.jpg')
            if not os.path.exists(path):
                print(f"File not found: {path}")
                continue
            img = Image.open(path).convert('L')
            img = img.resize((92, 112))  # 确保图片大小一致
            img = np.array(img).ravel()  # 展开成一维
```

```
            X.append(img)
            y.append(idx)
    return np.array(X), np.array(y)
def Data_Split(X, y):
    train_set = []
    train_target = []
    face_unrecognized_set = []
    face_unrecognized_target = []
    for i in range(4):
        train_set.append(X[i * 10: i * 10 + 8])
        train_target.extend(y[i * 10: i * 10 + 8])
        face_unrecognized_set.append(X[i * 10 + 8: (i + 1) * 10])
        face_unrecognized_target.extend(y[i * 10 + 8: (i + 1) * 10])
    train_set = np.array(train_set).reshape(-1, X.shape[1])  # 确保形状一致
    train_target = np.array(train_target)
    face_unrecognized_set = np.array(face_unrecognized_set).reshape(-1, X.shape[1])
    face_unrecognized_target = np.array(face_unrecognized_target)
    test_set = X[40:60]
    test_target = y[40:60]
    return train_set, train_target, test_set, test_target, face_unrecognized_set,
face_unrecognized_target
# 使用 PCA 进行降维和预测
def Pr edict(X, Y):
    labels, pred = [], []
    for i in range(len(Y)):
        distance = np.linalg.norm(X - Y[i], axis=1)
        label = np.argmin(distance)
        labels.append(label // 8)
        pred.append(label)
    return np.array(labels), np.array(pred)
# 图形用户界面展示人脸识别结果
def Face_GUI(unrecognized, result):
    root = Tk()
    root.geometry('480x480')
    root.title('基于 PCA 的人脸识别系统')
    img = unrecognized.reshape(112, 92)  # 假设图像大小为 112×92
    img = Image.fromarray(img)
    photo = ImageTk.PhotoImage(img)
    lb1 = Label(root, image=photo)
    lb1.place(relx=0.1, rely=0.25, relwidth=0.3, relheight=0.3)
    result_img = result.reshape(112, 92)  # 假设图像大小为 112×92
    result_img = Image.fromarray(result_img)
    result_photo = ImageTk.PhotoImage(result_img)
    lb2 = Label(root, image=result_photo)
    lb2.place(relx=0.6, rely=0.25, relwidth=0.3, relheight=0.3)
    root.mainloop()
```

```
    # 主程序
    if __name__ == '__main__':
        X, y = Data_Processing('D:/last11')  # 数据目录路径
    train_set, train_target, test_set, test_target, face_unrecognized_set, face_un-
recognized_target = Data_Split(X, y)
        # PCA 降维
        pca = PCA(n_components=161)
        pca.fit(train_set)
        train_reduction = pca.transform(train_set)
        test_reduction = pca.transform(test_set)
        face_unrecognized_reduction = pca.transform(face_unrecognized_set)
        # 预测
        labels, pred = Predict(train_reduction, face_unrecognized_reduction)
        accuracy = (labels == face_unrecognized_target).sum() / len(face_unrecognized
_target)
        print(f'Accuracy: {accuracy}')
        # 图形用户界面展示
        for i in range(len(pred)):
            unrecognized = face_unrecognized_set[i]
            result = train_set[pred[i]]
            Face_GUI(unrecognized, result)
```

程序的输出结果精确度为 83.33%，实验结果图如图 5-32 所示。

图 5-32　PCA 人脸识别

第 6 章 双目立体视觉

6.1 双目立体视觉原理

6.1.1 双目立体视觉测深原理

双目立体视觉的原理与人眼相似，人眼能够感知物体的远近，是由于两只眼睛对同一个物体呈现的图像存在差异，也称“视差”，物体距离越远，视差越小；反之，视差越大。

双目成像可获得同一场景的两幅视点不同的图像（类似人眼），双目成像模型可看作由两个单目成像模型组合而成。实际成像时，既可用两个单目系统同时采集来实现，也可用一个单目系统先后在两个位姿分别采集来实现（这时一般假设被摄物和光源没有移动变化）。

根据两个摄像机位姿的不同，双目成像有多种模式，下面介绍几种典型的情况。

① 双目横向模式成像。如图 6-1 所示，两个镜头的焦距均为 λ，其中心间的连线称为系统的基线 B。两个摄像机坐标系的各对应轴完全平行（X 轴重合），两个像平面与世界坐标系的 XY 平面平行。一个 3D 空间点 W 的 Z 坐标对两个摄像机坐标系都是一样的。

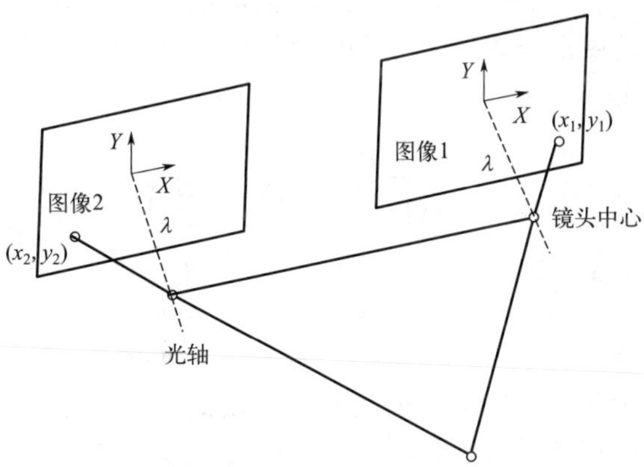

图 6-1　双目横向模式成像示意图

由图 6-1 可见，同一个 3D 空间点分别对应两个像平面坐标点，它们之间的位置差称为视差。下面讨论双目横向模式中视差与深度（物距）之间的关系，这里借助给出两镜头连线所在平面（XZ 平面）的图 6-2。其中，世界坐标系与第一个摄像机坐标系重合，而第二个摄像机坐标系仅在 X 轴方向上有一个平移 B。

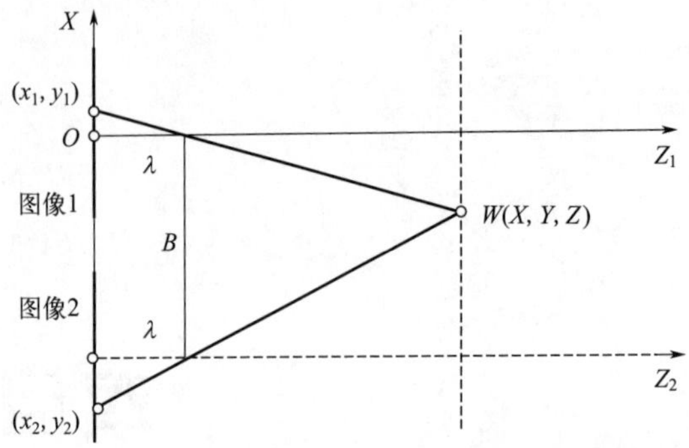

图 6-2　双目横向模式中视差与深度的关系

考虑 3D 空间点 W 坐标 X 与在第一个像平面上投影点坐标 x_1 间的几何关系，可得

$$\frac{|X|}{Z-\lambda}=\frac{x_1}{\lambda} \tag{6-1}$$

再考虑 3D 空间点 W 坐标 X 与在第二个像平面上投影点坐标 x_2 间的几何关系，可得

$$\frac{B-|X|}{Z-\lambda}=\frac{|x_2-B|}{\lambda} \tag{6-2}$$

两式联立，消去 X，得到视差：

$$d=x_1+|x_2|-B=\frac{\lambda B}{Z-\lambda} \tag{6-3}$$

解出 Z 为

$$Z=\lambda\left(1+\frac{B}{d}\right) \tag{6-4}$$

上式把物体与像平面的距离 Z（即 3D 信息中的深度）与视差 d 直接联系起来。反过来也表明视差的大小与深度有关，即视差中包含了 3D 物体的空间信息。根据式(6-4)，已知基线和焦距时，确定视差 d 后计算 W 点的 Z 坐标是很简单的。另外，Z 坐标确定后，W 点的世界坐标 X 和 Y 可用（x_1，y_1）或（x_2，y_2）参照式(6-1) 和式(6-2) 算得。

现在再看一下测距精度。由式(6-4) 可知，深度信息与视差相联系，而视差又与成像坐标有关。设 x_1 产生了偏差 e，即 $x_{1e}=x_1+e$，则有 $d_{1e}=x_1+e+|x_2|-B=d+e$，这样距离偏差为

$$\Delta Z=Z-Z_{1e}=\lambda\left(1+\frac{B}{d}\right)-\lambda\left(1+\frac{B}{d_{1e}}\right)=\frac{\lambda Be}{d(d+e)} \tag{6-5}$$

将式(6-3) 代入式(6-5) 得到

$$\Delta Z=\frac{e(Z-\lambda)^2}{\lambda B+e(Z-\lambda)}\approx\frac{eZ^2}{\lambda B-eZ} \tag{6-6}$$

最后一步是考虑一般情况下 $Z\gg\lambda$ 时的简化。由式(6-6) 可见，测距精度与摄像机焦距、摄像机间的基线长度和物距都有关系。焦距越长，基线越长，精度就越高；物距越大，精度就越低。

② 双目会聚横向模式。为了获得更大的视场重合，可以将两个摄像机并排放置但让两光轴会聚。

仅考虑如图 6-3 所示的情况，它是将图 6-2 中的两个单目系统绕各自中心相向旋转得到的。图 6-3 给出两镜头连线所在的平面（XZ 平面），两镜头中心间的距离（即基线）是 B，两光轴在 XZ 平面相交于（0，0，Z）点，交角为 2θ。如果已知像平面坐标点（x_1，y_1）和（x_2，y_2），可以求取 3D 空间点 W 的坐标（X，Y，Z）。

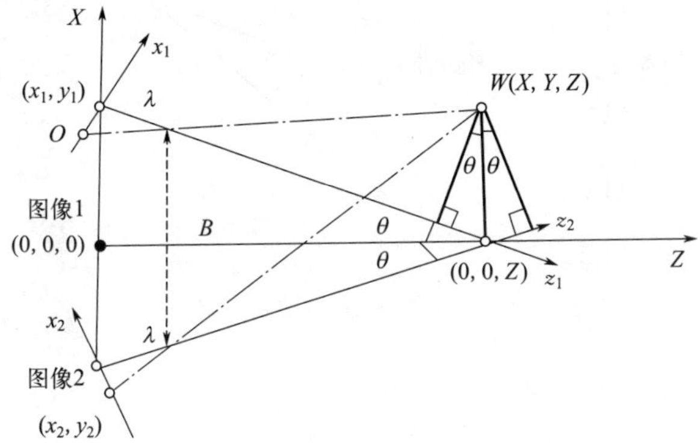

图 6-3　双目会聚横向模式中的视差

由两世界坐标轴及摄像机光轴围成的三角形可知：

$$Z=\frac{B}{2}\frac{\cos\theta}{\sin\theta}+\lambda\cos\theta \tag{6-7}$$

现从 W 点分别向两摄像机光轴作垂线，因为这两垂线与 X 轴的夹角都是 θ，所以根据相似三角形的关系可得

$$\frac{|x_1|}{\lambda}=\frac{X\cos\theta}{r-X\sin\theta} \tag{6-8}$$

$$\frac{|x_2|}{\lambda}=\frac{X\cos\theta}{r+X\sin\theta} \tag{6-9}$$

其中，r 为从（任一）镜头中心到两光轴会聚点的距离。将式(6-8) 和式(6-9) 联立并消去 r 和 X 得到（参照图 6-3）

$$\lambda\cos\theta=\frac{2|x_1|\times|x_2|\sin\theta}{|x_1|-|x_2|}=\frac{2|x_1|\times|x_2|\sin\theta}{d} \tag{6-10}$$

将式(6-10) 代入式(6-7) 可得：

$$Z=\frac{B}{2}\frac{\cos\theta}{\sin\theta}+\frac{2|x_1|\times|x_2|\sin\theta}{d} \tag{6-11}$$

上式与式(6-4) 一样也把物体和像平面的距离 Z 与视差 d 直接联系起来。另外，由图 6-3 可以得到

$$r=\frac{B}{2\sin\theta} \tag{6-12}$$

代入式(6-8) 或式(6-9) 可得到点 W 的 X 坐标：

$$|X|=\frac{B}{2\sin\theta}\times\frac{|x_1|}{\lambda\cos\theta+|x_1|\sin\theta}=\frac{B}{2\sin\theta}\times\frac{|x_2|}{\lambda\cos\theta-|x_2|\sin\theta} \tag{6-13}$$

③ 双目轴向模式。使用双目横向模式或双目会聚横向模式时，都需要根据三角形法来计算，所以基线不能太短，否则会影响深度计算的精度。但当基线较长时，视场不重合带来的问题会较严重。此时可考虑采用双目轴向模式，也称双目纵向模式，即将两个摄像机沿光轴线依次排列。这种情况也可看作将摄像机沿光轴方向运动，在比第 1 幅图像更接近被摄物

处采集第 2 幅图像，如图 6-4 所示。图 6-4 中仅画出了 XZ 平面，Y 轴由纸内向外，获取第 1 幅图像和第 2 幅图像的两个摄像机坐标系的原点只在 Z 方向相差 B，B 也是两个摄像机光心间的距离（基线）。

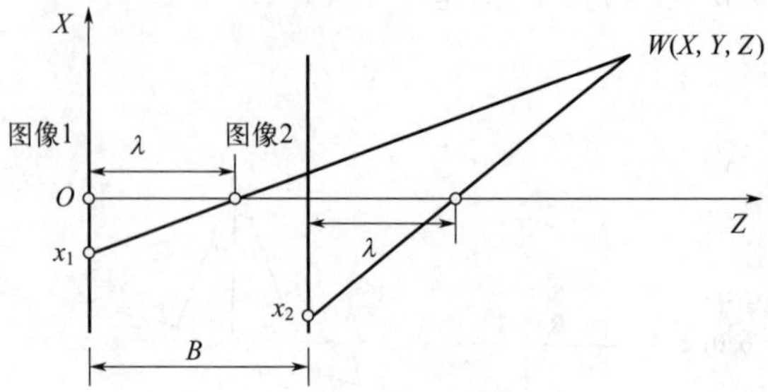

图 6-4　双目轴向模式成像

根据图 6-4 中的几何关系，有

$$\frac{X}{Z-\lambda}=\frac{|x_1|}{\lambda} \tag{6-14}$$

$$\frac{X}{Z-\lambda-B}=\frac{|x_2|}{\lambda} \tag{6-15}$$

联立式(6-14) 和式(6-15) 可得到（仅考虑 X，对 Y 类似）

$$X=\frac{B}{\lambda}\frac{|x_1|\times|x_2|}{|x_2|-|x_1|}=\frac{B}{\lambda}\frac{|x_1|\times|x_2|}{d} \tag{6-16}$$

$$Z=\lambda+\frac{B|x_2|}{|x_2|-|x_1|}=\lambda+\frac{B|x_2|}{d} \tag{6-17}$$

双目轴向模式与双目横向模式相比，两个摄像机的公共视场也就是前一个摄像机（图 6-4 中获取第 2 幅图像的那个摄像机）的视场，所以公共视场的边界很容易确定，且可基本排除由于遮挡造成的 3D 空间点仅被一个摄像机看到的问题。不过，由于此时双目基本上用同一个角度去观察景物，加长基线对深度计算精度的好处不能完全体现。另外，视差以及深度计算的精度均与 3D 空间点距摄像机光轴的距离［如在式(6-17) 中，深度 Z 与 $|x_2|$，即 3D 空间点的投影与光轴的距离］有关，这是与双目横向模式不同的。

6.1.2　极线约束

在双目立体视觉测量中，立体匹配（对应点的匹配）是一项关键技术，极线约束在其中起着重要作用。双目立体视觉系统中，有两个摄像机在不同角度拍摄物理空间中的一实体点，在两幅图像上分别有两个成像点。立体匹配就是已知其中的一个成像点，在另一幅图像上找出该成像点的对应点。极线约束是一种常用的匹配约束技术。

先借助图 6-5 的双目会聚横向模式图介绍极点和极线两个重要概念。它们也常被称为外极点和外极线或对极点和对极线。在图 6-5 中，坐标原点为左目光心，X 轴连接左右两目光心，Z 轴指向观察方向，左右两目间距为 B（也常称系统基线），左右两个像平面的光轴都在 XZ 平面内，交角为 θ。考虑左右两个像平面的联系，C_1 和 C_2 分别为左右像平面的光心，它们之间的连线称光心线，光心线与左右像平面的交点 e_1 和 e_2 分别称为左右像平面的极点（极点坐标分别用 e_1 和 e_2 表示）。光心线与物点 W 在同一个平面中，这个平面称为极平面，极平面与左右像平面的交线 L_1 和 L_2 分别称为物点 W 在左右像平面上投影点的极线。极线限定了双目图像对应点的位置，物点 W 在左像平面上投影点所对应的右像平面投

影点 p_2 必在极线 L_2 上，反之物点 W 在右像平面上投影点所对应的左像平面投影点必在极线 L_1 上。

物点 W 在两幅图像上的投影点坐标之间的联系可用本质矩阵（也称本征矩阵）$\boldsymbol{E}$ 来描述，$\boldsymbol{E}$ 又可分解为一个正交的旋转矩阵 $\boldsymbol{R}$ 后接一个平移矩阵 $\boldsymbol{T}$（$\boldsymbol{E}=\boldsymbol{RT}$）。如果在左图像中的投影点坐标用 $\boldsymbol{p}_1$ 表示，在右图像中的投影点坐标用 $\boldsymbol{p}_2$ 表示，则有

$$\boldsymbol{p}_2^{\mathrm{T}}\boldsymbol{E}\boldsymbol{p}_1=\boldsymbol{0} \tag{6-18}$$

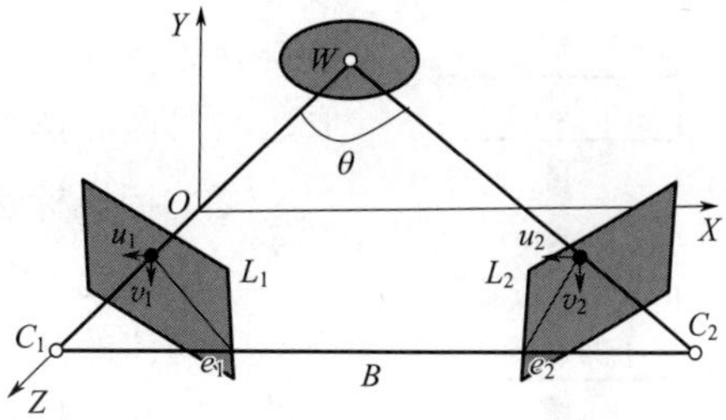

图 6-5　极点和极线示意图

在对应图像上通过 p_1 和 p_2 的极线分别满足 $\boldsymbol{L}_2=\boldsymbol{E}\boldsymbol{p}_1$ 和 $\boldsymbol{L}_1=\boldsymbol{E}^{\mathrm{T}}\boldsymbol{p}_2$。而在对应图像上通过 p_1 和 p_2 的极点分别满足 $\boldsymbol{E}\boldsymbol{e}_1=\boldsymbol{0}$ 和 $\boldsymbol{E}^{\mathrm{T}}\boldsymbol{e}_2=\boldsymbol{0}$。

上面的讨论中假设 $\boldsymbol{p}_1$ 和 $\boldsymbol{p}_2$ 是摄像机校正后的图像坐标。如果图像没有校正过，则需要用到原始的像素坐标 $\boldsymbol{q}_1$ 和 $\boldsymbol{q}_2$。设摄像机的内参数矩阵为 $\boldsymbol{G}_1$ 和 $\boldsymbol{G}_2$，则

$$\boldsymbol{p}_1=\boldsymbol{G}_1^{-1}\boldsymbol{q}_1 \tag{6-19}$$

$$\boldsymbol{p}_2=\boldsymbol{G}_2^{-1}\boldsymbol{q}_2 \tag{6-20}$$

将上两式代入式(6-18)，则得到 $\boldsymbol{q}_2^{\mathrm{T}}\ (\boldsymbol{G}_2^{-1})^{\mathrm{T}}\boldsymbol{E}\boldsymbol{G}_2^{-1}\ \boldsymbol{q}_1=\boldsymbol{0}$，并可写为

$$\boldsymbol{q}_2^{\mathrm{T}}\boldsymbol{F}\boldsymbol{q}_1=\boldsymbol{0} \tag{6-21}$$

其中，

$$\boldsymbol{F}=(\boldsymbol{G}_2^{-1})^{\mathrm{T}}\boldsymbol{E}\boldsymbol{G}_1^{-1} \tag{6-22}$$

$\boldsymbol{F}$ 称为基本矩阵（也称基础矩阵），因为它包含了所有用于摄像机校正的信息。基本矩阵有 7 个自由度（每个极点需要两个参数，另加上 3 个参数以将 3 条极线从一幅图像映射到另一幅图像，因为两个 1D 投影空间中的投影变换具有 3 个自由度），本质矩阵有 5 个自由度，所以基本矩阵比本质矩阵多两个自由参数，但对比式(6-18) 和式(6-21) 可见这两个矩阵的作用或功能是类似的。

在双目视觉中，当采用理想的平行光轴模型（即各摄像机视线平行）时，极线与图像扫描线是重合的，这时的立体视觉系统称为平行立体视觉系统。在平行立体视觉系统中，可以借助极线约束来减小立体匹配的搜索范围。在理想情况下，利用极线约束可将对整幅图的搜索变为对图像一行的搜索。但需要指出，极线约束仅是一种局部约束条件，对一个物点来说，其在极线上的投影点仍可能有不止一个。

6.2　双目立体视觉系统

6.2.1　双目立体视觉系统体系

双目视觉从两个视点观察同一景物，以获取在不同视角下的感知图像，然后通过三角测量原理计算图像像素间的位置偏差（视差）来获取景物的三维信息。这一过程与人类视觉的立体感知过程是类似的。一个完整的双目立体视觉系统通常可分为数字图像采集、相机标定、图像预处理与特征提取、图像校正、立体匹配和三维重建六大部分，如图 6-6 所示。

（1）数字图像采集

图像的采集是图像处理的前提和立体视觉的物质基础。数字图像采集中常用的硬件设备有扫描仪、数码相机、工业 CCD 相机和视频采集卡。进行视频采集时，不但要满足双目立

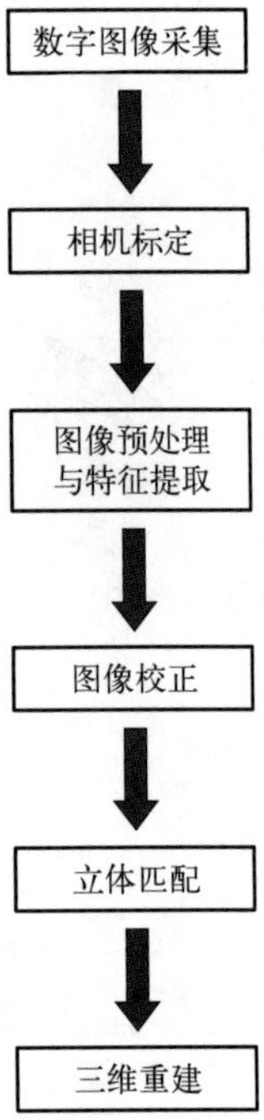

图 6-6 一个完整的双目立体视觉系统

体视觉系统的应用要求，而且要考虑视点差异、光照条件、相机性能及景物特点等因素的影响。立体图像是对同一景物从不同视点捕获的多幅图像，其获取的方式很多，主要取决于应用的场合和目的。对于双目立体视觉系统来说，有许多方法可以用来采集立体图像，而且获取这些图像的视点既可以在一条线上，也可以在一个平面上。

（2）相机标定

立体视觉的基本任务之一是从相机获取的图像信息出发计算三维空间中物体的几何信息，并由此重建和识别物体，而空间物体表面某点的三维几何位置与图像中对应点之间的相互关系是由相机成像几何模型决定的，这些几何模型就是相机参数。在大多数条件下，这些参数必须通过实验才能得到，这个过程便被称为相机标定。

（3）图像预处理与特征提取

由光学成像系统生成的二维图像包含各种随机噪声和畸变，因此需要对原始图像进行预处理，从而改善图像质量。图像预处理的目的主要有两个：一是改善图像的视觉效果，提高图像的清晰度；二是使图像变得更有利于计算机的处理，便于各种特征的分析与提取。图像预处理技术包括图像对比度的增强、随机噪声的去除、边缘特征的加强、伪彩色处理等。

特征提取是为了得到匹配赖以进行的图像特征。目前，常用的匹配特征主要有点状特征、线状特征和区域特征等，如边缘点、角点等。一般来讲，大尺度特征包含较丰富的图像信息，在图像中的数目较少，易于得到快速的匹配，但其定位精度差，特征提取和描述困难；小尺度的特征较多，所含信息较少，在匹配时需要较强的约束准则和匹配策略，以减少误匹配和提高运算效率。

（4）图像校正

为了更好地利用极线约束，使匹配搜索在两幅图像的同一扫描线方向上进行，以简化计算，可以采用所谓的图像校正技术，即一个重投影的过程，利用它来保证极线（极线）始终与图像扫描线平行，且对应匹配点的对极线共线。图像校正的步骤是：首先由基础矩阵求得投影矩阵，再由投影矩阵求得当前相机的光学中心，即可建立一个与光学中心连线平行的平面作为重投影平面；最后将像平面上的所有像点都重新投影到重投影平面上，进行极线约束并对图像对进行校准之后，就可以在对极线上进行搜索，以确定最佳匹配点。这时对应点的坐标只在 x 轴方向上有差别，其差值称为视差。它是由于相机位置不同使同一点在图像中的投影点的位置不同而引起的，并且点的深度值与其视差成反比。极线约束的引入，不仅大幅度降低了匹配的计算量，而且还为图像间的稠密匹配提供了可能。

（5）立体匹配

立体匹配是计算机立体视觉中最重要也是最困难的部分。当空间三维场景被投影为二维图像时，同一景物在不同视点下的图像会有很大不同，而且场景中的诸多因素，如光照条件、景物几何形状和物理特性、噪声干扰和畸变及相机特性等，都被综合到了图像的灰度值中。因此，要想准确地对包含了如此多不利因素的图像进行无歧义的匹配是十分困难的。立体匹配方法的有效性有赖于三个问题的解决，即选择正确的匹配特征、寻找特征间的本质属性及建立能正确匹配所选特征的稳定算法。

（6）三维重建

三维重建的目的是由二维景物图像重构出景物的空间构型。已知相机成像几何模型和匹配关系后进行三维重建，尤其是欧氏空间下的三维重建相对比较容易一些。在计算出若干个空间点的坐标以后，便可以采用计算机三维显示技术进行重建物体的显示。影响重建精度的因素主要有数字量化效应、相机标定误差、特征检测与匹配定位精度等。因此，要想设计出一个精确的计算机双目立体视觉系统必须综合考虑各方面的因素，保证各个环节都具有较高的精度。

以上六个部分构成了计算机双目立体视觉系统的完整体系，其中立体匹配是最重要也是最困难的部分，其存在的主要问题有：对有特殊结构的景物，如果存在平坦区域、缺乏纹理细节、存在周期性的重复特征等，很容易产生错误的匹配；对方向平行于极线的特征匹配易出现歧义；当相机基线距离增大时，遮挡严重，能重建的空间点减少。为了解决这些问题，降低立体匹配的难度，20 世纪 80 年代后期以来出现了三目视觉和多目视觉系统，即采用多个相机同时摄取空间景物，利用第三目（或多目）图像提供的信息来消除匹配的歧义性。

6.2.2　双目立体视觉的精度分析

在进行双目立体视觉系统标定以及应用该系统进行测量时，要确保相机的内参数（比如焦距）和两个相机的相对位置关系不会发生变化，如果任何一项发生变化，则需要重新对双目立体视觉系统进行标定。视觉系统的安装方法会影响测量结果的精度。测量的精度可表示为：

$$\Delta Z=\frac{Z^2}{fb}\Delta d \tag{6-23}$$

式中，ΔZ 表示测量得出的被测点与立体视觉系统之间距离的误差；Z 指被测点与立体视觉系统的绝对距离；f 指相机的焦距；b 表示双目立体视觉系统的基线距；Δd 表示被测点的视差误差。如果 b 和 Z 之间的比值过大，立体图像之间的交叠区域将非常小，这样就不能得到足够的物体表面信息。b/Z 可以取的最大值取决于物体的表面特征。一般情况下，如果物体高度变化不明显，b/Z 可以取得大一些；如果物体表面高度变化明显，则 b/Z 的值要小一些。在任何情况下，都要确保立体图像对之间的交叠区域足够大并且两个相机大约对齐，也就是说每个相机绕光轴旋转的角度不能太大。

对双目立体视觉系统测量精度有较大影响的主要有摄像机（相机）标定、特征提取等方面。

（1）摄像机标定及误差分析

摄像机标定，是指建立摄像机几何成像模型，描述空间坐标系中的景物点同它在图像平面上的像点之间的对应关系，并求取该模型的各参数的过程。在计算机视觉领域，摄像机成像模型一般都采用针孔模型，如图 6-7 所示。其中，o_c-$x_c y_c z_c$ 为摄像机坐标系，o_u-$x_u y_u$ 为图像坐标系。

世界坐标系中的点（x_c，y_c，z_c）与其在图像的对应点（x_u，y_u）之间的关系如下：

$$s\begin{bmatrix}x_u\\y_u\\1\end{bmatrix}=\begin{bmatrix}a_x & 0 & u_0\\0 & a_y & v_0\\0 & 0 & 1\end{bmatrix}[\boldsymbol{R}\quad \boldsymbol{T}]\begin{bmatrix}x_c\\y_c\\z_c\\1\end{bmatrix}=\boldsymbol{M}_1\boldsymbol{M}_2\boldsymbol{M}_c \tag{6-24}$$

该公式描述了三维世界坐标系中的点（x_c，y_c，z_c）投影到二维图像平面上的过程。其核心是通过内外参数矩阵的联合变换实现这一映射：内参数矩阵 $\boldsymbol{M}_1$ 包含摄像机的焦距参数 a_x 和 a_y，以及主点坐标（u_0，v_0），用于将摄像机坐标系下的点投影到图像平面并添加像

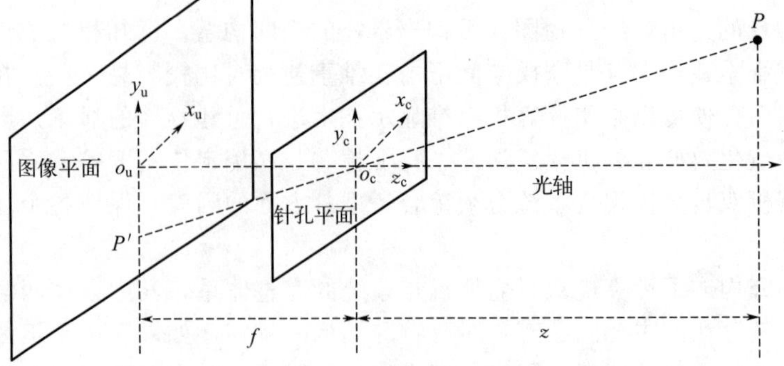

图 6-7　摄像机成像模型

素偏移。外参数矩阵 $\boldsymbol{M}_2=[\boldsymbol{R}\quad \boldsymbol{T}]$，由旋转矩阵 $\boldsymbol{R}$ 和平移向量 $\boldsymbol{T}$ 组成，负责将世界坐标系中的点转换到摄像机坐标系中。齐次坐标 $\boldsymbol{M}_c$ 的引入使得三维点能够通过矩阵乘法统一运算，而比例因子 s 则用于归一化齐次坐标，最终得到图像平面上的像素坐标（x_u，y_u）。

由于摄像机镜头的制造误差，镜头存在一定的径向畸变，在 $r=0$ 处用泰勒级数展开的前 3 项定量描述：

$$
\begin{aligned}
x_{\text{corrected}}&=x(1+k_1r^2+k_2r^4+k_3r^6)\\
y_{\text{corrected}}&=y(1+k_1r^2+k_2r^4+k_3r^6)
\end{aligned}
\tag{6-25}
$$

其中，k_1、k_2、k_3 是径向畸变系数，分别对应二阶、四阶和六阶的多项式分量，用于描述图像中心向外（枕形畸变）或向内（桶形畸变）的畸变程度；r 是图像点到主点的归一化距离，由 $r^2=x^2+y^2$ 计算得到。通过多项式缩放原始坐标（x，y），修正因镜头形状不完美导致的径向畸变。其中，k_1 主导主要畸变，k_2 和 k_3 补充高阶畸变。

镜头的安装误差将带来切向畸变，可以用两个额外的参数 p_1 和 p_2 描述，它们是切向畸变系数，描述因镜头与成像平面不平行导致的切向拉伸或压缩：

$$
\begin{aligned}
x_{\text{corrected}}&=x+[2p_1y+p_2(r^2+2x^2)]\\
y_{\text{corrected}}&=y+[2p_2x+p_1(r^2+2y^2)]
\end{aligned}
\tag{6-26}
$$

因此，可以用一个五维向量 $\boldsymbol{d}=[k_1,k_2,p_1,p_2,k_3]$ 表示径向误差和切向误差。首先采用张正友的灵活标定算法求取摄像机内参数。然后，考虑到畸变的影响，建立如式(6-27)的畸变模型：

$$
\begin{bmatrix} X_i \\ Y_i \end{bmatrix}=(1+k_1r^2+k_2r^4+k_3r^6)\begin{bmatrix} x_i \\ y_i \end{bmatrix}+\begin{bmatrix} 2p_1x_iy_i+p_2(r^2+2x_i^2) \\ 2p_2x_iy_i+p_1(r^2+2y_i^2) \end{bmatrix}
\tag{6-27}
$$

其中，（x_i，y_i）为目标角点的实际坐标；（X_i，Y_i）为目标角点规范化坐标。

提取模板图像上的角点坐标，利用畸变模型计算出相应角点的坐标，将这 2 组坐标值代入目标函数中进行数据拟合，最终算出相应的畸变参数值。数据拟合函数如下：

$$
\min F=\sum_{i=1}^{N}(X_i-x_i)^2+\sum_{i=1}^{N}(Y_i-y_i)^2
\tag{6-28}
$$

由式(6-28）可以看出，该算法在精确求取摄像机内参数和畸变向量的时候采用最小二乘法，因此，单摄像机的标定结果与采集的标定图像数存在密切关系。一般而言，采集的图像数越多，标定精度越高，但是标定过程耗时越长。标定精度（误差）与采集的图像数目的关系如图 6-8 所示。从图 6-8 可以看出，随着采集图像的逐渐增多，标定误差逐渐减小，但是当采集图像超过 12 幅后，误差趋于稳定。因此在进行摄像机标定的时候，应该对标定模板采集 12 幅图像以上。

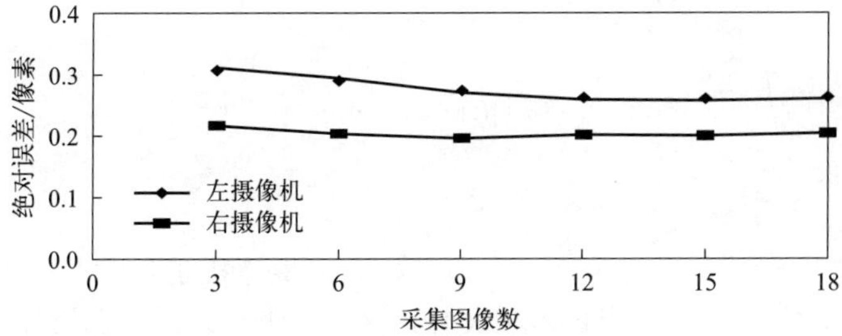

图 6-8　采集图像数和误差的关系

（2）特征提取及误差分析

由于 CCD 的每一个像素都具有一定的面积，一个理想点（无大小）在 CCD 像素上的精确位置无法在图像上得到反映，这就在根本上造成了像点坐标误差，即图像识别误差。在三维恢复（重建）的过程中，一般都采用基于视差图的三维恢复，因此只需讨论在水平方向上，特征提取对三维恢复的误差即可。以维视 MV1300-UM 摄像机为例，其像元尺寸为 5.2m×5.2m，点 P 图像的映射点分别为 O_l 和 O_r，如图 6-9 所示。

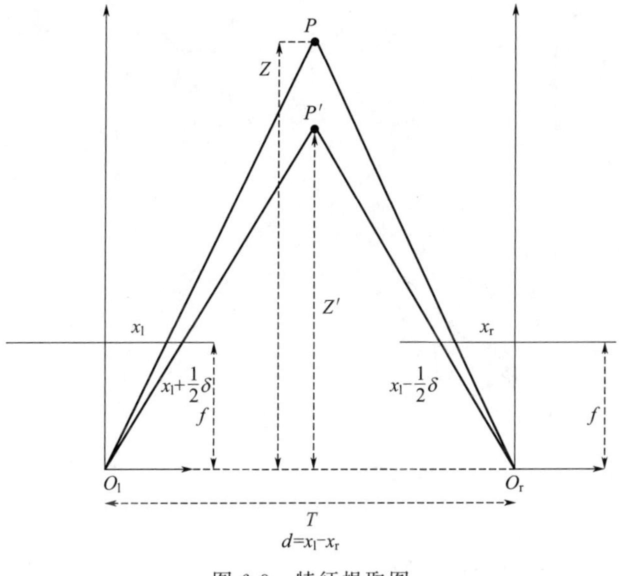

图 6-9　特征提取图

由于点在图像中的定位误差为 $\delta/2$，则有：

$$\Delta x_l = |x_l - \overline{x_l}| = |x_r - \overline{x_r}| \leqslant \frac{\delta}{2} \tag{6-29}$$

其中，δ 表示像元的宽度；x_l 和 x_r 分别为点 P 在左右图像上的理想的 X 坐标值；$\overline{x_l}$ 和 $\overline{x_r}$ 分别为点 P 对应在图像上的像素坐标。

由式(6-29) 可得

$$\Delta d = \left| |x_l - x_r| - |\overline{x_l} - \overline{x_r}| \right| \leqslant \delta \tag{6-30}$$

即视差值的最大误差为一个像素单位。当左右摄像机图像上的特征提取误差均为最大时，三维测量误差最大。

由图可得

$$\frac{Z-f}{Z}=\frac{T-d}{T},\frac{Z'-f}{Z'}=\frac{T-(d+\delta)}{T} \tag{6-31}$$

由上式可得 $Z=\frac{fT}{d}$，$Z'=\frac{fT}{d+\delta}$，则精度误差：

$$\Delta Z=Z-Z'=\frac{Z\delta}{d+\delta} \tag{6-32}$$

由式(6-32) 可以看出，当物距越大，即景物点离摄像机越远时，误差越大。当摄像机的像素尺寸越大时，误差越大。当视差越大时，误差越小。因此，在设计视觉系统结构的时候，适当增大左右摄像机之间的距离，而在测量的时候，物体应当尽量靠近摄像机，因为这样一方面可以减小景深 Z，另一方面可以增大 d，从而减小误差，而像元尺寸越小越好。

（3）物距对测量误差的影响

对于一个既定的双目立体视觉系统，由式(6-32) 可知，物体距离摄像机越近，即 Z 越小，误差越小，精度越高。但当物体过于接近摄像机的时候，不能实现 2 个摄像机同时拍摄。因此，在实际使用双目立体视觉系统的时候，如何确定物体与摄像机之间的距离是一个值得研究的问题。通常情况下，左右摄像机对称布置，且各项参数比较接近，如图 6-10 所示。

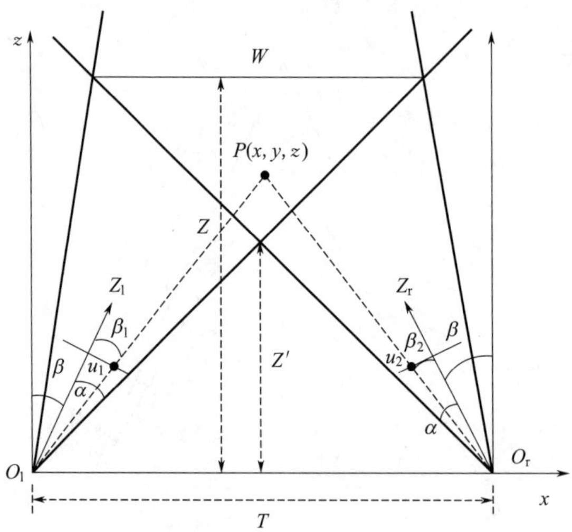

图 6-10　两个摄像机同时拍摄

在图 6-10 中，α 和 β 分别表示摄像机的视角和摄像机主光轴与 Z 轴之间的夹角，该双目视觉系统的可视范围如下：

$$W=\begin{cases}2z\tan(\alpha+\beta)-B, z\in\left[\frac{\cot(\alpha+\beta)B}{2},\frac{B}{\tan(\alpha+\beta)+\tan(\beta-\alpha)}\right]\\ B-2z\tan(\alpha+\beta), z\in\left[\frac{B}{\tan(\alpha+\beta)+\tan(\beta-\alpha)},+\infty\right]\end{cases} \tag{6-33}$$

当测量精度要求比较高时，尽可能将物体放在距离摄像机比图中 Z' 略远的位置上。如果精度要求不是很高，而需要提高测量效率的时候，可以适当扩大物距。物距与测量精度（误差）之间的关系如表 6-1 所示，固定基线长度和摄像机光轴与 Z 轴的夹角，基线长度 B 为 112.52mm，左右摄像机光轴始终保持平行。由表 6-1 可以看出，当物距越靠近 Z 时，测量精度越高。

表 6-1　物距与测量精度之间的关系　　单位：mm

物距/mm	塑料板 1 (212.20mm×115.40mm)		塑料板 2 (176.10mm×115.40mm)		塑料板 3 (176.10mm×85.20mm)		平均误差
	长	宽	长	宽	长	宽	
300	221.48	115.14	175.42	115.13	175.41	84.87	0.49
500	210.81	115.08	175.08	115.05	174.98	84.50	0.80
700	210.42	114.96	174.83	115.01	174.79	84.50	0.98
1000	210.120	114.810	174.560	114.890	174.430	84.380	1.210

（4）相机主轴与 Z 轴夹角对测量精度的影响

为方便图像校正，可以让左右摄像机的光轴平行，但是这样 2 个摄像机的公共可视区域就很小，测量效率较低，而且对精度存在较大影响。为分析左右摄像机的夹角对精度的影响，假定左右摄像机光轴与 Z 轴的夹角为 β，空间中的点 $P(x,y,z)$ 在左右图像上的对应点分别为 U_1、U_2。点 P 与左摄像机光心的连线与左摄像机主光轴的夹角为 β_1，P 与右摄像机光心的连线和右摄像机主光轴的夹角为 β_2。根据三角形相似，可得：

$$\frac{f\cos\beta-U_1\sin\beta}{2}=\frac{f\sin\beta+U_1\cos\beta}{x} \tag{6-34}$$

其中，f 为焦距。

由式(6-34) 得：

$$z=\frac{(f\cos\beta-U_1\sin\beta)x}{f\sin\beta+U_1\cos\beta} \tag{6-35}$$

现将该式对 U_1 求偏导可得：

$$\frac{\partial z}{\partial U_1}=\frac{-xf}{(f\sin\beta+U_1\cos\beta)^2} \tag{6-36}$$

又由式(6-35) 可得：

$$U_1=\frac{f(x\cos\beta-z\sin\beta)}{z\cos\beta+x\sin\beta} \tag{6-37}$$

将式(6-37) 代入式(6-36) 可得：

$$\frac{\partial z}{\partial U_1}=-\frac{(z\cos\beta+x\sin\beta)^2}{xf} \tag{6-38}$$

由式(6-38) 可知，对于一个特定的焦距和空间点，当 β 与 x/z 满足如下关系时，误差可以取得最小值：

$$\beta=90°-\arctan(z/x) \tag{6-39}$$

（5）基线长度对测量精度的影响

基线长度是表征视觉系统中左右摄像机之间相互位置关系的重要参数，它的变化不仅会引起系统结构的改变，而且会直接影响测量精度。由式(6-32) 可得：

$$\Delta Z=Z-Z'=\frac{fT}{d}-\frac{fT}{d+\delta}=\frac{fT\delta}{d(d+\delta)} \tag{6-40}$$

$$d=\frac{fT}{z} \tag{6-41}$$

将式(6-41) 代入式(6-40) 可得：

$$\Delta Z = Z - Z' = \frac{z^2}{fT + z\delta} \tag{6-42}$$

由式(6-42) 可知，对于一个特定镜头和空间点，随着基线长度 T 的增大，测量误差减小，且焦距越大，测量误差越小。

用焦距为 4.5mm 和 10.0mm 的 2 个镜头在不同位置测量尺寸为 30mm×30mm 且位置固定的塑料板，在测量过程中，保证塑料板与基线之间的距离基本不变（500mm），只改变基线长度，测量结果如图 6-11 所示。

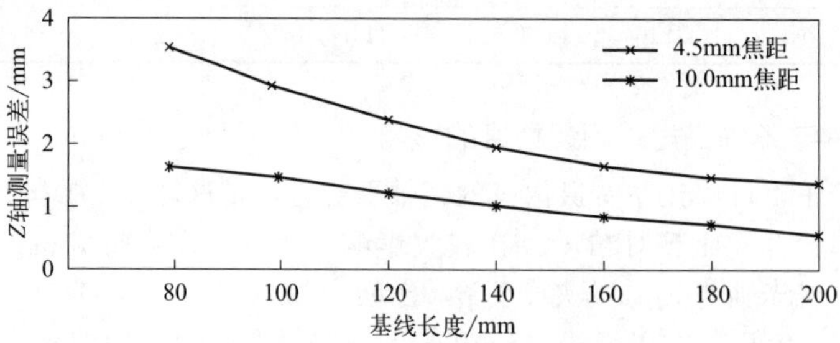

图 6-11　基线长度和误差关系

6.3　双目立体视觉标定和立体匹配

6.3.1　双目立体视觉标定

摄像机标定是准确测量目标物体的必要过程。每个镜头的畸变程度各不相同，通过摄像机标定就可以校正这种镜头畸变。另外，在摄像机标定后就可以得到在世界坐标系中目标物体米制单位的坐标，例如多少米或多少毫米。

为了标定摄像机，我们有必要建立一个模型，该模型由摄像机、镜头和图像采集卡（如果使用）组成，这个模型可以将世界坐标系中三维空间点投影到二维图像中。在机器视觉应用中常用的有两种不同类型的镜头：普通镜头和远心镜头。使用普通镜头时，世界坐标系到图像坐标系的投影为透视投影，由于普通镜头与针孔摄像机实现的投影方式相同，因此我们将摄像机与普通镜头的组合称为针孔摄像机模型。远心镜头实现世界坐标系到图像坐标系的平行投影，我们称摄像机与远心镜头的组合为远心摄像机模型。

另外，还需要考虑两种不同的图像传感器：线阵图像传感器和面阵图像传感器。使用面阵图像传感器时，普通镜头和远心镜头都比较常用；而使用线阵图像传感器时，只有普通镜头比较常用。

根据双目立体视觉的原理，可以得出双目立体视觉的数学模型如下：

$$\begin{cases} x = zX_1/f_1 \\ y = zY_1/f_1 \\ z = \dfrac{f_1(f_r t_x - X_r t_z)}{X_r(r_7X_1 + r_8Y_1 + f_1r_9) - f_r(r_1X_1 + r_2Y_1 + f_1r_3)} = \\ \qquad \dfrac{f_1(f_r t_y - Y_r t_z)}{Y_r(r_7X_1 + r_8Y_1 + f_1r_9) - f_r(r_4X_1 + r_5Y_1 + f_1r_6)} \end{cases} \tag{6-43}$$

其中，f_1 是左摄像头焦距；f_r 是右摄像头焦距。

$O-xyz$ 坐标系与 $O_r-x_r y_r z_r$ 坐标系（图 6-12）之间相互位置关系可通过空间转换矩阵$\boldsymbol{M}_{lr}$ 表示为：$\boldsymbol{M}_{lr}=[\boldsymbol{R}\quad \boldsymbol{T}]$，其中，$\boldsymbol{R}=\begin{bmatrix} r_1 & r_2 & r_3 \\ r_4 & r_5 & r_6 \\ r_7 & r_8 & r_9 \end{bmatrix}$，$\boldsymbol{T}=\begin{bmatrix} t_x \\ t_y \\ t_z \end{bmatrix}$，分别为 $O-xyz$ 坐标系与 $O_r-x_r y_r z_r$ 坐标系之间的旋转矩阵和原点之间的平移变换矢量。

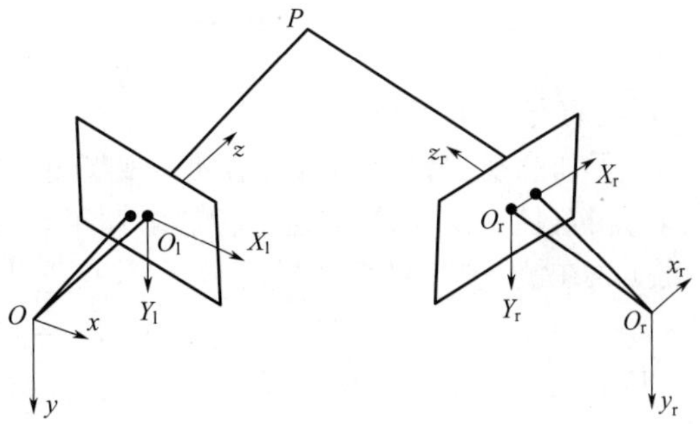

图 6-12　双目立体视觉测量中空间点三维重建

两个摄像机之间的几何关系可以表示如下：

$$\begin{cases} \boldsymbol{x}_{c1}=\boldsymbol{R}_1\boldsymbol{R}_w+\boldsymbol{T}_1 \\ \boldsymbol{x}_{c2}=\boldsymbol{R}_2\boldsymbol{R}_w+\boldsymbol{T}_2 \end{cases} \tag{6-44}$$

其中，$\boldsymbol{x}_{c1}$、$\boldsymbol{x}_{c2}$ 是三维空间点 $\boldsymbol{R}_w$ 在两个摄像机坐标系下的坐标。

消去$\boldsymbol{R}_w$ 项，可以得到两者之间的约束方程：

$$\boldsymbol{x}_{c1}=\boldsymbol{R}_1\boldsymbol{R}_2^{-1}\boldsymbol{x}_{c2}+\boldsymbol{T}_1-\boldsymbol{R}_1\boldsymbol{R}_2^{-1}\boldsymbol{T}_2 \tag{6-45}$$

对双目立体视觉摄像机标定，只需要分别对两个摄像机标定以求出它们的投影矩阵，则双摄像机的相对位置和极线方程均可从投影矩阵求出，但这种方法求出的$\boldsymbol{R}_1$、$\boldsymbol{T}_1$ 与$\boldsymbol{R}_2$、$\boldsymbol{T}_2$ 精度不高。

下面介绍基于标准长度的标定方法，该方法简单、使用方便、标定精度高。由双目立体视觉测量数学模型［式(6-43)］得到：

$$\begin{aligned} &(f_r t_x-X_r t_z)(r_4X_l+r_5Y_l+f_l r_6)-(f_r t_y-Y_r t_z)(r_1X_l+r_2Y_l+f_l r_3) \\ &=(Y_r t_x-X_r t_y)(r_7X_l+r_8Y_l+f_l r_9) \end{aligned} \tag{6-46}$$

令$\boldsymbol{T}'=a\boldsymbol{T}$，因 $t_x\neq 0$，选择 $a=1/t_x$，则有$\boldsymbol{T}'=[1\quad t_y'\quad t_z']^{\mathrm{T}}$。式(6-46) 是一个含有 11 个未知数（$t_y$、$t_z$、$r_1\sim r_9$）的非线性方程，用函数 $f(\boldsymbol{x})=0$ 来表示，其中，$\boldsymbol{x}=(t_y, t_z, r_1, r_2, r_3, r_4, r_5, r_6, r_7, r_8, r_9)$。

另外，$r_1\sim r_9$ 构成的旋转矩阵 $\boldsymbol{R}$ 是正交的，具有六个正交约束条件。由此构成如下罚函数：

$$\begin{cases} h_1(x)=M_1(r_1^2+r_4^2+r_7^2-1), h_2(x)=M_2(r_2^2+r_5^2+r_8^2-1) \\ h_3(x)=M_3(r_3^2+r_6^2+r_9^2-1), h_4(x)=M_4(r_1r_2+r_3r_4+r_7r_8) \\ h_5(x)=M_5(r_1r_3+r_4r_6+r_7r_9), h_6(x)=M_6(r_2r_3+r_5r_6+r_8r_9) \end{cases} \tag{6-47}$$

其中，$M_1\sim M_6$ 为罚因子。由所有观测点得到无约束最优目标函数为

$$\min F(x)=\sum_{i=1}^{n}f_i^2(x)+\sum_{i=1}^{6}M_i h_i^2(x) \tag{6-48}$$

最后由 Levenberg-Marquardt 法求得 x，并由式(6-43) 求出带有比例因子的 z_i。

对于 P_i 点的空间位置为（x_i，y_i，z_i），对应的像面坐标分别为（X_{li}，Y_{li}）、（X_{ri}，Y_{ri}）。空间点 P_i、P_j 的距离 D_{ij} 表示为

$$f_l^2D_{ij}^2=(z_iX_{li}-z_jX_{lj})^2+(z_iY_{li}-z_jY_{lj})^2+f_l^2(z_i-z_j)^2 \tag{6-49}$$

因式(6-43) 求得的 z_i 带有比例因子，即 $z_i'=az_i$，则式(6-49) 变为

$$a^2f_l^2D_{ij}^2=(z_i'X_{li}-z_j'X_{lj})^2+(z_i'Y_{li}-z_j'Y_{lj})^2+f_l^2(z_i'-z_j')^2 \tag{6-50}$$

由式(6-50) 可得

$$a=\pm\frac{f_1D_{ij}}{\sqrt{(z_i'X_{1i}-z_j'X_{1j})^2+(z_i'Y_{1i}-z_j'Y_{1j})^2+f_1^2(z_i'-z_j')^2}} \tag{6-51}$$

a 的符号由坐标选取法决定。

为了加强所建模型的内部强度，使算法有更高的精度，在式(6-48）的基础上又可引进距离的相对控制。在确定旋转矩阵 $\boldsymbol{R}$ 和平移矢量 $\boldsymbol{T}$ 后，用一已知精确长度值为 D 的标尺，将其摆放在测量空间的不同位置处，双目立体视觉测量系统提取标尺上的两个目标点。设

$$L_k=D_k'^2-D_1'^2 \tag{6-52}$$

其中，D_1' 为标尺位于位置 1 处时测得的含有比例因子的标尺长度；D_k' 为标尺位于位置 k 处时测得的含有比例因子的标尺长度；L_k 表征空间相对距离的分散性。于是目标函数为

$$\min F(x)=\sum_{i=1}^{2n}f_i^2(x)+\sum_{i=1}^{6}M_ih_i^2(x)+\sum_{i=1}^{n}[ml_1(x)]^2 \tag{6-53}$$

其中，n 为标尺的摆放次数；m 为权因子；$l_1(x)$ 表示标尺摆放的附加约束。最后由 Levenberg-Marquardt 法求得 x，至此获得了双目立体视觉测量系统的结构参数。

下面介绍平面靶标标定。平面靶标标定要求摄像机在两个以上不同的方位拍摄一个平面靶标，摄像机和 2D 平面靶标都可以自由移动，不需要知道运动参数，在标定过程中，假定摄像机内部参数不变。对 2D 平面进行标定，操作比较简单，弹性比较大，比较灵活，要求条件比较低，精度比较高。

标定板通常有两种：棋盘标定板和圆点标定板。圆点标定板在拍摄时因角度的不同会出现椭圆图像，求其圆心时有一定的误差，而棋盘图像不会出现该问题，因此，此处选用棋盘标定板（见图 6-13)，拍摄图像如图 6-14 和图 6-15 所示。

(a) 模板　　(b) 标定板

图 6-13　2D 模板与标定板

图 6-14　标定图像（左摄像机拍摄）

图 6-15　标定图像（右摄像机拍摄）

张正友的平面标定方法是介于传统标定方法和自标定方法之间的一种方法，它既避免了传统方法设备要求高、操作繁琐等缺点，又比自标定方法精度高。张正友的平面标定方法采用平面标定物，标定物上特征点的坐标作为已知条件，通过拍摄3张以上的不同角度的标定物的图像，建立已知条件的映射，通过最小二乘法得到投影矩阵。

6.3.2　双目立体视觉中的对应点匹配

（1）关键技术

立体匹配的过程主要涉及以下几方面的技术：首先需要确定匹配基元，匹配基元是匹配的最小单位，其选择直接关系到匹配的效果和精度；其次需要依据一定的匹配原则来执行匹配操作，匹配原则指匹配过程中设立的约束条件，其目的在于简化匹配过程、减小系统计算量；然后需要制订相关的搜索策略，合理的搜索策略可以限制解空间的大小，从而进一步减少匹配过程中存在的匹配歧义现象，提高搜索速度；最后利用相似性测度来描述匹配基元之间的相似程度，相似性测度同时也描述了计算的代价，因此也被称为代价函数。

① 匹配基元。匹配基元是匹配的最小单位。在立体匹配流程中，首先要进行匹配基元的选择，该步骤也是整个流程中最重要的。匹配基元的选择决定了选择哪一种特征、哪些信息来进行立体匹配，除此以外，也决定了匹配过程对图像和场景中哪些特征敏感和感兴趣。匹配基元的合理选择和应用大大减小了相似性度量过程所需要付出的代价，对立体匹配的计算复杂度有直接影响。在立体匹配过程中，匹配基元可选用的特征类型十分广泛，常用的有图像像素的灰度特征、图像结构特征、图像高级特征等。其中，结构特征又可细分为边缘特征、角点特征等。作为一种全局性特征，结构特征是对图像中一个区域的测量和评估，而高级特征是图像中一些高层次的结构化特征。

某种程度上，匹配基元的选择就是匹配特征类型的选择，匹配特征类型的合适与否将直接影响匹配算法的性能好坏，因而，如何选择匹配特征类型就显得至关重要。选择的匹配特征类型应当不受光照、阴影、场景反射光等因素的影响，并且能够表示场景的本质属性，所以基元的稳定性与敏感性是选择匹配基元的主要考量因素。

稳定性：针对显微立体匹配系统中存在不同程度的光度学畸变和几何学畸变的情况，所选的匹配基元必须不受这些畸变干扰，能够准确可靠地对标志点的位置进行检测，即匹配基元的稳定性。

敏感性：匹配基元是基于特征的匹配单位，为降低特征匹配过程中的错误发生概率，应使不同位置的标志特征具有显著差异，即匹配基元的敏感性。

除上述两个主要因素外，所选的匹配基元还应当具备在大视差范围情况下的适用性、检测便利性以及定位准确的基本性能。

② 匹配操作。由双目立体视觉系统原理可以看出双目立体视觉建立在对应点的视差基础之上，因此左右图像中各点的匹配关系成为双目立体视觉技术中的一个极其重要的问题。然而，对于实际的立体图像对，求解对应问题极富挑战性，可以说是双目立体视觉中最困难的一步。为了增加匹配结果的准确性以及提高匹配算法的速度，在匹配过程中通常会加入下列约束。

a. 极线约束：在此约束下，匹配点已经位于两幅图像中相应的极线上。该方法的基本原理是：对于同一场景不同角度的两幅图像而言，已知其中一幅图像上的某一特征点，分析其对应点的特征，然后在另外一幅图像中找出该点。而外极线约束是以成像几何原理为依据的，其根据一幅图像中的特征点必定在另一幅图像中的对应外极线上来搜索图像的对应点，该方法是一种一维搜索方法。

b. 唯一性约束：两幅图像中对应的匹配点应该有且仅有一个。

c. 视差连续性约束：除了被遮挡区域和视差不连续区域外，视差的变化都是平滑的。物体的表面一般都是光滑的，将光滑表面投影到各图像上时其灰度值也应是连续的，并且其视差也是连续的。例如，物体同一表面上相邻的两点，其深度值的差异不会很大，因而其视差也不会有很大偏差；而在物体两平面交接处，位于交接线两侧平面上的两个距离很近的点，尽管其视差值差异很小，但两者的深度差较大，此时连续性约束便不再成立。

d. 顺序一致性约束：位于一幅图像极线上的系列点，在另一幅图像中极线上有相同的顺序。

e. 相容性约束：指对应的特征具有相同属性，该约束随所选特征及特征属性的不同而不同。

匹配算法就是在两幅图像的匹配基元之间建立对应关系的过程，它是双目立体视觉系统的关键。实际上，任何机器视觉系统都包含一个作为其核心的匹配算法，因而对于匹配算法的研究是极为重要的。匹配算法一般包括两大类：基于灰度的算法和基于特征的算法。

基于灰度的算法是指图像处理中的区域相关技术（area-correlation technique），它是解决对应问题的一个最直观、最简单的方法。在一幅图像中以一点为中心选定一区域（窗口），在另一幅图像中寻找与该区域相关系数最大的区域，找到的区域中心被认为是原来区域中心的对应点。这种算法计算量大，但可以得到整幅图像的视差图。该算法对噪声很敏感，且计算量与窗口大小有关，因而可能匹配的范围较大，误对应可能性大，不适用于灰度分布均匀的图像，而适用于灰度分布很复杂的图像，如自然景物等。区域相关技术包含基于窗口的匹配、基于相位的匹配、基于三角剖分的匹配和基于变换的匹配等。

基于特征的算法，通过建立所选基元的对应关系，旨在获取一个稀疏深度图，如果需要则再经过内插等方法得到整幅深度图。这一类算法因各自采用的匹配基元不同而不同。总体来说，该类匹配算法都是建立在匹配基元之间的相似性度量基础上的。

③ 搜索策略。在立体匹配过程中可以通过选用一些策略来提高匹配算法的性能，这些策略叫作搜索策略。比如互补策略在特征匹配中能够对视差稀疏性进行改善，而在区域匹配中又能够提高对辐射畸变和仿射畸变匹配的稳定性。常用的搜索策略可分为全局最优搜索策略和分层匹配策略。

全局最优搜索策略：在局部匹配过程中，获得的匹配结果有时会受到局部极值困扰，在局部区域获得最佳匹配性能，但该结果并不能使得全局最优。为避免这种现象，全局最优搜索策略采用了全局性的约束条件，利用全局的优化理论方法来估计视差，建立全局能量函数，并使全局能量函数最小化来得到视差。相比局部立体匹配，全局最优搜索策略得到的视差图结果更加清晰准确，但是其算法复杂度较高，运行时间长。目前，基于全局最优搜索策略的方法主要有动态规划算法、图割法、模拟退火、置信传播等。

分层匹配策略：分层匹配策略是目前立体匹配算法中比较常用的一种搜索策略。这类算法将低分辨率处理与高分辨率处理相结合，在获得全局性结构信息的同时，又通过高分辨率分析来捕捉目标表面的局部细节信息，最后，将局部信息与全局信息相融合，在此基础上生成的视差图具有全局一致性。该类算法主要有分层随机规划算法、并行多层松弛算法、自适应尺度选择匹配算法等。

④ 相似性测度。相似性测度（相似度）或代价函数是衡量相似程度高低的指标，在立体匹配过程中有重要作用。其计算的复杂度关系到匹配的效率，对整个算法的性能有着重要影响。在双目立体匹配过程中，对于其中一幅图像中的某个点，通常根据邻域相似性来确定其在另外一幅图像中的匹配点，这里的邻域被称为窗口（邻域窗）。其过程是通过计算和比

较兴趣点在目标图像中视差范围内的每个视差值所对应的相似性函数来决定最佳匹配点，再根据最佳匹配点，计算出对应点视差。

设 $S(x,y)$ 为 (x,y) 对应的两个邻域窗的相似度；$I(x,y)$ 为目标图像 (x,y) 处的灰度值，$\overline{I}$ 为目标图像邻域窗的灰度平均值；$T(x,y)$ 为源图像 (x,y) 处的灰度值，$\overline{T}$ 为源图像邻域窗的灰度平均值。在右图像中寻找左图像中特征点的对应时，右图像为目标图像，而左图像为源图像；反之亦然。相似度计算可以根据以下任何一种方式：

a. 灰度差的平方方式：

$$S(x,y)=\sum_{y'=0}^{n-1}\sum_{x'=0}^{m-1}[T(x',y')-I(x+x',y+y')]^2 \tag{6-54}$$

b. 归一化灰度差的平方方式：

$$S(x,y)=\frac{\sum_{y'=0}^{n-1}\sum_{x'=0}^{m-1}[T(x',y')-I(x+x',y+y')]^2}{\sqrt{\sum_{y'=0}^{n-1}\sum_{x'=0}^{m-1}T(x',y')^2\sum_{y'=0}^{n-1}\sum_{x'=0}^{m-1}I(x+x',y+y')^2}} \tag{6-55}$$

c. 灰度互相关方式：

$$S(x,y)=\sum_{y'=0}^{n-1}\sum_{x'=0}^{m-1}T(x',y')I(x+x',y+y') \tag{6-56}$$

d. 归一化灰度互相关方式：

$$S(x,y)=\frac{\sum_{y'=0}^{n-1}\sum_{x'=0}^{m-1}T(x',y')I(x+x',y+y')}{\sqrt{\sum_{y'=0}^{n-1}\sum_{x'=0}^{m-1}T(x',y')^2\sum_{y'=0}^{n-1}\sum_{x'=0}^{m-1}I(x+x',y+y')^2}} \tag{6-57}$$

e. 灰度互相关系数方式：

$$S(x,y)=\sum_{y'=0}^{n-1}\sum_{x'=0}^{m-1}[T(x',y')-\overline{T}][I(x+x',y+y')-\overline{I}] \tag{6-58}$$

f. 归一化灰度互相关系数方式：

$$S(x,y)=\frac{\sum_{y'=0}^{n-1}\sum_{x'=0}^{m-1}[T(x',y')-\overline{T}][I(x+x',y+y')-\overline{I}]}{\sqrt{\sum_{y'=0}^{n-1}\sum_{x'=0}^{m-1}[T(x',y')-\overline{T}]^2\sum_{y'=0}^{n-1}\sum_{x'=0}^{m-1}[I(x+x',y+y')-\overline{I}]^2}} \tag{6-59}$$

计算特征点邻域窗的相似度，若计算数据比较小，可以选择灰度互相关系数方式来计算相似度，以避免光照变化对立体匹配的负面影响。

（2）匹配算法

① 未知极线几何的对应点匹配算法。大多数立体视觉测量对应点匹配都采用了极线约束，首先通过视觉测量系统标定，求出基本矩阵，然后在基本矩阵的指导下进行匹配。然而在一些没有标定或者需要现场标定的情形下，极线几何未知，极线约束不可利用，这种情况下，可以采用的计算过程如图 6-16 所示。在未知极线几何的立体视觉测量系统中，因为立体对应点匹配准确程度直接依赖于极线几何估计精度，因此极线几何的确定也就成为关键的一步。

② 基于特征的匹配算法。基于特征的匹配算法基本原理如下：首先分别对参照图和对

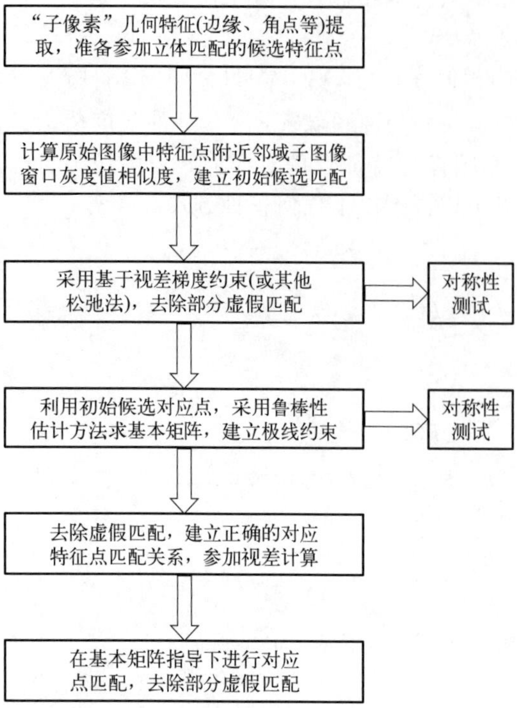

图 6-16 未知极线几何的双目立体视觉测量对应点匹配过程

照图进行特征提取，并计算图像特征的距离，使得特征距离最小的点即为要求的特征点，然后根据对应特征点得到视差。为了强调空间景物的结构信息，特征匹配方法应当有选择地对可表示景物自身特性的特征进行选取，从而有效避免存在于立体匹配中的歧义性问题。在基于特征的匹配算法中特征的选择非常重要，匹配特征应该对应景物的特定特征，尽量避免产生误匹配，常用的特征包括角点、边缘、闭合区域、直线段等。

角点特征在模式识别及机器视觉领域应用非常广泛，角点检测的算法也非常多，基于角点特征的立体匹配算法是通过建立图像对中角点特征间的关系以找出其中的同名角点，并以同名角点为依据来建立图像中角点的匹配关系。

直线段特征也是特征提取方法中常用的一种，通过霍夫变换即可获得图像的直线段特征。霍夫变换使得原图像中直线或曲线上的所有点集中变换到变换空间的某一点位置，形成峰值，从而用变换空间中的峰值检测代替原始图像中的直线或曲线检测过程。采用直线段特征进行特征匹配的难点在于对应特征点之间的关系建立，常用的方法是以直线段的顶点位置和斜率构造直方图，并寻找直方图聚集束来完成直线段匹配。

在立体视觉问题上，基于特征的匹配算法在很多方面都表现出了较好的鲁棒性。该方法不依赖于图像灰度，因而抗干扰性更好，除此以外还具有计算速度较快、易于处理视差不连续问题的优点。但是，基于特征的匹配算法也存在以下缺点。

a. 特征提取和特征定位的结果对匹配结果有直接影响。

b. 相比基于区域的匹配算法，该算法计算量小，但只能获得部分特征点视差；要想获得稠密的视差，必须通过插值，但插值过程比较复杂。

③ 基于相位的匹配算法。基于相位的匹配方法是一种基于多尺度空间的频域分析方法，这种方法采用局部带通滤波器组提取图像对中的相位差信息，并以此作为视差信息进行匹配，该方法可获得稠密视差。相位能反映图像信号中的结构信息，且可以减少光照强度影响，适用于屋顶状边缘和阶跃状边缘检测。基于相位的匹配算法以“图像对中对应点的局部相位相等”这个假设为理论前提。该算法对图像的高频噪声抑制效果很好，但是，当假设在局部位置不成立时，会产生相位奇异，即因带通信号幅值过低导致的算法失效。当带通滤波器波长产生变化时，该算法的收敛范围也会随之改变，匹配精度随视差范围增大而下降。

基于相位的匹配算法步骤如下：

a. 输入立体图像对；

b. 由滤波器组来获取图像尺度谱；

c. 选取相位区域；

d. 计算实际相位差和理想相位差；

e. 构造合适的匹配测度函数；

f. 计算对应点的视差。

下面对三种匹配方法（算法）的性能进行比较，如表 6-2 所示。

表 6-2　立体匹配方法

性质	未知极线几何的对应点匹配方法	基于特征的匹配方法	基于相位的匹配方法
适用的图像类型	纹理丰富的图像	特征比较丰富的图像	满足局部相位相等假设、显微奇点较少的图像
噪声敏感度	对局部噪声敏感，尤其在低纹理区域易产生误匹配	重点关注特征点，对光照等变化有一定鲁棒性	可抑制高频噪声及畸变影响，但在相位奇点处，对各种扰动很敏感
计算时间	慢	快	较慢
匹配结果	精度一般	精度较高	精度高
视差	范围无约束	特征点视差	稠密视差
实现难度	实现难度一般	实现难度较大	实现难度大

6.4　案例——双目立体视觉实现深度测量

现今越来越多场景用到双目立体视觉实现深度测量，原因为：双目立体视觉系统简单、成本不高；非接触测量，从而提高系统的可靠性；具有较宽的光谱响应范围；可以长时间实现测量、分析和识别任务。

下面介绍双目立体视觉实现深度测量的实例，该实例包括图片的采集和校正、视差与深度的计算、三维坐标的计算与输出。

采用 MiddleBurry 双目数据库，该数据库是 MiddleBurry 大学的 Daniel Scharstein 和微软的 Richard Szeliski 在 2002 年提出的。网站链接如下：https：//vision. middlebury. edu/stereo/data/scenes2014/。数据由 2×15 图像对组成，全分辨率下的最大视差范围为 200 到 800 像素，以 PFM（便携式浮点图）格式存储，测试集和训练集分别包含 15 张图像，对于训练集，有一个全自动的在线评估机制，允许评估训练集上的结果并可与在线表格当中所有其他提交的结果进行比较。此外，在 SDK（软件开发工具包）中提供了评估代码帮助算法开发和参数调整。计算视差采用 SGBM（semi-global block matching，半全局块匹配）算法，该算法的核心为 SGM（semi-global matching，半全局匹配）算法。

6.4.1　实验图片采集和校正

```
# 预处理
def preprocess(img1, img2):
# 彩色图-> 灰度图
if (img1. ndim ==3):
img1 = cv2. cvtcolor(img1,cv2. COLOR_BGR2GRAY)    # 通过 OpenCV 加载的图像通道是 BGR
if(img2. ndim ==3) :
img2 = cv2. cvtColor(img2, CV2. COLOR_BGR2GRAY)
# 直方图均衡
```

```
    img1 = cv2.equalizeHist(img1)
    img2 = cv2.equalizeHist(img2)
    return img1,img2

    # 清除畸变
    def undistortion(image,camera_matrix,dist_coeff):
    undistortion_image = cv2.undistort(image,camera_matrix,dist_coeff)

    return undistortion_image

    # 获取畸变校正和立体校正的映射变换矩阵、重投影矩阵
    # @ param: config 是一个类,存储着双目标定的参数: config = stereoconfig.stereoCamera()
    def getRectifyTransform(height, width,config):
    # 读取内参和外参
    left_K = config.cam_matrix_left
    right_K = config.cam_matrix_right
    left_distortion = config.distortion_l
    right_distortion = config.distortion_r
    R = config.R
    T = config.T
    # 计算校正变换
    R1,R2,P1,P2,Q,roi1,roi2 = cv2.stereoRectify(left_K, left_distortion,right_K,
right_distortion,
                                                   (width, height),R,T,alpha=0)
    map1x,map1y = cv2.initUndistortRectifyNap(left_K,left_distortion,R1,P1,(width,
height),
                                                                      cv2.CV_32FC1)
    map2x, map2y = cv2.initUndistortRectifywap(right_K, right_distortion, R2, P2,
(width,
                                                         height),cv2.CV_32FC1)
    return map1x,map1y,map2x,map2y,Q

    # 畸变校正和立体校正
    def rectifyImage(image1, image2,map1x,map1y,map2x,map2y):
    rectifyed_img1 = cv2.remap(image1, map1x,map1y,cv2.INTER_AREA)
    rectifyed_img2 = cv2.remap(image2,map2x,map2y,cv2.INTER_AREA)
    return rectifyed_img1,rectifyed_img2

    # 立体校正检验:画线
    def draw_line( image1,image2):
    # 建立输出图像
    height = max (image1.shape[0], image2.shape[0])
    width = image1.shape[1] + image2.shape[1]

    output = np.zeros((height,width,3),dtype=np.uint8)
    output[ e:image1.shape[e],:image1.shape[1]] = image1
```

```
    output[0:image2.shape[e], image1.shape[1]: ]=image2

    # 绘制等间距平行线
    line_interval = 50    # 直线间隔:50
    for k in range(height // line_interval):
    cv2.line(output,(0,line_interval* (k + 1)),(2* width,line_interval* (k + 1),(0,
255,8), thickness=2,
    lineType=cv2.LINE_AA)
    return output
```

6.4.2　视差和深度计算

```
    # 视差计算
    def stereoMatchSGBM(left_image,right_image,down_scale=False):
    # SGBM 匹配参数设置
    if left_image.ndim ==2:
    img_channels = 1
    else:
    img_channels = 3
    blockSize = 3
    paraml = { 'minDisparity  : 0,
                 'numDisparities ' : 64, 'blocksize ': blocksize,
            'P1':8* img_channels * blocksize ** 2,
            'P2':32* img_channels * blockSize ** 2,
            'disp12MaxDiff': 1,
            'preFilterCap': 63,
            'uniquenessRatio': 15,
            'specklewindowSize ' : 180,
            'speckleRange' : 1,
            'mode ' : cv2.STEREO_SGBM_MODE_SGBM_3WAY
            }
    # 构建 SGBM 对象
    left_matcher = cv2.StereoSGBM_create(** paraml)
    paramr = paraml
    paramr[ 'minDisparity']--paraml[ ' numDisparities ']
    right_matcher = cv2.stereoSGBM_create(** paramr)

    # 计算视差图
    size =(left_image.shape[1],left_image.shape[e])
    if down_scale ==False:
    disparity_left=left_matcher.compute(left_image,right_image)
    disparity_right = right_matcher.compute(right_image,left_image)
    else:
    left_image_down = cV2.pyrDown(left_image)
    right_image_down = cv2.pyrDown(right_image)
```

```
    factor = left_image.shape[1] / left_image_down.shape[1]

    disparity_left_half = left_matcher.compute(left_image_down,right_image_down)
    disparity_right_half = right_matcher.compute(right_image_down,left_image_down)
    disparity_left = cv2.resize(disparity_left_half,size,interpolation=cv2.INTER_AREA)
    disparity_right = cv2.resize(disparity_right_half,size,interpolation=cv2.INTER_
AREA)
    disparity_left = factor * disparity_left
    disparity_right = factor * disparity_right

    # 真实视差((因为 SGBM 算法得到的视差是×16 的)
    trueDisp_left = disparity_left.astype(np.float32)/ 16.
    trueDisp_right = disparity_right.astype(np.float32)/ 16.

    return trueDisp_left,trueDisp_right
```

6.4.3 计算三维坐标并输出三维空间位置

```
    # 将h ×w ×3 数组转换为N ×3 的数组
    def hw3ToN3(points):
    height,width = points.shape[0:2]

    points_1 = points[:, :, 0].reshape(height * width,1)
    points_2 = points[:, :,1].reshape(height * width,1)
    points_3 = points[:, :,2].reshape( height * width,1)

    points_ = np.hstack((points_1,points_2,points_3))

    return points_
```

选取 MiddleBurry 双目数据库中的图片如图 6-17 所示。

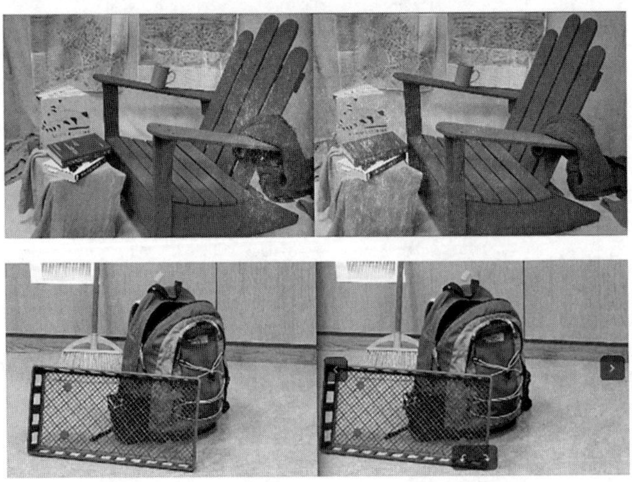

图 6-17　MiddleBurry 双目数据图

双目立体视觉实现深度测量实例的程序处理结果如图 6-18 所示。

图 6-18　视差图

第 7 章 机器学习在机器视觉中的应用

7.1 机器学习及相关数学知识

7.1.1 机器学习简介

机器学习是人工智能的分支，旨在使计算机能够通过数据和经验来自动学习和改进性能，而无需明确地进行编程。在机器学习中，使用大量的数据作为模型的输入，并根据所预期的输出进行训练，模型将通过学习数据中的模式和关联性来调整自身，以便能够在未来的输入上做出准确的预测或决策。

机器学习的发展可以追溯到 20 世纪 50 年代，当时科学家们开始研究如何使机器能够从数据中学习和改进性能。随着计算能力的提高和数据的不断增长，机器学习逐渐取得了显著的进展。在过去的几十年中，机器学习经历了几个重要的里程碑。其中之一是神经网络的复兴，特别是深度学习的兴起。深度学习利用多层神经网络来模拟人脑的工作方式，通过大规模数据来训练模型，并取得了在图像识别、语音识别等领域的突破性成果。另一个重要的发展是强化学习的兴起，它是一种让机器通过与环境交互来学习并进行决策的方法，而且强化学习在游戏、机器人控制等领域取得了一些令人瞩目的成功。此外，机器学习在自然语言处理、推荐系统、医疗诊断等领域也取得了显著进展。大量的数据和强大的计算能力使得机器学习有更好的表现，并且正在不断应用于各个领域。

机器学习有多种方法和算法，包括监督学习、无监督学习和强化学习。在监督学习中，模型接收带有已知标签的训练样本，并学习将输入映射到正确的输出。无监督学习则是从无标签的数据中发现隐藏的模式和结构。强化学习是一种通过与环境进行互动来学习最佳行为策略的方法。机器学习包含的算法如图 7-1 所示。

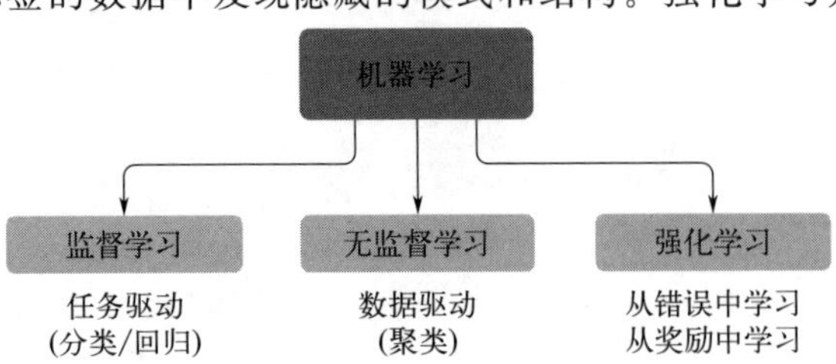

图 7-1　机器学习包含的算法

机器学习的意义在于通过训练算法和模型，使计算机能够从数据中学习并自动改善性能。它可以帮助人类处理和分析大量的数据，发现隐藏在数据背后的模式和规律，从而提供洞察和预测。

机器学习已经有了十分广泛的应用，例如：数据挖掘、计算机视觉、自然语言处理、生物特征识别、搜索引擎、医学诊断、DNA 序列测序、语音和手写识别、战略游戏和机器人运用等。

7.1.2　机器学习的相关数学知识

机器学习需要一些基础的数学知识，主要是因为它涉及许多数学概念和方法，下面是一些机器学习常用的数学知识：线性代数、概率论、信息论、最优化。

（1）线性代数

线性代数是机器学习中最基本的数学工具之一。它提供了一种处理向量、矩阵和张量的数学框架，这些在机器学习中经常出现。例如，线性回归、主成分分析和支持向量机等算法都依赖于线性代数的概念和方法。因此，掌握线性代数对于理解和应用机器学习是非常重要的。

在机器学习中，线性代数会涉及以下几类数学概念：

① 标量：一个标量就是一个单独的数，一般用斜体表示标量，它不同于线性代数中研究的其他大部分对象，标量通常被赋予小写的变量名称。

② 向量：一个向量是一列数，这些数是有序排列的。通过次序中的索引，可以确定每个单独的数，向量中的元素可以通过带角标的符号来表示。一般用粗体的小写字母表示向量，比如 $\boldsymbol{x}$，将向量 $\boldsymbol{x}$ 写成方括号包含的纵柱，如式(7-1) 所示：

$$\boldsymbol{x}=\begin{bmatrix}x_1\\x_2\\\vdots\\x_n\end{bmatrix}\tag{7-1}$$

③ 矩阵：矩阵是一个二维数组，通常赋予矩阵粗体大写变量名称，比如 $\boldsymbol{A}$，一个矩阵可以表示成如式(7-2) 所示：

$$\boldsymbol{A}=\begin{bmatrix}x_{11} & x_{12}\\x_{21} & x_{22}\end{bmatrix}\tag{7-2}$$

④ 张量：在某些情况下，不只会用到二维坐标的数组，如果一组数组中的元素分布在若干维坐标的规则网络中，就将其称为张量。

下面介绍机器学习中需要用到线性代数的重点内容。

① 特征分解。特征分解是线性代数中的一种基本技术，可以用于许多问题中，如数据降维、特征选择、矩阵分解等，同时也会涉及一些相关技术，如主成分分析（PCA）和奇异值分解（SVD）等。其中，PCA 是一种常用的数据降维技术，它可以将高维数据映射到低维空间，来减少特征维度。奇异值分解是一种矩阵分解技术，可以将矩阵分解成一组奇异向量和奇异值的乘积的形式。

在特征分解的情况下，将初始矩阵分解为其特征值和特征向量的乘积。方阵 $\boldsymbol{A}$ 的特征向量是一个非零向量 $\boldsymbol{v}$，标量 λ 是这个特征向量所对应的特征值，如式(7-3) 所示：

$$\boldsymbol{A}=\lambda\boldsymbol{v}\tag{7-3}$$

除此之外，每一个实对称矩阵都可以用实值特征向量和特征值分解为一个表达式，如式(7-4) 所示：

$$\boldsymbol{A}=\boldsymbol{Q}\boldsymbol{\Lambda}\boldsymbol{Q}^{\mathrm{T}}\tag{7-4}$$

其中，$\boldsymbol{\Lambda}$ 是对角矩阵；$\boldsymbol{Q}$ 是 $\boldsymbol{A}$ 的特征向量组成的正交矩阵。任何实对称矩阵 $\boldsymbol{A}$ 都保证

有一个特征分解，但特征分解不一定是唯一的。

② 奇异值分解（singular value decomposition，SVD）。奇异值分解是一种常用的矩阵分解方法，它可以将一个矩阵分解成三个矩阵乘积的形式。

SVD 在机器学习中有广泛的应用，下面列举了几个常见的应用场景：

a. 降维：SVD 可以用于数据降维，特别是在特征矩阵中存在大量冗余信息时。通过对数据矩阵进行 SVD，可以选择前面的奇异值和对应的奇异向量来表示原始数据，从而实现降维。

b. 图像压缩：SVD 可以应用于图像压缩领域。通过对图像矩阵进行 SVD，并保留较大的奇异值，可以实现对图像的有效压缩，同时保留主要的图像特征。

c. 推荐系统：在协同过滤推荐系统中，SVD 可以用于对用户-物品评分矩阵进行分解，提取用户和物品的隐含特征。通过对这些隐含特征的组合，可以推荐物品给用户。

d. 特征提取：在机器学习任务中，SVD 可以用于提取数据集的主要特征。通过对数据矩阵进行 SVD，并选择前面的奇异值和对应的奇异向量，可以得到一个更紧凑且表示原始数据中主要信息的特征集。

这些只是 SVD 在机器学习中的一些常见应用，实际上 SVD 还可以用于矩阵填充、信号处理、自然语言处理等领域，SVD 的广泛应用使其成为机器学习中一个重要的工具。

③ 曼哈顿距离。曼哈顿距离又称为城市街区距离（Manhattan distance 或 city block distance），是计算两个向量之间距离的一种方法。其计算方法是将两个向量的每个元素之间的差的绝对值相加，如式(7-5) 所示：

$$d_{12}=\sum_{k=1}^{n}|x_{1k}-x_{2k}| \tag{7-5}$$

曼哈顿距离在机器学习中有多种应用。其中一种常见的应用是在特征工程和数据预处理中使用曼哈顿距离来计算特征之间的相似性或距离。例如，在聚类算法中，可以使用曼哈顿距离来计算数据点之间的相似性，并根据相似性将它们分组到不同的簇中。

另外，在推荐系统中，也可以使用曼哈顿距离来衡量用户与物品之间的偏好或兴趣的相似性，通过计算用户对不同物品的评分向量之间的曼哈顿距离，可以找到与用户兴趣最相似的物品并进行推荐。

此外，曼哈顿距离还可以用于异常检测和离群点分析，通过计算数据点与其他数据点之间的曼哈顿距离，可以判断其是否远离其他点，并将其标记为潜在的异常值或离群点。

下面是一个简单的 Python 代码示例，用于计算两个向量之间的曼哈顿距离。

```
def manhattan_distance(x, y):
    return sum(abs(a - b) for a, b in zip(x, y))
```

其中，$\boldsymbol{x}$ 和 $\boldsymbol{y}$ 分别表示两个向量；zip() 函数用于将两个向量的对应元素组合成一个元组；abs() 函数用于求元素之间的绝对值；sum() 函数用于将所有元素的差的绝对值相加。

例如，可以使用以下代码计算两个向量［1，2，3］和［4，5，6］之间的曼哈顿距离。

```
x = [1, 2, 3]
y = [4, 5, 6]
print(manhattan_distance(x, y))  #  输出结果为 9
```

这里的结果是 9，因为两个向量的每个对应元素之间的差的绝对值之和为 9，即$|1-4|+$

|2−5|+|3−6|=3+3+3=9。

④ 欧氏距离。欧氏距离（Euclidean distance）是计算两个向量之间距离的一种常用方法，表示两个点之间的真实距离。对于两个向量 **x** 和 **y**，欧氏距离的计算公式如式(7-6)所示。

$$d_{12}=\sqrt{\sum_{k=1}^{n}(x_{1k}-x_{2k})^2} \tag{7-6}$$

欧氏距离是机器学习中常用的距离度量方式之一，它用于衡量欧几里得空间中两个向量之间的距离。

在许多机器学习任务中，欧氏距离经常被用作相似性度量或者作为模型评估的指标。一种常见的应用是聚类算法，通过计算数据集中每个样本之间的欧氏距离，可以将相似的样本聚集在一起。例如，K 均值算法使用欧氏距离来度量样本之间的相似性，并将它们分配到 k 个簇中。

另一个应用是最近邻算法，在最近邻分类中，通过计算测试样本与训练样本之间的欧氏距离，找到与测试样本最相似的训练样本，并将其标签作为预测结果。

此外，欧氏距离也被用于降维技术中，如主成分分析（PCA），PCA 通过计算特征向量之间的欧氏距离来找到数据集中最重要的特征，并将其转换为新的低维表示。

欧氏距离的 Python 实现：

```
import math

def euclidean_distance(x, y):
    return math.sqrt(sum([(a - b) ** 2 for a, b in zip(x, y)]))
```

其中，zip() 函数用于将两个向量的对应元素组合成一个元组；** 2 表示对元素之差求平方；sum() 函数用于将所有元素之差的平方相加；math.sqrt() 函数用于对结果进行开方运算。

⑤ 闵可夫斯基距离。闵可夫斯基距离（Minkowski distance）是一种计算两个向量之间距离的通用方法，可以视为欧氏距离和曼哈顿距离的一般化。对于两个向量 **x** 和 **y**，闵可夫斯基距离的计算公式如式(7-7) 所示：

$$d_{12}=\sqrt[p]{\sum_{k=1}^{n}(x_{1k}-x_{2k})^p} \tag{7-7}$$

实际上，当 $p=1$ 时，就是曼哈顿距离；当 $p=2$ 时，就是欧氏距离。

闵可夫斯基距离的 Python 实现：

```
import math

def minkowski_distance(x, y, p):
    return math.pow(sum([abs(a - b) ** p for a, b in zip(x, y)]), 1/p)
```

其中，zip() 函数用于将两个向量的对应元素组合成一个元组；，abs() 函数用于求元素之间的绝对值；** p 表示元素之差的 p 次方；sum() 函数用于将所有元素的差的 p 次方相加；math.pow() 函数用于对结果进行 p 次方根运算。

在机器学习中，闵可夫斯基距离可以应用于以下情况：

a. 聚类算法：聚类算法根据样本之间的相似性将其分组。闵可夫斯基距离可以作为聚类算法中的一个相似性度量，例如K均值算法中，可以用闵可夫斯基距离来计算样本点与聚类中心的距离。

b. 分类算法：分类算法通常需要计算样本之间的相似性来判断其所属类别。闵可夫斯基距离可以用作分类算法中样本之间距离的度量标准。

c. 特征选择：在特征选择过程中，需要考虑特征之间的相关性，闵可夫斯基距离可以用来衡量不同特征之间的相似性或差异性，从而帮助筛选出与目标变量相关性较高的特征。

需要注意的是，闵可夫斯基距离的选择取决于具体问题和数据集的特点。在实际应用中，根据实际情况选择适合的距离度量方法是非常重要的。

⑥ 夹角余弦。夹角余弦是一种衡量两个向量之间相似度的常用方法，常用于文本分类、推荐系统等领域。对于两个向量 $\boldsymbol{x}$ 和 $\boldsymbol{y}$，夹角余弦的计算公式如式(7-8) 所示：

$$\cos\theta = \frac{\boldsymbol{x} \cdot \boldsymbol{y}}{|\boldsymbol{x}||\boldsymbol{y}|} = \frac{\sum_{k=1}^{n} x_{1k} x_{2k}}{\sqrt{\sum_{k=1}^{n} x_{1k}^2} \sqrt{\sum_{k=1}^{n} x_{2k}^2}} \tag{7-8}$$

夹角余弦在机器学习中是一种常用的度量方法，可用于计算向量之间的相似度或相关性。在自然语言处理领域，通过将文本表示为向量，例如词向量或句子向量，可以使用夹角余弦来度量两个文本向量之间的相似性。较小的夹角余弦值表示两个向量更为相似，而较大的夹角余弦值则表示它们更为不相似。

在图像处理中，通过将图像表示为向量，如基于卷积神经网络提取的特征向量，可以使用夹角余弦来度量两个图像向量之间的相关性。这可以用于图像检索、图像分类和图像相似度比较等任务。

此外，在推荐系统中，通过将用户或物品表示为向量，可以使用夹角余弦来度量它们之间的相关性，从而实现个性化的推荐。

夹角余弦还被广泛用于聚类分析中，用于度量不同数据点之间的相似性。通过计算数据点之间的夹角余弦值，可以将相似的数据点聚集在一起，形成具有相似特征的簇群。

夹角余弦的Python实现：

```
import math

def cosine_similarity(x, y):
    numerator = sum([a * b for a, b in zip(x, y)])
    denominator = math.sqrt(sum([a ** 2 for a in x])) * math.sqrt(sum([b ** 2 for b in y]))
    return numerator / denominator
```

其中，zip() 函数用于将两个向量的对应元素组合成一个元组；* 运算符用于对元素进行逐一相乘；sum() 函数用于将所有元素相乘的结果相加；math.sqrt() 函数用于对向量的模长进行开方运算。

⑦ 汉明距离。汉明距离（Hamming distance）是衡量两个等长字符串之间距离的一种度量方式，表示两个字符串对应位置上不同字符的个数。

汉明距离在机器学习中有多个应用。其中一个主要应用是在文本和图像匹配中，用于比较两个样本的相似程度。在文本匹配中，可以将文本编码成二进制向量，然后使用汉明距离来计算它们之间的差异。在图像匹配中，可以将图像转换为二进制矩阵或特征向量，然后使用汉明距离来度量它们的相似度。

另外，汉明距离还常被用于错误检测和纠错码的设计中。在这些应用中，汉明距离用于衡量两个编码之间的差异，从而判断是否存在错误，并尽可能地进行纠正。

此外，汉明距离还可以在聚类分析和分类任务中用作特征选择或特征提取的度量标准。通过计算不同特征之间的汉明距离，可以选择具有高区分性和低冗余性的特征子集。

下面是一个简单的 Python 代码示例，用于计算两个等长字符串之间的汉明距离。

```
def hamming_distance(a, b):
    return sum([1 for i in range(len(a)) if a[i] !=b[i]])

# 示例
s1 = "10101010"
s2 = "11110000"
print(hamming_distance(s1, s2))  # 输出结果为 4
```

在上述代码中，hamming_distance() 函数接收两个等长字符串 a 和 b 作为参数，使用 sum() 函数计算两个字符串之间的汉明距离。例如，上面的示例中，$s1$ 和 $s2$ 的汉明距离为 4，表示它们在 4 个位置上的字符不同。

⑧ 杰卡德相似系数。杰卡德相似系数（Jaccard similarity coefficient）是一种衡量两个集合之间相似度的常用方法。对于两个集合 A 和 B，杰卡德相似系数的计算公式如式(7-9)所示：

$$J_{\sigma}=1-J(A,B)=\frac{|A\cup B|-|A\cap B|}{|A\cup B|} \tag{7-9}$$

杰卡德相似系数在机器学习中经常用于度量集合之间的相似性，即它们共同拥有的元素占所有元素的比例。它主要用于处理非数值型数据，例如文本、标签等。

在机器学习中，杰卡德相似系数可以应用于以下场景：

a. 文本相似度计算：可以使用杰卡德相似系数来度量文本之间的相似性，比较文本中词汇的重叠情况。这在信息检索、文档聚类和推荐系统等任务中很有用。

b. 社交网络分析：在社交网络分析中，可以使用杰卡德相似系数来确定两个用户之间的社交关系的相似性。通过比较两个用户的好友列表，可以计算出它们之间的相似程度。

c. 推荐系统：在协同过滤推荐系统中，杰卡德相似系数可以用来度量用户之间的兴趣相似度。通过比较用户对商品的喜好列表，可以计算出用户之间的相似性，从而实现个性化推荐。

杰卡德相似系数的 Python 实现：

```
def jaccard_similarity(set1, set2):
    intersection = len(set1.intersection(set2))
    union = len(set1.union(set2))
    return intersection / union

# 示例
set1 = set([1, 2, 3, 4, 5])
set2 = set([3, 4, 5, 6, 7])
print(jaccard_similarity(set1, set2))  # 输出结果为 0.375
```

在上述代码中，jaccard_similarity() 函数接受两个集合 set1 和 set2 作为参数，使用集合的交集和并集计算两个集合之间的杰卡德相似系数。例如，上面的示例中，set1 和 set2 的杰卡德相似系数为 0.375，表示两个集合之间的重叠部分占总元素的比例为 37.5%。

（2）概率论

机器学习中概率论起着重要的作用，它可以帮助量化不确定性并推断未知数据的可能性，这对于模型的建立、训练和评估都是至关重要的。

在机器学习中，经常使用概率模型来描述数据的分布情况，例如高斯分布、伯努利分布等。利用这些概率模型，可以通过观测到的数据来推断未观测到的数据的概率分布，这种推断过程通常基于贝叶斯定理，结合先验知识和观测数据来更新对未知参数或未知数据的估计。

另外，概率论也用于解决机器学习中的优化问题。例如，在最大似然估计中，通过最大化给定数据集下模型参数的似然函数来优化模型。同时，概率论中的马尔可夫链蒙特卡罗（MCMC）方法也被广泛应用于贝叶斯推断中的参数估计和模型选择。

此外，概率论还与决策理论和强化学习相关。在强化学习中，概率论可以用来建立马尔可夫决策过程（MDP）和部分可观测马尔可夫决策过程（POMDP）等模型，以及处理不确定性和探索-利用问题。

总而言之，概率论提供了一种严密的数学工具，可以帮助机器学习系统处理不确定性问题、进行推断和优化，以及解决决策相关的问题。

下面介绍机器学习中用到的一些概率论的相关知识。

① 随机变量。随机变量是概率论中的一个概念，它可以用来描述实验、随机现象或事件的可能结果。在机器学习中，随机变量广泛应用于概率模型和统计推断的建模过程中。

以下是一些常见的应用领域：

a. 概率图模型：随机变量用于描述概率图模型中的节点和边。例如，贝叶斯网络和隐马尔可夫模型等都使用随机变量来表示不同的状态或观测。

b. 参数估计：通过对随机变量的观测数据进行分析，可以估计出模型中的参数。常见的方法包括最大似然估计和贝叶斯统计推断。

c. 特征工程：随机变量可以用于构建特征向量，进而用于训练机器学习模型。例如，在自然语言处理中，可以将文本转换为随机变量表示的单词或短语。

d. 强化学习：随机变量可用于描述强化学习问题中的状态和动作空间。常见的方法（如 Q 学习和策略梯度方法）都有对应的随机变量表示。

② 概率分布。概率分布是导致某随机事件出现的可能性。从机器学习的角度来看，给定某随机变量的取值范围，概率分布就是符合随机变量取值范围的某个对象属于某个类别或服从某种趋势的可能性。

概率分布在机器学习中有广泛的应用。以下是一些常见的应用场景：

a. 生成模型：概率分布可以用于生成模型，即模拟数据的生成过程。这些模型可以通过学习观察到的数据来估计概率分布，并用于生成新的样本。常见的生成模型包括高斯混合模型（Gaussian mix models，GMM）和变分自编码器（variational autoencoders，VAE）等。

b. 分类问题：在监督学习中，概率分布可以用于建模和预测不同类别的概率。例如，逻辑回归模型使用了逻辑斯谛分布来表示样本属于某个类别的概率。

c. 聚类问题：概率分布可以用于聚类任务，即将数据划分为不同的组别。高斯混合模型是一种常用的概率聚类方法，它假设每个聚类服从一个高斯分布。

d. 异常检测：概率分布可以用于检测数据中的异常点或离群值。通过对正常数据的概率分布进行建模，可以使用该模型来评估新样本的异常程度。

e. 强化学习：在强化学习中，概率分布可以用于对智能体在不同状态下采取不同行动的概率进行建模。这些概率分布可以被用于决策过程，以最大化长期奖励。

③ 条件概率。条件概率是指在已知某一事件发生的条件下，另一个事件发生的概率，条件概率的公式如式(7-10) 所示：

$$P(Y=y|X=x)=\frac{P(Y=y,X=x)}{P(X=x)} \tag{7-10}$$

条件概率在机器学习中有很多应用，以下是一些常见的应用示例：

a. 朴素贝叶斯分类器：朴素贝叶斯分类器是基于条件概率的分类方法。它假设特征之间相互独立，并使用贝叶斯定理来计算在给定某个类别的条件下，某个样本属于该类别的概率。

b. 隐马尔可夫模型（HMM）：HMM 是一种统计模型，广泛应用于语音识别、自然语言处理等领域。HMM 假设观测序列是由隐藏的状态序列生成的，并使用条件概率来描述状态转移和观测生成的过程。

c. 条件生成对抗网络（cGAN）：cGAN 是生成对抗网络（GAN）的一种变体。它在生成器网络中引入条件向量，通过条件概率来控制生成的样本。这使得我们可以根据给定的条件生成特定类型的样本，如给定一个类别标签生成对应类别的图像。

d. 马尔可夫随机场（MRF）：MRF 是一种概率图模型，用于对具有随机性的空间结构数据进行建模。它使用条件概率来描述节点之间的依赖关系，并用于图像分割、目标检测等计算机视觉任务。

④ 贝叶斯公式。贝叶斯公式是一种概率论中的公式，用于计算在已知某个观测结果的条件下，某个假设成立的概率。

下面是贝叶斯公式的推导过程：

这里先了解条件概率公式：

$$P(B|A)=\frac{P(AB)}{P(A)},P(A|B)=\frac{P(AB)}{P(B)} \tag{7-11}$$

由条件概率可以得到乘法公式，如式(7-12) 所示：

$$P(AB)=P(B|A)P(A)=P(A|B)P(B) \tag{7-12}$$

将条件概率公式和乘法公式结合可以得到：

$$P(B|A)=\frac{P(A|B)\times P(B)}{P(A)} \tag{7-13}$$

再由全概率公式：

$$P(A)=\sum_{i=1}^{N}P(A|B_i)\times P(B_i) \tag{7-14}$$

代入可以得到贝叶斯公式：

$$P(B_i|A)=\frac{P(A|B_i)\times P(B_i)}{\sum_{i=1}^{N}P(A|B_i)\times P(B_i)} \tag{7-15}$$

贝叶斯公式在机器学习中有着广泛的应用。在分类问题中，贝叶斯公式可以用于计算后验概率，即在已知输入特征的情况下某个类别的概率，这种方法被称为朴素贝叶斯分类器，它基于特征之间的条件独立性假设，并使用贝叶斯公式来计算后验概率。

贝叶斯公式还可以用于处理缺失数据，通过利用已知特征的观测数据，结合先验概率和其他相关特征的条件概率，可以对缺失特征进行估计。

此外，贝叶斯公式还可以用于参数估计和模型选择，通过考虑先验概率和观测数据，可以更新模型参数的后验概率，并基于后验概率进行模型选择。

总之，贝叶斯公式在机器学习中提供了一种基于概率的框架，用于处理分类、缺失数据、参数估计和模型选择等问题。

⑤ 数学期望。在概率论和统计学中，数学期望是试验中每次可能结果的概率乘以其结果的总和，它是最基本的数学特征之一，用来反映随机变量平均值的大小。

数学期望在机器学习中有广泛的应用。在监督学习中，数学期望通常用于计算损失函数，在训练模型时，希望找到能够最小化损失函数的最优参数，通过计算每个样本的损失函数值的数学期望，可以评估模型在整个数据集上的性能。

另外，在概率模型中，数学期望也被广泛应用。例如，在高斯混合模型中，可以使用数学期望最大化（EM）算法来估计模型参数。EM 算法通过迭代计算数据的条件概率和期望值来最大化对数似然函数。

此外，数学期望还可以用于特征工程中的特征选择和特征权重计算，通过计算特征与目标变量之间的相关性，可以利用数学期望选择最相关的特征或计算特征的权重。

⑥ 方差。概率中，方差用来衡量随机变量与其数学期望之间的偏离程度。统计中的方差为样本方差，是各个样本数据分别与其平均数之差的平方和的平均数，数学表达式如式(7-16）所示：

$$\mathrm{Var}(x)=E\{[x-E(x)]^2\}=E(x^2)-[E(x)]^2 \tag{7-16}$$

在机器学习中，经常使用方差来评估模型的性能和稳定性，以下是一些方差在机器学习中的应用：

a. 模型评估：方差可以用来评估训练好的模型在不同数据集上的性能稳定性，如果模型在不同数据集上的表现差异较大，说明模型可能存在高方差问题，即过拟合。

b. 特征选择：方差可以用来评估特征的相关性和重要性。如果某个特征的方差非常低，说明该特征在样本集中的变化较小，可能对模型预测结果没有太大贡献，可以考虑删除该特征。

c. 数据预处理：方差可以用来识别数据中存在的噪声或异常值。如果某个特征的方差较大，而其他特征的方差较小，则可能存在某些异常值或噪声，需要进行数据清洗或异常值处理。

d. 正则化：方差在正则化方法中发挥重要作用，正则化通过添加一个惩罚项来控制模型的复杂度，以减小方差。常见的正则化方法包括 L1 正则化和 L2 正则化。

⑦ 协方差。在概率论和统计学中，协方差被用于衡量两个随机变量 X 和 Y 之间的总体误差，数学定义式如式(7-17）所示：

$$\mathrm{Cov}(X,Y)=E[(X-E[X])(Y-E[Y])]=E[XY]-E[X]E[Y] \tag{7-17}$$

在机器学习中，协方差具有广泛的应用，以下是一些常见的应用场景：

a. 特征选择：通过计算特征与目标变量之间的协方差，可以评估特征与目标之间的相关性。这有助于选择与目标变量高度相关的特征，以提高模型的预测能力。

b. 特征变换：协方差矩阵可以用于进行特征变换，通过计算数据集的协方差矩阵，可以获取数据集中特征之间的关系信息。这有助于找到一组新的特征，使得它们之间的协方差为零或接近零，从而减少冗余信息。

c. 主成分分析（PCA）：PCA 是一种常见的降维技术，它通过线性变换将原始特征投影到新的特征空间。在 PCA 中，协方差矩阵被用来计算数据集中特征之间的关系，并找到一组新的特征（即主成分），它们能够保留原始数据集中的大部分方差。

d. 线性回归：在线性回归中，协方差被用来评估自变量与因变量之间的关系，通过计算自变量与因变量之间的协方差，可以得到线性回归方程中的回归系数，从而进行预测。

⑧ 二项分布。二项分布即重复 n 次伯努利试验，各次试验之间都相互独立，每次试验中只有两种可能的结果，而且这两种结果发生与否相互对立。如果每次试验时，事件发生的概率为 p，不发生的概率为 $1-p$，则 n 次重复独立试验中发生 k 次的概率如式(7-18)所示：

$$P(X=k)=C_n^k p^k (1-p)^{n-k} \tag{7-18}$$

性质如式(7-19) 所示：

$$E(X)=np \tag{7-19}$$

⑨ 高斯分布。高斯分布，又称正态分布或钟形曲线，是概率论与统计学中最重要且常见的连续概率分布之一，高斯分布示意图如图 7-2 所示。

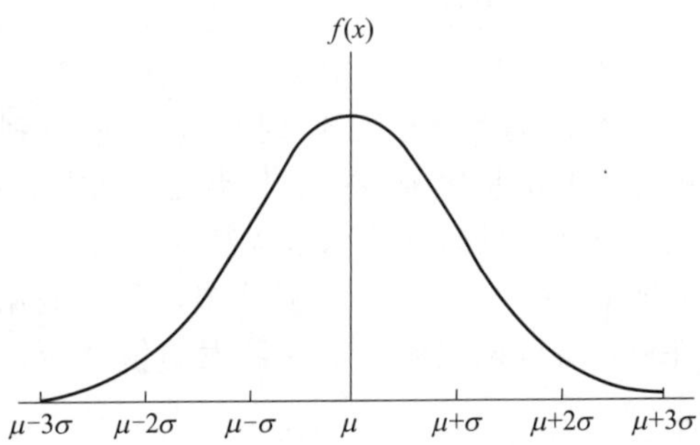

图 7-2　高斯分布示意图

高斯分布在机器学习中有广泛的应用，以下是一些常见的应用场景：

a. 概率密度估计：高斯分布常用于对连续型数据的分布情况进行建模，通过估计样本数据的均值和方差，可以拟合出一个高斯分布模型，进一步用于概率计算和异常检测。

b. 参数估计：在许多机器学习算法中，需要对模型参数进行估计。例如，在线性回归中，假设误差项服从均值为 0 的高斯分布，通过最小二乘法来估计模型参数。

c. 聚类分析：高斯混合模型（gaussian mix models，GMM）是一种常用的聚类算法，它假设数据由多个高斯分布组成，通过估计每个高斯分布的均值和协方差矩阵来实现数据聚类。

d. 特征工程：在特征工程中，可以使用高斯函数对数据进行变换和映射。例如，通过将原始数据映射到高斯分布的数据上，可以提高后续分类器的性能。

e. 异常检测：高斯分布可以用于检测异常值，通过计算数据点到高斯分布的概率密度，可以判断数据点是否属于正常范围，概率密度低于一定阈值的数据点可以被认为是异常值。

⑩ 指数分布。指数分布是一种连续概率分布，用于描述事件之间的时间间隔或持续时间，指数分布的图像如图 7-3 所示，其中 λ 控制分布的衰减速率。

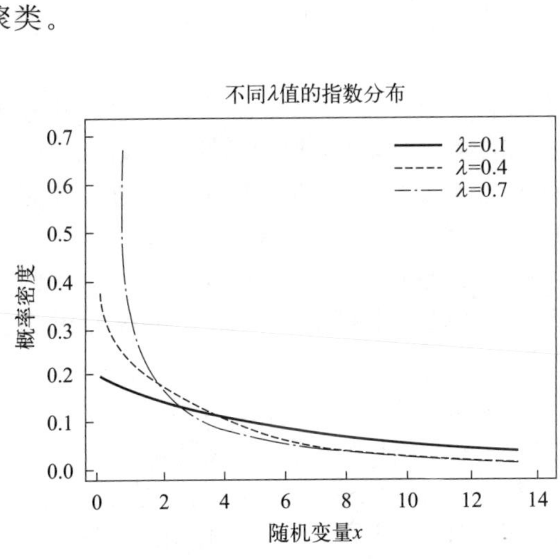

图 7-3　指数分布示意图

指数分布在机器学习中有一些常见的应用，主要包括：

a. 生存分析：指数分布经常用于对生存分析问题进行建模，例如预测产品寿命、客户流失时间等，指数分布的特点是事件发生的时间间隔具有无记忆性，这使得它在生存分析中很有用。

b. 异常检测：指数分布也可以用于检测异常事件，通过将观测到的事件间隔建模为指数分布，可以计算出事件发生的概率，并使用这些概率来检测非典型的事件。

c. 数据生成：指数分布可以用于生成服从某种特定分布的数据。例如，在生成对抗网络（GANs）中，生成器网络通常使用指数分布来生成具有所需分布特性的样本。

（3）信息论

信息论本来是通信中的概念，但是其核心思想“熵”在机器学习中也得到了广泛的应用。比如决策树模型 ID3、C4.5 是利用信息增益来划分特征而生成一棵决策树的，而信息增益就是基于这里所说的熵。

下面介绍机器学习中用到的一些信息论的相关知识。

① 条件熵。在随机变量 X 发生的前提下，随机变量 Y 发生新带来的熵，定义为 Y 的条件熵。条件熵用来衡量在已知随机变量 X 的条件下，随机变量 Y 的不确定性。

条件熵是信息熵在给定条件下的平均值，它在机器学习中有广泛的应用。

a. 特征选择：在特征选择中，希望找到最具有信息量的特征来进行分类或回归，条件熵可以帮助衡量每个特征对分类任务的贡献程度，通过计算每个特征的条件熵，可以选择具有最小条件熵的特征作为最优特征。

b. 决策树：在决策树算法中，条件熵用于选择最佳的划分属性，通过计算每个属性的条件熵，可以确定能够提供最大的信息增益或信息增益比的属性，从而作为决策树的划分节点。

c. 特征权重计算：在一些机器学习算法中，需要对特征进行加权。条件熵可以帮助计算每个特征对目标变量的贡献度，进而确定特征权重。

d. 信息检索：在信息检索中，条件熵可以用于评估查询结果的信息量，通过计算查询结果的条件熵，可以选择具有最小条件熵的结果作为最相关的结果。

② 相对熵。相对熵又称互熵、交叉熵、KL 散度、信息增益，是描述 P 和 Q 两个概率分布的差异的一种方法，记为 $D(P\parallel Q)$。在信息论中，$D(P\parallel Q)$ 表示当用概率分布 Q 来拟合真实分布 P 时，产生的信息损耗，其中 P 表示真实分布，Q 表示 P 的拟合分布。在机器学习中，相对熵被广泛应用于以下几个方面：

a. 模型评估：相对熵可以用来比较模型预测结果与真实分布之间的差异，通过计算模型输出的概率分布与真实标签的概率分布之间的相对熵，可以评估模型的性能和准确度。

b. 特征选择：相对熵可以用来度量不同特征与目标变量之间的关联程度，通过计算特征与目标变量的相对熵，可以选择最相关的特征用于模型训练，从而提高模型的性能。

c. 模型优化：在一些优化算法中，相对熵可以作为目标函数或者正则化项，用来约束模型参数的更新方向和幅度，通过最小化相对熵，可以使得模型预测结果更接近于真实分布。

d. 生成模型：在生成模型中，相对熵可以用来衡量生成的样本分布与真实数据分布之间的差异，通过最小化相对熵，可以使得生成的样本更接近于真实数据分布。

③ 互信息。互信息是一种用于衡量两个随机变量之间的依赖关系的度量。在信息论中，互信息衡量了在给定一个随机变量的取值时，另一个随机变量的不确定性减少的程度。

互信息、熵和条件熵之间存在以下关系：

$$
\begin{aligned}
& H(Y)-I(X,Y) \\
&= -\sum_{y} P(y)\lg P(y) - \sum_{x,y} P(x,y)\lg \frac{P(x,y)}{P(x)P(y)} \\
&= -\sum_{x,y}\left[\sum_{x} P(x,y)\right]\lg P(y) - \sum_{x,y} P(x,y)\lg \frac{P(x,y)}{P(x)P(y)} \\
&= -\sum_{x,y} P(x,y)\lg P(y) - \sum_{x,y} P(x,y)\lg \frac{P(x,y)}{P(x)P(y)} \\
&= -\sum_{x,y} P(x,y)\lg \frac{P(x,y)}{P(x)} \\
&= -\sum_{x,y} P(x,y)\lg P(y \mid x) \\
&= H(Y|X)
\end{aligned} \tag{7-20}
$$

式中，$I(X,Y)$ 为互信息；$H(Y)$ 为熵；$H(Y \mid X)$ 为条件熵。

互信息在机器学习中有多种应用，其中最常见的应用是特征选择和特征提取。

在特征选择中，互信息被用来衡量一个特征与目标变量之间的相关性。通过计算特征与目标变量之间的互信息，可以选择那些与目标变量高度相关的特征，从而提高模型的预测性能并减少特征维度。这在监督学习中尤其有用，可以帮助选择最相关的特征子集。

在特征提取中，互信息可以用于评估不同特征之间的相关性，通过计算特征之间的互信息，可以找到那些具有较高互信息的特征，这些特征可能携带了重要的信息并且在模型学习中更具有意义。这对于降低数据维度、消除冗余特征以及构建更有效的特征表示非常有帮助。

（4）最优化

① 最优化理论。最优化理论是数学中的一个分支，它研究如何在给定的约束条件下寻找最优解。它的目标是找到使目标函数达到最优解的决策变量或参数组合。

② 最优化问题的数学描述。最优化的基本数学模型如式(7-21) 所示：

$$
\begin{aligned}
& \min f(x) \\
& \text{s. t. } h_i(x)=0 \\
& g_i(x) \leqslant 0
\end{aligned} \tag{7-21}
$$

式中，$h_i(x)$ 表示等式约束条件，即决策变量 x 需要满足的一系列等式关系，$i=1,2,\cdots,m$，m 是等式约束的个数；$g_i(x)$ 表示不等式约束条件，即决策变量 x 需要满足的一系列不等式关系，$i=1,2,\cdots,n$，n 是不等式约束的个数。

下面介绍机器学习中用到的一些最优化的相关知识。

① 凸集。实数域ℝ上（或复数ℂ上）的向量空间中，如果集合 S 中任两点的连线上的点都在 S 内，则称集合 S 为凸集，如图 7-4 所示。

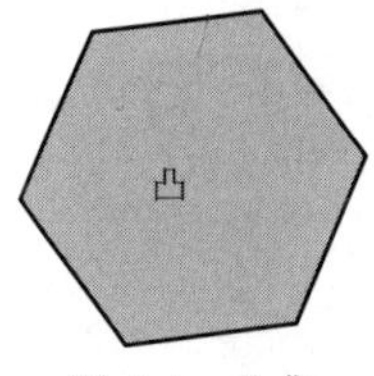

图 7-4　凸集示意图

凸集在机器学习中有许多应用，以下是常见的例子：

a. 凸优化问题：机器学习中的许多问题可以被表述为凸优化问题，即在凸集上寻找最优解。例如，支持向量机（SVM）和逻辑回归都可以通过凸优化来求解。

b. 线性规划：线性规划是一种在约束条件下最大化或最小化线性目标函数的优化问题。它在机器学习中的应用非常广泛，例如最大熵模型和线性回归。

c. 凸包：凸包是包含给定点集的最小凸多边形或凸多面体。在机器学习中，凸包可以用于异常检测和离群点识别。

d. 支持向量机（SVM）：SVM 是一种常用的机器学习算法，用于分类和回归问题。它的核心思想是将数据映射到一个高维特征空间，并通过在凸集上求解最优超平面来进行分类。

e. 凸约束优化：在机器学习中，许多问题需要满足一些凸约束条件。例如，对参数进行正则化以防止过拟合，或者在模型选择中添加凸约束以提高模型的泛化能力。

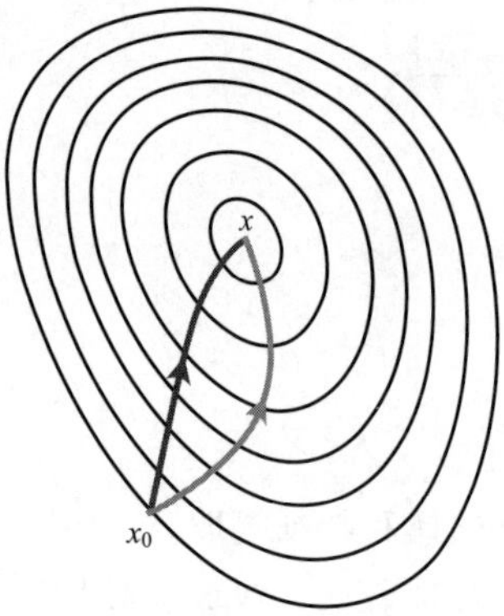

图 7-5　牛顿法示意图

② 牛顿法。牛顿法也是求解无约束最优化问题常用的方法，它最大的优点是收敛速度快。

牛顿法，也被称为牛顿-拉弗森法（Newton-Raphson method)，是一种用于求解方程的迭代数值方法，它基于泰勒级数展开，以当前近似根为切线与 x 轴交点的横坐标作为下一次迭代的近似根，通过不断迭代来逼近函数的根。该方法通常具有快速收敛性，尤其在初始值选择合适且函数具有良好的性质时。牛顿法示意图如图 7-5 所示。

在机器学习中，牛顿法常用于求解参数估计问题，特别是在拟合模型和求解最大似然估计时。例如，在逻辑回归中，可以使用牛顿法来最大化似然函数，从而得到最优的模型参数。

7.2　机器学习的主要方法

7.2.1　线性分类器

线性分类器是一种常见的机器学习算法，在对数据进行分类时使用。它基于线性函数模型来对输入数据进行分类。线性分类器的基本思想是通过构建一个线性函数，将输入数据映射到不同的类别或标签上。这个线性函数通常表示为一个加权和，其中每个特征都有一个对应的权重。给定一个新的输入样本，线性分类器根据计算得到的加权和决定其所属的类别。

基本的线性分类器原理是通过计算输入特征与权重的线性组合，并应用一个阈值函数来对样本进行分类，如图 7-6 所示。具体而言，给定一个样本的特征向量 $\boldsymbol{x}=[x_1,x_2,\cdots,x_n]$ 和对应的权重向量 $\boldsymbol{w}=[w_1,w_2,\cdots,w_n]$，线性分类器通过计算这两个向量的内积来得到一个分数值：$\text{score}=w_1x_1+w_2x_2+\cdots+w_nx_n$。然后，将这个分数值输入一个阈值函数（比如阶跃函数或者 sigmoid 函数）中，将分数值映射到一个特定的类别标签（例如 0 或 1)。如

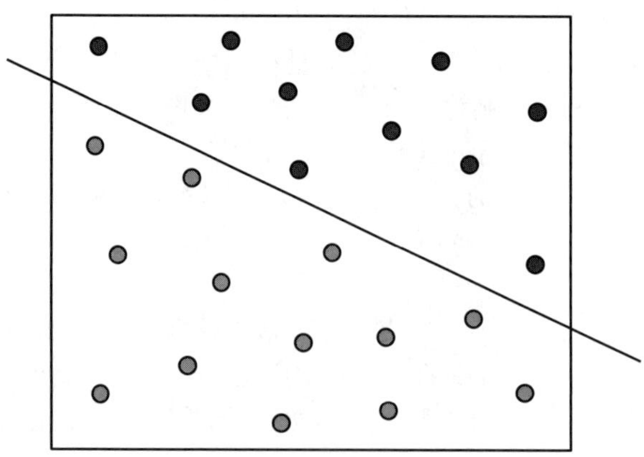
图 7-6　线性分类

果映射后的值大于等于阈值，将其划为正类；反之，划为负类。

线性分类器具有计算效率高、可解释性强、对于特征之间的线性关系具有较好的拟合能力等优点。然而，在处理非线性问题时，线性分类器的性能可能有限。

常用的线性分类器包括：逻辑回归（logistic regression）、线性判别分析（linear discriminant analysis，LDA）以及感知机（perceptron）等。

① 逻辑回归是一种基于线性回归的分类算法，通过使用逻辑函数（如 sigmoid 函数）将线性模型的输出映射到 0 和 1 之间的概率值，从而进行分类。

② 线性判别分析是一种经典的线性分类方法，通过在特征空间中找到一个投影方向，使得同一类别的样本尽可能地接近，不同类别的样本尽可能地远离。

③ 感知机是二分类的线性模型，属于神经网络的基础模型之一。感知机的目标是通过学习一组权重参数，将输入样本映射到预定义的两个类别中的一个。感知机的输入是一个向量，由多个特征组成。每个特征都有对应的权重参数，用来衡量该特征对分类结果的贡献。感知机根据输入样本与权重参数的线性组合结果，通过一个阈值函数（也称为激活函数）来确定样本的类别。

感知机算法可以表示为：

$$y=\mathrm{sign}(\boldsymbol{w}\cdot\boldsymbol{x}+b) \tag{7-22}$$

其中，y 表示预测结果的输出（取值为 -1 或 1）；sign 是符号函数；$\boldsymbol{w}$ 是特征向量的权重；$\boldsymbol{x}$ 是输入的特征向量；b 是偏置项。感知机的主要目标是通过调整 $\boldsymbol{w}$ 和 b 的值，使得预测结果与真实结果尽可能地一致。

代码实现如下，选取的数据点如图 7-7 所示。

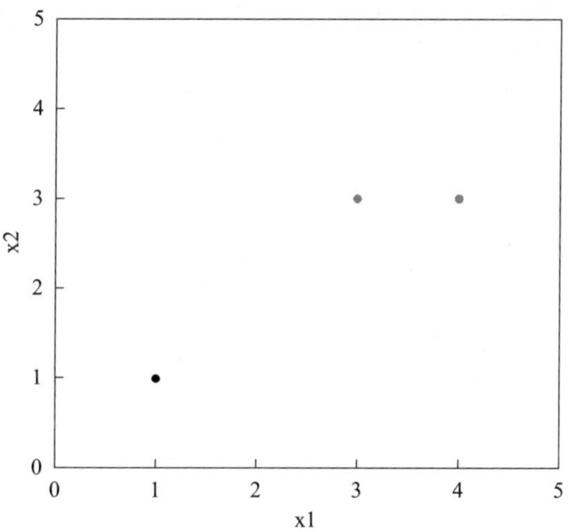

图 7-7　选取数据点

```
import numpy as np
import matplotlib.pyplot as plt

x_true = np.array([[3,3],[4,3]])
# 选取两个点
x_false = np.array([[1,1]])
# 选取 1 个点
```

```
    y = [1]* len(x_true) + [-1] * len(x_false)
    x_all = np.vstack([x_true,x_false])

    w = np.array([0,0])
    lr = 1
    b = 0
    i = 0
    # 循环判断每一个样本有没有误分类,有则更新参数重新开始判断
    while i< len(x_all):
        if y[i]* (w.dot(x_all[i].T)+ b) <=0:
            w = w + lr * y[i] * x_all[i]
            b = b + lr * y[i]
            i = 0
            print('w = {},b = {}'.format(w,b))
        else:
            i +=1

    print('平面 S 为:{:.2f}x1 + {:.2f}x2 {} =0'.format(w[0],w[1], str(b) if b < 0 else '+
'+ str(b)))
    plot_x = [0,1,2,3,4,5]
    plot_y = [-(x* w[0]+ b)/w[1] for x in plot_x]
    plt.figure(figsize = (10,10))
    plt.scatter([x[0] for x in x_true], [x[1] for x in x_true] , c = 'blue')
    plt.scatter([x[0] for x in x_false], [x[1] for x in x_false] , c = 'red')
    plt.plot(plot_x , plot_y , c = 'black')

    # plt.text(0.5,4.5,'Func:{:.2f}x1 + {:.2f}x2 {} = 0'.format(w[0],w[1], str(b) if b
< 0 else '+ '+ str(b)),fontsize=15,color = "green",style = "italic")
    plt.xlim(0, 5.0) # 坐标轴
    plt.ylim(0, 5.0)
    plt.xlabel('x1',fontsize = 16)
    plt.ylabel('x2',fontsize = 16)
    plt.pause(0.001)
    plt.show()
```

运行结果如图 7-8 所示。

7.2.2 支持向量机

支持向量机是 Corinna Cortes 和 Vapnik 等于 1995 年首先提出的，它在解决小样本、非线性及高维模式识别中表现出许多特有的优势，并能够推广应用到函数拟合等其他机器学习问题中。

支持向量机（support vector machine，SVM）是一类按监督学习方式对数据进行二元分类的广义线性分类器，其决策边界是对学习样本求解的最大边距超平面，可以将问题化为一个求解凸二次规划的问题。

支持向量机的优点是可以解决小样本情况下的机器学习问题，简化了通常的分类和回归

等问题。由于采用核函数方法解决了维数灾难和非线性可分的问题，所以向高维空间映射时没有增加计算的复杂性。缺点是支持向量机算法对大规模训练样本难以实施。这是因为支持向量机算法借助二次规划求解支持向量，其中会涉及 m 阶矩阵的计算，矩阵阶数很大时将耗费大量的机器内存和运算时间。经典的支持向量机算法只给出了二分类的算法，而在数据挖掘的实际应用中，一般要解决多分类问题，但支持向量机对于多分类问题的解决效果并不理想。SVM 算法效果与核函数的选择关系很大，往往需要尝试多种核函数，即使选择了效果比较好的高斯核函数，也要调参选择恰当的参数。现在常用的 SVM 理论都是使用固定惩罚系数 C，但正负样本的两种错误造成的损失是不一样的。

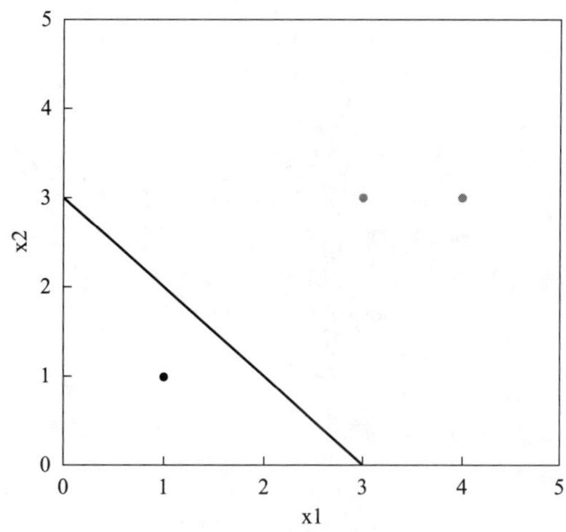

图 7-8　感知机分类结果

SVM 根据数据的情况可以分为：数据线性可分情况、数据近似线性可分情况和数据线性不可分情况，如图 7-9 所示。

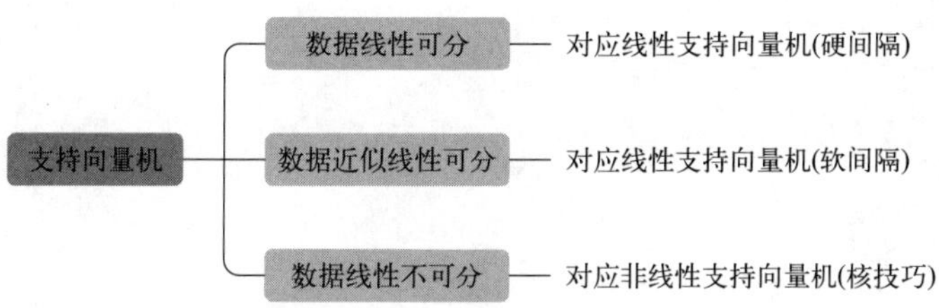

图 7-9　支持向量机

当训练数据线性可分时，通过最大化硬间隔（hard margin）可以学习得到一个线性分类器，即硬间隔 SVM。当训练数据不能线性可分但是近似线性可分时，通过最大化软间隔（soft margin）也可以学习到一个线性分类器，即软间隔 SVM。当训练数据线性不可分时，通过使用核技巧（kernel trick）和最大化软间隔，可以学习到一个非线性 SVM。SVM 分类如图 7-10 所示。

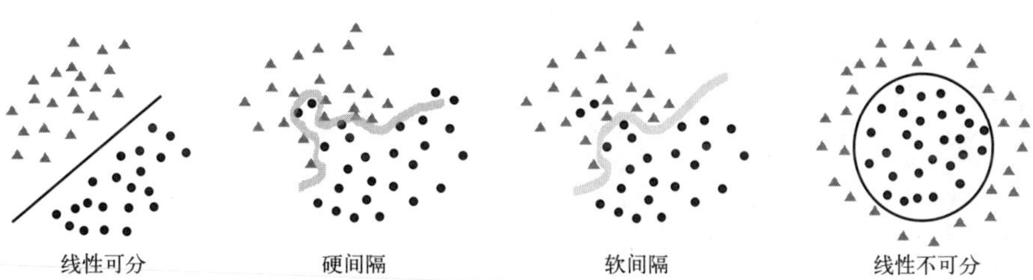

图 7-10　SVM 分类情况

支持向量机的 Python 代码如下：

```
# sklearn 库中导入 SVM 模块
from sklearn import svm
```

```
    # 定义三个点和标签
    X = [[2, 0], [1, 1], [2,3]]
    y = [0, 0, 1]
    # 定义分类器,clf 意为 classifier,是分类器的传统命名
    clf = svm.SVC(kernel = 'linear')  # .SVC()就是 SVM 的方程,参数 kernel 为线性核函数
    # 训练分类器
    clf.fit(X, y)  # 调用分类器的 fit 函数建立模型(即计算出划分超平面,且所有相关属性都保存
在了分类器 clf 里)
    # 打印分类器 clf 的一系列参数
    print(clf)
    # 支持向量
    print(clf.support_vectors_)
    # 属于支持向量的点的 index
    print(clf.support_)
    # 在每一个类中有多少个点属于支持向量
    print(clf.n_support_)
    # 预测一个新的点
    print(clf.predict([[2,0]]))

    print(__doc__)
    # 导入相关的包
    import numpy as np
    import pylab as pl  # 绘图功能
    from sklearn import svm

    # 创建 40 个点
    np.random.seed(0) # 让每次运行程序生成的随机样本点不变
    # 生成训练实例并保证是线性可分的
    # np._r 表示将矩阵在行方向上进行相连
    # random.randn(a,b)表示生成 a 行 b 列的矩阵,且随机数服从标准正态分布
    # array(20,2) - [2,2] 相当于给每一行的两个数都减去 2
    X = np.r_[np.random.randn(20, 2) - [2, 2], np.random.randn(20, 2) + [2, 2]]
    # 两个类别,每类有 20 个点,Y 为 40 行 1 列的列向量
    Y = [0] * 20 + [1] * 20

    # 建立 SVM 模型
    clf = svm.SVC(kernel='linear')
    clf.fit(X, Y)

    # 获得划分超平面
    # 划分超平面原方程:w0x0 + w1x1 + b = 0
    # 将其转化为点斜式方程,并把 x0 看作 x ,x1 看作 y ,b 看作 w2
    # 点斜式:y = - (w0/w1)x - (w2/w1)
    w = clf.coef_[0]  # w 是一个二维数据,coef 就是 w = [w0,w1]
    a = -w[0] / w[1]  # 斜率
```

```
    xx = np.linspace(-5, 5)  #  从 - 5 到 5 产生一些连续的值(随机的)
    #  .intercept_[0] 获得 bias,即 b 的值,b / w[1] 是截距
    yy = a * xx - (clf.intercept_[0]) / w[1]  # 代入 x 的值,获得直线方程

    #  画出和划分超平面平行且经过支持向量的两条线(斜率相同,截距不同)
    b = clf.support_vectors_[0] #  取出第一个支持向量点
    yy_down = a * xx + (b[1] - a * b[0])
    b = clf.support_vectors_[-1] #  取出最后一个支持向量点
    yy_up = a * xx + (b[1] - a * b[0])

    #  查看相关的参数值
    print("w: ", w)
    print("a: ", a)
    print("support_vectors_: ", clf.support_vectors_)
    print("clf.coef_: ", clf.coef_)

    #  在 scikit-learin 中,coef_ 保存了线性模型中划分超平面的参数向量,形式为(n_classes, n_
features)。若 n_classes > 1,则为多分类问题,(1,n_features) 为二分类问题

    #  绘制划分超平面、边际平面和样本点
    pl.plot(xx, yy, 'k-')
    pl.plot(xx, yy_down, 'k--')
    pl.plot(xx, yy_up, 'k--')
    #  圈出支持向量
    pl.scatter(clf.support_vectors_[:, 0], clf.support_vectors_[:, 1],
               s=80, facecolors='none')
    pl.scatter(X[:, 0], X[:, 1], c=Y, cmap=pl.cm.Paired)

    pl.axis('tight')
    pl.show()
```

支持向量机程序代码运行结果如图 7-11 所示。

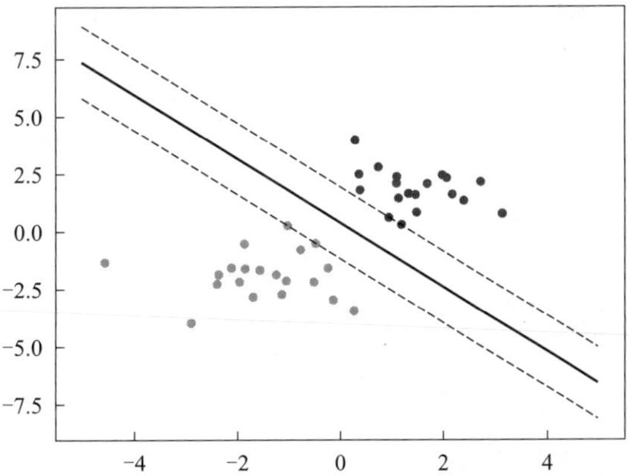

图 7-11　支持向量机分类结果

7.2.3 贝叶斯分类器

贝叶斯分类器是一种基于贝叶斯定理的统计分类方法，它假设特征之间相互独立，并通过计算后验概率来进行分类。其分类原理是通过某对象的先验概率，利用贝叶斯公式计算出其后验概率，即该对象属于某一类的概率，然后选择具有最高概率的类别作为分类结果。

贝叶斯分类器的基本方法是使用特征向量来表征某个实体，并在该实体上绑定一个标签来代表其所属的类别，优点是只需要极少数的训练数据，就可以建立起分类所需要的所有参数。

贝叶斯网络是一个带有概率注释的有向无环图，每一个节点均表示一个随机变量，两个节点间若存在一条弧，则表示这两节点相对应的随机变量是概率相依的，反之则说明这两个随机变量是条件独立的。网络中任意一个节点 X 均有一个相应的条件概率表（conditional probability table，CPT），用以表示节点 X 在其父节点取各可能值时的条件概率。若节点 X 无父节点，则 X 的 CPT 为其先验概率分布。贝叶斯网络的结构及各节点的 CPT 定义了网络中各变量的概率分布。

鸢尾花数据集是一个 150 行 5 列的二维表，数据集包含 150 个样本，每行数据包含每个样本的四个特征和样本的类别（class）信息，每个样本包含了 sepal_length（花萼长度）、sepal_width（花萼宽度）、petal_length（花瓣长度）、petal_width（花瓣宽度）四个特征（前 4 列）。此处建立一个分类器，分类器可以通过样本的四个特征来判断样本属于山鸢尾、变色鸢尾还是弗吉尼亚鸢尾（三个名词都是花的品种）。样本局部截图如图 7-12 所示。

sepal_length	sepal_width	petal_length	petal_width	class
5.1	3.5	1.4	0.2	Iris-setosa
4.9	3	1.4	0.2	Iris-setosa
4.7	3.2	1.3	0.2	Iris-setosa
4.6	3.1	1.5	0.2	Iris-setosa
5	3.6	1.4	0.2	Iris-setosa
5.4	3.9	1.7	0.4	Iris-setosa
4.6	3.4	1.4	0.3	Iris-setosa
5	3.4	1.5	0.2	Iris-setosa
4.4	2.9	1.4	0.2	Iris-setosa
4.9	3.1	1.5	0.1	Iris-setosa
5.4	3.7	1.5	0.2	Iris-setosa
4.8	3.4	1.6	0.2	Iris-setosa
4.8	3	1.4	0.1	Iris-setosa
4.3	3	1.1	0.1	Iris-setosa
5.8	4	1.2	0.2	Iris-setosa
5.7	4.4	1.5	0.4	Iris-setosa

图 7-12 鸢尾花数据

Python 代码如下：

```
# 导入数据分析所需要的包
import numpy as np
importpandas as pd
import matplotlib.pyplot as plt
import matplotlib as mpl
from sklearn.naive_bayes import GaussianNB
```

```
    from sklearn.model_selection import train_test_split

    data = pd.read_csv('D:\p\mm\8\iris_training.csv',header=None)
    x = data.drop([4],axis=1)
    x = x.drop([0],axis=0)
    x = np.array(x,dtype=float)
    print(x)
    y=pd.Categorical(data[4]).codes
    print(data[4])
    y=y[1:151]
    print(y)
    p=x[:,2:5]

    x_train1,x_test1,y_train1,y_test1=train_test_split(x,y,train_size=0.8,random_
state=14)
    x_train,x_test,y_train,y_test=x_train1,x_test1,y_train1,y_test1
    print('训练数据集样本数目:% d,测试数据集样本数目:% d'% (x_train.shape[0],x_
test.shape[0]))
    clf=GaussianNB()
    ir=clf.fit(x_train,y_train)
    y_pred=ir.predict(x_test)
    acc = np.sum(y_test ==y_pred)/x_test.shape[0]
    print('测试集准确度:% .3f'% acc)
    y_pred = ir.predict(x_train)
    acc = np.sum(y_train ==y_pred)/x_train.shape[0]
    print('训练集准确度:% .3f'% acc)

    print('选取前两个特征值')
    p=x[:,:2]
    p_train1,p_test1,y_train1,y_test1=train_test_split(p,y,train_size=0.8,random_
state=1)
    p_train,p_test,y_train,y_test=p_train1,p_test1,y_train1,y_test1
    print('训练数据集样本数目:% d,测试数据集样本数目:% d'% (p_train.shape[0],p_
test.shape[0]))
    clf=GaussianNB()
    ir=clf.fit(p_train,y_train)
    y_pred=ir.predict(p_test)
    acc = np.sum(y_test ==y_pred)/p_test.shape[0]
    print('测试集准确度:% .3f'% acc)
    y_pred = ir.predict(p_train)
    acc = np.sum(y_train ==y_pred)/p_train.shape[0]
    print('训练集准确度:% .3f'% acc)

    p1_max,p1_min = max(p_test[:,0]),min(p_test[:,0])
    p2_max,p2_min = max(p_test[:,1]),min(p_test[:,1])
    t1 = np.linspace(p1_min,p1_max,500)
```

```
    t2 = np.linspace(p2_min,p2_max,500)
    p1,p2 = np.meshgrid(t1,t2)# 生成网格采样点
    p_test1 = np.stack((p1.flat, p2.flat), axis=1)
    y_hat = ir.predict(p_test1)
    mpl.rcParams['font.sans-serif'] = [u'SimHei']
    mpl.rcParams['axes.unicode_minus'] = False
    cm_light = mpl.colors.ListedColormap(['# 77E0A0', '# FF8080', '# A0A0FF'])
    cm_dark = mpl.colors.ListedColormap(['g', 'r', 'b'])
    plt.figure(facecolor='w')
    plt.pcolormesh(p1, p2, y_hat.reshape(p1.shape),shading='auto', cmap=cm_light) #
预测值的显示
    plt.scatter(p_test[:, 0], p_test[:, 1], c=y_test, edgecolors='k', s=50, cmap=cm_
dark)  #  样本
    plt.xlabel(u'花萼长度', fontsize=14)
    plt.ylabel(u'花萼宽度', fontsize=14)
    plt.title(u'GaussianNB 对鸢尾花数据的分类结果', fontsize=16)
    plt.grid(True)
    plt.xlim(p1_min, p1_max)
    plt.ylim(p2_min, p2_max)
    plt.show()

    print('选取后两个特征值')
    q=x[:,2:4]
    q_train1,q_test1,y_train1,y_test1=train_test_split(q,y,train_size=0.8,random_
state=1)
    q_train,q_test,y_train,y_test=q_train1,q_test1,y_train1,y_test1
    print('训练数据集样本数目:% d,测试数据集样本数目:% d'% (q_train.shape[0],q_
test.shape[0]))
    clf=GaussianNB()
    ir=clf.fit(q_train,y_train)
    y_pred=ir.predict(q_test)
    acc = np.sum(y_test ==y_pred)/q_test.shape[0]
    print('测试集准确度:% .3f'% acc)
    y_pred = ir.predict(q_train)
    acc = np.sum(y_train ==y_pred)/q_train.shape[0]
    print('训练集准确度:% .3f'% acc)

    q1_max,q1_min = max(q_test[:,0]),min(q_test[:,0])
    q2_max,q2_min = max(q_test[:,1]),min(q_test[:,1])
    t1 = np.linspace(q1_min,q1_max,500)
    t2 = np.linspace(q2_min,q2_max,500)
    q1,q2 = np.meshgrid(t1,t2)# 生成网格采样点
    q_test1 = np.stack((q1.flat, q2.flat), axis=1)
    y_hat = ir.predict(q_test1)
    mpl.rcParams['font.sans-serif'] = [u'SimHei']
    mpl.rcParams['axes.unicode_minus'] = False
```

```
    cm_light = mpl.colors.ListedColormap(['# A0FFA0', '# FFA0A0', '# A0A0FF'])
    cm_dark = mpl.colors.ListedColormap(['g', 'r', 'b'])
    plt.figure(facecolor='w')
    plt.pcolormesh(q1, q2, y_hat.reshape(q1.shape),shading='auto', cmap = cm_light)
# 预测值的显示
    plt.scatter(q_test[:, 0], q_test[:, 1], c=y_test, edgecolors='k', s=50, cmap=cm_
dark)  # 样本
    plt.xlabel(u'花瓣长度', fontsize=14)
    plt.ylabel(u'花瓣宽度', fontsize=14)
    plt.title(u'GaussianNB 对鸢尾花数据的分类结果', fontsize=16)
    plt.grid(True)
    plt.xlim(q1_min, q1_max)
    plt.ylim(q2_min, q2_max)
    plt.show()
```

贝叶斯分类结果如图 7-13 所示。

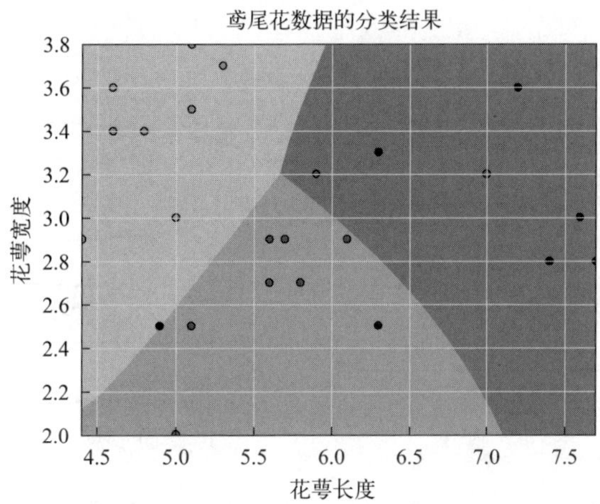

图 7-13　贝叶斯分类结果

7.2.4　K 均值聚类

K 均值聚类算法（K-means clustering algorithm）是一种迭代求解的聚类分析算法，其步骤是：将数据分为 k 组，随机选取 k 个对象作为初始的聚类中心；然后计算每个对象与各个种子聚类中心之间的距离，把每个对象分配给距离它最近的聚类中心，聚类中心以及分配给它们的对象就代表一个聚类；每分配一个样本，聚类中心会根据聚类中现有的对象被重新计算。这个过程将不断重复直到满足某个终止条件，终止条件可以是没有（或最小数目）对象被重新分配给不同的聚类、没有（或最小数目）聚类中心发生变化、误差平方和局部最小。

聚类的基本思想是给定一个有 n 个对象的数据集，构造数据的 k 个簇（$k \leqslant n$），每一个簇（类）至少包含一个对象，每一个对象属于且仅属于一个簇，将满足上述条件的 k 个簇称作一个合理划分。

例如对五个样本的集合，使用 K 均值聚类算法，将五个样本聚于两类，五个样本分别是（0，2）、（0，0）、（1，0）、（5，0）、（5，2），如图 7-14 所示。

随机选择 2 个样本作为初始聚类的中心，如图 7-15 所示。

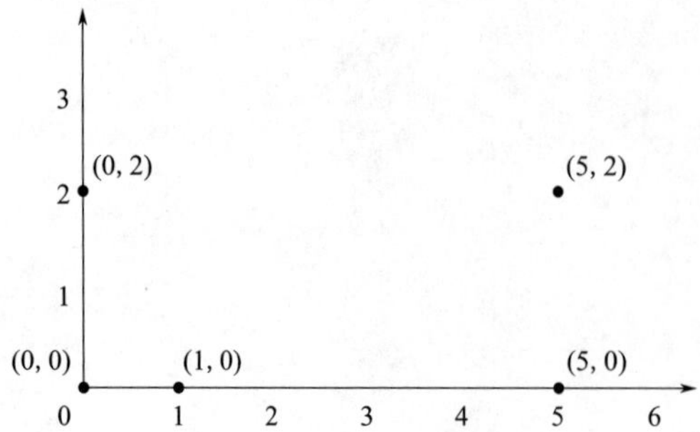

图 7-14　5 个样本

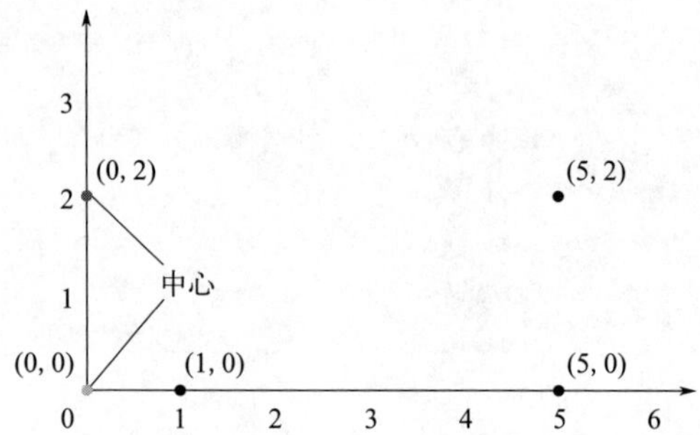

图 7-15　选择 2 个样本

对样本进行聚类，如图 7-16 所示。计算每个样本与每个中心的距离，将每个样本聚集到与其最近的中心的类中，构成两类。

用相同的方法对剩余两个点进行聚类，结果如图 7-17 所示。

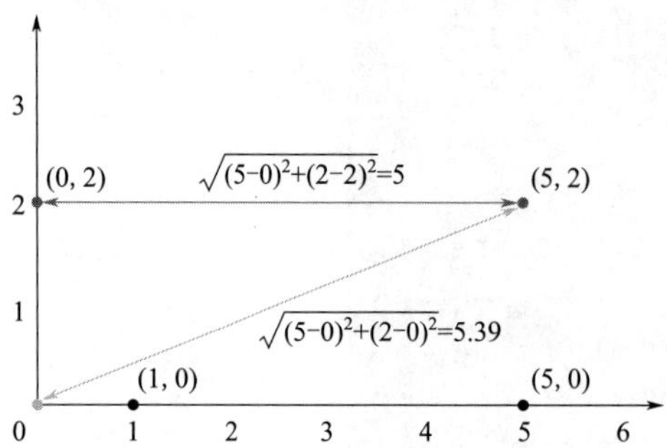

图 7-16　聚类

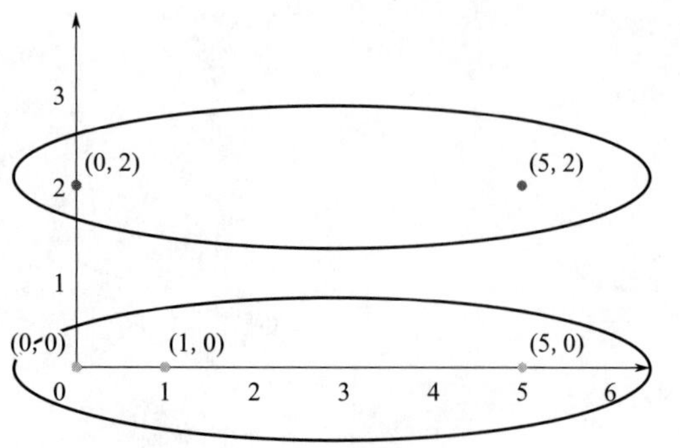

图 7-17　对剩余两点聚类

对新的类计算样本的均值，作为新的类中心，如图 7-18 所示。

对样本再次进行聚类。计算每个样本与每个中心的距离，将每个样本聚集到与其最近的中心的类中，如图 7-19 所示。

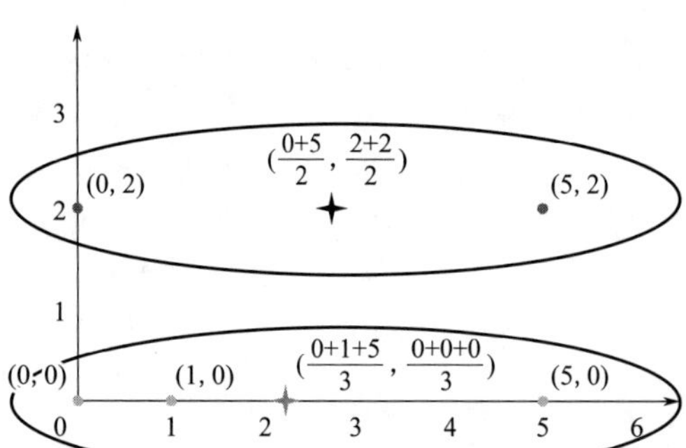

图 7-18　新的类中心

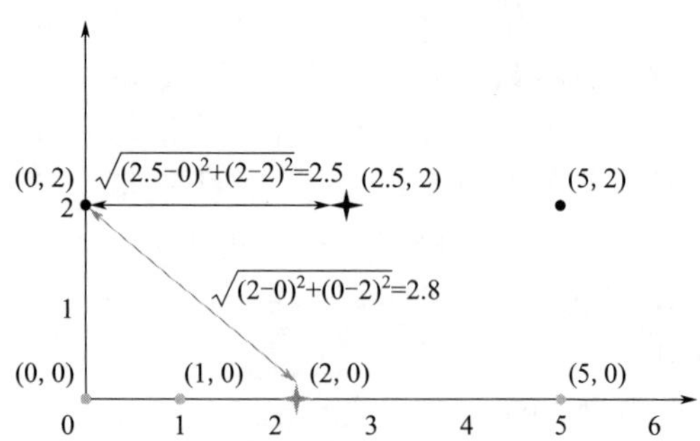

图 7-19　再次聚类

使用相同的方法对其余四个点进行聚类，结果如图 7-20 所示。

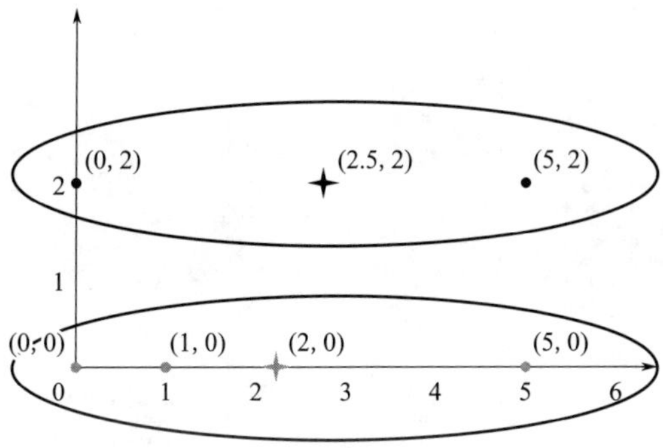

图 7-20　聚类结果

K 均值聚类算法实现鸢尾花数据分类，Python 代码如下：

```
############# k-means-鸢尾花聚类############
import matplotlib.pyplot as plt
import numpy as np
from sklearn.cluster import KMeans
#  from sklearn import datasets
from sklearn.datasets import load_iris

iris = load_iris()
X = iris.data[:,2:] # # 表示只取特征空间中的后两个维度
#  绘制数据分布图
plt.scatter(X[:, 0], X[:, 1], c="red", marker='o', label='see')
plt.xlabel('petal length')
plt.ylabel('petal width')
plt.legend(loc=2)
plt.show()

estimator = KMeans(n_clusters=3)  #  构造聚类器
estimator.fit(X)  #  聚类
label_pred = estimator.labels_  #  获取聚类标签
#  绘制 k-means 结果
x0 = X[label_pred ==0]
x1 = X[label_pred ==1]
x2 = X[label_pred ==2]
plt.scatter(x0[:, 0], x0[:, 1], c="red", marker='o', label='label0')
plt.scatter(x1[:, 0], x1[:, 1], c="green", marker='*', label='label1')
plt.scatter(x2[:, 0], x2[:, 1], c="blue", marker='+', label='label2')
plt.xlabel('petal length')
plt.ylabel('petal width')
plt.legend(loc=2)
plt.show()
```

K 均值聚类算法结果如图 7-21、图 7-22 所示。

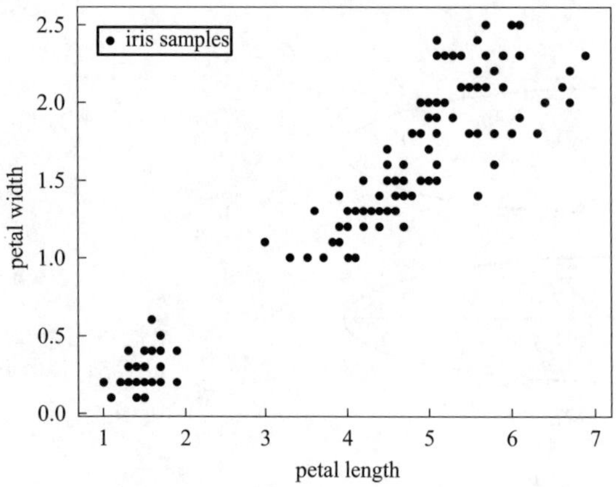

图 7-21　原数据分布

petal length—花瓣长度；petal width—花瓣宽度；
iris samples—鸢尾花样本

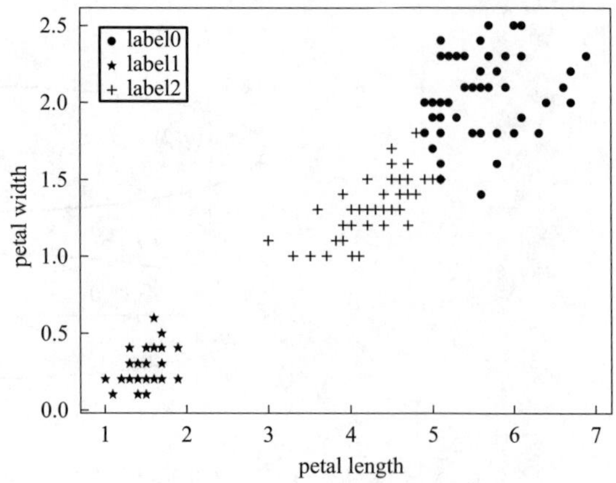

图 7-22　K 均值聚类结果图

petal length—花瓣长度；petal width—花瓣宽度；
label—标签

7.2.5 集成学习

集成学习的过程：按照某种算法生成多个模型，如分类器或者称为专家，再将这些模型按照某种方法组合在一起来解决某个智能计算问题。集成学习主要用来提高模型的性能（分类、预测和函数估计等），或者用来降低模型选择不当的可能性。集成算法本身是一种监督学习算法，因为它可以被训练然后进行预测，组合的多个模型作为整体代表一个假设。

集成学习通过构建并结合多个学习器来完成学习任务，有时也被称为多分类器系统、基于委员会的学习等。集成学习的一般结构为：先产生一组“个体学习器”，再用某种策略将它们结合起来。集成中只包含同种类型的个体学习器，称为同质，当中的个体学习器亦称为“基学习器”，相应的算法称为“基学习算法”。集成中包含不同类型的个体学习器，称为“异质”，当中的个体学习器称为“组件学习器”。

集成学习通过将多个学习器进行结合，常可获得比单一学习器显著优越的泛化性能，这对“弱学习器”尤为显著，因此集成学习的很多理论研究都是针对弱学习器进行的，而基学习器有时也被称为弱学习器。但需注意的是，虽然从理论上来说使用弱学习器集成足以获得好的性能，但在实践中出于种种考虑，例如希望使用较少的个体学习器，或是重用关于常见学习器的一些经验等，人们往往会使用比较强的学习器。

要获得好的集成，个体学习器应“好而不同”，即个体学习器要有一定的“准确性”，即学习器不能太“坏”，并且要有多样性，即个体学习器间具有差异，如图 7-23 所示。

	测试例1	测试例2	测试例3
h_1	√	√	×
h_2	×	√	√
h_3	√	×	√
集成	√	√	√

(a) 集成提升性能

	测试例1	测试例2	测试例3
h_1	√	√	×
h_2	√	√	×
h_3	√	√	×
集成	√	√	×

(b) 集成不起作用

	测试例1	测试例2	测试例3
h_1	√	×	×
h_2	×	√	×
h_3	×	×	√
集成	×	×	×

(c) 集成起负作用

图 7-23　个体学习器应“好而不同”（h_i 表示第 i 个学习器）

经典集成学习模型 Boosting（提升）模型是一种可以用来减小监督式学习中偏差的机器学习算法。它通过训练多个弱分类器，最后加权组合成一个强分类器。弱分类器一般是指一个分类结果仅仅比随机分类好一点点的分类器。

Boosting 的算法过程如下：对于训练集中的每个样本建立权值 w_i，表示对每个样本的关注度；当某个样本被误分类的概率很高时，需要加大对该样本的权值；进行迭代的过程中，每一步迭代都是一个弱分类器；需要用某种策略将其组合，作为最终模型。

Boosting 系列最经典的算法包括 AdaBoost（自适应增强/提升）算法和 GBDT（梯度提升决策树）算法。AdaBoost 会根据前一次的分类效果调整数据权重，即如果某一个数据在这次分错了，那么在下一次会给它更大的权重，最终每个分类器根据自身的准确性来确定各自的权重再合体。

（1）SVM 作为基本分类器实现 AdaBoost

```
plt.figure(figsize=(14, 6))
learning_rate = 1
sample_weights = np.ones(len(X_train))
for i in range(5):
    svm_clf = SVC(kernel='rbf', C=0.05, random_state=42)
    svm_clf.fit(X_train, y_train, sample_weight=sample_weights)
    y_pred = svm_clf.predict(X_train)
    sample_weights[y_pred !=y_train] * =(1 + learning_rate)
    plot_decision_boundary(svm_clf, X, y, alpha=0.2)
    plt.title('learning_rate ={}'.format(learning_rate))
plt.text(-0.7, -0.65, "1", fontsize=14)
plt.text(-0.6, -0.10, "2", fontsize=14)
plt.text(-0.5, 0.10, "3", fontsize=14)
plt.text(-0.4, 0.55, "4", fontsize=14)
plt.text(-0.3, 0.90, "5", fontsize=14)
plt.show()

plt.figure(figsize=(14, 6))
learning_rate = 0.5
sample_weights = np.ones(len(X_train))
for i in range(5):
    svm_clf = SVC(kernel='rbf', C=0.05, random_state=42)
    svm_clf.fit(X_train, y_train, sample_weight=sample_weights)
    y_pred =svm_clf.predict(X_train)
    sample_weights[y_pred !=y_train] *=(1 + learning_rate)
    plot_decision_boundary(svm_clf, X, y, alpha=0.2)
    plt.title('learning_rate = {}'.format(learning_rate))
plt.show()
```

SVM 作为基本分类器实现 AdaBoost 的结果如图 7-24 所示。

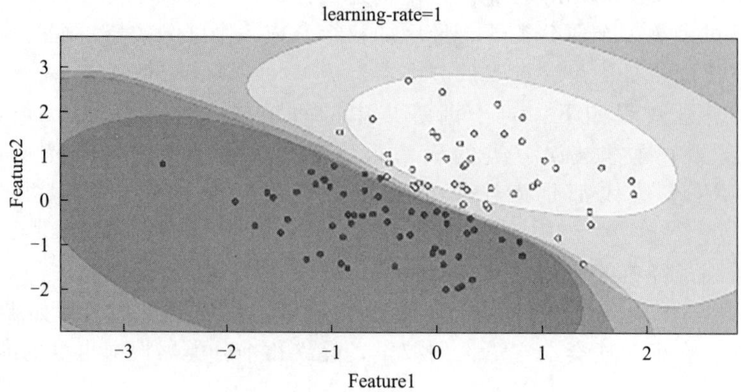

图 7-24 SVM 实现 AdaBoost 的结果

learning-rate—学习率；Feature—特征

（2）Sklearn 实现 AdaBoost

```
from sklearn.ensemble import AdaBoostClassifier

ada_clf = AdaBoostClassifier(DecisionTreeClassifier(max_depth=1),
                             n_estimators=200,
                             learning_rate=0.5,
                             random_state=42)
ada_clf.fit(X_train,y_train)
plot_decision_boundary(ada_clf,X,y)
```

Sklearn 实现 AdaBoost 的结果如图 7-25 所示。

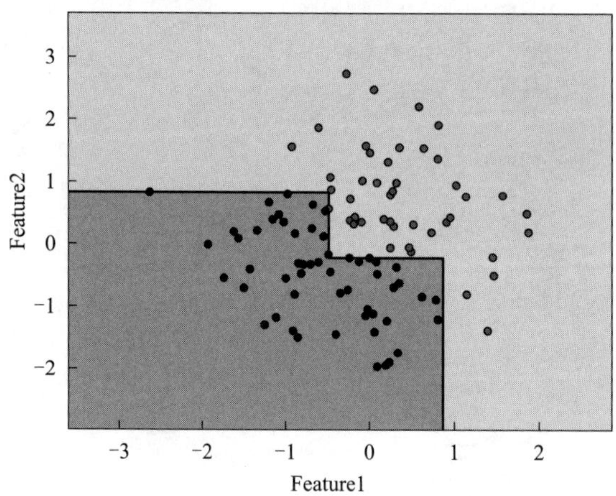

图 7-25 Sklearn 实现 AdaBoost 的结果

7.3 案例——机器学习在目标跟踪中的应用

目标跟踪技术一直以来都是机器视觉、图像处理领域的研究热点，其在国防侦察、安防监控和智能控制等领域具有重要应用价值。数十年来，国内外一直有大量学者从事目标跟踪算法方面的研究，但是由于跟踪过程中所观测的目标信息的多变性、目标的机动性、背景的复杂性以及自身或背景遮挡等原因，目标跟踪仍然是一个非常具有挑战性的问题。近年来，将机器学习理论应用到了目标的跟踪，与传统跟踪的目标匹配不同，运用机器学习理论进行目标跟踪是将目标跟踪问题转换成目标分类问题，即用算法将视觉中的目标和背景分类，分类结果置信度最大的目标所在的位置就是目标位置。

目标跟踪算法有不同的分类方式且种类繁多。根据所跟踪目标与摄像机的相对位置变化，可以分为动态场景跟踪算法和静态场景跟踪算法；根据所跟踪目标的数量，可分为单目标跟踪算法与多目标跟踪算法；根据跟踪目标的物理特性，分为刚性（即大小形状不发生变化）目标跟踪算法与非刚性（大小和形状可以发生变化）目标跟踪算法；等等。

(1) 动态人脸识别

先导入一段可清晰看见人脸的视频，然后调用 anaconda 自带的人脸识别 . xml 文件，打开视频可以进行人脸识别。

```
# 导入视频
cap = cv2.VideoCapture('w.mp4')
# 实例化 OpenCV 人脸识别的分类器
face_cas = cv2.CascadeClassifier("D:\\anaconda3\\Lib\\site-packages\\cv2\\data\\
haarcascade_frontalface_alt.xml")
face_cas.load("D:\\anaconda3\\Lib\\site-packages\\cv2\\data\\haarcascade_fron-
talface_alt.xml")
while(cap.isOpened()):
    ret,frame = cap.read()
    if ret ==True:
        gray = cv2.cvtColor(frame,cv2.COLOR_BGRA2GRAY)
        # 调用识别人脸
        faceRects = face_cas.detectMultiScale(gray,scaleFactor=1.2,minNeighbors
=3,minSize=(32,32))
        for faceRect in faceRects:
            x,y,w,h = faceRect
            cv2.rectangle(frame,(x,y),(x+ w,y+ h),(0,255,0),3)
        cv2.imshow('frame',frame)
        if cv2.waitKey(40) ==ord('q'):
            break
cap.release()
cv2.destroyAllWindows()
```

执行代码后得到的结果如图 7-26 所示。

(2) MeanShift（均值漂移）实现视频跟踪

MeanShift 是一种基于密度梯度的非参数估计方法，也可以表述为均值漂移。MeanShift 概念的第一次出现，可以追溯到 1975 年，Fukunaga 在对概率密度梯度函数的估计进行描述时提出了这个概念，其定义可以理解为对目标点进行迭代计算的方法。更通俗地讲，首先找到目前所选取的目标点，计算它在一段时间内的平均偏移量，当下一个迭代开始时，将前者的终点作为该过程的起点，不断计算平均偏移量，直到它满足某些位置条件时自动结

图 7-26　动态人脸识别

束移动和计算。

MeanShift 算法实现的步骤是：首先选择一个初始的目标区域作为跟踪目标，并计算该区域的直方图；在每一帧中，使用 MeanShift 算法来迭代地调整目标区域的位置，以使其与当前帧中的目标最匹配；MeanShift 算法通过计算当前帧中目标区域的直方图，并将其与初始直方图进行比较，来确定目标的新位置；继续对每一帧进行迭代，直到达到停止条件（例如目标位置的变化小于一个阈值）；在每一帧中，将目标区域绘制在图像上，以便可视化跟踪结果。

Python 代码如下：

```
import matplotlib.pyplot as plt
import cv2 as cv
import numpy as np

plt.rcParams['font.sans-serif'] = ['SimHei']  # 用来正确显示中文

# 读取视频
cap = cv.VideoCapture()
cap.open('mm/viseos/person.mp4')

# 获取视频的宽、高
frame_w, frame_h = int(cap.get(3)), int(cap.get(4))
# 设置视频编码格式
fourcc = cv.VideoWriter_fourcc('M', 'J', 'P', 'G')
# 创建保存视频对象
out = cv.VideoWriter('video/result.mp4', fourcc, 25,(frame_w, frame_h))

# 获取第一帧图像,并指定目标位置
ret, frame = cap.read()

# 目标位置(行,高,列,宽)
r, h, c, w = 120, 80, 270, 30

window = (c, r, w, h)
```

```
    cv.imshow('frame',frame)
    cv.waitKey()
    # 指定目标的感兴趣区域
    roi = frame[r:r + h, c:c + w]
    cv.imshow('ww', roi)
    cv.waitKey()

    # 计算直方图
    hsv_roi = cv.cvtColor(roi, cv.COLOR_BGR2HSV)  # 转成 HSV 格式
    mask = cv.inRange(hsv_roi, np.array((0., 60., 32.)), np.array((180., 255., 255.)))
# 将低亮度的值忽略掉

    roi_hist = cv.calcHist([hsv_roi], [0], mask, [180], [0, 180])

    # 归一化
    cv.normalize(roi_hist, roi_hist, 0, 255, cv.NORM_MINMAX)

    # 目标追踪
    # 设置窗口的终止条件:最大迭代次数为 10,窗口中心漂移最小值为 1
    term_crit = (cv.TERM_CRITERIA_EPS | cv.TERM_CRITERIA_COUNT, 10, 1)

    while True:
        # 获取每一帧图像
        ret, frame = cap.read()
        if ret:
            # 计算直方图的反向投影
            hsv = cv.cvtColor(frame, cv.COLOR_BGR2HSV)  # 转成 HSV
            dst = cv.calcBackProject([hsv], [0], roi_hist, [0, 180], 1)

            # 进行 MeanShift 跟踪
            ret, window = cv.meanShift(dst, window, term_crit)

            # 将追踪的位置绘制在视频上,并进行显示
            x, y, w, h = window
            print(f'位置:{window[:2]}')
            cv.rectangle(frame,(x, y), (x + w, y + h), (0, 255, 0), 2)
            cv.imshow('frame', frame)
            out.write(frame)
            cv.waitKey(25)
        else:
            break

    # 资源释放
    cap.release()
    out.release()
    cv.destroyAllWindows()
```

执行代码后得到的结果如图 7-27 所示。

图 7-27　动态人像识别结果

MACHINE VISION

第 8 章 深度学习在机器视觉中的应用

8.1 深度学习基础

8.1.1 深度学习的崛起以及存在的问题

1943 年，心理学家麦卡洛克和数学逻辑学家皮兹发表论文《神经活动中内在思想的逻辑演算》，提出了 M-P 模型。M-P 模型模仿神经元的结构和工作原理，本质上是一种“模拟人类大脑”的神经元模型。它是人工神经网络的起源，开创了人工神经网络的新时代，也奠定了神经网络模型的基础。

1949 年，加拿大著名心理学家唐纳德·赫布在《行为的组织》中提出了一种基于无监督学习的规则——赫布规则（Hebb rule）。赫布规则模仿人类认知世界的过程建立一种“网络模型”，该网络模型针对训练集进行大量的训练并提取训练集的统计特征，然后按照样本的相似程度进行分类，把相互之间联系密切的样本分为一类，这样就把样本分成了若干类。赫布规则与“条件反射”机理一致，为以后的神经网络学习算法奠定了基础，具有重大的历史意义。

20 世纪 50 年代末，在 M-P 模型和赫布规则的研究基础上，美国科学家罗森布拉特发现了一种类似于人类学习过程的学习算法——感知机学习，并于 1958 年正式提出了由两层神经元组成的神经网络，称之为感知器。感知器本质上是一种线性模型，可以对输入的训练集数据进行二分类，且能够在训练集中自动更新权值。感知器的提出引发了大量科学家对人工神经网络研究的兴趣，对神经网络的发展具有里程碑式的意义。

随着研究的深入，在 1969 年，“AI 之父”马文·明斯基和 LOGO 语言的创始人西蒙·派珀特共同编写了一本书——《感知器》，在书中他们证明了单层感知器无法解决线性不可分问题（如异或问题）。由于这个致命的缺陷以及没有及时推广感知器到多层神经网络中，在 20 世纪 70 年代，人工神经网络进入了第一个寒冬期，人们对神经网络的研究也停滞了将近 20 年。

1982 年，著名物理学家约翰·霍普菲尔德发明了 Hopfield 神经网络。Hopfield 神经网络是一种结合存储系统和二元系统的循环神经网络。Hopfield 神经网络也可以模拟人类的记忆，根据激活函数的选取不同，有连续型和离散型两种类型，分别用于优化计算和联想记忆，但由于容易陷入局部最小值的缺陷，该算法并未在当时引起很大的轰动。

直到1986年，“深度学习之父”杰弗里·辛顿提出了一种适用于多层感知器的反向传播算法（BP算法）。BP算法在传统神经网络正向传播的基础上，增加了误差的反向传播过程，反向传播过程不断地调整神经元之间的权值和阈值，直到输出的误差减小到允许的范围之内，或达到预先设定的训练次数为止。BP算法完美地解决了非线性分类问题，人工神经网络再次引起了人们广泛的关注。

20世纪80年代计算机的硬件水平有限，如运算能力跟不上，导致当神经网络的规模增大时，再使用BP算法会出现“梯度消失”的问题，这使得BP算法的发展受到了很大的限制。90年代中期，以SVM为代表的其他浅层机器学习算法被提出，并在分类、回归问题上均取得了很好的效果，其原理又明显不同于神经网络模型，所以人工神经网络的发展再次进入了瓶颈期。

2006年，杰弗里·辛顿以及他的学生鲁斯兰·萨拉赫丁诺夫正式提出了深度学习的概念。他们给出了“梯度消失”问题的解决方案——通过无监督的学习方法逐层训练算法，再使用有监督的反向传播算法进行调优。该深度学习方法的提出，立即在学术圈引起了巨大的反响，以斯坦福大学、多伦多大学为代表的众多世界知名高校纷纷投入巨大的人力、财力进行深度学习领域的相关研究，而后又迅速蔓延到工业界中。

2012年，在著名的ImageNet图像识别大赛中，杰弗里·辛顿领导的小组采用深度学习模型AlexNet一举夺冠。AlexNet采用ReLU激活函数，从根本上解决了梯度消失问题，并采用GPU（图形处理单元）极大地提高了模型的运算速度。同年，由斯坦福大学著名的吴恩达教授和世界顶尖计算机专家Jeff Dean共同主导的深度神经网络（DNN）技术在图像识别领域取得了惊人的成绩，在ImageNet评测中成功地把错误率从26%降低到了15%。深度学习算法在世界大赛中脱颖而出，再一次吸引了学术界和工业界对于深度学习领域的关注。

随着深度学习技术的不断进步以及数据处理能力的不断提升，2014年，Facebook基于深度学习技术的DeepFace项目，在人脸识别方面的准确率已经能达到97%以上，跟人类识别的准确率几乎没有差别，这样的结果也再一次证明了深度学习算法在图像识别方面一骑绝尘。

2016年，谷歌公司基于深度学习开发的AlphaGo以4∶1的比分战胜了国际顶尖围棋高手李世石。后来，AlphaGo又接连和众多世界级围棋高手过招，均取得了完胜，这也证明了在围棋界，基于深度学习技术的机器人已经超越了人类。

2017年，基于强化学习算法的AlphaGo升级版AlphaGo Zero横空出世。其采用“从零开始”“无师自通”的学习模式，以100∶0的比分轻而易举打败了之前的AlphaGo，除了围棋，它还精通国际象棋等其他棋类游戏，可以说是真正的棋类“天才”。此外在这一年，深度学习的相关算法在医疗、金融、艺术、无人驾驶等多个领域均取得了显著的成果。所以，也有专家把2017年看作是深度学习甚至是人工智能发展最为突飞猛进的一年。

2018年，Facebook团队使用256个NVIDIA Tesla P100在ImageNet数据集上训练ResNet-50，训练时间为1小时。2018年，腾讯团队使用2048个NVIDIA Tesla P40在ImageNet数据集上训练ResNet-50，训练时间为6.6分钟。2018年，日本索尼的神经网络库NNL，使用3456个NVIDIA Tesla V100，在ImageNet数据集上训练ResNet-50，将其训练时间缩短到了112秒。

大数据和高性能的计算能力，让深度学习技术开始超越人类。也有业内专业人士指出，深度学习技术在发展方面还存在不少问题，这些问题主要体现在以下几个方面：

（1）理论问题

深度学习的理论问题主要体现在统计学和计算两个方面。对于任意一个非线性函数，都能找到一个浅层网络和深度网络来表示，深度网络比浅层网络对非线性函数具有更好的表现能力，但深度网络的可表示性并不代表可学习性。要了解深度学习样本的复杂度，要了解需要多少训练样本才能学习到足够好的深度模型（网络），就必须知道，通过训练得到更好的模型需要的计算资源和理想的计算优化。由于深度模型都是非凸函数，也就让深度学习在这方面的理论研究变得非常困难。

（2）建模问题

工业界曾经有一种观点："在大数据条件下，简单的机器学习模型会比复杂模型更有效。"在实际的大数据应用中，很多最简单的模型得到大量使用的情形也在一定程度上印证着这种观点。但是，随着深度学习的快速发展，人们不得不重新思考这种观点。因为在大数据情形下，往往只有比较复杂或表达能力强的模型，才能充分挖掘海量数据中的信息。随着深度模型变得更强大，从大数据中发掘出的信息往往更有价值，大数据需要深度模型。比如说，语音识别所涉及的是大数据机器学习问题，其声学建模所面临的是高达十亿到千亿级别的样本训练。Google 公司在一个语音识别实验中发现，训练后的 DNN，训练样本上的预测误差竟然与测试样本的预测误差基本相当，而在通常模型上，训练样本上的预测误差要明显小于测试样本，这是因为大数据里含有丰富的信息维度，从而让 DNN 这样高容量的复杂模型处于欠拟合状态，由此也就表明大数据需要深度学习。深度学习的实质是学习更有用的特征，最终提升分类或预测的准确性，其方法是构建深度模型和海量训练数据。可以说，特征学习是目的，深度模型是手段，深度学习通过逐层特征变换，让分类或预测变得更容易。

（3）工程问题

对于从事深度学习技术研发的人来说，首先要解决的是利用并行计算平台来实现海量数据训练的问题。深度学习需要频繁迭代，传统的大数据平台无法适应这一点。随着互联网服务的深入，海量数据训练的重要性日益凸显，而现有的 DNN 训练技术通常所采用的随机梯度法，不能在多个计算机之间并行。采用 CPU（中央处理器）进行传统的 DNN 模型训练，训练时间非常漫长，一般训练声学模型就需要几个月的时间，这样缓慢的训练速度明显不能满足互联网服务应用的需要。目前，提升模型训练速度，成为许多大公司研发者的主攻方向，比如谷歌公司，搭建起了 DistBelief 这个深度学习并行计算平台，通过采用异步算法，实现随机梯度下降算法的并行化，从而加快模型训练速度。不过，工程方面尽管取得了一定的进展，但对解决各种服务需求来说，仍然有很长的一段路要走。

深度学习引领着"大数据＋深度模型"时代的到来，尤其是在推动人工智能和人机交互方面取得了长足的进步，同时也应该看到，深度学习在理论、建模和工程方面仍面临着一系列的难题，而在具体应用方面，深度学习也面临着一些挑战。

8.1.2　神经网络的基本概念

神经网络，也称为人工神经网络（artificial neural networks，ANN），是机器学习的子集，并且是深度学习算法的核心，其名称和结构是受人类大脑的启发，模仿了生物神经元信号相互传递的方式。神经网络结构如图 8-1 所示。ANN 是一种模仿动物神经网络行为特征，进行分布式并行信息处理的算法数学模型，这种网络依靠系统的复杂程度，通过调整内部大量节点之间相互连接的关系，从而达到处理信息的目的，并具有自学习和自适应的能力。

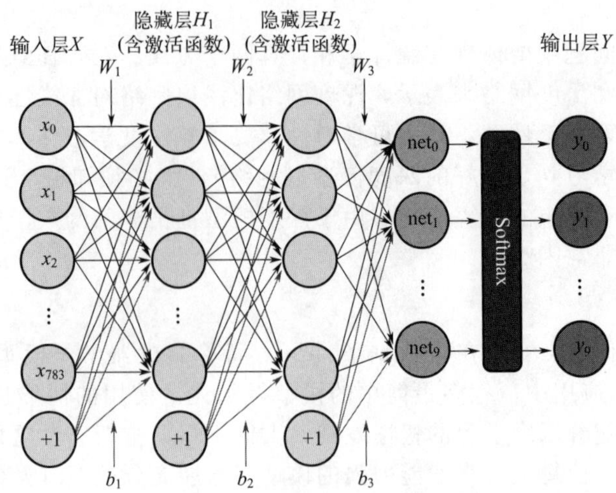

图 8-1　神经网络结构图

神经元（neuron）是构成神经网络的基本单元，其主要是模拟生物神经元的结构和特性，接收一组输入信号并产生输出。

20 世纪初，生物学家就发现了生物神经元的结构，近年来生物学家更完整地显影了神经元的结构。生物神经元由多个树突和一条轴突组成，其中树突用来接收信号，而轴突用来发送信号。随着神经元所获得的输入信号积累到一定水平，神经元就开始处于兴奋状态，并发送电脉冲信号。神经元轴突尾端有许多末梢与其他神经元的树突产生连接，通过这些连接，神经元产生的电脉冲信号传播到与它连接的其他神经元。心理学家 McCulloch 和数学家 Pitts 根据生物神经元的结构，将一种简单的人工神经元模型逐渐发展为现代人工神经元模型。

8.1.3　卷积神经网络原理

卷积神经网络（convolutional neural networks，CNN）是一类包含卷积计算且具有深度结构的前馈神经网络（feedforward neural networks），是深度学习的代表算法之一。卷积神经网络仿造了生物的感受野（receptive field）机制，即神经元只接收其所支配的刺激区域内的信号，例如人类视网膜上的光感受器受刺激兴奋时，只有视觉皮层中的特定区域的神经元才会接收这些神经冲动信号。

卷积神经网络主要由卷积层、池化层和全连接层三种网络层构成，每一层有多个特征图，每个特征图通过一种卷积滤波器提取输入的一种特征，每个特征图有多个神经元。卷积神经网络结构图如图 8-2 所示。

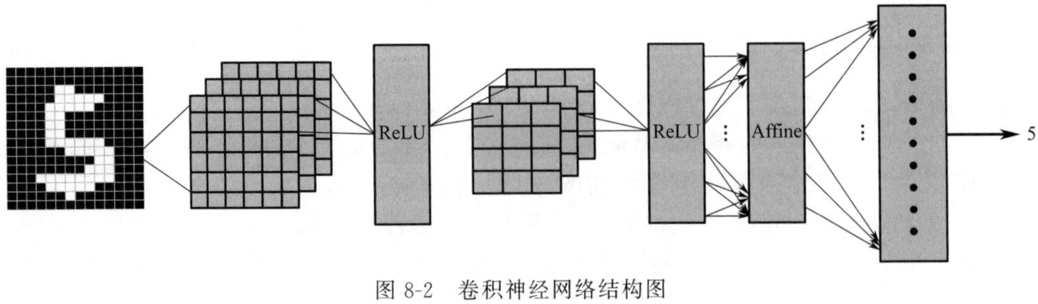

图 8-2　卷积神经网络结构图

下面主要介绍卷积神经网络中的卷积层和池化层。

（1）卷积层

卷积层会对输入的特征图（或原始数据）进行卷积操作，输出卷积后产生的特征图。卷积层是卷积神经网络的核心部分，卷积层的加入使得神经网络能够共享权重，能够进行局部感知，并开始层次化地对图像进行抽象理解。卷积层的功能是对输入数据进行特征提取，其内部包含多个卷积核，组成卷积核的每个元素都对应一个权重系数和一个偏差量（bias vector），类似于一个前馈神经网络的神经元（neuron）。

（2）池化层

池化层也叫子采样层，该层的作用是对网络中的特征进行选择，降低特征数量，从而减少参数数量和计算开销。池化操作独立作用在特征图的每一个通道上，减小所有特征图尺寸。

同卷积层一样，池化层每次对输入数据的一个固定形状窗口（又称池化窗口）中的元素计算输出。不同于卷积层里计算输入和核的互相关性，池化层直接计算池化窗口内元素的最大值或者平均值，该运算也分别叫作最大池化或平均池化。在二维最大池化中，池化窗口从输入数组的最左上方开始，按从左往右、从上往下的顺序，依次在输入数组上滑动，当池化窗口滑动到某一位置时，窗口中的输入子数组的最大值即为输出数组中相应位置的元素。

8.1.4　卷积神经网络结构演化

卷积神经网络（CNN）是各种深度神经网络中应用最广泛的一种，在机器视觉的很多问题上都取得了较好的效果，另外它在自然语言处理、计算机图形学等领域也有成功的应用。CNN 结构演化历程如图 8-3 所示，共分为八部分，分别为早期尝试、历史突破、网络加深、增强卷积模块功能、集成路线、检测任务路线、多任务路线以及新的功能模块。

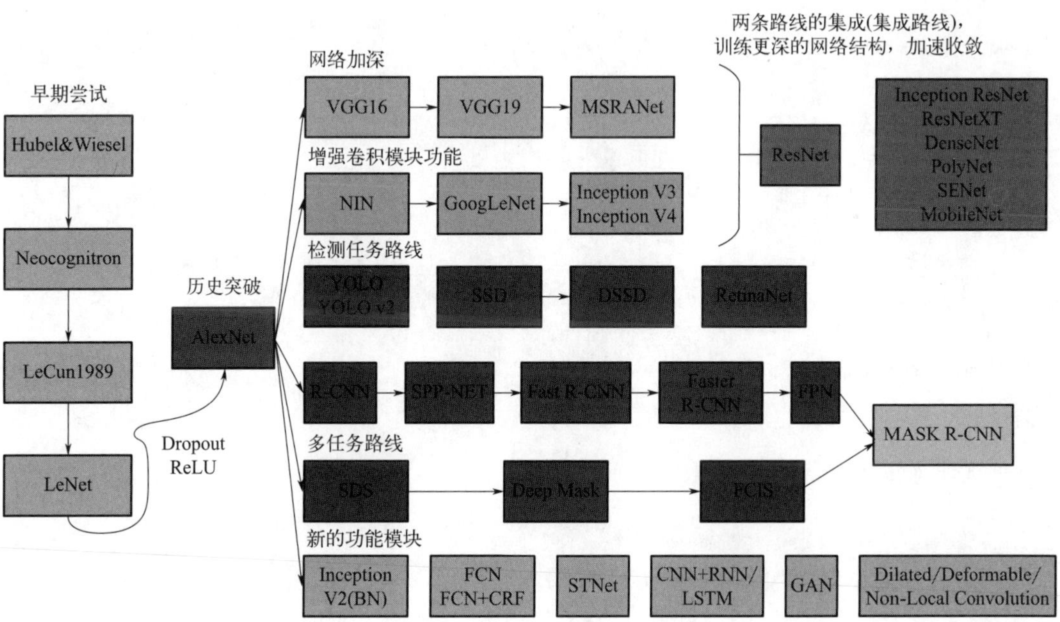

图 8-3　CNN 结构演化历程

（1）早期尝试

a. Hubel & Wiesel 对视觉皮层（visual cortex）的功能划分：从简单特征提取神经元

（简单细胞）到渐进复杂的特征提取神经元（复杂细胞、超复杂细胞等）的层级连接结构。

b. Neocognitron：无监督训练，并未采用误差反向传播方法进行监督训练，因此并不是 CNN。

c. LeNet：1998 年成功应用于美国邮政手写数字识别系统。

（2）历史突破

AlexNet 是 2012 年 ImageNet 图像分类大赛的冠军，用网络提出者的名字命名。AlexNet 的输入是 ImageNet 中归一化后的 RGB 图像样本，每张图像的尺寸被裁剪到了 227×227，AlexNet 中包含 5 个卷积层和 3 个全连接层，输出为 1000 类的 Softmax 层，具体的网络结构如图 8-4 所示。

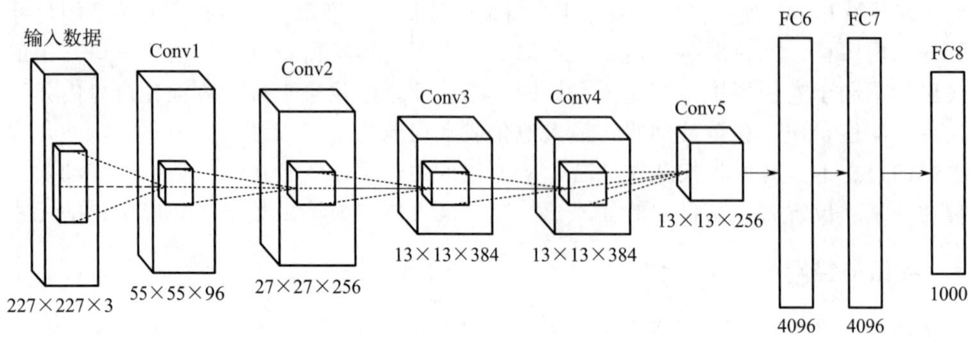

图 8-4 AlexNet 网络结构图

利用 AlexNet 网络进行训练，Python 代码如下：

导入库：

```
import torch
import torchvision
# import torchvision.models
from torchvision.models import AlexNet
from matplotlib import pyplot as plt
from tqdm import tqdm
fromtorch import nn
from torch.utils.data import DataLoader
from torchvision.transforms import transforms
from torch.utils.tensorboard import SummaryWriter
from PIL import ImageFile
```

加载训练集和测试集的数据：

```
tensorboardwriter = SummaryWriter("./logs")
writer = SummaryWriter("./logs")
'''x = torch.rand(8, 3, 256, 512)
model = AlexNet()'''

'''with SummaryWriter(comment='AlexNet') as w:
    w.add_graph(model, x)'''
```

```
    data_transform = {
        "train": transforms.Compose([transforms.RandomResizedCrop(100),
                                     transforms.RandomHorizontalFlip(),
                                     transforms.ToTensor(),
                                     transforms.Normalize((0.5, 0.5, 0.5), (0.5,
0.5, 0.5))]),
        "val": transforms.Compose([transforms.Resize((100, 100)),  # cannot 224, must
(224, 224)
                                   transforms.ToTensor(),
                                   transforms.Normalize((0.5, 0.5, 0.5), (0.5,
0.5, 0.5))])}
    def main():
        train_data = torchvision.datasets.ImageFolder(root=r"D:\chengxu\wangluo\
resnet_qian yi\resnet101\dogs_and_cats\train", transform=data_transform["train"])

        traindata = DataLoader(dataset=train_data, batch_size=128, shuffle=True, num
_workers=0)

        test_data = torchvision.datasets.ImageFolder(root=r"D:\chengxu\wangluo\res-
net_qian yi\resnet101\dogs_and_cats\val", transform=data_transform["val"])

        train_size = len(train_data)
        test_size = len(test_data)
        print(train_size)
        print(test_size)
        testdata = DataLoader(dataset=test_data, batch_size=128, shuffle=True, num_
workers=0)

        device = torch.device("cuda:0" if torch.cuda.is_available() else "cpu")
        print("using {} device.".format(device))

        class alexnet(nn.Module):
            def __init__(self):
                super(alexnet, self).__init__()
                self.model = nn.Sequential(

                    nn.Conv2d(3, 48, kernel_size=11, stride=4, padding=2),  # input
[3, 120, 120]  output[48, 55, 55]

                    nn.ReLU(inplace=True),
                    nn.MaxPool2d(kernel_size=3, stride=2),  # output[48, 27, 27]
                    nn.Conv2d(48, 128, kernel_size=5, padding=2), # output[128, 27, 27]

                    nn.ReLU(inplace=True),
                    nn.MaxPool2d(kernel_size=3, stride=2),  # output[128, 13, 13]
                    nn.Conv2d(128, 192, kernel_size=3, padding=1),  # output[192, 13, 13]
```

```
                nn.ReLU(inplace=True),
                nn.Conv2d(192, 192, kernel_size=3, padding=1),  #  output[192, 13, 13]

                nn.ReLU(inplace=True),
                nn.Conv2d(192, 128, kernel_size=3, padding=1),  #  output[128, 13, 13]

                nn.ReLU(inplace=True),
                nn.MaxPool2d(kernel_size=3, stride=2),  #  output[128, 6, 6]
                nn.Flatten(),
                nn.Dropout(p=0.5),
                nn.Linear(512, 2048),
                nn.ReLU(inplace=True),
                nn.Dropout(p=0.5),
                nn.Linear(2048, 1024),
                nn.ReLU(inplace=True),
                nn.Linear(1024, 2),  #  自己的数据是几种,这里的 7 就改成几

                )

    def forward(self, x):
        x = self.model(x)
        return x
```

网络训练：

```
alexnet1 = alexnet()
'''x = torch.rand(8, 3, 256, 512)
# model = AlexNet()
with SummaryWriter(comment='alexnet') as w:
    w.add_graph(alexnet1, x)'''
print(alexnet1)
alexnet1.to(device)
test1 = torch.ones(64, 3, 100, 100)

test1 = alexnet1(test1.to(device))
print(test1.shape)

epoch = 50
learning = 0.0001
optimizer = torch.optim.Adam(alexnet1.parameters(), lr=learning)
loss = nn.CrossEntropyLoss()

train_loss_all = []
train_accur_all = []
test_loss_all = []
test_accur_all = []
```

```
        for i in range(epoch):
            train_loss = 0
            train_num = 0.0
            train_accuracy = 0.0
            alexnet1.train()
            train_bar = tqdm(traindata)
            for step, data in enumerate(train_bar):
                img, target = data
                optimizer.zero_grad()
                outputs = alexnet1(img.to(device))

                loss1 = loss(outputs, target.to(device))
                outputs = torch.argmax(outputs, 1)
                loss1.backward()
                optimizer.step()
                train_loss +=abs(loss1.item()) * img.size(0)
                accuracy = torch.sum(outputs ==target.to(device))
                train_accuracy = train_accuracy + accuracy
                train_num +=img.size(0)

            print("epoch:{} , train-Loss:{} , train-accuracy:{}".format(i + 1, train_
loss / train_num,
                                                                          train_
accuracy / train_num))
            train_loss_all.append(train_loss / train_num)
            train_accur_all.append(train_accuracy.double().item() / train_num)
            test_loss = 0
            test_accuracy = 0.0
            test_num = 0
            alexnet1.eval()
            with torch.no_grad():
                test_bar = tqdm(testdata)
                for data in test_bar:
                    img, target = data

                    outputs = alexnet1(img.to(device))

                    loss2 = loss(outputs, target.to(device))
                    outputs = torch.argmax(outputs, 1)
                    test_loss = test_loss + abs(loss2.item()) * img.size(0)
                    accuracy = torch.sum(outputs ==target.to(device))
                    test_accuracy = test_accuracy + accuracy
                    test_num +=img.size(0)

            print("test-Loss:{} , test-accuracy:{}".format(test_loss / test_num, test_
accuracy / test_num))
```

```
        test_loss_all.append(test_loss / test_num)
        test_accur_all.append(test_accuracy.double().item() / test_num)
```

可视化：

```
plt.figure(figsize=(12, 4))
    plt.subplot(1, 2, 1)
    plt.figure(figsize=(12, 4))
    plt.subplot(1, 2, 1)

    plt.plot(range(epoch), train_loss_all,
            label="Train loss")
    plt.plot(range(epoch), test_loss_all,
            label="test loss")
    plt.legend()
    plt.xlabel("epoch")
    plt.ylabel("Loss")
    plt.subplot(1, 2, 2)
    plt.plot(range(epoch), train_accur_all,
                label="Train accur")
    plt.plot(range(epoch), test_accur_all,
                label="test accur")
    plt.xlabel("epoch")
    plt.ylabel("acc")

    plt.legend(['train', 'test'], loc='upper left')
    plt.legend()
    plt.savefig('train.png')
    torch.save(alexnet1.state_dict(), "alexnet.pth")

    print("模型已保存")
if __name__=='__main__':
    main()
```

AlexNet 网络训练结果如图 8-5 所示。

（3）网络加深

VGGNet 在 2014 年由牛津大学视觉几何组（VGG，visual geometry group）提出，是 ILSVRC（ImageNet 大规模视觉识别挑战赛)-2014 中定位任务第一名和分类任务第二名，提出 VGGNet 的主要目的是探究在大规模图像识别任务中，卷积神经网络深度对模型精确度的影响。通过 VGGNet，研究人员证明了基于尺寸较小的卷积核，增加网络深度可以有效提升模型的效果。VGGNet 结构简单，模型的泛化能力好，因而受到研究人员青睐并被广泛使用，到目前为止，VGGNet 仍然被用来提取图像特征。

VGGNet 可以看成是加深版的 AlexNet，把网络分成了 5 段，每段都把多个尺寸为 3×3 的卷积核串联在一起，每段卷积接一个尺寸 2×2 的最大池化层，最后面接 3 个全连接层和一个 Softmax 层，所有隐层的激活单元都采用 ReLU 函数。VGGNet 包含很多级别的网络，

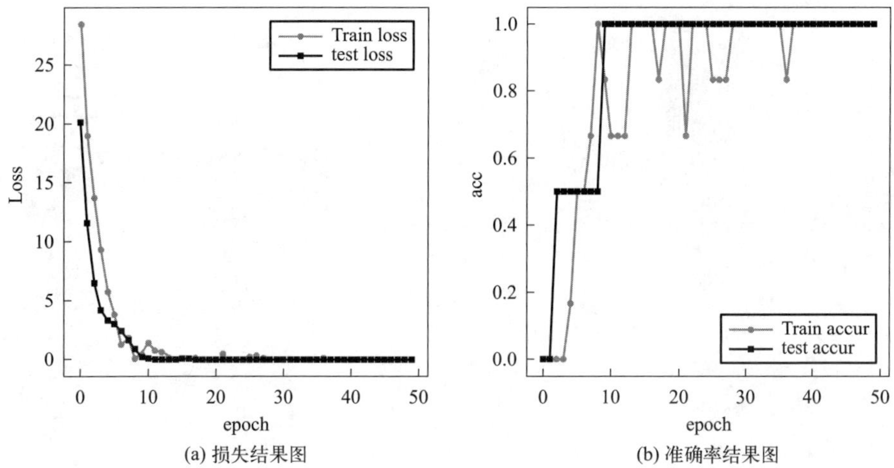

图 8-5　AlexNet 网络训练结果

Loss—损失；epoch—次数；Train loss—训练损失；test loss—测试损失；acc—准确率；
Train accur—训练准确率；test accur—测试准确率

深度从 11 层到 19 层不等。为了解决初始化（权重初始化）等问题，VGG 采用的是一种 Pre-training（预训练）的方式，先训练浅层的简单网络 VGG11，再复用 VGG11 的权重初始化 VGG13，如此反复训练并初始化 VGG19，能够使训练时收敛的速度更快。比较常用的是 VGGNet-16（VGG16）和 VGGNet-19（VGG19），VGGNet-16 的网络结构如图 8-6 所示。

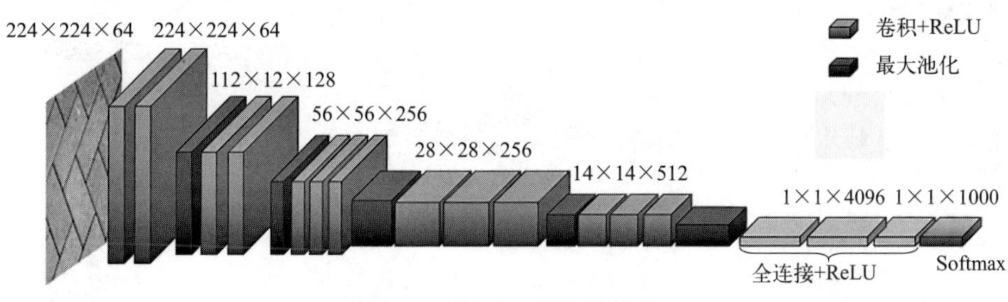

图 8-6　VGG16 网络结构图

利用 VGGNet-16 网络进行训练，Python 代码如下：

```
    def vgg(model_name="vgg16", ** kwargs):
        assert model_name in cfgs, "Warning: model number {} not incfgs dict!".format(model_name)
        cfg = cfgs[model_name]
        model = VGG(make_features(cfg), ** kwargs)
        return model
    VGGnet = vgg(num_classes=2, init_weights=True)  #  将模型命名为 VGGNet-16
    VGGnet.to(device)
    print(VGGnet.to(device))  #  输出模型结构
    test1 = torch.ones(64, 3, 120, 120)  #  测试一下输出的形状大小,输入一个(64,3,120,120)的向量
```

```
    test1 = VGGnet(test1.to(device))  # 将向量打入神经网络进行测试
    print(test1.shape)  # 查看输出的结果
    epoch = 50 # 迭代次数即训练次数
    learning = 0.001  # 学习率
    optimizer = torch.optim.Adam(VGGnet.parameters(), lr=learning)  # 使用 Adam 优化器
    loss = nn.CrossEntropyLoss()  # 损失计算方式,交叉熵损失函数
    train_loss_all = []  # 存放训练集损失的数组
    train_accur_all = []  # 存放训练集准确率的数组
    test_loss_all = []  # 存放测试集损失的数组
    test_accur_all = []  # 存放测试集准确率的数组
    for i in range(epoch):  # 开始迭代
        train_loss = 0  # 训练集的损失初始设为 0
        train_num = 0.0  #
        train_accuracy = 0.0  # 训练集的准确率初始设为 0
        VGGnet.train()  # 将模型设置成训练模式
        train_bar = tqdm(traindata)  # 用于进度条显示,无其他实际用处
        for step, data in enumerate(train_bar):  # 开始迭代
            img, target = data  # 将 data 分为 img 图片、target 标签
            optimizer.zero_grad()  # 清空历史梯度
            outputs = VGGnet(img.to(device))  # 将图片打入网络进行训练,outputs 是输出的结果
            loss1 = loss(outputs, target.to(device))  # 计算神经网络输出的结果 outputs 与图片真实标签 target 的差别,这就是我们通常情况下称为的损失
            outputs = torch.argmax(outputs, 1)  # 会输出 10 个值,最大的值就是预测的结果
            loss1.backward()  # 神经网络反向传播
            optimizer.step()  # 梯度优化,用上面的 Adam 优化
            train_loss += abs(loss1.item()) * img.size(0)  # 将所有损失的绝对值加起来
            accuracy = torch.sum(outputs == target.to(device))  # outputs == target 的即预测正确的,统计预测正确的个数,从而计算准确率
            train_accuracy = train_accuracy + accuracy  # 求训练集的准确率
            train_num += img.size(0)  #
        print("epoch:{} , train-Loss:{} , train-accuracy:{}".format(i + 1, train_loss / train_num,  # 输出训练情况
                                                                    train_accuracy / train_num))
        train_loss_all.append(train_loss / train_num)  # 将训练的损失放到一个列表里,方便后续画图
        train_accur_all.append(train_accuracy.double().item() / train_num)  # 训练集的准确率
        test_loss = 0  # 同上,测试损失
        test_accuracy = 0.0  # 测试准确率
        test_num = 0
        VGGnet.eval()  # 将模型调整为测试模型
        with torch.no_grad():  # 清空历史梯度,进行测试,与训练最大的区别是测试过程中取消了反向传播
```

```
            test_bar = tqdm(testdata)
            for data in test_bar:
                img, target = data
                outputs = VGGnet(img.to(device))
                loss2 = loss(outputs, target.to(device))
                outputs = torch.argmax(outputs, 1)
                test_loss = test_loss + abs(loss2.item()) * img.size(0)
                accuracy = torch.sum(outputs ==target.to(device))
                test_accuracy = test_accuracy + accuracy
                test_num +=img.size(0)
        print("test-Loss:{} , test-accuracy:{}".format(test_loss / test_num, test_ac-
curacy / test_num))
        test_loss_all.append(test_loss / test_num)
        test_accur_all.append(test_accuracy.double().item() / test_num)
```

VGGNet-16 网络训练结果如图 8-7 所示。

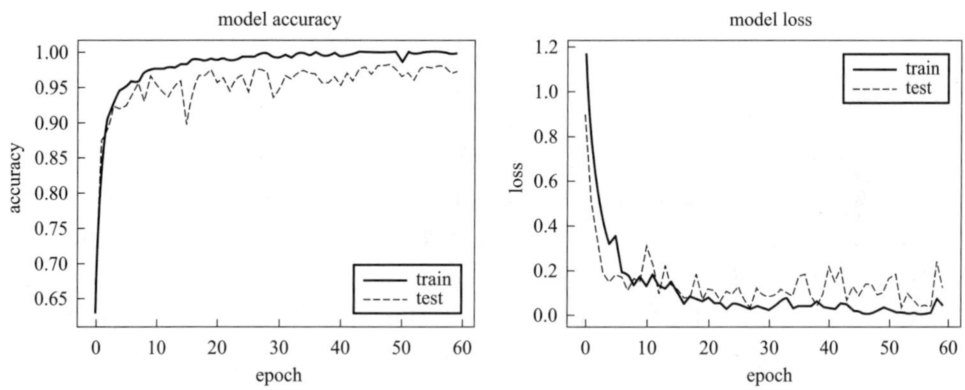

(a) 准确率结果图　　(b) 损失结果图

图 8-7　VGGNet-16 网络训练结果

accuracy—准确率；epoch—次数；loss—损失；train—训练；test—测试

（4）增强卷积模块功能

a. GoogLeNet。GoogLeNet 是 Christian Szegedy 等人在 ILSVRC-2014 上使用的一种全新卷积神经网络结构，并以 6.65％的错误率取得了 ILSVRC-2014 分类任务上的冠军。相比于以前的卷积神经网络结构，GoogLeNet 除了在深度上进行了延伸，还对网络的宽度进行了扩展，整个网络由许多块状子网络堆叠而成，这个子网络即 Inception 模块。

b. Inception V4。Inception V2 模块中借鉴了 VGGNet 的方法，对卷积进行分解，它的一项重大改进在于使用了批归一化。而 Inception V3 整合了 Inception V2 的所有改进，在原多种尺度的基础上使用了更大的分解的 7×7 卷积核，并为辅助损失器增加了批归一化。在 Inception V2 与 Inception V3 的设计过程中，Google 的研究人员给出了几条网络结构设计的建议：慎用 bottleneck（瓶颈），特别是在网络的浅层；适当加宽网络层可以提取表达能力更强的特征；空间聚合可在比较深的层中完成，此时特征表达能力没有太大或任何损失；平移网络的宽度与深度。

Inception V4 网络的设计遵从了 Inception V2/V3 中提出的几个网络设计的建议，并对

Inception 模块进行了更细致的优化以提高性能。按照之前所说的第一条建议，网络的浅层只使用了卷积层和简化的 Inception 模块。随着网络加深，Inception V4 使用更宽的模块，而随着特征图尺寸的下降，特征图通道的数量上涨。网络中对下采样的处理也不仅只依靠池化，还设计了两种降维模块，网络结构图如图 8-8 所示。

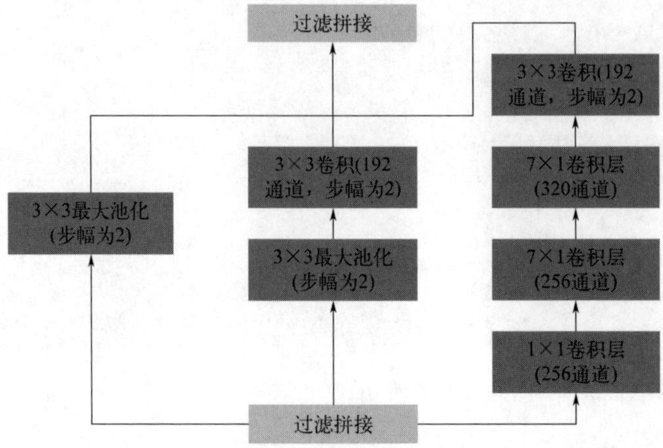

图 8-8　Inception V4 网络结构图

（5）集成路线

a. Inception ResNet。ResNet 可以加速收敛，用 Inception 结构也可以达到可比的性能。相比纯 Inception 网络，Inception ResNet 网络具有 3 个特点：第一，Inception 块的构造更加简单；第二，采用 filter-expansion layer（滤波器扩展层）去扩大，因为 Inception 块损失的通道数，过多地减少维度可能会造成信息的损失（表征性瓶颈）；第三，Inception ResNet 为了减小 BN（批归一化）带来的存储消耗，只在 stem 模块中使用，stem 就是普通的卷积层，而不是像之前在每个 Inception 块中使用。Inception ResNet 网络结构图如图 8-9 所示。

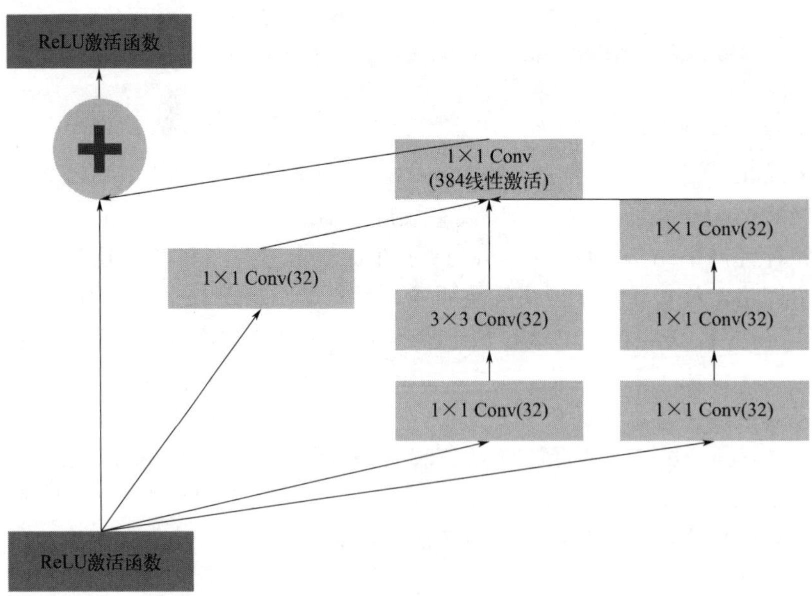

图 8-9　Inception ResNet 网络结构图

b. ResNet。深度残差网络（ResNet）是近年来计算机视觉领域中继 AlexNet 后最具开创性的成果，在 2015 年的 ImageNet 分类、定位、检测及 COCO 的物体检测与语义分割五项比赛中全部取得第一名，ResNet 使得成百上千层的神经网络的训练成为可能。

在 ResNet 提出之前，所有的神经网络都是通过卷积层和池化层的叠加组成的。人们认为卷积层和池化层的层数越多，获取到的图片特征信息越全，学习效果也就越好。但是在实际的试验中发现，随着卷积层和池化层的叠加，不但没有出现学习效果越来越好的情况，反而出现两种问题：梯度消失和梯度爆炸。梯度消失：若每一层的误差梯度小于 1，反向传播时，网络越深，梯度越趋近于 0。梯度爆炸：若每一层的误差梯度大于 1，反向传播时，网络越深，梯度越来越大。这将导致退化问题，即随着层数的增加，预测效果反而越来越差。为了解决梯度消失或梯度爆炸问题，ResNet 论文提出通过数据的预处理以及在网络中使用 BN（batch normalization，批归一化）层来解决。为了解决深层网络中的退化问题，可以人为地让神经网络某些层跳过下一层神经元的连接，隔层相连，弱化每层之间的强联系，这种神经网络被称为深度残差网络（ResNet）。ResNet 论文提出了 residual 结构（残差结构）来减轻退化问题，残差结构是卷积神经网络开发过程中的一个关键组成部分，residual 结构图如图 8-10 所示。

ResNet 的每一个残差模块都由一系列层和一个捷径（shortcut）连接组成，这个捷径将该模块的输入特征图和输出特征图连接到了一起，并在对应元素的位置上执行加法运算。如图 8-11 所示，给出了一个 101 层的深度残差网络 ResNet101。

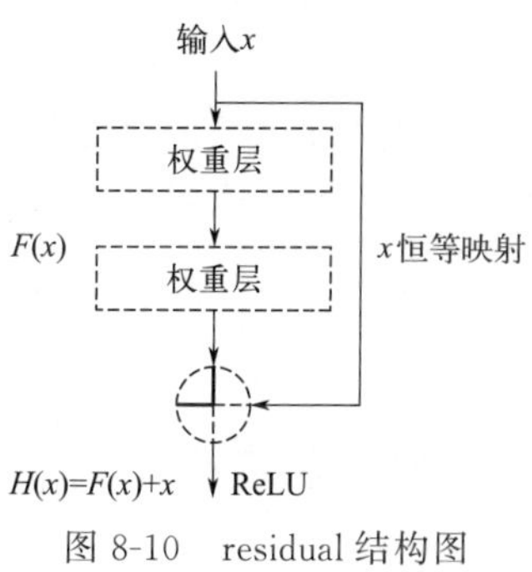

图 8-10 residual 结构图

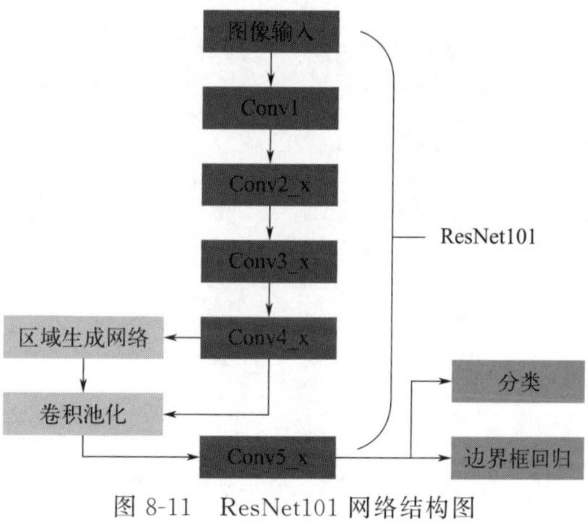

图 8-11 ResNet101 网络结构图

利用 ResNet 网络进行训练，代码如下：

导入库：

```
from tensorflow.keras.preprocessing.image import ImageDataGenerator
import matplotlib.pyplot as plt
import matplotlib as mpl
from model import resnet101
import tensorflow astf
import json
import os
import PIL.Image asim
import numpy as np
```

数据处理：

```
data_root = os.path.abspath(os.path.join(os.getcwd(), "../..")) # 获得根路径
image_path = data_root + r"D:\\chengxu\\wangluo\\resnet_qian yi\\resnet101\\dogs_
and_cats" # 路面数据集的路径
train_dir = image_path + "train"
validation_dir = image_path + "val"

im_height = 224
im_width = 224
batch_size = 16
epochs = 2

_R_MEAN = 123.68
_G_MEAN = 116.78
_B_MEAN = 103.94

def pre_function(img): # 图像预处理
    img = img - [_R_MEAN, _G_MEAN, _B_MEAN]
    return img

# 训练集准备:将图片载入、数据增强、预处理,然后转换成张量形式
train_image_generator = ImageDataGenerator(horizontal_flip=True,
                                           preprocessing_function = pre_
function)
train_data_gen = train_image_generator.flow_from_directory(directory=train_dir,
                                                           batch_size =
batch_size,
                                                           shuffle=True,
                                                           target_size=
(im_height, im_width),
                                                           class_mode='
categorical')
total_train = train_data_gen.n # 训练集样本总数
STEP_SIZE_TRAIN=train_data_gen.n//batch_size

# 验证集准备:将图片载入、数据增强、预处理,然后转换成张量形式
validation_image_generator = ImageDataGenerator(preprocessing_function=pre_
function)
val_data_gen = validation_image_generator.flow_from_directory(directory=valida-
tion_dir,
                                                              batch_size =
batch_size,
                                                              shuffle=False,
                                                              target_size =
(im_height, im_width),
```

```
                                                                    class_mode='cate-
gorical')
    # img, _ =next(train_data_gen)
    total_val = val_data_gen.n  # 验证集样本总数
    STEP_SIZE_VALID=val_data_gen.n//batch_size
    # 获得类别字典
    class_indices = train_data_gen.class_indices
    # 转换类别字典中键和值的位置
    inverse_dict = dict((val, key) for key, val in class_indices.items())
    # 将数字标签字典写入 json 文件:交通标志.json
    json_str = json.dumps(inverse_dict, indent=2)
    with open('class_indices.json', 'w') as json_file:
        json_file.write(json_str)

    feature = resnet101(num_classes=2, include_top=False)
    # feature.build((None, 224, 224, 3))  # 当使用子类化模型时
    feature.load_weights('pretrain_weights.ckpt')  # 加载预训练模型
    feature.trainable = False  # 训练时冻结预训练模型参数
    feature.summary()  # 打印预训练模型参数
```

模型装配：

```
    # 1. 目标损失函数:交叉熵
    loss_object = tf.keras.losses.CategoricalCrossentropy(from_logits=False)
    # 2. 优化器:Adam
    optimizer = tf.keras.optimizers.Adam(learning_rate=0.0002)
    # 3. 评价标准:loss 和 accuracy
    train_loss = tf.keras.metrics.Mean(name='train_loss')
    train_accuracy = tf.keras.metrics.CategoricalAccuracy(name='train_accuracy')

    test_loss = tf.keras.metrics.Mean(name='test_loss')
    test_accuracy = tf.keras.metrics.CategoricalAccuracy(name='test_accuracy')

    # 在原模型后加入两个全连接层,进行自定义 4 分类
    model = tf.keras.Sequential([feature,
                                tf.keras.layers.GlobalAvgPool2D(),
                                tf.keras.layers.Dropout(rate=0.5),
                                tf.keras.layers.Dense(1024),
                                tf.keras.layers.Dropout(rate=0.5),
                                tf.keras.layers.Dense(5),
                                tf.keras.layers.Softmax()])
    # model.build((None, 224, 224, 3))
    model.summary()  # 打印增加层的参数
    model.compile(optimizer =optimizer,
                  loss='categorical_crossentropy',
                  metrics=["accuracy"])
```

```
    @ tf.function
    def train_step(images, labels):
        with tf.GradientTape() as tape:  # 建立梯度环境
            output = model(images, training=True)  # 前向计算
            loss = loss_object(labels, output)  # 计算目标损失
        gradients = tape.gradient(loss, model.trainable_variables)  # 自动求梯度
        optimizer.apply_gradients(zip(gradients, model.trainable_variables))  # 反
向传播,更新参数
        train_loss(loss)  # 计算训练集的平均损失值 loss
        train_accuracy(labels, output)  # 计算训练集上的准确率 accuracy


    @ tf.function
    def test_step(images, labels):
        output = model(images, training=False)  # 前向计算
        t_loss = loss_object(labels, output)  # 求每一次的目标损失值
        test_loss(t_loss)  # 求平均损失值
        test_accuracy(labels, output)

    best_test_loss = float('inf')
    for epoch in range(1, epochs + 1):
        # 重置清零每一轮的 loss 值和 accuracy。因此后面打印出来的是每一个 epoch 中的 loss、
accuracy 平均值,而不是历史平均值
        train_loss.reset_states()
        train_accuracy.reset_states()
        test_loss.reset_states()
        test_accuracy.reset_states()
```

训练集训练过程：

```
            '''for step in range(total_train // batch_size):  # 一个 epoch 需要迭代的
step 数
            images, labels = next(train_data_gen)  # 一次输入 batch_size 组数据
            train_step(images, labels)  # 训练过程

            # 打印训练过程
            rate =(step + 1) / (total_train // batch_size)  # 一个 epoch 中 steps 的训练
完成度
            a = "* " * int(rate * 50)  # 已完成进度条用* 表示
            b = "." * int((1 - rate) * 50)  # 未完成进度条用 . 表示
            acc = train_accuracy.result().numpy()
            print("\r[{}]train acc: {:^3.0f}% [{}-> {}]{:.4f}".format(epoch, int(rate
* 100), a, b, acc), end="")
        print()
```

验证集测试过程：

```
        for step in range(total_val // batch_size):
            test_images, test_labels = next(val_data_gen)
            test_step(test_images, test_labels)  #  在验证集上测试,只进行前向计算
        #  每训练完一个 epoch 后,打印显示信息
        template = 'Epoch {}, Loss: {}, Accuracy: {}, Test Loss: {}, Test Accuracy: {}'
        print(template.format(epoch,
                              train_loss.result(),
                              train_accuracy.result() * 100,
                              test_loss.result(),
                              test_accuracy.result() * 100))
        if test_loss.result() < best_test_loss:
            best_test_loss = test_loss.result()
            #  保存模型参数
            model.save_weights("./save_weights/resNet_101.ckpt", save_format="tf")'''

history = model.fit_generator(generator=train_data_gen,
                              epochs=epochs,
                              steps_per_epoch=STEP_SIZE_TRAIN,
                              validation_data=val_data_gen,
                              validation_steps=STEP_SIZE_VALID,)
```

可视化：

```
def plot_acc_loss_curve(history):
    #  显示训练集和验证集的 acc 和 loss 曲线
    acc1 = history.history['accuracy']
    val_acc = history.history['val_accuracy']
    loss = history.history['loss']
    val_loss = history.history['val_loss']
    plt.figure(figsize=(15, 5))
    plt.subplot(1, 2, 1)
    plt.plot(acc1, label='accuracy')
    plt.plot(val_acc, label='val_accuracy')
    plt.title('model accuracy')
    plt.legend()
    #  plt.grid()
    plt.subplot(1, 2, 2)
    plt.plot(loss, label='loss')
    plt.plot(val_loss, label='val_loss')
    plt.title('model loss')
    plt.legend()
    #  plt.grid()
    plt.show()
plot_acc_loss_curve(history)
```

ResNet 网络训练结果如图 8-12 所示。

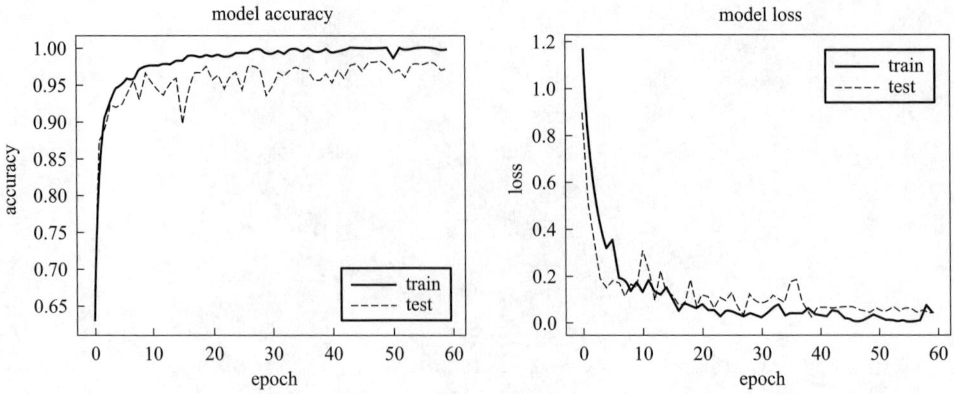

(a) 准确率结果图　　(b) 损失结果图

图 8-12　ResNet 网络训练结果图

注：图中英文含义见图 8-5 图注。

c. DenseNet。DenseNet 由康奈尔大学、清华大学和 Facebook 的研究者提出，在 CVPR（计算机视觉与模式识别会议）2017 上获了最佳论文奖。研究者们发现，神经网络的层级结构并不一定要逐层递进，网络中的各层不仅依赖于紧邻的上一层的特征，还依赖于更前面层学习的特征。基于此观察，DenseNet 在 ResNet 的基础上进一步加强了特征图之间的连接，构造了一种具有密集连接的卷积神经网络。

DenseNet 的核心组成部件是密集连接模块（DenseBlock），在这个模块中任意两层之间都有直接的连接。也就是说，网络第 1 层、第 2 层、…、第 $k-1$ 层的输出，都会作为第 k 层的输入，而第 k 层所学习的特征图也会被直接传给后面所有层作为输入。DenseNet 网络结构图如图 8-13 所示。对于一个 L 层的网络，DenseBlock 共包含 $L(L+1)/2$ 个连接，并且在 DenseBlock 中是直接联结来自不同层的特征图以实现特征重用。

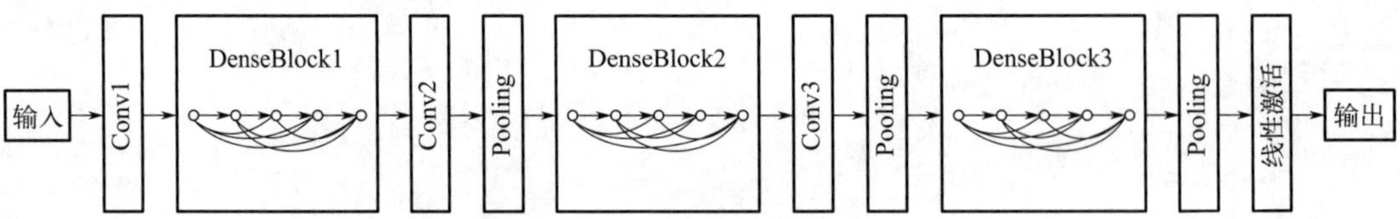

图 8-13　DenseNet 网络结构图

（6）检测任务路线

a. Fast R-CNN。Fast R-CNN 是基于 R-CNN 提出的，它的训练方式简单，基于多任务 loss（损失），不需要 SVM 训练分类器。Fast R-CNN 实现了整个网络端到端训练，可以更新所有层的网络参数。Fast R-CNN 结构图如图 8-14 所示。

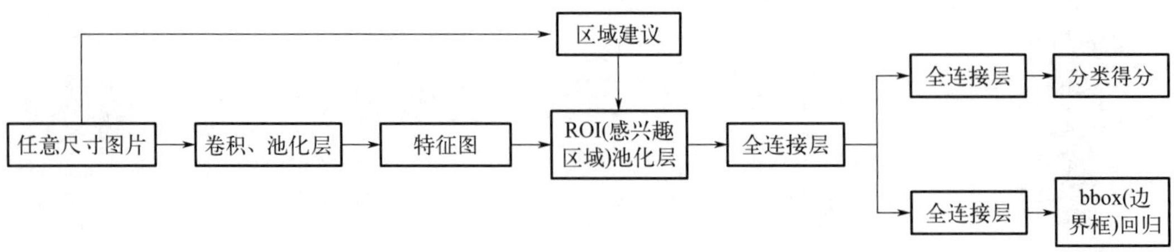

图 8-14　Fast R-CNN 结构图

b. YOLO。YOLO 的核心思想就是把目标检测转变成一个回归问题，利用整张图作为网络的输入，仅仅经过一个神经网络，得到 bounding box（边界框）的位置及其所属的类别。

c. SSD。SSD（single shot multibox detector，单次多框检测器）是一个 One-Stage（单阶段）的检测算法。它可以认为是 Faster R-CNN 和 YOLO 的结合，采用了基于回归的模式(类似于 YOLO)，在一个网络中直接回归出物体的类别和位置，因此检测速度很快。同时也利用了基于区域的概念（类似于 Faster R-CNN），在检测的过程中，使用了许多候选区域作为 ROI。SSD 网络结构图如图 8-15 所示。

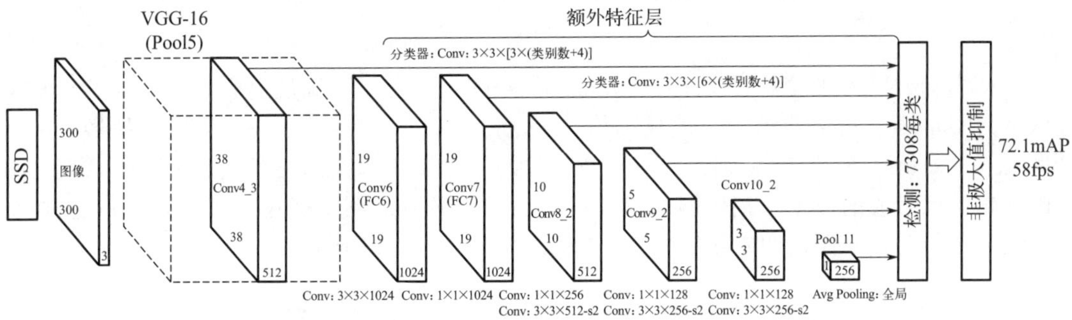

图 8-15　SSD 网络结构图

（7）多任务路线

a. DeepMask。DeepMask 网络实现了三个任务：前背景分割、前景语义分割与前景实例分割。这三个任务是基于同一个网络结构进行的，只是各自有单独的分支。DeepMask 的网络结构图如图 8-16 所示。

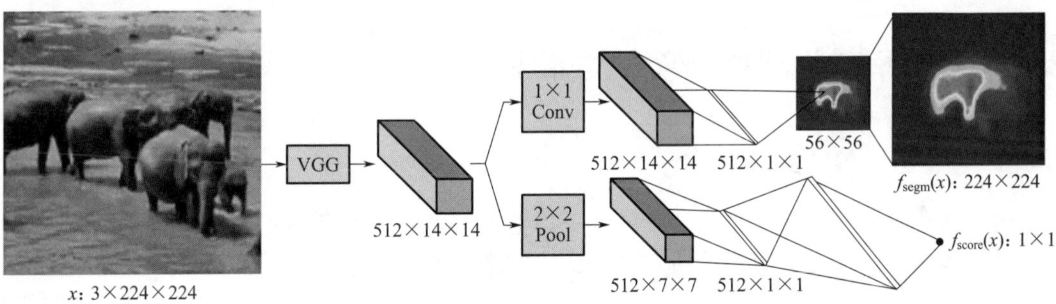

图 8-16　DeepMask 网络结构图

b. Mask R-CNN。Mask R-CNN 是对 Faster R-CNN 的直观扩展，网络的主干由 RPN（区域生成网络）转换为主干网络为 ResNet 的特征金字塔网络（FPN），同时添加了一个分支用于预测每个感兴趣区域（ROI）上的分割掩模，与现有的用于分类和边界框回归的分支并行。

（8）新的功能模块

a. FCN。FCN（全卷积神经网络）对图像进行像素级的分类（也就是每个像素点都进行分类），从而解决了语义级别的图像分割问题。与上面介绍的经典 CNN 在卷积层使用全连接层得到固定长度的特征向量进行分类不同，FCN 可以接受任意尺寸的输入图像，采用反卷积层对最后一个卷积层的特征图（feature map）进行上采样，使它恢复到与输入图像相同的尺寸，从而可以对每一个像素都产生一个预测，同时保留了原始输入图像中的空间信息，最后在上采样的特征图进行像素的分类。FCN 实现图如图 8-17 所示。

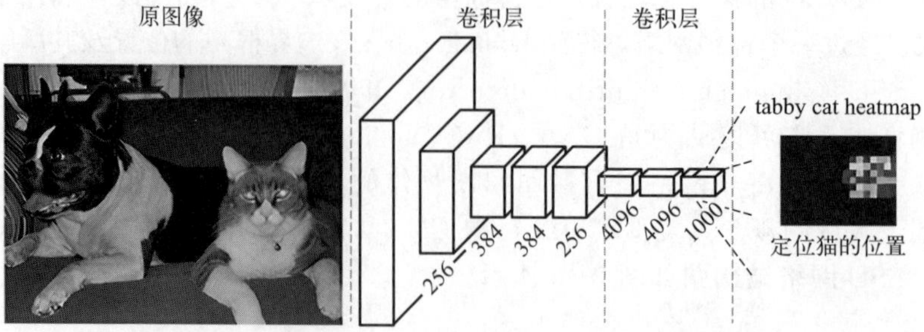

图 8-17　FCN 实现图

b. GAN。GAN 的全称是 generative adversarial network，就是生成对抗网络。生成对抗网络其实是两个网络的组合：生成网络（generator，即生成器）负责生成模拟数据；判别网络（discriminator，即判别器）负责判断输入的数据是真实的还是生成的。生成网络要不断优化自己生成的数据让判别网络判断不出来，判别网络也要优化自己以判断得更准确，二者关系形成对抗，因此叫对抗网络。GAN 结构图如图 8-18 所示。

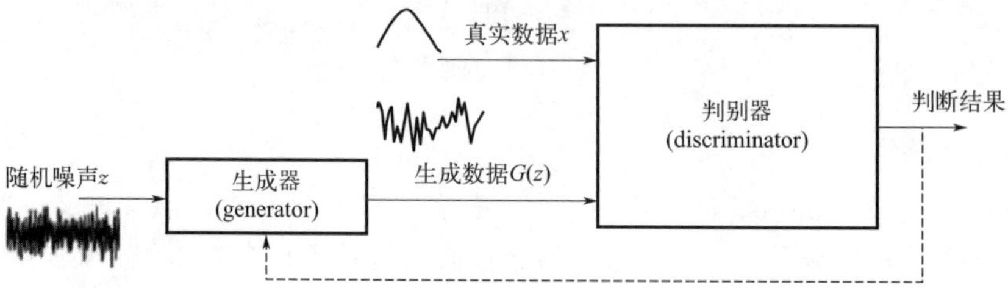

图 8-18　GAN 结构图

8.2　基于深度学习的图像分类算法

8.2.1　图像分类算法的发展

图像分类是根据图像所反映的不同特征，把不同类别的目标区分开来的图像处理方法。它利用计算机对图像进行定量分析，把图像或图像中的每个像元或区域划归为若干个类别中的某一种，以代替人的视觉判读，即给定一张输入图片，将其指派到一个已知的混合类别中的某一个标签。图像分类是机器视觉领域的核心问题之一，尽管它看上去很简单，但是却有广泛的实践应用，图像分类示意图如图 8-19 所示。

下面举三个典型的例子说明图像分类算法的发展。

① 2014 年 ILSVRC 的冠亚军网络分别是 GoogLeNet 和 VGGNet，其中 VGGNet 包括 16 层和 19 层两个版本，共包含参数约为 550MB，全部使用 3×3 的卷积核和 2×2 的最大池化核，简化了卷积神经网络的结构。VGGNet 展示了在先前网络架构的基础上通过简单地增加网络层数和深度可以提高网络的性能，被很多任务选为基准模型。GoogLeNet 是来自 Google 的 Christian Szegedy 等人提出的 22 层的网络，其 top-5 分类错误率只有 6.7%。GoogLeNet 的核心是 Inception 模块，它采用并行的方式，对 1×1 卷积、3×3 卷积、5×5 卷积、3×3 最大池化这四个成分的运算结果进行通道上组合，这就是 Inception 模块的核心思想。通过多个卷积核提取图像不同尺度的信息然后进行融合，可以得到图像更好的表征。自此，深度学习模型的分类准确率已经达到了人类的水平（5%～10%）。与 VGGNet 相比，

图 8-19　图像分类图

GoogLeNet 模型架构在精心设计的 Inception 模块下，模型更深又更小，计算效率更高。

② 2015 年，ResNet 获得了分类任务冠军。它以 3.57%的错误率表现超过了人类的识别水平，并以 152 层的网络架构创造了新的模型纪录。由于 ResNet 采用了跨层连接的方式，它成功地缓解了深层神经网络中的梯度消失问题，为上千层的网络训练提供了可能。

③ 之后，在 ResNet 基础上，密集连接的 DenseNet 在前馈过程中将每一层与其他的层都连接起来。对于每一层网络来说，前面所有网络的特征图都被作为输入，同时其特征图也都被后面的网络层作为输入所利用。DenseNet 中的密集连接还可以缓解梯度消失的问题，同时相比 ResNet，可以更强化特征传播和特征的复用，并减少参数的数目。DenseNet 相较于 ResNet 所需的内存和计算资源更少，并达到更好的性能。

8.2.2　CNN 的计算量与参数量

评价一个 CNN 的性能，除了其性能指标（分类任务的准确度、估计任务的误差、检测任务的精度等）外，还需要考虑该 CNN 的模型复杂度，如计算量和参数量。CNN 的参数（parameters）包括 CNN 需要学习的卷积核权值（weight）、全连接层权值以及其他需要学习的权值，CNN 的参数量是指所有这些参数的个数之和。由于参数量比较大，一般以 MB 或 GB 作为单位，流行的 ResNet-50 的参数量是 25.56MB。CNN 的计算主要来自 CNN 前向推理需要执行的乘加计算，因此计算量常使用乘加计算数（multiply-accumulate operations 或 multiply-add operations，常缩写为 MACs、MACC 或 MADD）。

（1）CNN 计算量

首先，一个 $k \times k$ 的卷积，执行一次卷积操作，需要 $k \times k$ 次乘法操作（卷积核中每个参数都要和特征图上的元素相乘一次）、$k \times k-1$ 次加法操作（将卷积结果个数加起来）。

对于输入特征图 $f=(B,H,W,C)$，卷积核张量 kernel$=(K,S,C,O)$，其中，B 是 batch size（批尺寸）大小，H、W、C 分别是输入特征图的高、宽和通道数，K、S、C、O 分别是卷积操作时卷积核的大小、移动步长（stride）、特征图输入通道及输出通道数。

（2）CNN 参数量

CNN 网络的参数量和特征图的尺寸无关，仅和卷积核的大小、偏置及 BN 有关，对于卷积张量 kernel$=(K,S,C,O)$，权重参数量为 $K \times K \times C \times O$，偏置参数量为 O，如果使用了 BN，该卷积层所有的参数量为：$K \times K \times C \times O+3 \times O$。

8.2.3 案例——基于深度学习的图像分类应用

本案例主要介绍猫狗分类问题，原型取自 2013 年的 Kaggle 计算机猫狗分类竞赛，使用的数据集中，一共包含 25000 张猫狗图像，每个类别有 12500 张。

创建一个新的文件夹 dogs_and_cats，在该文件夹下，创建'train'、'val'，在这两个子文件下，再分别创建'dog'、'cat'，然后将对应数据放到对应文件夹下。

采用 ResNet101 网络进行分类，Python 代码如下：

```
from model import resnet101
from PIL import Image
import numpy as np
import json
import matplotlib.pyplot as plt
import tensorflow as tf
im_height = 224
im_width = 224
#  加载要进行预测的图片
img = Image.open(r"D:\chengxu\wangluo\resnet_qian yi\resnet101\1.jpg")
img = img.resize((im_width, im_height))
plt.imshow(img)
#  将图片做预处理
_R_MEAN = 123.68
_G_MEAN = 116.78
_B_MEAN = 103.94
img = np.array(img).astype(np.float32)
img = img - [_R_MEAN, _G_MEAN, _B_MEAN]
#  Add the image to a batch where it's the only member.
img =(np.expand_dims(img, 0))
#  class_indices.json 中存放的是标签字典
try:
    json_file = open('./class_indices.json', 'r')
    class_indict = json.load(json_file)
except Exception as e:
    print(e)
    exit(-1)
#  网络模型的微调
```

```
feature = resnet101(num_classes=2, include_top=False)
feature.trainable = False
model = tf.keras.Sequential([feature,
                             tf.keras.layers.GlobalAvgPool2D(),
                             tf.keras.layers.Dropout(rate=0.5),
                             tf.keras.layers.Dense(1024),
                             tf.keras.layers.Dropout(rate=0.5),
                             tf.keras.layers.Dense(5),
                             tf.keras.layers.Softmax()])
model.build((None, 224, 224, 3))  # when using subclass model
# 加载训练好的模型参数
model.load_weights('./save_weights/resNet_101.ckpt')
result = model.predict(img)
prediction = np.squeeze(result)
predict_class = np.argmax(result)
print('预测该图片类别是:', class_indict[str(predict_class)])
plt.show()
```

猫狗分类的程序运行结果如图 8-20 所示。

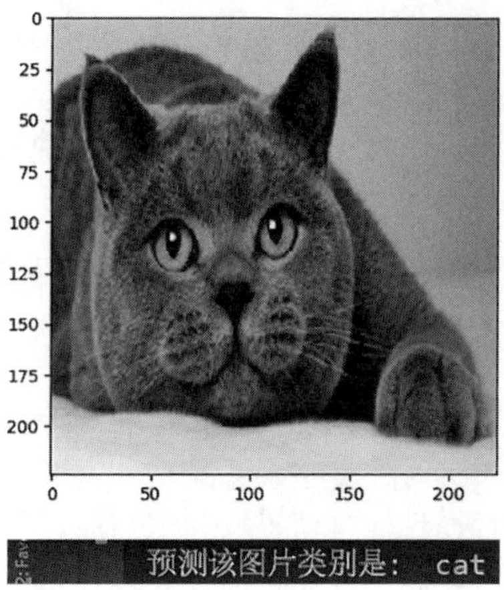

图 8-20　猫狗分类的运行结果预测图

8.3　基于深度学习的目标检测算法

8.3.1　目标检测算法的发展

在深度学习出现之前，传统目标检测算法都是以手工设计特征为主，如 Sobel 边缘检测特征、Haar 特征、Hog 特征等，这些特征的泛化能力较弱，在复杂场景中性能表现较差。

基于深度学习的目标检测算法使用的是卷积神经网络（convolutional neural networks，CNN）学习特征的方式，这种特征学习方式能自动发现检测及分类目标所需要的特征，同时通过卷积神经网络将原始输入信息转化成更抽象、更高维的特征。这种高维特征具有强大的特征表达能力和泛化性，所以其在复杂场景下的性能表现较好，可满足工业界的大部分应用需求。

主流的目标检测算法大致分为 One-Stage 与 Two-Stage，图 8-21 为基于深度学习的目标检测算法发展史图。Two-Stage 目标检测算法的主要代表是 R-CNN 系列，此类检测算法检测精度较高，但是检测速度较慢。One-Stage 目标检测算法的代表有 SSD 系列、YOLO 系列和 Anchor-Free 系列，此类检测算法精度一般，但是检测速度很快，在工业界应用广泛。

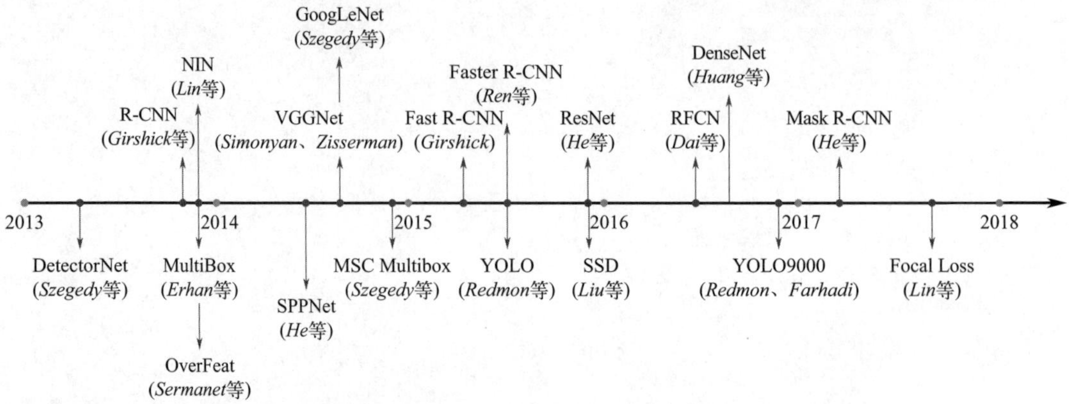

图 8-21 基于深度学习的目标检测算法发展史

目标检测算法存在的问题：

① 目标种类与数量问题：同一幅图下要识别的物体类别和数量可能同时存在多个，在要识别的目标密度非常大时就可能出现相互遮挡的问题。

② 目标尺度问题：同一幅图下同一类别的物体可能因为透视原理的影响，变得有大有小。

③ 外在环境干扰问题：由光照等问题引起的图片质量问题。

8.3.2 目标检测的重要概念

目标检测，也叫目标提取，是一种基于目标几何和统计特征的图像分割，它将目标的分割和识别合二为一，其准确性和实时性是整个系统的一项重要能力。尤其是在复杂场景中，需要对多个目标进行实时处理时，目标自动提取和识别就显得特别重要。随着计算机技术的发展和机器视觉原理的广泛应用，利用计算机图像处理技术对目标进行实时跟踪的研究越来越热门，对目标进行动态实时跟踪定位在智能化交通系统、智能监控系统、军事目标检测及医学导航手术中手术器械定位等方面具有广泛的应用价值。目标检测算法的基本流程如图 8-22 所示。

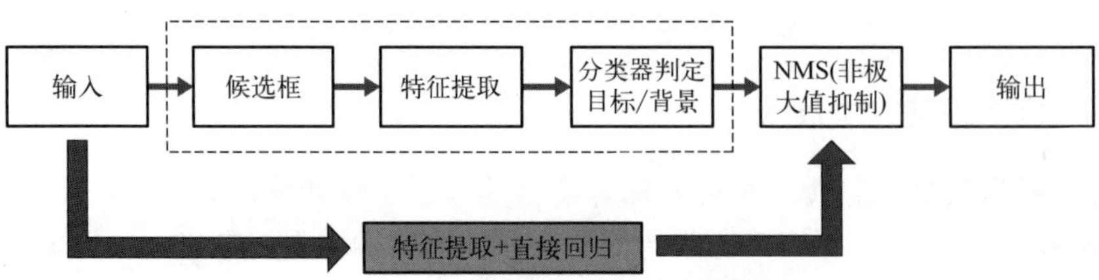

图 8-22 目标检测算法的基本流程图

与图像分类相比，目标检测更具难度。图像分类只需要判断输入的图像中是否包含感兴趣物体，而不需要定位具体位置。图像分类与目标检测的区别如图 8-23 所示。

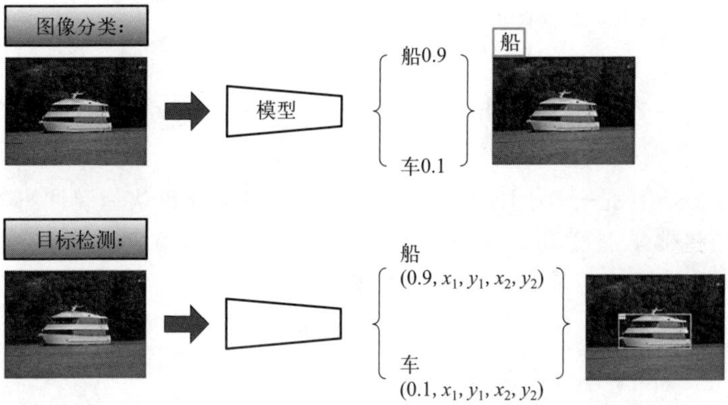

图 8-23　图像分类与目标检测的区别图

目标检测常用的评价指标：

（1）IOU

在目标检测算法中，IOU（intersection over union，交并比）是目标检测算法中用来评价 2 个矩形框之间相似度的指标，IOU＝两个矩形框相交的面积/两个矩形框相并的面积。如图 8-24 所示，浅色框为检测结果，深色框为真实标注。一般情况下对于检测框的判定都会存在一个阈值，也就是 IOU 的阈值，一般可以设置当 IOU 的值大于 0.5 的时候，则可认为检测到目标物体。

图 8-24　标注-检测图

（2）准确率

准确率（accuracy）是最常见的评价指标，这个很容易理解，就是被分对的样本数除以所有的样本数，通常来说，准确率越高，分类器越好，如式(8-1) 所示：

$$\text{accuracy}=(\text{TP}+\text{TN})/(\text{TP}+\text{TN}+\text{FP}+\text{FN}) \tag{8-1}$$

式中，TP＋TN 为所有的正确预测为正样本的数据与正确预测为负样本的数据的总和；TP＋TN＋FP＋FN 为总样本的个数。

（3）精度

精度（precision）是从预测结果的角度来统计的，是说预测为正样本的数据中，有多少个是真正的正样本，即“找得对”的比例，如式(8-2) 所示：

$$\text{precision}=\text{TP}/(\text{TP}+\text{FP}) \tag{8-2}$$

式中，TP＋FP 为所有的预测为正样本的数据；TP 即为预测正确的正样本个数。

（4）召回率/TPR

召回率（recall）和灵敏度（true positive rate，TPR，即真正例率）是一个概念，都是从真实的样本集来统计的，是说在总的正样本中，模型找回了多少个正样本，即“找得全”的比例，如式(8-3) 所示：

$$\text{TPR}=\text{TP}/(\text{TP}+\text{FN}) \tag{8-3}$$

式中，TP＋FN 为所有真正为正样本的数据；TP 为预测正确的正样本个数。

（5）FPR

FPR（false positive rate，假正例率），它是指实际负例中，错误判断为正例的比例，这个值往往越小越好，如式(8-4) 所示：

$$FPR=FP/(FP+TN) \tag{8-4}$$

其中，FP+TN 为实际样本中所有负样本的总和；FP 是指判断为正样本的负样本。

（6）F1-score

F1 分数（F1-score）是分类问题的一个衡量指标。F1 分数认为召回率和精度同等重要，一些多分类问题的机器学习竞赛，常常将 F1-score 作为最终测评的方法。它是精度和召回率的调和平均数，最大为 1，最小为 0，如式(8-5) 所示：

$$F1=2TP/(2TP+FP+FN) \tag{8-5}$$

（7）AUC

AUC 是 area under curve 的首字母缩写，即 ROC（受试者工作特征）曲线下的面积，介于 0 和 1 之间。计算方式即为 ROC 曲线的微积分值，其物理意义可以表示为：随机给定一正一负两个样本，将正样本排在负样本之前的概率。因此 AUC 越大，说明正样本越有可能被排在负样本之前，即正样本分类结果越好。

（8）单类平均精度（average-precision）

AP 称为平均精度，是对不同召回率点上的精度进行平均，AP 的值越大，则说明模型的平均精度越高。

（9）mAP

mAP 是英文 mean average precision 的缩写，意思是平均精度均值。mAP 衡量的是学出的模型在所有类别上的好坏，是目标检测中一个最为重要的指标。这个值在 0～1 之间，越大越好。

8.3.3 Faster R-CNN 算法

① R-CNN。R-CNN 是 2013 年出现的目标检测算法，首先将深度学习引入目标检测领域，各个类别 AP 的平均值（mean average precision，mAP）由多尺度形变部件模型（deformable part model，DPM）的 35.1 提升至 53.7。R-CNN 实现图如图 8-25 所示。

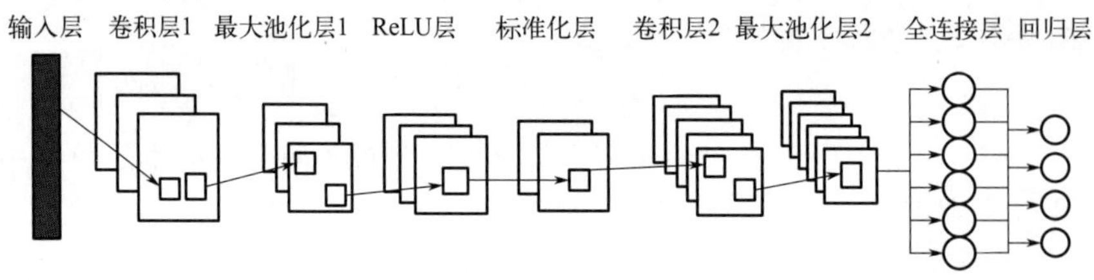

图 8-25 R-CNN 实现图

具体步骤如下：

a. 准备图片：首先准备一张输入图片。

b. 候选区域生成：使用 selective search（选择性搜索）算法，在输入图像上生成约 2000 个候选区域。

c. 区域分割与合并：利用图像分割产生初始分割区域，然后利用相似度进行区域合并。

d. 计算两个区域的相似度：计算颜色、纹理、大小和形状交叠的差异，利用不同的权重相加。

e. 候选区域处理：在输入图像上裁剪出每个候选区域，并缩放到 227×227 大小。

f. 特征提取：每个候选区域输入 CNN 提取一定维度（如 4096 维）的特征。

g. 类别判断：把提取的特征送入每一类的 SVM 分类器，判别是否属于该类。

h. 位置精修：使用回归器精细修正候选框位置。

存在的问题：

a. 耗时。尽管 R-CNN 算法已经比传统算法快了不少，但是由于其在候选区域生成上非常耗时以及要把 2000 个候选区域分别送入 CNN 进行特征提取，存在大量重复计算。特征提取、图像分类、边框回归是三个独立的步骤，要分别训练，测试效率也较低。

b. 变形。将候选区域缩放到固定大小的时候容易产生形变、纵横比特征的丢失。

② Fast R-CNN。Fast R-CNN 是在 R-CNN 基础上进行改进的一种算法，Fast R-CNN 结构图如图 8-26 所示。

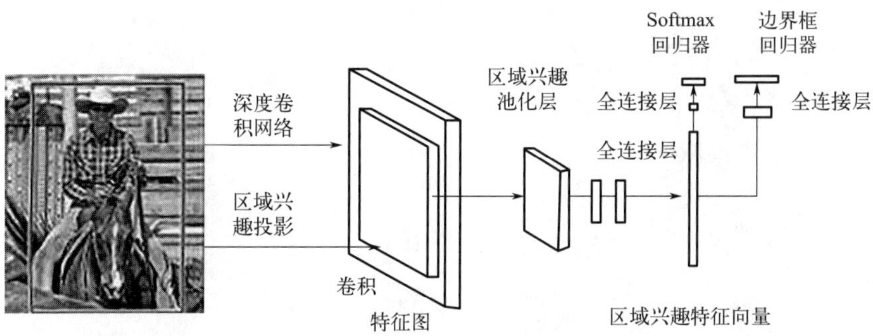

图 8-26　Fast R-CNN 实现图

相比于 R-CNN 算法，Fast R-CNN 算法在前期改动并不大，依旧是使用 SS（选择性搜索）算法去生成候选区域，不过在后续采用了 ROI Pooling（感兴趣区域池化）去生成每个区域的特征，并直接对这些特征进行分类和回归。

具体检测步骤如下：

a. 输入图像：输入一张待检测的图像。

b. 候选区域生成：使用 selective search 算法，在输入图像上生成 2000 个候选区域。

c. 特征提取：将整张图像传入 CNN 提取特征。

d. 候选区域特征生成：利用 ROI Pooling 分别生成每个候选区域的特征。

e. 候选区域分类和回归：利用提取的特征，对每个候选区域进行分类和回归。

③ Faster R-CNN。Faster R-CNN 算法是 Ross Girshick 对 Fast R-CNN 算法的一种改进，Fast R-CNN 在速度和精度上都有了不错的结果，但仍有一些不足之处。Faster R-CNN 算法同样使用 VGG16 网络结构，检测速度在 GPU 上达到 5fps（包括候选区域的生成），准确率也有进一步的提升，在 ILSVRC 和 COCO 2015 竞赛中获得多个项目的第一名。在 Faster R-CNN 中提出了区域生成网络（region proposal network，RPN），将候选区域的提取和 Fast R-CNN 中的目标检测网络融合到一起，这样可以在同一个网络中实现目标检测，Faster R-CNN 主要是解决 Fast R-CNN 存在的候选区域提取方法耗时较长和没有真正实现 end-to-end（端到端）训练测试的问题。Faster R-CNN 的结构图如图 8-27 所示。

Faster R-CNN 算法流程可分为 3 个步骤：

a. 将图像输入网络得到相应的特征图。

b. 使用 RPN 结构生成候选框，将 RPN 生成的候选框投影到特征图上获得相应的特征矩阵。

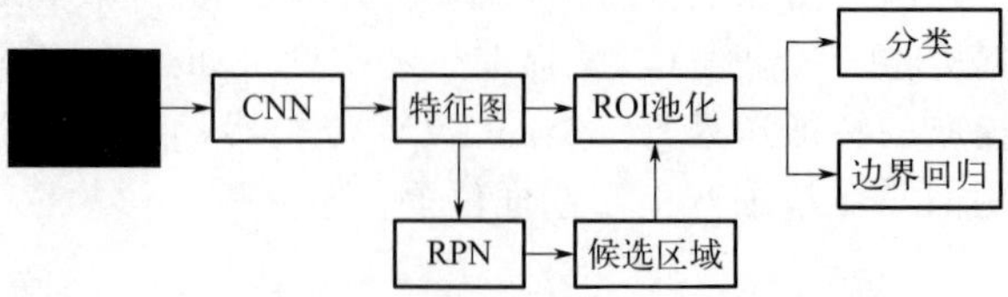

图 8-27　Faster R-CNN 结构图

c. 将每个特征矩阵通过 ROI Pooling 层缩放到 7×7 大小的特征图，接着将特征图展平通过一系列全连接层得到预测结果（与 Fast R-CNN 是一样的操作）。

利用 Faster R-CNN 进行目标检测，选用了猫狗数据集中一张猫咪的图片，代码如下：

导入库：

```
"""
Faster R-CNN 实现目标检测
"""
import os
import time
import torch
import torchvision.transforms as transforms
import torchvision
from PIL import Image
from matplotlib import pyplot as plt
```

获取当前路径：

```
BASE_DIR = os.path.dirname(os.path.abspath(__file__))
device = torch.device("cuda" if torch.cuda.is_available() else "cpu")
```

类别信息：

```
COCO_INSTANCE_CATEGORY_NAMES = [
    '__background__', 'person', 'bicycle', 'car', 'motorcycle', 'airplane', 'bus',
    'train', 'truck', 'boat', 'traffic light', 'fire hydrant', 'N/A', 'stop sign',
    'parking meter', 'bench', 'bird', 'cat', 'dog', 'horse', 'sheep', 'cow',
    'elephant', 'bear', 'zebra', 'giraffe', 'N/A', 'backpack', 'umbrella', 'N/A', 'N/A',
    'handbag', 'tie', 'suitcase', 'frisbee', 'skis', 'snowboard', 'sports ball',
    'kite', 'baseball bat', 'baseball glove', 'skateboard', 'surfboard', 'tennis
racket',
    'bottle', 'N/A', 'wine glass', 'cup', 'fork', 'knife', 'spoon', 'bowl',
    'banana', 'apple', 'sandwich', 'orange', 'broccoli', 'carrot', 'hot dog', 'pizza',
    'donut', 'cake', 'chair', 'couch', 'potted plant', 'bed', 'N/A', 'dining
table',
    'N/A', 'N/A', 'toilet', 'N/A', 'tv', 'laptop', 'mouse', 'remote', 'keyboard', '
cell phone',
    'microwave', 'oven', 'toaster', 'sink', 'refrigerator', 'N/A', 'book',
    'clock', 'vase', 'scissors', 'teddy bear', 'hair drier', 'toothbrush'
```

```
    ]
    if __name__ =="__main__":
```

检测图片路径：

```
        path_img = os.path.join(BASE_DIR, "cat1.jpg")
```

预处理：

```
        preprocess = transforms.Compose([
            transforms.ToTensor(),
        ])
        input_image = Image.open(path_img).convert("RGB")
        img_chw = preprocess(input_image)
```

加载预训练模型：

```
        model = torchvision.models.detection.fasterrcnn_resnet50_fpn(pretrained=
True)
        model.eval()
        if torch.cuda.is_available():
            img_chw = img_chw.to('cuda')
            model.to('cuda')
```

前向传播：

```
        input_list =[img_chw]
        with torch.no_grad():
            tic = time.time()
            print("input img tensor shape:{}".format(input_list[0].shape))
            output_list = model(input_list)
            output_dict = output_list[0]
            print("pass: {:.3f}s".format(time.time() - tic))
            # 打印输出信息
            for k, v in output_dict.items():
                print("key:{}, value:{}".format(k, v))
```

取得相应结果：

```
        out_boxes = output_dict["boxes"].cpu()
        out_scores = output_dict["scores"].cpu()
        out_labels = output_dict["labels"].cpu()
```

可视化：

```
        fig, ax = plt.subplots(figsize=(12, 12))
        ax.imshow(input_image, aspect='equal')
        num_boxes = out_boxes.shape[0]
```

```
        max_vis = 400
        thres = 0.6

        for idx in range(0, min(num_boxes, max_vis)):
            score = out_scores[idx].numpy()
            bbox = out_boxes[idx].numpy()
            class_name = COCO_INSTANCE_CATEGORY_NAMES[out_labels[idx]]
            if score < thres:
                continue
            ax.add_patch(plt.Rectangle((bbox[0], bbox[1]), bbox[2] - bbox[0], bbox[3] -
bbox[1], fill=False,
                                        edgecolor='red', linewidth=3.5))
            ax.text(bbox[0], bbox[1] - 2, '{:s} {:.3f}'.format(class_name, score), bbox
=dict(facecolor='blue', alpha=0.5),
                    fontsize=14, color='white')
            ax.set_title("just a simple try about Faster Rcnn", fontsize=28, color=
'blue')
        plt.show()
        plt.close()
```

程序运行结果如图 8-28 所示。

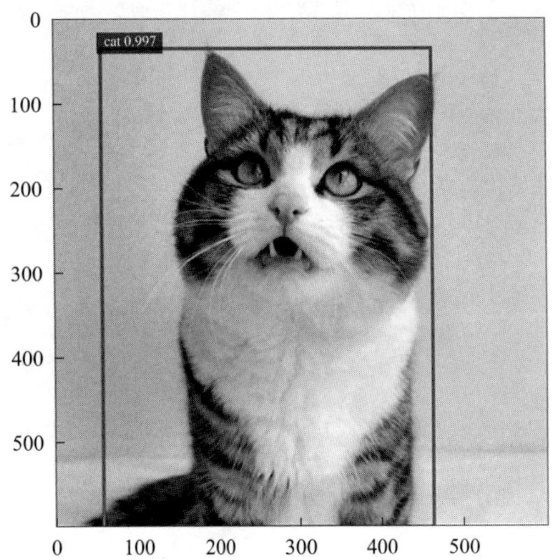

图 8-28　检测结果图

8.3.4　YOLO 检测算法

YOLO 是目前比较流行的目标检测算法，速度快且结构简单，下面分别对 YOLOv1～v5 进行介绍。

（1）YOLOv1

相比 Faster R-CNN 的两阶段算法，2015 年诞生的 YOLOv1 创造性地使用端到端（end-to-end）结构完成了物体检测任务，直接预测物体的类别和位置。其没有 RPN，也没有 Anchor 的预选框，因此速度很快。

① 实现方式。YOLOv1 的思想就是将图像分成 $S \times S$ 的小网格，如果物体的中心点落在了某一个网格内，那么就由这个网格预测这个物体。

基本核心思想：

a. 首先将原图像分成 $S \times S$ 网格。

b. 每个 grid cell（网格单元）都会预测 B 个边界框进行物体的框定和分类。

c. 每个预测框包含 4 个边框值和 1 个置信度，如：x、y、w、h 和 C。

d. 预测出来相同物体有重复的边框，利用 NMS（非极大值抑制）算法得到最后的检测。

YOLOv1 核心思想实现图如图 8-29 所示。

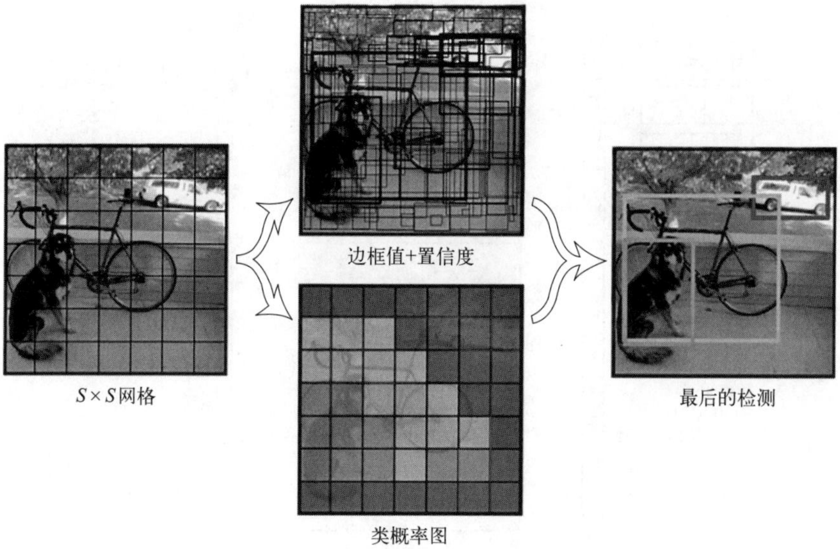

图 8-29　YOLOv1 核心思想实现图

YOLO 的网络结构由 24 个卷积层和 2 个全连接层组成，网络结构借鉴了 GoogLeNet 分类网络结构，但是没有使用 Inception 模块，使用 1×1 卷积（交替的 1×1 卷积用来减少前几层的特征空间）和 3×3 卷积简单替代。YOLOv1 结构图如图 8-30 所示。

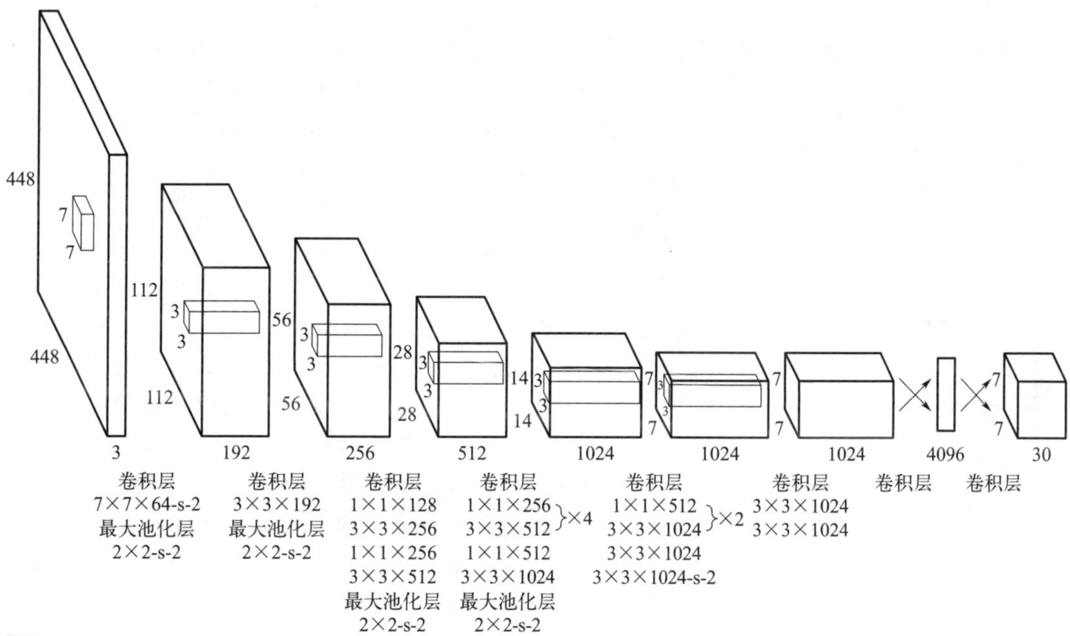

图 8-30　YOLOv1 结构图

② 损失函数。YOLO 的损失函数包括三部分：坐标误差（损失）、置信度误差和类别误差。损失函数的设计目标是让坐标（x，y，w，h）、置信度、类别这三个方面达到很好的平衡。YOLOv1 损失函数构成图如图 8-31 所示。

图 8-31 中，λ_{coord} 为坐标损失的权重；S^2 为图像被划分为 $S\times S$ 的网格数量；B 为每个网格预测的边界框数量；λ_{noobj} 为无目标置信度损失权重，用于降低无目标区域的置信度损

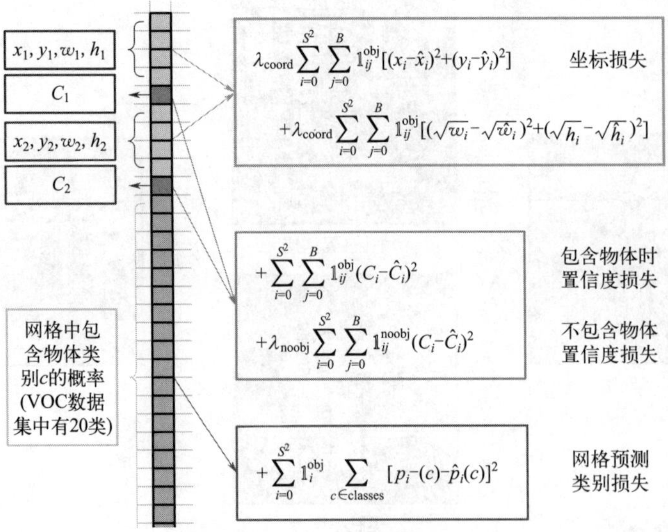

图 8-31　YOLOv1 损失函数构成图

失影响；1_{ij}^{obj}和1_{ij}^{noobj}为指示函数，表示第 i 个网格的第 j 个边界框是否负责检测物体（1 表示负责，0 表示不负责）。从图 8-31 中可以发现，三部分的损失都使用了均方误差的方式来实现。

（2）YOLOv2

YOLOv2 对 v1 中许多地方都进行了相关的改进和提升，其将骨干网络也进行了更换，不再使用 v1 的骨干网络，其骨干模型结构图如图 8-32 所示。YOLOv2 基于一个新的分类模型，有点类似于 VGG。

类型	滤波器数量	尺寸/步长	输出
卷积	32	3×3	224×224
最大池化		2×2/2	112×112
卷积	64	3×3	112×112
最大池化		2×2/2	56×56
卷积	128	3×3	56×56
卷积	64	1×1	56×56
卷积	128	3×3	56×56
最大池化		2×2/2	28×28
卷积	256	3×3	28×28
卷积	128	1×1	28×28
卷积	256	3×3	28×28
最大池化		2×2/2	14×14
卷积	512	3×3	14×14
卷积	256	1×1	14×14
卷积	512	3×3	14×14
卷积	256	1×1	14×14
卷积	512	3×3	14×14
最大池化		2×2/2	7×7
卷积	1024	3×3	7×7
卷积	512	1×1	7×7
卷积	1024	3×3	7×7
卷积	512	1×1	7×7
卷积	1024	3×3	7×7
卷积	1000	1×1	7×7
平均池化		全局	1000
Softmax			

图 8-32　YOLOv2 骨干模型结构图

① 实现方式。YOLOv2 主要改进的地方：

a. batch normalization（批正则/归一化，BN）。BN 就是通过一定的规范化手段，把每层神经网络任意神经元的输入值的分布强行拉回到均值为 0、方差为 1 的标准正态分布，其实就是把越来越偏的分布强制拉回比较标准的分布。这样使得激活输入值落在非线性函数对输入比较敏感的区域，这样输入的小变化就会导致损失函数较大的变化，意思是这样让梯度变大，避免梯度消失问题产生，而且梯度变大意味着学习收敛速度快，能大大加快训练速度。

b. 高分辨率。用于图像分类的训练样本很多，而标注了边框的用于训练目标检测的样本相比而言就少了很多，因为标注边框的人工成本比较高。所以目标检测模型通常都先用图像分类样本训练卷积层，提取图像特征，但这引出另一个问题，就是图像分类样本的分辨率不是很高。YOLOv1 使用 ImageNet 的图像分类样本，采用 224×224 图像作为输入，来训练 CNN 卷积层。然后在训练目标检测时，检测用的图像样本采用更高分辨率的 448×448 像素图像作为输入，但这样不一致的输入分辨率肯定会对模型性能有一定影响。所以 YOLOv2 在采用 224×224 图像进行分类模型预训练后，再采用 448×448 高分辨率样本对分类模型进行微调（10 个 epoch），使网络特征逐渐适应 448×448 的分辨率，然后再使用 448×448 的检测样本进行训练，缓解了分辨率突然切换造成的影响，最终通过使用高分辨率，mAP 提升了 4%。

c. 与锚框进行卷积。YOLOv1 利用全连接层直接对边界框进行预测，导致丢失较多空间信息，定位不准。YOLOv2 去掉了 YOLOv1 中的全连接层，使用 anchor boxes（锚框）预测边界框，同时为了得到更高分辨率的特征图，YOLOv2 还去掉了一个池化层。由于图片中的物体都倾向于出现在图片的中心位置，若特征图恰好有一个中心位置，利用这个中心位置预测中心点落入该位置的物体，对这些物体的检测会更容易，所以总希望得到的特征图的宽、高都为奇数。

YOLOv2 通过缩减网络，使用 416×416 的输入，模型下采样的总步长为 32，最后得到 13×13 的特征图，然后对 13×13 的特征图的每个单元预测 5 个 anchor boxes，对每个 anchor box 预测边界框的位置信息、置信度和一套分类概率值。使用 anchor boxes 之后，YOLOv1 可以预测 13×13×5=845 个边界框（YOLOv1 可以预测 7×7×2=98 个边界框），模型的召回率由原来的 81%提升到 88%，mAP 由原来的 69.5%降低到 69.2%。

d. 细粒度特征。YOLOv2 借鉴 SSD 使用多尺度的特征图做检测，提出 pass through（转移）层将高分辨率的特征图与低分辨率的特征图联系在一起，从而实现多尺度检测。YOLOv2 提取 DarkNet-19 最后一个最大池化层的输入，得到 26×26×512 的特征图；经过 1×1×64 的卷积以降低特征图的维度，得到 26×26×64 的特征图；然后经过 pass through 层的处理变成 13×13×256 的特征图（抽取原特征图每个 2×2 的局部区域组成新的通道，即原特征图大小减少到原来的 1/4，通道增加 4 倍）；再与 13×13×1024 大小的特征图连接，变成 13×13×1280 的特征图；最后在这些特征图上做预测。使用细粒度特征，YOLOv2 的性能提升了 1%。

e. 多尺度训练。YOLOv2 中使用的 DarkNet-19 网络结构中只有卷积层和池化层（没有全连接层），所以其对输入图片的大小没有限制。YOLOv2 采用多尺度输入的方式训练，在训练过程中每隔 10 个 batches，重新随机选择输入图片的尺寸。由于 DarkNet-19 下采样总步长为 416/13=32，输入图片的尺寸一般选择 32 的倍数，即从 {320，352，…，608} 中选择。采用多尺度训练，可以适应不同大小的图片输入，当采用低分辨率的图片输入时，mAP 值略有下降，但速度更快；当采用高分辨率的图片输入时，能得到较高 mAP 值，但速度有所下降。

YOLOv2 使用的是基于 Inception 的定制网络，该网络骨干模型称为 DarkNet-19。YOLOv2 包括卷积层、最大池化层、BN 层，整个网络主要采用 3×3 卷积核进行特征提取，以及 1×1 卷积置于 3×3 卷积之间用于压缩特征。在向前传播过程中通过最大池化层实现特征图的缩小同时伴随着特征通道数成倍增加，经过 5 次最大池化层后特征图变为原图的 1/32 以及特征通道数由 32 变为 1024，同时为了加速、稳定模型训练，每次卷积后使用 BN 层。YOLOv2 检测网络采用了聚类算法自动选取最佳大小和数量的先验框。YOLOv2 还使用了一个转移层（pass through layer），把第 13 层特征图 26×26×512 转化为 13×13×2048 的特征图，并且与第 20 层特征图 13×13×1024 融合成 13×13×3072 的特征图，然后在此特征图上做卷积预测，最后该算法将图片处理为 13×13 的网格。YOLOv2 结构图如图 8-33 所示。

② 损失函数。YOLOv2 的损失函数和 YOLOv1 一样，对于训练集中的分类准确率，中

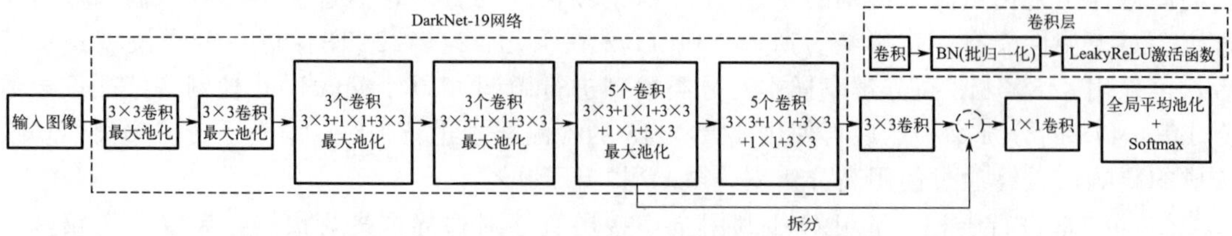

图 8-33　YOLOv2 结构图

心落在哪个网格，那么该网格的 5 个候选框对应的边界框就负责预测它，具体由哪一个预测同样也是根据 IOU 计算后卡阈值来确定的。最后选 IOU 值最大的那个，这也是建立在每个网格至多含有一个目标的情况下，实际上基本不会出现多于 1 个的情况。和训练集中的分类准确率匹配上的先验框负责计算坐标误差、置信度误差以及分类（类别）误差，而其他 4 个边界框只计算置信度误差。

YOLOv2 的损失函数如式(8-6) 所示：

$$
\begin{aligned}
\text{loss}_t = & \sum_{i=0}^{W}\sum_{j=0}^{H}\sum_{k=0}^{A} l_{\text{MaxIOU}<\text{Thresh}}\lambda_{\text{noobj}} \times (-b_{ijk}^{o})^2 \\
& + l_{t<12800}\lambda_{\text{prior}} \sum_{r\in(x,y,w,h)} (\text{prior}_k^r - b_{ijk}^r)^2 \\
& + l_k^{\text{truth}}\Big[\lambda_{\text{coord}} \sum_{r\in(x,y,w,h)} (\text{truth}^r - b_{ijk}^r)^2 \\
& + \lambda_{\text{obj}}(\text{IOU}_{\text{truth}}^k - b_{ijk}^o)^2 \\
& + \lambda_{\text{class}}\Big(\sum_{c=1}^{C}\text{truth}^c - b_{ijk}^c\Big)^2\Big]
\end{aligned}
\tag{8-6}
$$

式中，W 和 H 代表的是特征图的宽、高，都为 13；A 指的是锚框个数，YOLOv2 中是 5；$l_{\text{MaxIOU}<\text{Thresh}}$ 是一个指示函数（indicator function），当某个候选框与真实目标框（真实框）的最大交并比小于设定的阈值 Thresh 时，该函数值为 1，否则为 0，它用于筛选出那些与真实目标框匹配度较低的候选框，以便计算相应损失；λ_{noobj} 是无目标时的置信度误差权重（降低背景误检的影响）；λ_{prior} 为锚框先验尺寸的权重（仅在训练初期生效）；λ_{coord} 为坐标误差（损失）的权重（中心坐标 x、y，宽和高 w、h 的损失）；λ_{obj} 为有目标时的置信度误差权重；λ_{class} 为分类误差的权重；b_{ijk}^o 为预测框的置信度（目标存在的概率）；b_{ijk}^r 为预测框的坐标参数（中心位置和宽、高），其中 $r\in\{x, y, w, h\}$；b_{ijk}^c 为预测框的类别概率；$l_{t<12800}$ 表示在训练的前 12800 步（迭代次数 $t<12800$）时为 1，之后为 0，用于在训练初期优化锚框的尺寸；prior_k^r 表示第 k 个锚框的先验尺寸（预设的宽、高）；truth^r 表示真实目标的坐标参数；truth^c 表示真实目标的类别标签；$\text{IOU}_{\text{truth}}^k$ 表示预测框与真实框的交并比，用于计算置信度的目标值。损失函数可以分成三部分：

a. 损失函数的第一项。对一个预测框，计算其余所有真实框的 IOU 值，找出最大的 IOU 值。如果最大 IOU 值小于阈值，即这个预测框与所有真实框的 IOU 值均小于阈值，则框中的是背景，此时希望其置信度为 0。

b. 损失函数的第二项。计算候选框和预测框的坐标误差，但是只在前 12800 个迭代器计算。

c. 损失函数的第三、四和五项。与 YOLOv1 相同，当一个真实框的中心落入某一个网格时，这个网格负责这个真实框，同时网格中有 5 个预测框，要选择其中一个去匹配真实框。YOLOv1 中是计算 2 个预测框与真实框的 IOU 值，取 IOU 最大的那个预测框去匹配真实框。YOLOv2 中有 5 个锚框，且由于损失函数第二项的存在，5 个预测框的初始坐标就是 5 个锚框的坐标，要选择质量最好的那个锚框（对比 5 个锚框与真实框的 IOU，此时只考虑锚框的形状，因此，这个 IOU 值计算时会将锚框的中心与真实框的中心重叠在一起计算，IOU 值最大，代表这个锚框的形状与真实框最为接近，就选择这个锚框对应的预测框与真实框匹配），因此这里仍然是一个真实框有一个预测框与之匹配。第三项最小化真实框及其对应预测框之间的坐标差异，第四项希望对应预测框的置信度值为此预测框与真实框的 IOU 值，第五项最小化类别向量之间的差异。

（3）YOLOv3

① 实现方式。2018 年，Redmon 在 YOLOv2 的基础上做了一些改进。特征提取部分采用 DarkNet-53 网络结构代替原来的 DarkNet-19，利用特征金字塔网络结构实现了多尺度检测，分类方法使用逻辑回归代替了 Softmax，在兼顾实时性的同时保证了目标检测的准确性。YOLOv3 网络结构图如图 8-34 所示。

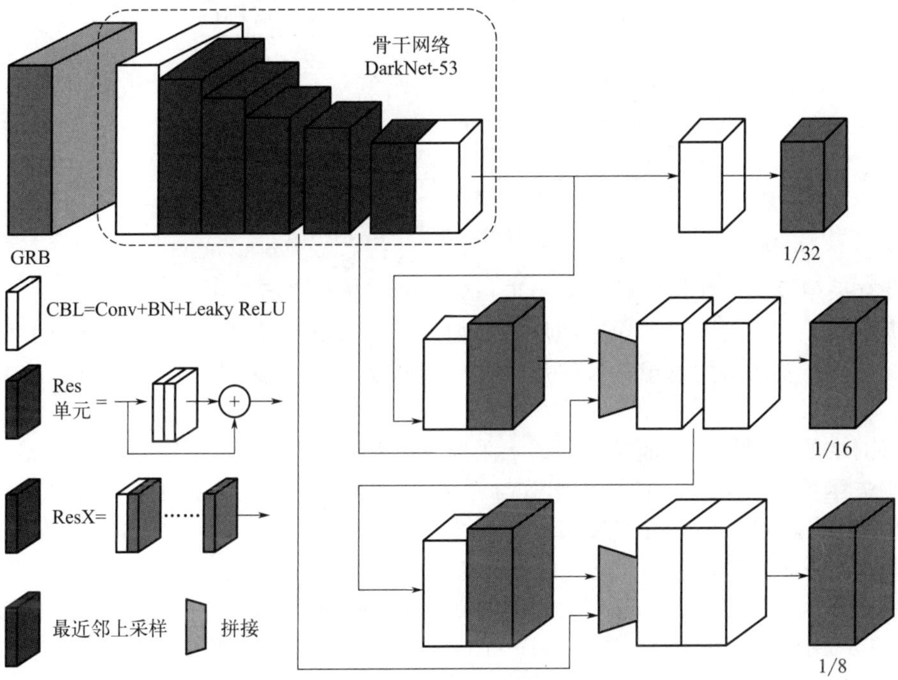

图 8-34　YOLOv3 网络结构图

YOLOv3 算法使用的骨干网络是 DarkNet-53，DarkNet-53 网络的具体结构如图 8-35 所示，在 ImageNet 图像分类任务中取得了很好的成绩。在检测任务中，将图中 C0 后面的平均池化、全连接层和 Softmax 去掉，保留从输入到 C0 部分的网络结构，作为检测模型的基础网络结构，也称为骨干网络。YOLOv3 模型会在骨干网络的基础上，再添加检测相关的网络模块。

DarkNet-53 主要由 1×1 和 3×3 的卷积层组成，每个卷积层之后包含一个批量归一化（BN）层和一个 Leaky ReLU，加入这两个部分的目的是防止过拟合。因为在 DarkNet-53 中共包含 53 个这样的卷积层，所以称其为 DarkNet-53。

与 DarkNet-19 对比可知，DarkNet-53 主要做了如下改进：

	类型	输出通道数	卷积核	输出特征图大小	
	Softmax			1000	
	全连接			1000	
	平均池化	1024	全局池化	1×1	
4×残差块	残差			8×8	C0
	卷积	1024	3×3		
	卷积	512	1×1		
	卷积	1024	3×3/2	8×8	
8×残差块	残差			16×16	C1
	卷积	512	3×3		
	卷积	256	1×1		
	卷积	512	3×3/2	16×16	
8×残差块	残差			32×32	C2
	卷积	256	3×3		
	卷积	128	1×1		
	卷积	256	3×3/2	32×32	
2×残差块	残差			64×64	
	卷积	128	3×3		
	卷积	64	1×1		
	卷积	128	3×3/2	64×64	
1×残差块	残差			128×128	
	卷积	64	3×3		
	卷积	32	1×1		
	卷积	64	3×3/2	128×128	
	卷积	32	3×3	256×256	

图 8-35　DarkNet-53 网络结构图

a. 没有采用最大池化层，转而采用步长为 2 的卷积层进行下采样。

b. 为了防止过拟合，在每个卷积层之后加入了一个 BN 层和一个 Leaky ReLU。

c. 引入了残差网络的思想，目的是让网络可以提取到更深层的特征，同时避免出现梯度消失或爆炸。

d. 将网络的中间层和后面某一层的上采样进行张量拼接，达到多尺度特征融合的目的。

② 损失函数。YOLOv3 的损失函数与之前相比稍微改动，坐标损失采用的是误差的平方和，类别损失采用的是二值交叉熵。YOLOv3 的损失函数是目标定位损失、目标置信度损失和目标类别损失三者之和，具体如下：

a. 目标置信度损失。目标置信度可以理解为预测目标矩形框内存在目标的概率，目标置信度损失采用的是二值交叉熵（binary cross entropy）损失，如式(8-7) 所示：

$$L_{\mathrm{conf}}(o,c)=-\sum[o_i \ln\hat{c}_i+(1-o_i)\ln(1-\hat{c}_i)]$$
$$\hat{c}_i=\mathrm{Sigmoid}(c_i) \tag{8-7}$$

其中，$o_i \in (0,1)$，表示预测目标矩形框 i 中是否真实存在目标，0 表示不存在，1 表示存在；$\hat{c}_i$ 表示预测目标矩形框 i 内存在目标的 Sigmoid 概率（将预测值 c_i 通过 Sigmoid 函数得到）。

b. 目标类别损失。目标类别损失同样采用的是二值交叉熵损失（采用二值交叉熵损失的原因是认为同一目标可同时归为多类，比如猫可归为猫类以及动物类，这样能够应对更加复杂的场景），如式(8-8) 所示：

$$L(O,C)=-\sum_{i\in \mathrm{Pos}}\sum_{j\in \mathrm{Cls}}[O_{ij}\ln\hat{C}_{ij}+(1-O_{ij})\ln(1-\hat{C}_{ij})]$$
$$\hat{C}_{ij}=\mathrm{Sigmoid}(\hat{C}_{ij}) \tag{8-8}$$

其中，$\sum_{i \in \text{Pos}}$ 表示对正样本（标记为 Pos，即属于某个类别的样本）进行求和操作，也就是只对正样本计算损失贡献；$\sum_{j \in \text{Cls}}$ 表示对所有类别（标记为 Cls）进行求和；j 是类别索引，会遍历每一个类别；$O_{ij} \in (0,1)$，表示预测目标边界（矩形）框 i 中是否真实存在第 j 类目标，0 表示不存在，1 表示存在；$\hat{C}_{ij}$ 表示网络预测目标边界框 i 内存在第 j 类目标的 Sigmoid 概率（将预测值 C_{ij} 通过 Sigmoid 函数得到）。

c. 目标定位损失。目标定位损失采用的是真实偏差值与预测偏差值差的平方和，如式(8-9)～式(8-13) 所示：

$$L_{\text{loc}}(l,g)=\sum_{i \in \text{Pos}} \sum_{m \in \{x,y,w,h\}} (\hat{l}_i^m-\hat{g}_i^m)^2 \tag{8-9}$$

$$\hat{l}_i^x=b_i^x-c_i^x, \hat{l}_i^y=b_i^y-c_i^y \tag{8-10}$$

$$\hat{l}_i^w=\ln(b_i^w/p_i^w), \hat{l}_i^h=\ln(b_i^h/p_i^h) \tag{8-11}$$

$$\hat{g}_i^x=g_i^x-c_i^x, \hat{g}_i^y=g_i^y-c_i^y \tag{8-12}$$

$$\hat{g}_i^w=\ln(g_i^w/p_i^w), \hat{g}_i^h=\ln(g_i^h/p_i^h) \tag{8-13}$$

其中，$\hat{l}_i^m$ 表示预测矩形框坐标偏移量（注意网络预测的是偏移量，不是直接预测坐标）；$\hat{g}_i^m$ 表示与之匹配的真实矩形框与默认矩形框之间的坐标偏移量；（b_i^x，b_i^y，b_i^w，b_i^h）为预测的目标矩形框参数；（c_i^x，c_i^y，p_i^w，p_i^h）为默认矩形框参数；（$\hat{g}_i^x$，$\hat{g}_i^y$，$\hat{g}_i^w$，$\hat{g}_i^h$）为与之匹配的真实目标矩形框参数。这些参数都是映射在预测特征图上的。

（4）YOLOv4

① 实现方式。YOLOv4 在 YOLOv3 上改进，在保证速度的同时，大幅提高了模型的检测精度，并降低了硬件使用的要求。YOLO 系列算法作为主流的一阶段目标检测模型，其兼具速度和精度的特点，使得研究者们能够对其加以调整并部署于工程当中。YOLOv4 的主干网络使用了 CSPDarkNet-53（cross stage partial DarkNet-53，跨阶段部分连接 DarkNet-53）进行特征提取，以最后 3 个特征图作为颈部结构中特征融合网络 FPN（特征金字塔网络）和 PANet（path aggregation network，路径聚合网络）的输入；经过 FPN 和 PANet 进行特征增强后的 3 个特征图将经过检测头，得到每个特征图的分类和定位信息，并利用其先验框解码进行非极大值抑制；最后获得检测结果。YOLOv4 的模型结构图如图 8-36 所示。

YOLOv4 具有多任务、端到端、注意力机制和多尺度的特点。多任务即同时完成目标的分类与回归，实现参数共享，避免过拟合；端到端即模型接收图像数据后直接给出分类与回归的预测信息；注意力机制是重点关注目标区域特征，进行详细处理，提高处理速度；多尺度的特点是将经过下采样和上采样的数据相互融合，其作用是能够分割出多种尺度大小的目标。

在对模型进行训练时可以使用 Mosaic 数据增强、标签平滑、学习率余弦退火衰减等方法来提升模型的训练速度和检测精度。Mosaic 数据增强可以将 4 幅图片相互融合，增加数据信息，丰富检测目标的背景，增加输入图像的可变性，减少过拟合，在 BN 时缩短数据处理时间。主要操作步骤如下：

a. 读取 4 幅图像；

b. 对 4 幅图像分别进行缩放、翻转、色域变化等处理；

c. 进行图片及框的组合。

② 损失函数。在 YOLOv4 中使用的损失函数——CIOU Loss，该损失函数考虑三个因

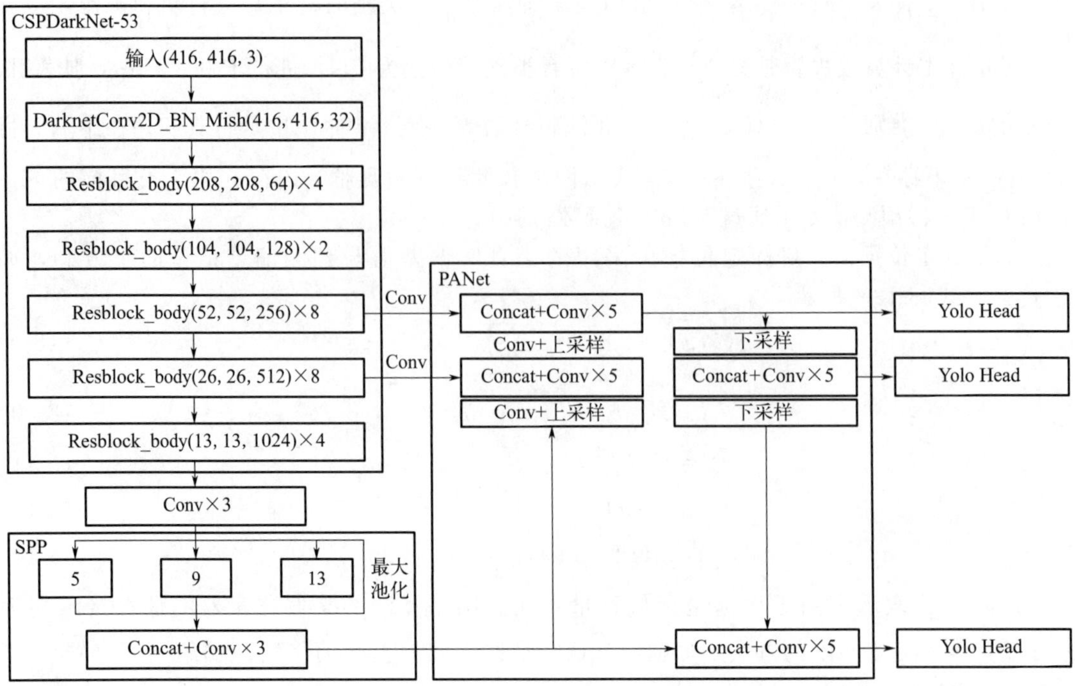

图 8-36　YOLOv4 网络结构图

素：重叠面积、中心点距离和长宽比。CIOU Loss 的公式如式(8-14) 所示：

$$L_{CIOU}=1-IOU+\frac{p^2(b,b_{gt})}{c^2}+\alpha v \tag{8-14}$$

其中，v 是长宽比的相似性；c 是对角线距离；α 是权重参数；b 是预测框中心点坐标；b_{gt} 是真实框中心点坐标；$p^2(b,b_{gt})$ 表示预测框与真实框中心点间距离的平方，反映两者中心点的偏离程度。

（5）YOLOv5

① 实现方式。YOLOv5 模型是 Ultralytics 公司于 2020 年 6 月 9 日公开发布的。YOLOv5 模型是基于 YOLOv3 模型改进而来的，有 YOLOv5s、YOLOv5m、YOLOv5l、YOLOv5x 四个模型。YOLOv5 模型由骨干网络、颈部和头部组成，YOLOv5 的网络结构图如图 8-37 所示。

a. YOLOv5 主要组成部分：

主干（骨干）网络：其大多时候指的是提取特征的网络。主干网络的作用就是提取图片中的信息，供后面的网络使用。经常使用的网络是 ResNet、VGG 等，这些网络在分类等问题上的特征提取能力很强。

颈部：其作用是更好地融合/提取主干网络给出的特征，从而提高网络的性能。

头部：对图像特征进行预测，生成边界框并预测类别。

b. 基本组件：

CBL：由 Conv＋BN＋Leaky ReLU 激活函数三者组成。

Res 单元：借鉴 ResNet 网络中的残差结构，让网络可以构建得更深。

CSPX：借鉴 CSPNet 网络结构，由卷积层和 X 个 Res 单元模块拼接组成。

SPP：采用 1×1、5×5、9×9、13×13 的最大池化的方式，进行多尺度融合。

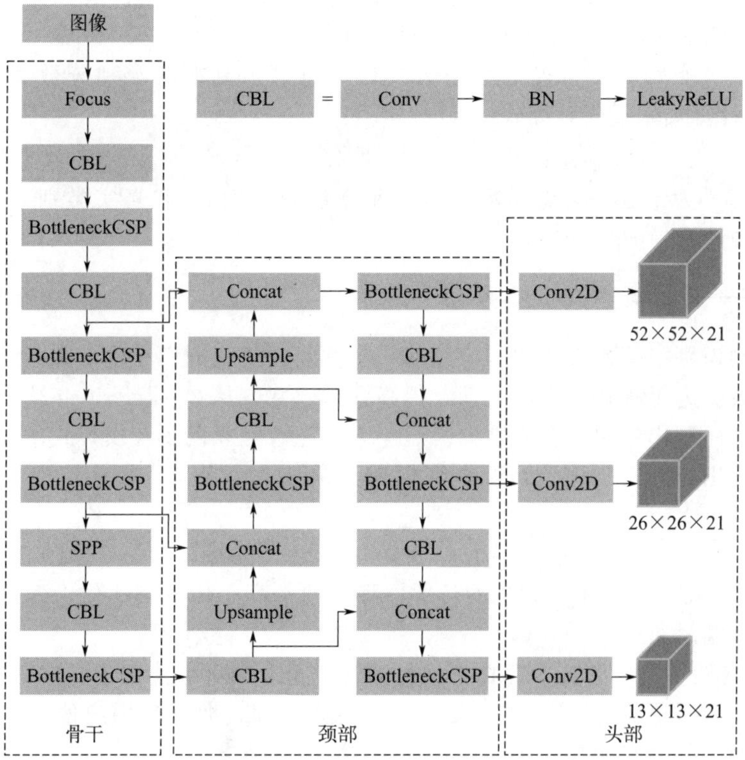

图 8-37　YOLOv5 的网络结构图

c. 其他基础操作：

Concat：张量拼接，会扩充两个张量的维度。

add：张量相加，张量直接相加，不会扩充维度。

② 损失函数。YOLOv5 中包含以下三种损失函数：bbox（边界框）回归损失、目标置信度损失和类别损失，总体的损失即为以上三者的加权相加，通过改变权值可以调整对三者损失的关注度。

a. bbox 回归损失。bbox 回归损失如式(8-15) 所示：

$$L_{\mathrm{CIOU}}(b,b_{\mathrm{gt}})=1-\mathrm{CIOU}=1-\left(\mathrm{IOU}-\frac{d_{\mathrm{o}}^{2}}{d_{\mathrm{c}}^{2}}-\frac{v^{2}}{1-\mathrm{IOU}+v}\right)$$
$$v=\frac{4}{\pi^{2}}\left(\arctan\frac{w_{\mathrm{gt}}}{h_{\mathrm{gt}}}-\arctan\frac{w}{h}\right)^{2} \tag{8-15}$$

式中，d_{o}^{2} 为预测框与真实框中心点距离的平方；d_{c}^{2} 为同时包含预测框和真实框的最小外接矩形对角线距离的平方，用于归一化中心点距离；$\arctan\frac{w_{\mathrm{gt}}}{h_{\mathrm{gt}}}$表示真实框的宽高比（角度表示）；$\arctan\frac{w}{h}$表示预测框的宽高比（角度表示）。

b. 目标置信度损失。目标置信度损失由正样本匹配得到的样本对计算，一是预测框中的目标置信度分数 p_{o}；二是预测框和与之对应的目标框的 IOU 值，作为 ground-truth（真实值）。计算二进制交叉熵得到最终的目标置信度损失，如式(8-16) 所示：

$$L_{\mathrm{obj}}(p_{\mathrm{o}},p_{\mathrm{IOU}})=\mathrm{BCE}_{\mathrm{obj}}^{\mathrm{sig}}(p_{\mathrm{o}},p_{\mathrm{IOU}};w_{\mathrm{obj}}) \tag{8-16}$$

式中，p_{IOU} 为预测框与对应目标框的 IOU 值，作为真实标签；BCE^{sig}_{obj} 为二值交叉熵函数，用于计算预测值 p_o 和真实值 p_{IOU} 之间的损失；w_{obj} 是该交叉熵计算中的权重参数。

c. 类别损失。类别损失与置信度损失类似，通过预测框的类别分数和目标框类别的 one-hot 表现来计算类别损失，如式(8-17) 所示：

$$L_{cls}(c_p, c_{gt}) = BCE^{sig}_{cls}(c_p, c_{gt}; w_{cls}) \tag{8-17}$$

式中，BCE^{sig}_{cls} 为二值交叉熵函数，用于计算预测类别 c_p 和真实类别 c_{gt} 之间的损失；w_{cls} 是该交叉熵计算中的权重参数。

8.3.5 案例——自然场景文字检测

计算机自动识别字符是模式识别应用的一个重要领域。人们在生产和生活中，要处理大量的文字、报表。为了减轻人们的劳动，提高处理效率，从 20 世纪 50 年代起就开始探讨文字识别方法，并研制出光学字符识别器。近年来，随着互联网图片爆炸式增长，自然场景中的文字检测及识别成为文字识别乃至计算机视觉领域一个极其重要和广受关注的热点研究课题。

① 自然场景文本检测挑战：

a. 图像/传感器噪声：手持相机的传感器噪声通常高于传统扫描仪，低价相机通常会对原始传感器的像素进行插值。

b. 视角：自然场景中的文本存在不平行的观测角度问题，使文本更难以识别。

c. 模糊：在不受控制的环境下，文本往往会变模糊，尤其是用户使用的智能手机的拍摄稳定性不足时，问题更明显。

d. 照明条件：无法对自然场景图像中的照明条件做出任何假设。它可能接近黑暗，相机上的闪光灯可能亮着，或者光线可能很明亮，使整个图像饱和。

e. 非纸质物品：大多数纸张不反光，自然场景中的文字可能是反光的，包括徽标、标志等。

② 运用 tensorflow 实现自然场景文字检测，Keras/Pytorch 实现不定长中文 OCR。OCR 是光学字符识别（optical character recognition），是指对文本资料的图像文件进行分析识别处理，获取文字及版面信息的过程。

该项目主要实现三个功能：文字方向检测（0°、90°、180°、270°检测）；实现 Keras 端到端的文本检测及识别；不定长 OCR。

基于图像分类，在 VGG16 模型的基础上，迁移训练 0°、90°、180°、270°的文字方向分类模型，训练图片 100000 张，准确率 95.10%。Python 代码如下：

```
# -*- coding: utf-8 -*-
# from keras.models import load_model
from keras.applications.vgg16 import preprocess_input,VGG16
from keras.layers import Dense
from keras.models import Model
import numpy as np
from PIL import Image
# # 编译模型,以较小的学习参数进行训练
from keras.optimizers import SGD
sgd = SGD(lr=0.00001, momentum=0.9)
def load_model():
```

```
        """加载模型"""
        model = VGG16(weights=None,classes=4)
        model.load_weights('./angle/modelAngle.h5',by_name=True)
        model.compile(optimizer=sgd, loss='categorical_crossentropy', metrics=
['accuracy'])
        return model


    # # 加载模型
    model = load_model()

    def predict(path=None,img=None):
        """
        图片文字方向预测
        """
        ROTATE = [0,270,180,90]
        if path is not None:
           im = Image.open(path).convert('RGB')
        elif img is not None:
           im = Image.fromarray(img).convert('RGB')
        w,h = im.size
        thesh = 0.05
        xmin,ymin,xmax,ymax = int(thesh* w),int(thesh* h),w-int(thesh* w),h-int(thesh* h)
        im = im.crop((xmin,ymin,xmax,ymax))# # 剪切图片边缘,清除边缘噪声
        im = im.resize((224,224))
        img = np.array(im)
        img = preprocess_input(img.astype(np.float32))
        pred = model.predict(np.array([img]))
        index = np.argmax(pred,axis=1)[0]
        return ROTATE[index]
```

程序运行结果如图 8-38 所示。

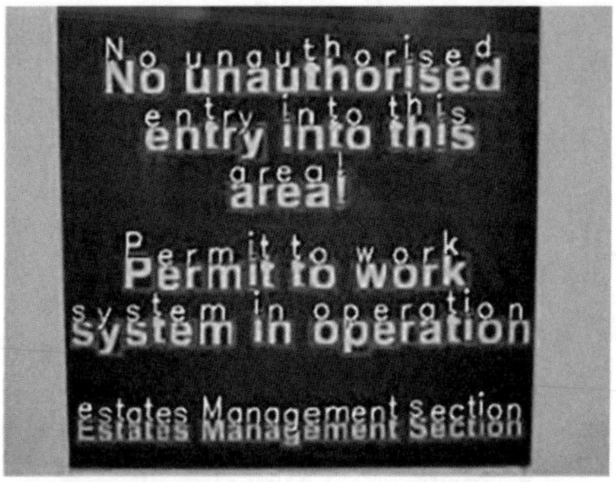

图 8-38　文字识别结果图

第9章 机器视觉的典型应用实战

9.1 宽度测量

9.1.1 背景介绍

宽度是板材类产品的重要技术指标，因此对宽度尺寸检测是非常重要的，并且随着科技的发展，宽度测量（检测）设备也在不断地蓬勃发展，宽度检测越来越趋向于自动化、智能化、高精度的在线实时检测。

9.1.2 环境准备

本节将通过 OpenCV 来对宽度进行测量。

```
numpy=1.14.6
OpenCV=3.2.0
```

9.1.3 数据说明与处理

（1）读取图片

使用 imread() 函数读取图片，使用 imshow() 函数显示图片，waitKey() 函数含义为按下任意键继续。原图如图 9-1 所示。

```
img = cv2.imread("img1.png")
cv2.imshow("img",img)
cv2.waitKey(0)
```

（2）截取测量区域

在图中截取要测量的区域，如图 9-2 所示。

```
recimg = img[80:236, 120:238]
cv2.imshow("img",recimg)
cv2.waitKey()
```

图 9-1　原图

图 9-2　截取的测量区域

9.1.4　模型构建与训练

首先读取图片；然后截取目标区域，对图片进行二值化处理，进行边缘检测，框出物体的轮廓；最后绘制直线。代码如下：

```
import cv2
import numpy as np
import imutils

if __name__=="__main__":
    # 读取图片
    img = cv2.imread("gongjian1-2.bmp")
    cv2.imshow("img",img)
    # 截取目标区域
    img = imutils.resize(img, width=img.shape[1])
    roi=cv2.selectROI(windowName="image1", img=img, showCrosshair=False, from
Center=False)
    dx, dy, dw, dh = roi
    # img1=img.copy()这两句可要可不要
    # cv2.rectangle(img=img1, pt1=(dx, dy), pt2=(dx + dw, dy + dh), color=(0, 0,
255), thickness=2)
    recimg = img[dy:dy+ dh,dx:dx+ dw]
    # 二值化处理
    ret, th = cv2.threshold(recimg, 80, 255, cv2.THRESH_BINARY_INV)
    cv2.imshow("img3",th)
    # 边缘检测、图片反色
    img1 = cv2.Canny(recimg, 100, 200)
    img1 = 255 - cv2.cvtColor(img1, cv2.COLOR_BGR2RGB)
    img2 = cv2.cvtColor(img1, cv2.COLOR_RGB2GRAY)
```

```
        img2 = cv2.cvtColor(255 - th, cv2.COLOR_RGB2GRAY)
        cv2.imshow("img4",img2)
        # 边缘检测,框出物体的轮廓
        contours, hierarchy = cv2.findContours(img2, cv2.RETR_EXTERNAL, cv2.CHAIN_
APPROX_SIMPLE)
        cnt = contours[0]
        x, y, w, h = cv2.boundingRect(cnt)
        #  绘制直线
        cv2.line(img1, (x, y), (x, y+ h), (0,255,0), 3, 5)
        cv2.line(img1, (x + w, y), (x + w, y+ h), (0, 255, 0), 3, 5)
        img[dy:dy+ dh, dx:dx+ dw] = img1
        # 图片上添加宽度大小
        cv2.putText(img,'width:'+ str(w),(10,30),cv2.FONT_HERSHEY_COMPLEX,1,(0,255,0),1)
        cv2.imshow('re',img)

        cv2.waitKey(0)
```

9.1.5 模型测试

对处理好的图片进行测试，对比测试结果和真实结果。测试结果如图 9-3 所示。

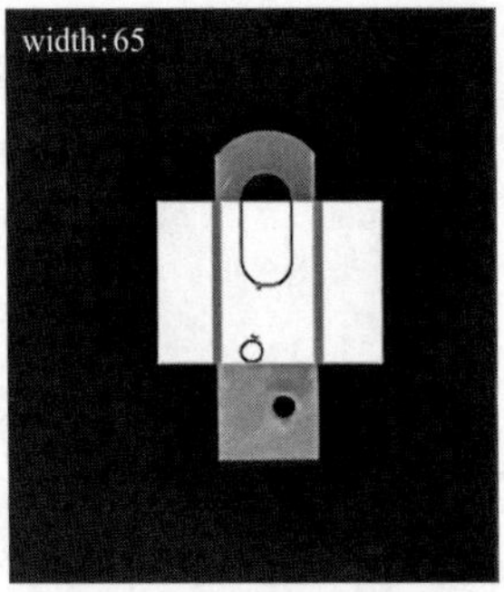

图 9-3 测试结果图

9.2 基于 Keras 的卷积神经网络实现人脸面部表情识别

9.2.1 背景介绍

不同的人脸面部表情形态，对于深度学习的神经网络来说，也是需要识别的。在现实生活中，常见的应用场景有很多，比如，国内的 K12 在线教育公司研发的此类产品被应用在中小学教室内，用来检测学生上课时的状态是认真听讲还是在打瞌睡等，这有助于老师有针对性地对学生进行单独辅导，以便于提高学生的知识水平；在一些公共场所，警方对高清的摄像头拍摄到的画面进行人脸面部表情识别，可找出一些有嫌疑的人，快速锁定关键人。

本案例拟利用 fer2013（Facial Expression Recognition 2013）数据集，利用卷积神经网络（CNN）对人脸表情进行分类，并对其进行训练。在此基础上，本案例提出了一种基于单幅图像的人脸表情识别方法，并将该方法应用于视频图像中的人脸表情识别，最终实现了对人脸表情的实时识别。

9. 2. 2　环境准备

```
numpy=1.15.4
matplotlib=3.0.0
keras=2.2.4
tensorflow=1.12.0
PIL=5.3.0
cv2=3.4.3
moviepy=0.2.3.5
```

9. 2. 3　数据说明与处理

（1）数据集

该数据集是由 48×48 像素的人脸图像构成，该图像数据经过处理后，人脸占据了图像的很大面积，并且主要位于图像的中央。这个数据集把脸部表情分成了七类，分别是 angry=0、disgust=1、fear=2、happy=3、sad=4、surprise=5 和 neutral=6，对应的中文是愤怒=0、厌恶=1、恐惧=2、快乐=3、悲伤=4、惊喜=5 和中立=6。数据集是 fer2013.tar 压缩文件，解压后 fer2013 目录下有 fer2013.csv 文件。通过 open() 函数将数据集的内容读取到内存中，代码如下：

```
import numpy as np
  with open("fer2013/fer2013.csv") as f:
  content = f.readlines()
lines = np.array(content)
num_of_instances = lines.size
print("实例数量:{}。".format(num_of_instances))
print("实例长度:{}。".format(len(lines[1].split(",")[1].split(" "))))
```

输出如下：

实例数量：35888。

实例长度：2304。

（2）数据集分割

在 csv 文件中的数据是一行一行的，现在要将这个数据集分割成训练集、验证集和测试集。但是这个 csv 文件中的数据集并没有验证集，所以对测试集进行折半处理，一半作验证集，一半作测试集。3 个数据集分割完后，将这些图片数据集进行预处理。彩色图片是由 RGB（红、绿、蓝）3 种颜色组成的，但是这里的图片是灰度的，也就是只有一个颜色通道，颜色的数值范围是 0 到 255，所以对图片数值进行归一化处理，即转换成 0 到 1 之间的数值。构建卷积神经网络时，要求输入的图片形状是（batch _ size，height，width，channels)，所以把三维图片修改为四维数组的图片。

9. 2. 4　模型构建与训练

（1）模型构建

使用 Keras 构建 CNN 模型，有 3 个卷积层，深度分别为 64、64 和 128。卷积窗大小从一开始的（5，5）转换成后面的（3，3），最后添加 1024 个全连接层和 7 个类别的输出层。7 个类别属于多分类问题，所以输出使用 Softmax 激活函数。代码如下：

```
from keras.models import Sequential
from keras.layers import Conv2D, MaxPooling2D, AveragePooling2D
from keras.layers import Dense, Activation, Dropout, Flatten
# 创建 keras 的 Sequential 模型实例
model = Sequential()
# 添加第一层的卷积层,需要传入图片的 input_shape 参数的值
model.add(Conv2D(64, (5, 5), activation='relu', input_shape=(img_width, img_
height, 1)))
model.add(MaxPooling2D(pool_size=(5,5), strides=(2, 2)))
model.add(Dropout(0.5))
# 添加第二层卷积层
model.add(Conv2D(64, (3, 3), activation='relu'))
model.add(Conv2D(64, (3, 3), activation='relu'))
model.add(AveragePooling2D(pool_size=(3,3), strides=(2, 2)))
model.add(Dropout(0.5))
# 添加第三层卷积层
model.add(Conv2D(128, (3, 3), activation='relu'))
model.add(Conv2D(128, (3, 3), activation='relu'))
model.add(AveragePooling2D(pool_size=(3,3), strides=(2, 2)))
model.add(Dropout(0.5))
model.add(Flatten())
# 添加 1024 个全连接层
model.add(Dense(1024, activation='relu'))
model.add(Dropout(0.2))
model.add(Dense(1024, activation='relu'))
model.add(Dropout(0.2))
# 添加输出层
model.add(Dense(num_classes, activation='softmax'))
model.summary()
Layer (type)                    Output Shape              Param #
=================================================================
运行结果:
conv2d_1 (Conv2D)               (None, 44, 44, 64)        1664
_________________________________________________________________
max_pooling2d_1(MaxPooling2     (None, 20, 20, 64)        0
_________________________________________________________________
dropout_1 (Dropout)             (None, 20, 20, 64)        0
_________________________________________________________________
conv2d_2 (Conv2D)               (None, 18, 18, 64)        36928
_________________________________________________________________
conv2d_3 (Conv2D)               (None, 16, 16, 64)        36928
_________________________________________________________________
average_pooling2d_1(Average     (None, 7, 7, 64)          0
```

```
_________________________________________________________________
dropout_2 (Dropout)          (None, 7, 7, 64)          0
_________________________________________________________________
conv2d_4 (Conv2D)            (None, 5, 5, 128)         73856
_________________________________________________________________
conv2d_5 (Conv2D)            (None, 3, 3, 128)         147584
_________________________________________________________________
average_pooling2d_2(Average  (None, 1, 1, 128)         0
_________________________________________________________________
dropout_3 (Dropout)          (None, 1, 1, 128)         0
_________________________________________________________________
flatten_1 (Flatten)          (None, 128)               0
_________________________________________________________________
dense_1 (Dense)              (None, 1024)              132096
_________________________________________________________________
dropout_4 (Dropout)          (None, 1024)              0
_________________________________________________________________
dense_2 (Dense)              (None, 1024)              1049600
_________________________________________________________________
dropout_5 (Dropout)          (None, 1024)              0
_________________________________________________________________
dense_3 (Dense)              (None, 7)                 7175
=================================================================
Total params: 1,485,831
Trainable params: 1,485,831
Non-trainable params: 0
_________________________________________________________________
```

由模型架构输出的信息可以看到每一层的层数名称、输出形状和参数数量，这就是模型架构内部的样子，最终可训练的参数超过 148 万个。而且构建的模型代码在当前的运行环境中只能执行一次。假如执行了两次，那么每一层的名称和层数会在第一次运行的模型架构上进行追加，这是不可取的，会导致无法训练模型。所以要重新运行这块构建模型的代码时，一定要清除当前运行环境的所有变量状态。

（2）训练过程

在训练模型前，要通过 ImageDataGenerator 类对图片进行数据增强处理，它会遍历所有的图片以进行处理，最后返回一个由 yield 关键字产生的 iterator 对象，可通过 Sequential 对象的 fit_generator() 函数来训练模型。代码如下：

```
import keras
from keras.preprocessing.image import ImageDataGenerator
batch_size = 256
epochs = 20
imgGenerator = ImageDataGenerator()
train_generator = imgGenerator.flow(X_train, y_train, batch_size=batch_size)
model.compile(loss='categorical_crossentropy'
```

```
, optimizer=keras.optimizers.Adam()
, metrics=['accuracy']
)
  history = model.fit_generator(train_generator,
                                steps_per_epoch=batch_size, epochs=epochs,
                                validation_data=(X_valid, y_valid),
                                verbose=1)
```

9.2.5 模型测试

识别单张图片各个类别的概率图时，先用 load_img() 函数读取图片并进行预处理，然后通过刚才加载的模型变量 loaded_model 对图片进行识别预测，最后通过直方图将产生的概率数组显示出来。代码如下：

```
import numpy as np
from keras.preprocessing import image
def load_img(img_path, width=48, height=48):
  # 以灰度的模式来加载指定的 RGB 图片,并且将其修改为 48 像素×48 像素
  img = image.load_img(img_path, grayscale=True, target_size=(width, height))
  # 将图片转换为数组
  x = image.img_to_array(img)
  # 扩展图片的数组维度为四维,这是 CNN 模型需要的
  x = np.expand_dims(x, axis=0)
  # 对图片的数值内容进行归一化处理
  x /= 255
  return x
def plot_analyzed_emotion(emotions_probs, class_list):
  # 绘制直方图显示各个类别的概率
  y_pos = np.arange(len(class_list))
  plt.bar(y_pos, emotions_probs, align='center', alpha=0.5)
  plt.xticks(y_pos, class_list)
  plt.ylabel('percentage')
  plt.title('emotion')
  plt.show()
# 加载图片
test_img = load_img("test_imgs/victor_7.jpg")
# 识别图片的概率
predicted_probs = loaded_model.predict(test_img)
# 定义类别
class_list = ["angry", "disgust", "fear", "happy", "sad", "surprise", "neutral"]
# 绘图显示
plot_analyzed_emotion(predicted_probs[0], class_list)
from glob import glob
import matplotlib
import matplotlib.pyplot as plt
```

```
import cv2
import numpy as np
from PIL import ImageFont, ImageDraw, Image
import random
def plot_emotion_faces(filepaths):
  # 定义人脸矩阵排列的绘图函数
  # 将文件路径的数组随机打乱
  random.shuffle(filepaths)
  # 加载宋体字体
  fontpath = "Songti.ttc"
  font = ImageFont.truetype(fontpath, 120)
  # 创建 2 行 4 列的 figure 对象
  fig, axes = plt.subplots(nrows=2, ncols=4)
  # 设置整体宽和高
  fig.set_size_inches(12, 6)
  index = 0
  # 遍历 2 行
  for row_index in range(2):
      # 遍历 4 列
      for col_index in range(4):
          # 通过 load_img()函数对加载的图片进行模型识别,返回类别概率
          predicted_probs = loaded_model.predict(load_img(filepaths[index]))
          # 将类别概率数组取出
          probs = predicted_probs[0]
          # 获取最大类别概率的数组索引
          max_index = np.argmax(probs)
          # 获取最大类别概率的值
          probs_val = probs[max_index]
          # 获取最大类别概率的具体中文名称
          emotion = class_list[max_index]
          # 拼接类别名称和概率值的字符串
          emotion_text = emotion + ":" + str(round(probs_val * 100, 2)) + "% "
          # 以下是将识别到的概率名称和值的字符串显示在图片左上角
          # 从文件路径读取图片
          img = matplotlib.image.imread(filepaths[index])
          # 将图片转换为 RGB 模式
          img_PIL = Image.fromarray(cv2.cvtColor(img, cv2.COLOR_BGR2RGB))
          # 创建绘图对象
          draw = ImageDraw.Draw(img_PIL)
          # 绘制概率的字符串到图片左上角x =30 和y =5 的位置
          draw.text((30, 5), emotion_text, font=font, fill=(0, 0, 255))
          # 再将图片从 RGB 转换到 BGR 模式
          final_img = cv2.cvtColor(np.asarray(img_PIL), cv2.COLOR_RGB2BGR)
          # 获取 matplotlib 的 axes 对象
          ax = axes[row_index, col_index]
          # 显示图片到指定位置
```

```
            ax.imshow(final_img)
            index +=1
    # 加载 test_imgs 目录下的所有 jpg 文件
    test_img_filenames = glob("test_imgs/* .jpg")
    # 绘图显示
    plot_emotion_faces(test_img_filenames)
```

测试结果如图 9-4 所示。

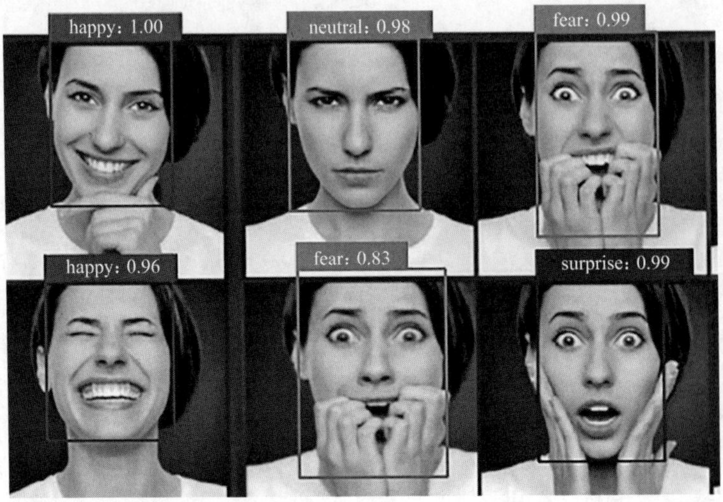

图 9-4　测试结果图

9.3　基于卷积神经网络的皮肤病分类

9.3.1　背景介绍

数字图像处理是表面检测皮肤病的常见方式，病损图像检测专用工具根据边缘检测的线条、大小形式分析查验各种各样的黑色素瘤主要参数，如未对称性、界限、色调、直径等，提取状态参数等实现分类，区分传统肌肉和恶性黑色素瘤疾病。神经元网络是当前医学中最热门的工具，特别是在放射学、泌尿学、心脏病学、肿瘤学等行业。

本案例将通过卷积神经网络（CNN）来对皮肤病进行分类识别。

9.3.2　环境准备

```
numpy=1.14.6
sklearn=0.19.2
matplotlib=2.1.2
tensorflow=1.12.0
keras=2.2.4
tqdm=4.28.1
PIL=4.0.0
```

9.3.3 数据说明与处理

（1）数据准备

数据集中的病理图片包含 3 个类别，分别是 melanoma（黑色素瘤）、nevus（痣）和 seborrheic_keratosis（脂溢性角化病），共计 600 张图片。名称是“ISIC2017：Skin Lesion Analysis Towards Melanoma Detection”。

（2）数据下载

在训练前，先下载数据集。在 sklearn 中有一个非常易用的加载函数可供使用，就是 load_files()。它可以将目录及子目录的嵌套加载成 numpy 数组，每个元素都是一个文件（图片）的相对路径。代码如下：

```
from sklearn import datasets
filepath ="dataset"
data = datasets.load_files(filepath)
filename_list = data["filenames"]
target_list = data["target"]
target_name_list = data["target_names"]
```

加载完后，如果想看 data 变量中有哪些 key 可以取值，可使用 Python 内置的 dir() 函数，再将 data 作为参数传入，即可看到相应的 key。其中 filename_list 变量就是文件的相对路径，先输出，查看图片的数量：

```
filename_list.shape
```

输出如下：

```
(600,)
```

查看目标数据，显示 target_list 变量：

```
target_list
```

输出如下：

```
array([1, 1, 1, 1, 1, 2, 1, 2, 1, 1, 1, 1, 1, 1, 0, 1, 1, 0, 1, 1, 2, 1,
       1, 1, 1, 1, 1, 1, 1, 2, 1, 1, 1, 0, 1, 2, 0, 1, 1, 0, 1, 1, 1, 1,
       1, 0, 1, 0, 1, 1, 0, 1, 0, 0, 1, 1, 1, 1, 2, 1, 1, 0, 1, 1, 2, 1,
……
0, 1, 1, 1, 0, 1, 1, 2, 1, 0, 1, 1, 1, 1, 2, 0, 2, 1, 0, 1, 1, 2,
1, 1, 2, 2, 1, 1, 1, 1, 1, 0, 1, 1, 0, 0, 2, 1, 0, 2, 1, 1, 1, 1,
0, 1, 0, 1, 1, 2])
```

0、1、2 分别代表 3 个病理类别。因为 filename_list 里都是病理图片的相对路径，所以每个路径对应的类别就用 target_list 中的元素来表示。查看 0、1、2 分别对应的病理类别名称列表，显示 target_name_list 变量的代码如下：

```
target_name_list
```

输出如下：

```
['melanoma','nevus','seborrheic_keratosis']
```

对应的 3 个病理类别：melanoma 是黑色素瘤，nevus 是痣，seborrheic_keratosis 是脂溢性角化病。

（3）数据预处理

图片质量会直接影响图片的分类结果，因此必须要对所有的病理图片数据进行清洗和分割，以便于更好地训练神经网络。首先通过 sklearn 库的 train _ test _ split（）把图片数据分割成训练集和测试集，分别有 480 张图片和 120 张图片；然后再把测试集的 120 张图片分割一半给验证集。代码如下：

```
from sklearn import model_selection
# 分割训练集和测试集
X_train, X_test, y_train, y_test = model_selection.train_test_split(filename_list, target_list, test_size=0.2)
# 将测试集数据分割一半给验证集
half_test_count = int(len(X_test) / 2)
X_valid = X_test[:half_test_count]
y_valid = y_test[:half_test_count]
X_test = X_test[half_test_count:]
y_test = y_test[half_test_count:]
print("X_train.shape={}, y_train.shape={}.".format(X_train.shape, y_train.shape))
print("X_valid.shape={}, y_valid.shape={}.".format(X_valid.shape, y_valid.shape))
print("X_test.shape={}, y_test.shape={}.".format(X_test.shape, y_test.shape))
```

输出如下：

```
X_train.shape=(480,), y_train.shape=(480,).
X_valid.shape=(60,), y_valid.shape=(60,).
X_test.shape=(60,), y_test.shape=(60,).
```

将每张图片加载到内存，以数值表示，并转换成神经网络期待的大小。然后把图片归一化处理，就是将 RGB 对应的具体数值转换成 0 到 1 之间的值，便于神经网络计算。代码如下：

```
from keras.preprocessing import image
from tqdm import tqdm
def path_to_tensor(img_path):
  """
```

```
    定义一个函数,将每张图片都转换成卷积神经网络期待的大小(1, 224, 224, 3)
    """
    # 使用 PIL 库的 load_img()方法加载图片,它返回一个 PIL 对象
    img = image.load_img(img_path, target_size=(224, 224, 3))
    # 将 PIL 图片对象类型转化成格式为(224, 224, 3)的三维数组
    x = image.img_to_array(img)
    # 将三维数组转化成格式为(1, 224, 224, 3)的四维张量并返回
    return np.expand_dims(x, axis=0)
  def paths_to_tensor(img_paths):
    """
    定义一个函数,将数组里的所有路径的图片都转换成图片数值类型并返回
    """
    # tqdm 模块表示使用进度条显示,传入一个所有图片的数组对象
    # 将所有图片的对象一个个都转换成 numpy 数值对象张量,并返回成数组
    list_of_tensors = [path_to_tensor(img_path) for img_path in tqdm(img_paths)]
    # 将对象垂直堆砌排序摆放
    return np.vstack(list_of_tensors)
  import numpy as np
  from PIL import ImageFile
  # 为了防止 PIL 读取图片对象时出现 IO 错误,设置截断图片为 True
ImageFile.LOAD_TRUNCATED_IMAGES = True
  # 将所有图片都转换成标准大小的数值图片对象,然后除以 255
  # 进行归一化处理(简单地说,就是将 RGB 值转换成 0 到 1 之间的值,便于神经网络计算和处理)
  # RGB 的颜色值,最大为 255,最小为 0
  # 对训练集数据进行处理
  train_tensors = paths_to_tensor(X_train).astype(np.float32) / 255
  # 对验证集数据进行处理
  valid_tensors = paths_to_tensor(X_valid).astype(np.float32) / 255
  # 对测试集数据进行处理
  test_tensors = paths_to_tensor(X_test).astype(np.float32) / 255
```

9.3.4 模型构建与训练

卷积神经网络（CNN）非常合适做图片分类任务。它通过指定卷积大小、窗口移动大小，一步步地移动来学习数据特征。每次学习计算卷积层后，计算一次最大池化层，就是将最大值取出来，这样可以防止过拟合，降低维度。经过反向传播训练，直到最优。

本案例创建的 CNN 模型主要由卷积层、最大池化层和 Dropout 层组成，最后有一个全连接层作为输出层。卷积层的深度从 16、32、64 到 128，每个卷积层的内核大小都是 1×1，移动跨步也是 1×1，边缘填充都使用 same；最大池化层大小也都是 1×1；Dropout 层丢弃的比例分别为 0.5、0.3、0.2 和 0.2，减去 Dropout 的比例，剩下的表示在本次网络模型计算时被保留了下来。最后对计算结果做一个全局平均池化计算，为了防止过拟合，再添加一个 Dropout 层、输出 3 个类别的输出层。

（1）模型构建

代码如下：

```
from keras.layers import Conv2D, MaxPooling2D, GlobalAveragePooling2D
from keras.layers import Dropout, Dense
from keras.models import Sequential
#  图片的 shape
input_shape = train_tensors[0].shape
#  有多少个类别
num_classes = len(target_name_list)
#  创建 Sequential 模型
model = Sequential()
#  创建输入层,输入层必须传入 input_shape 参数以表示图片大小;输入深度从 16 开始
model.add(Conv2D(filters=16, kernel_size=(1, 1), strides=(1, 1), padding=
'same',
                activation='relu', input_shape=input_shape))
#  添加最大池化层,卷积层大小都是 1×1,有效填充范围默认是 valid
model.add(MaxPooling2D(pool_size=(1, 1)))
#  添加 Dropout 层,每次丢弃 50% 的网络节点,防止过拟合
model.add(Dropout(0.5))
#  添加卷积层,深度是 32,内核大小是 1×1,跨步是 1×1,使用 ReLU 来调节神经网络
model.add(Conv2D(filters=32, kernel_size=(1, 1), strides=(1, 1), padding='
same',
activation='relu'))
model.add(MaxPooling2D(pool_size=(1, 1)))
model.add(Dropout(0.3))
#  添加卷积层,深度是 64
model.add(Conv2D(filters=64, kernel_size=(1, 1), strides=(1, 1), padding=
'same',
activation='relu'))
model.add(MaxPooling2D(pool_size=(1, 1)))
model.add(Dropout(0.2))
#  添加卷积层,深度是 128
model.add(Conv2D(filters=128, kernel_size=(1, 1), strides=(1, 1), padding='same',
activation='relu'))
model.add(MaxPooling2D(pool_size=(1, 1)))
model.add(Dropout(0.2))
#  添加全局平均池化层,对空间数据进行处理
model.add(GlobalAveragePooling2D())
#  添加 Dropout,每次丢弃 50%
model.add(Dropout(0.5))
#  添加输出层,有 3 个类别输出
model.add(Dense(num_classes, activation="softmax"))
#  打印输出网络模型架构
model.summary()
```

可训练参数有 11427 个，最后一个输出层是 3，表示网络模型最终有 3 个类别的概率输出。

（2）编译模型

在编译模型时需要指定 loss function（损失函数），有两种损失函数可供选择，分别是 categorical_crossentropy（分类交叉熵）和 sparse_categorical_crossentropy（稀疏分类交叉熵）。如果 target 的值经过了独热编码处理，则损失函数使用分类交叉熵；如果 target 是数值，且没有经过独热编码处理，那就使用稀疏分类交叉熵。优化器是 Adam，它是 AdaGrad 和 RMSProp 两种优化器优化的算法，能自动相应地调整学习率，实现简单，计算高效，适用于大规模数据和参数的场景。代码如下：

```
    model.compile(optimizer='adam', loss='sparse_categorical_crossentropy',
metrics=['accuracy'])
    # 这里使用 sparse_categorical_crossentropy 作为损失函数,所以以下的 one-hot encoding
(独热编码)就不需要
    # 如果使用 categorical_crossentropy,则取消注释以下代码来运行
    # from keras import utils
    # y_train = utils.to_categorical(y_train)
    # y_valid = utils.to_categorical(y_valid)
    # y_test = utils.to_categorical(y_test)
```

（3）训练模型

在训练模型时，将最佳的检查点通过模型权重路径保存为扩展名为 .hdf5 的文件，参数 save_best_only 表示仅保存最佳的权重。训练时，设置 epochs 为 10，表示迭代训练 10 次。每批次（batch）20 张图片，然后验证。检查点对象以回调的形式传入。代码如下：

```
    from keras.callbacks import ModelCheckpoint
    # 创建检查点对象
    checkpointer = ModelCheckpoint(filepath='saved_models/skin_cancer.best_
weights.hdf5',
                                   verbose=1,
                                   save_best_only=True)
    epochs = 10
    # 训练模型
    model.fit(train_tensors,
              y_train,
              validation_data=(valid_tensors, y_valid),
              epochs=epochs,
              batch_size=20,
              callbacks=[checkpointer],
              verbose=1)
```

最终模型的精确度是 0.6667。

9.3.5　模型测试

先加载刚才训练的权重文件，然后通过 evaluate() 函数来对测试集图像数据进行模型评估。代码如下：

```
# 加载刚才训练的权重到模型中
model.load_weights("saved_models/skin_cancer.best_weights.hdf5")
# 评估模型精确度
score = model.evaluate(test_tensors, y_test, verbose=1)
print("Test {}: {:.2f}. Test {}: {:.2f}.".format(model.metrics_names[0],
                                                score[0]* 100,
                                                model.metrics_names[1],
                                                score[1]* 100))
```

输出如下：

```
Test loss:88.00. Test acc:66.67.
```

另一种模型评估的方式是，只要有模型训练后的权重文件，就可以直接加载权重以进行评估。这里事先准备了一张未经过模型训练的图片来测试它的精确度，代码如下：

```
from keras.models import load_model
# 加载模型
model = load_model('saved_models/skin_cancer.best_weights.hdf5')
# 加载一张病理图片来测试模型精确度
test_img_path = "nevus_ISIC_0007332.jpg"
# 将图片转换成四维的 numpy 数值数组,path_to_tensor()函数已在上文定义过
image_tensor = path_to_tensor(test_img_path)
# 归一化,转换成 0 到 1 之间的数值
image_tensor = image_tensor.astype(np.float32) / 255
# 模型预测概率
predicted_result = model.predict(image_tensor)
# 打印输出概率
print(predicted_result)
```

输出如下：

```
[[0.22132273 0.59772515 0.18095216]]
```

通过预测概率绘制原图和概率文本。代码如下：

```
import matplotlib
def draw_predicted_figure(img_path, X, y):
    """
    绘制测试图片和显示预测概率
    """
    # 创建一个绘图对象
    fig, ax = plt.subplots()
    # 设置绘图的总容器大小
    fig.set_size_inches(5, 5)
    # 拼接病理图片对应的名称和它的概率值的字符串
```

```
        fig_title = "\n".join(["{}: {:.2f}% \n".format(n, y[i]) for i, n in enumerate
(X)])
        # 设置在图片右上角的注解文字
        ax.text(1.01, 0.7,
                fig_title,
                horizontalalignment='left',
                verticalalignment='bottom',
                transform=ax.transAxes)
        # 读取图片的数值内容
        img = matplotlib.image.imread(img_path)
        # 在 axes 对象上显示图片
        ax.imshow(img)
    draw_predicted_figure(test_img_path, target_name_list, predicted_result[0])
```

输出结果显示图如图 9-5 所示。

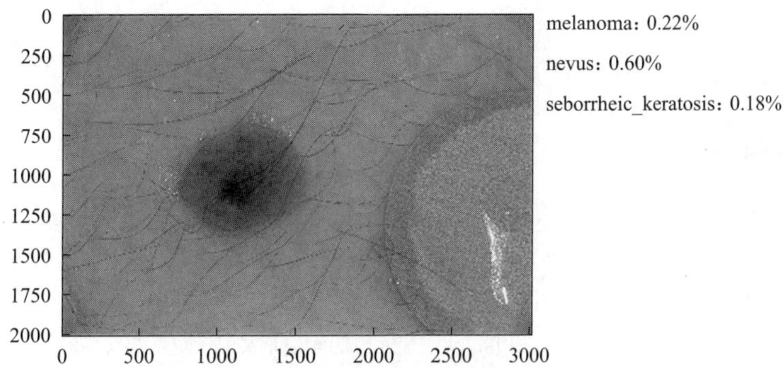

图 9-5 预测该图的病理类别是 nevus

9.4 基于深度学习的肝脏肿瘤分割

9.4.1 背景介绍

肝脏（图 9-6）是人体内脏最大的一个器官，同时它也是新陈代谢的重要器官，肝脏是否健康直接决定了一个人的健康状况。肝脏特殊的血液供应系统，使得肝脏的发病率非常高。根据世界卫生组织统计的数据可知，全世界有 3.5 亿乙肝病毒携带者，每年新增的肝癌患者有 100 万左右，对人们的生命和健康造成了巨大危害，对肝脏疾病的早发现早治疗也成为当前面临的主要任务。

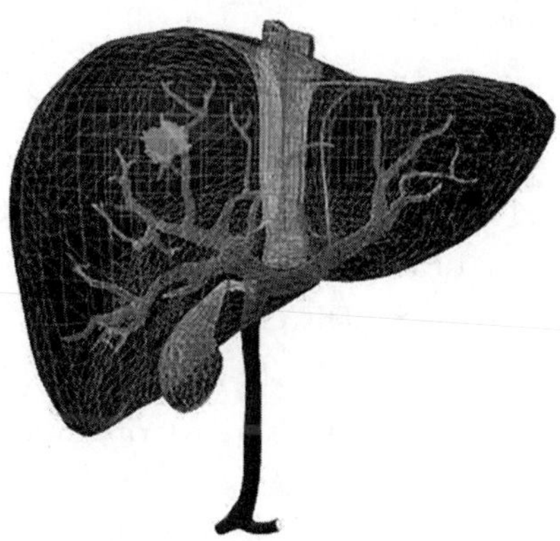

图 9-6 肝脏图片

目前，主要通过超声、CT、MRI（磁共振成像）等方式进行肝脏疾病的影像学检查，通过手术治疗、射频消融和立体定向放疗等进行早期肝癌的治疗。而想要对癌变部分进行精确的切除，不但需要医生具备丰富的临床经验，还需要借助科学技术的辅助，精确了解肿瘤的形状、位置等信息。每一套 CT 图像都会产生几百张到上千张不等数量的图片，如果让医生通过观察每张图片去确定是否存在病灶，会花费大量宝贵的时间和人力，耗时长还缺乏客观性，也更容易出现误诊和漏诊的情况。肝脏肿瘤手动分割对医生的医学水平和临床经验要求很高，所以为了获得更加精准的分割结果，需要科学技术的辅助，在这种情况下，就出现了很多半自动分割方法，它是结合手工操作和计算机处理的一种方式。

基于以上背景，本案例在腹部 CT 图像中使用深度学习的方法，自动分割出肝脏和肝脏病变部位，即使用全卷积神经网络 U-Net 的肝脏肿瘤 CT 图像的分割算法，对胸部 CT 图像进行肝脏、肝脏肿瘤分割任务。

9.4.2 环境准备

```
numpy=1.15.4
matplotlib=3.0.0
keras=2.2.4
tensorflow=1.12.0
PIL=5.3.0
```

9.4.3 数据说明与处理

数据为 3D-IRCADb（3D image reconstruction for comparison of algorithm database，用于算法数据库比较的三维图像重建）。其中，3D-IRCADb-01 数据库由 75％病例中 10 名女性和 10 名男性肝脏肿瘤患者的 CT 图像组成，每个文件夹对应不同的患者。

“数据说明 . xlsx” 提供了有关图像的信息，如肝脏大小（宽度、深度、高度）或根据 Couninurd 分割的肿瘤位置。它还表明，与邻近器官的接触、肝脏的非典型形状或密度，甚至图像中的伪影，可能会导致肝脏分割遇到重大困难。数据集文件夹如图 9-7 所示。

图 9-7 数据集文件夹图

每个患者的文件夹内包含 4 个压缩包和 3 个文件，如图 9-8 所示：

PATIENT _ DICOM. zip——DICOM 格式的匿名患者图像；

LABELLED _ DICOM. zip——DICOM 格式分割的各个感兴趣区域对应的标签图像；

MASKS _ DICOM. zip——每个掩模的 DICOM 图像的各个感兴趣区域的名称；

MESHES _ VTK. zip——VTK 格式的各个感兴趣区域的曲面网格；

Creative Commons Attribution. pdf、Creative Commons Legal Code. pdf——CC（知识共享）许可证的条款；

liver_01. jpg——一个小图像，表示各种曲面网格的叠加。

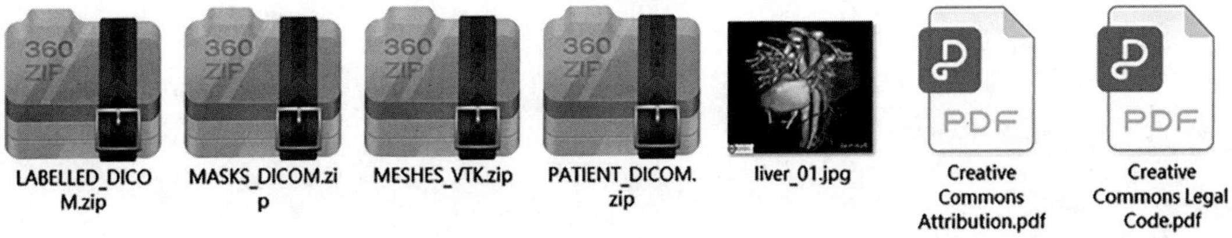

图 9-8　数据介绍图

9.4.4 模型构建与训练

U-Net 已经有了很多变体，目前许多新的卷积神经网络设计方式，仍延续了 U-Net 的核心思想，加入了新的模块或者融入其他设计理念。U-Net 架构在不同的生物医学分割应用中实现了非常好的性能。由于借助具有弹性形变的数据增强功能，它只需要少量的带标注的图像，并且在 NVIDIA Titan GPU（6GB）上仅需要 10 个小时的训练时间。代码如下：

```
    # from tensorflow.keras import  backend as K
    # from tensorflow.keras.layers import  *
    K.clear_session()

    def u_net(input_size=(512,512,1),path = model_path):
        inputs = Input(input_size)
        # conv1 = Conv2D(64,3,activation='relu',padding='same',kernel_initializer=
'he_normal')(inputs)
        # conv2 = Conv2D(64,3,activation='relu',padding='same',kernel_initializer=
'he_normal')(conv1)
        pool1 = MaxPool2D(pool_size=(2,2))(conv2)

        # conv3 = Conv2D(128,3,activation='relu',padding='same',kernel_initializer=
'he_normal')(pool1)
        # conv4 = Conv2D(128,3,activation='relu',padding='same',kernel_initializer=
'he_normal')(conv3)
        pool2 = MaxPool2D(pool_size=(2,2))(conv4)

        # conv5 = Conv2D(256,3,activation='relu',padding='same',kernel_initializer=
'he_normal')(pool2)
        # conv6 = Conv2D(256,3,activation='relu',padding='same',kernel_initializer=
'he_normal')(conv5)
        pool3 = MaxPool2D(pool_size=(2,2))(conv6)

        # conv7 = Conv2D(512,3,activation='relu',padding='same',kernel_initializer=
'he_normal')(pool3)
        # conv8 = Conv2D(512,3,activation='relu',padding='same',kernel_initializer=
'he_normal')(conv7)
        pool4 = MaxPool2D(pool_size=(2,2))(conv8)
```

```
        # conv9 = Conv2D(1024,3,activation='relu',padding='same',kernel_initializer=
'he_normal')(pool4)
        # conv10 = Conv2D(1024,3,activation='relu',padding='same',kernel_initiali-
zer='he_normal')(conv9)
        up1 = UpSampling2D((2,2))(conv10)# 反卷积

        # conv11 = Conv2D(512,3,activation='relu',padding='same',kernel_initializer=
'he_normal')(
            concatenate([up1,conv8],axis=3))# 开始右半部分
        # conv12 = Conv2D(512,3,activation='relu',padding='same',kernel_initializer=
'he_normal')(conv11)
        up2 = UpSampling2D((2,2))(conv12)# 反卷积

        # conv13 = Conv2D(256,3,activation='relu',padding='same',kernel_initializer=
'he_normal')(
            concatenate([up2,conv6],axis=3))
        # conv14 = Conv2D(256,3,activation='relu',padding='same',kernel_initializer=
'he_normal')(conv13)
        up3 = UpSampling2D((2,2))(conv14)# 反卷积

        # conv15 = Conv2D(128,3,activation='relu',padding='same',kernel_initializer=
'he_normal')(
            concatenate([up3,conv4],axis=3))
        # conv16 = Conv2D(256,3,activation='relu',padding='same',kernel_initializer=
'he_normal')(conv15)
        up4 = UpSampling2D((2,2))(conv16)# 反卷积

        # conv17 = Conv2D(64,3,activation='relu',padding='same',kernel_initializer=
'he_normal')(
            concatenate([up4,conv2],axis=3))
        # conv18 = Conv2D(64,3,activation='relu',padding='same',kernel_initializer=
'he_normal')(conv17)
        out = Conv2D(1,1,activation='sigmoid')(conv18)

        model = tf.keras.Model(inputs = inputs,outputs = out)# 构建模型
        model.compile(loss='binary_crossentropy',optimizer='adam',metrics=['accu-
racy'])# 模型编译
        # model.summary()
    return model
    model_path = r'E:\肝脏\06. 数据\tmp\model.h5'
    model_ckpt = ModelCheckpoint(model_path,save_best_only=False,verbose=1)
    class ShowMask(tf.keras.callbacks.Callback):
        def __init__(self):
            super().__init__()
        def on_epoch_end(self, epoch, logs=None):
            print()
```

```
        for ct, mask in gene:
            plt.subplot(1, 3, 1)
            plt.imshow(ct[0], cmap='gray')
            plt.axis('off')
            plt.subplot(1, 3, 2)
            plt.imshow(mask[0], cmap='gray')
            plt.axis('off')
            plt.subplot(1, 3, 3)
            plt.imshow(model.predict(ct[0].reshape(1, 512, 512, 1))[0], cmap='gray')
            plt.axis('off')
            plt.show()
            break

model.fit(gene,steps_per_epoch=4,epochs=2,callbacks=[model_ckpt,ShowMask()])
```

9.4.5 模型测试

模型测试代码如下：

```
patient_id = '1_58_10'
# 1.1 读取患者的 CT 图(tmp 文件夹,已经做了 windowing、直方图均衡化)
patient_ct = cv2.imread(f'./tmp/patient/{patient_id}.jpg')
# 1.2 读取患者掩模图
patient_mask = cv2.imread(f'./tmp/tumor/{patient_id}.jpg', cv2.IMREAD_GRAYSCALE)


# 2.1 模型加载(已经训练好的模型)
model_test = tf.keras.models.load_model('./u_net-512-512-1-liver_tumor5.h5')
# 2.2 模型输入的处理
# 2.2.1 灰度处理
ct_gray = cv2.cvtColor(patient_ct, cv2.COLOR_BGR2GRAY)
# 2.2.2 数据形状(batch_size, img_height, img_height, img_channel_size)
ct_gray = ct_gray.reshape((1, 512, 512, 1))
# 2.2.3 归一化
ct_gray = ct_gray/255.
# 2.3 模型预测
pred_mask = model_test.predict(ct_gray)[0]

# 3 结果展示
_, patient_mask = cv2.threshold(patient_mask, 127, 255, 0)
# 3.1 轮廓线提取
contours, _ = cv2.findContours(patient_mask, cv2.RETR_TREE, cv2.CHAIN_APPROX_SIM-
PLE)
# 3.2 在 CT 图上绘制轮廓线
overlap_img = cv2.drawContours(patient_ct.copy(), contours, -1, (0, 255, 0), 2)
# 3.3 展示
```

```
cv2.imshow('real', overlap_img)
cv2.waitKey(0)


# 3 结果展示
_, bi_mask = cv2.threshold((pred_mask* 255).astype('uint8'), 127, 255, 0)
# 3.1 轮廓线提取
contours, _ = cv2.findContours(bi_mask, cv2.RETR_TREE, cv2.CHAIN_APPROX_SIMPLE)
# 3.2 在 CT 图上绘制轮廓线
overlap_img2 = cv2.drawContours(patient_ct.copy(), contours, -1, (255, 0, 0), 2)
# 3.3 展示
cv2.imshow('predict', overlap_img2)
cv2.waitKey(0)
```

分割结果图如图 9-9 所示。

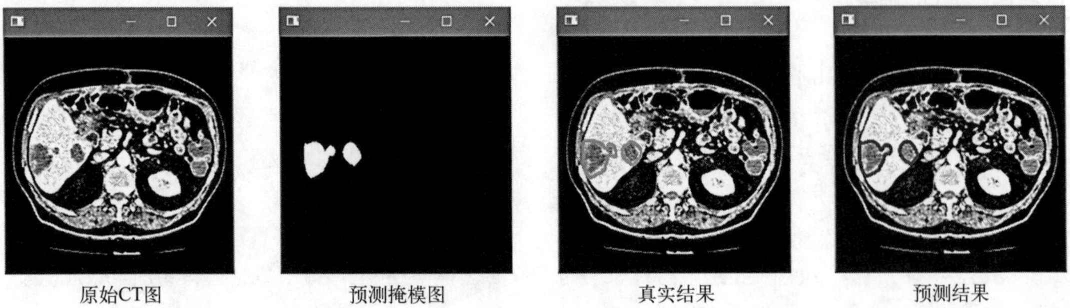

图 9-9　分割结果图

9.5 人脸关键点检测

9.5.1 背景介绍

人脸关键点检测是人脸识别和分析领域中的关键一步，它是诸如自动人脸识别、表情分析、三维人脸重建及三维动画等人脸相关问题的前提和突破口。近些年来，深度学习方法由于其自动学习及持续学习能力，已被成功应用到了图像识别与分析、语音识别和自然语言处理等很多领域，且在这些方面都带来了很显著的改善。因此，本节针对深度学习方法进行了人脸关键点检测的研究，本案例需要通过 Kaggle 提供的关键点数据集进行关键点模型的训练和预测。

9.5.2 环境准备

```
numpy=1.15.4
matplotlib=3.0.0
pandas=0.25.1
PIL=5.3.0
tensorflow=1.12.0
```

9.5.3　数据说明与处理

（1）下载和解压数据集

用户可以通过 Kaggle 官网进行数据集的下载，下载解压后，可以看到 training.zip 和 test.zip 两个文件，分别对应训练集和测试集，解压后数据是以 csv 的格式进行存放的。数据集如图 9-10 所示。

图 9-10　数据集图

training.csv 文件中的部分字段表示如图 9-11 所示。

序号	字段	含义
0	left_eye_center_x	左眼中心 x 点
1	left_eye_center_y	左眼中心 y 点
2	right_eye_center_x	右眼中心 x 点
3	right_eye_center_y	右眼中心 y 点
4	left_eye_inner_corner_x	左眼内端 x 点
5	left_eye_inner_corner_y	左眼内端 y 点
6	left_eye_outer_corner_x	左眼外端 x 点
7	left_eye_outer_corner_y	左眼外端 y 点
8	right_eye_inner_corner_x	右眼内端 x 点
9	right_eye_inner_corner_y	右眼内端 y 点

图 9-11　字段表示图

（2）pandas 解析 csv 文件

下面程序通过 pandas 解析 csv 文件，并将图片转为 numpy 数组，通过 matplotlib 可视化工具查看，其中具体的解释都写在了注释中。代码如下：

```
import numpy as np
importpandas as pd
import matplotlib.pyplot as plt
```

```
def main():
    csv_path = './data/training.csv'
    # 读取 csv 文件
    train_df = pd.read_csv(csv_path)
    # 查看数据框,并列出数据集的头部
    train_df.info()
    # 丢弃有缺失数据的样本
    train_df = train_df.dropna()
    # 获取图片信息,并转为 numpy 结构
    x_train = train_df['Image'].apply(lambda img: np.fromstring(img, sep=' '))
    x_train = np.vstack(x_train)
    # 重新修改形状
    x_train = x_train.reshape((-1, 96, 96, 1))
    # 去除最后一列的 Image
    cols = train_df.columns[:-1]
    y_train = train_df[cols].values

    print('训练集 shape: ', x_train.shape)
    print('训练集 label shape: ', y_train.shape)

    plt.figure(figsize=(10, 10))
    for p in range(2):
        data = x_train[(p * 9):(p * 9 + 9)]
        label = y_train[(p * 9):(p * 9 + 9)]
        plt.clf()
        for i in range(9):
            plt.subplot(3, 3, i + 1)
            img = data[i].reshape(96, 96, 1)
            plt.imshow(img, cmap='gray')
            # 画关键点
            l = label[i]
            # 从 1 开始,每次走 2 步,(j -1,j )就是当前点的坐标
            for j in range(1, 31, 2):
                plt.plot(l[j - 1], l[j], 'ro', markersize=4)
        plt.show()

if __name__ =='__main__':
    main()
```

（3）数据集预处理

① 灰度图像转三维图像。由于构建的模型初始值比较随机，loss 收敛起来没那么快，又因为该数据集的训练数据比较少，因此将 MobileNetV2 作为基础模型，并使用 ImageNet 上的权重作为初始值，可以让 loss 快速收敛。但 MobileNetV2 是基于 RGB 彩色三通道进行构建的，因此在训练时，需要将灰度图像转为三维形式，这里可以借助 PIL 工具的 Image.convert（'RGB'）实现，转换程序如下所示，并分出了 80%的训练数据、20%的验证

数据：

```
import numpy as np
importpandas as pd
from PIL import Image

def toRgbImg(img):
    img = np.fromstring(img, sep=' ').astype(np.uint8).reshape(96, 96)
    img = Image.fromarray(img).convert('RGB')
    return img

def main():
    csv_path = './data/training.csv'
    # 读取 csv 文件
    train_df = pd.read_csv(csv_path)
    # 查看数据框,并列出数据集的头部
    train_df.info()
    # 丢弃有缺失数据的样本
    train_df = train_df.dropna()
    # 获取图片信息,并转为 numpy 结构
    # x_train = train_df['Image'].apply(lambda img: np.fromstring(img, sep=' '))
    x_train = train_df['Image'].apply(toRgbImg)
    x_train = np.vstack(x_train)
    # 重新修改形状
    x_train = x_train.reshape((-1, 96, 96, 3))
    # 去除最后一列的 Image
    cols = train_df.columns[:-1]
    y_train = train_df[cols].values
    # 使用80%的数据训练,20%的数据进行验证
    size = int(x_train.shape[0] * 0.8)
    print(size)
    x_val = x_train[size:]
    y_val = y_train[size:]
    x_train = x_train[:size]
    y_train = y_train[:size]
    print("数据集信息")
    print(x_train.shape)
    print(y_train.shape)
    print(x_val.shape)
    print(y_val.shape)


if __name__=='__main__':
    main()
```

运行后可以看到如图 9-12 所示的日志图。

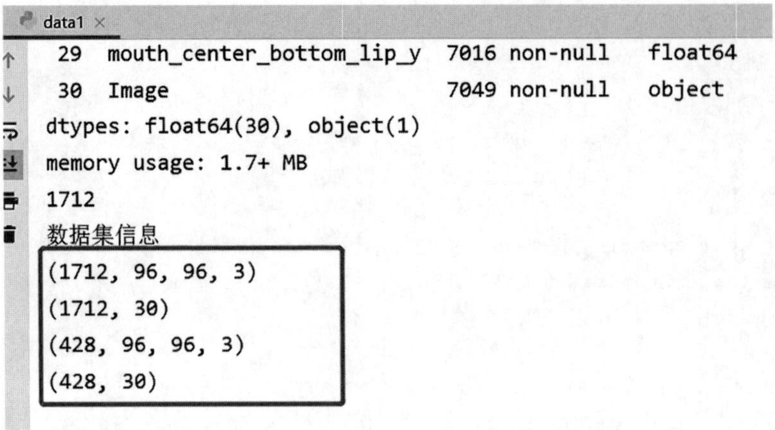

图 9-12 日志图

② y_train 标签转为比例点。y_train 标签是表示图像上真实关键点（真实点）的坐标，直接让模型回归真实点的话，会出现浮动大的情况，因此这里将真实点转为相对于图像的比例点。也就是直接除以图像的大小，得到一个相对点的位置，相对点的位置都在 0～1 区间。代码如下：

```
# 去除最后一列的 Image，将 y 值缩放到[0,1]区间
cols = train_df.columns[:-1]
y_train = train_df[cols].values / 96.0
```

③ 数据集打乱。在喂入数据前还需要对数据进行打乱，每次都采用随机数据喂入模型，在 tensorflow 中 的 tf.data 中已经完成了这些逻辑。代码如下：

```
train_dataset = tf.data.Dataset.from_tensor_slices((x_train, y_train))
val_dataset = tf.data.Dataset.from_tensor_slices((x_val, y_val))
```

随机打乱，并根据 batch 分批。代码如下：

```
SHUFFLE_BUFFER_SIZE = 100
train_dataset=train_dataset.shuffle(SHUFFLE_BUFFER_SIZE).batch(batch_size=
batch_size)
val_dataset = val_dataset.shuffle(SHUFFLE_BUFFER_SIZE).batch(batch_size=batch_
size)
```

完整的数据处理方法如下：

```
def toRgbImg(img):
    img = np.fromstring(img, sep=' ').astype(np.uint8).reshape(96, 96)
    img = Image.fromarray(img).convert('RGB')
    return img

# 处理数据集
```

```
def getData(csv_path, img_width, img_height, dim, batch_size):
    train_df = pd.read_csv(csv_path)
    # 丢弃有缺失数据的样本
    train_df = train_df.dropna()
    # 获取图片信息,并转为 numpy 结构
    x_train = train_df['Image'].apply(toRgbImg)
    x_train = np.vstack(x_train)
    # 重新修改形状
    x_train = x_train.reshape((-1, img_width, img_height, dim))
    # 去除最后一列的 Image, 将 y 值缩放到[0,1]区间
    cols = train_df.columns[:-1]
    y_train = train_df[cols].values / 96.0
    # 使用80%的数据训练,20%的数据进行验证
    size = int(x_train.shape[0] * 0.8)
    x_val = x_train[size:]
    y_val = y_train[size:]
    x_train = x_train[:size]
    y_train = y_train[:size]
    # 加载为数据集
    train_dataset = tf.data.Dataset.from_tensor_slices((x_train, y_train))
    val_dataset = tf.data.Dataset.from_tensor_slices((x_val, y_val))
    SHUFFLE_BUFFER_SIZE = 100
    train_dataset = train_dataset.shuffle(SHUFFLE_BUFFER_SIZE).batch(batch_size
=batch_size)
    val_dataset = val_dataset.shuffle(SHUFFLE_BUFFER_SIZE).batch(batch_size=
batch_size)
    return train_dataset, val_dataset
```

④ 数据增强。上面提到实际训练的数据集并不多，因此有必要通过数据增强扩充数据。数据增强做一个随机对比度的改变，这样不会影响关键点的位置，增强部分放在模型的 Sequential 中，这样在训练时有增强的效果，在预测或评估时增强又会被禁用。代码如下：

```
# 数据增强
data_augmentation = tf.keras.Sequential([
    # 随机对比度改变
    keras.layers.RandomContrast(0.3)
])
```

9.5.4　模型构建与训练

（1）模型构建

在模型构建阶段，基于 MobileNetV2 进行迁移学习。具体操作是去除 MobileNetV2 原本的分类器层，然后添加新的全连接层，使模型最终输出长度为 30 的向量。该向量的元素顺序与训练数据集中去除 Image 列后的特征一一对应，这些特征表示 15 个关键点的 x、y

坐标比例数据。训练模型时，采用均方误差作为损失函数。以下是使用 Keras 构建该模型结构的代码：

```
import tensorflow as tf
import tensorflow.keras as keras


# 定义模型类
class Model():
    # 初始化结构
    def __init__(self, checkpoint_path, log_path, model_path, img_width, img_height, dim):
        # checkpoint 权重保存地址
        self.checkpoint_path = checkpoint_path
        # 训练日志保存地址
        self.log_path = log_path
        # 训练模型保存地址
        self.model_path = model_path
        # 图片大小信息
        self.img_width = img_width
        self.img_height = img_height
        self.dim = dim
        # 数据统一大小并归一处理
        resize_and_rescale = tf.keras.Sequential([
            keras.layers.Resizing(img_width, img_height),
            keras.layers.Rescaling(1. / 255)
        ])
        # 数据增强
        data_augmentation = tf.keras.Sequential([
            # 对比度
            keras.layers.RandomContrast(0.3)
        ])
        # MobileNetV2 模型结构
        mobienet = keras.applications.MobileNetV2(weights='imagenet', include_top=False, input_shape=(img_width, img_height, dim))
        # 初始化模型结构
        self.model = keras.Sequential([
            resize_and_rescale,
            data_augmentation,
            mobienet,
            keras.layers.Flatten(),
            keras.layers.Dense(1024,
                               kernel_initializer=keras.initializers.truncated_normal(stddev=0.05),
                               kernel_regularizer=keras.regularizers.l2(0.001),
                               activation='relu'),
```

```
            keras.layers.Dropout(0.1),
            keras.layers.Dense(256,
                               kernel_initializer=keras.initializers.truncated_
normal(stddev=0.05),
                               kernel_regularizer=keras.regularizers.l2(0.001),
                               activation='relu'),
            keras.layers.Dense(30)
        ])

    # 编译模型
    def compile(self):
        # 输出模型摘要
        self.model.build(input_shape=(None, self.img_width, self.img_height, self.dim))
        self.model.summary()
        # 定义训练模式, loss 使用均方差
        self.model.compile(optimizer='adam',
                           loss='mean_squared_error',
                           metrics=['mae'])

    # 训练模型
    def train(self, train_ds, val_ds, epochs):
        # tensorboard 训练日志收集
        tensorboard = keras.callbacks.TensorBoard(log_dir=self.log_path)

        # 训练过程保存 checkpoint 权重
         model_checkpoint = keras.callbacks.ModelCheckpoint(self.checkpoint_
path, monitor='val_loss', verbose=0,
                                                         save_best_only=True, save_
weights_only=True, mode='auto',
                                                         period=3)
        # 填充数据,迭代训练
        self.model.fit(
            train_ds, # 训练集
            validation_data=val_ds, # 验证集
            epochs=epochs, # 迭代周期
            verbose=2, # 训练过程的日志信息显示,一个 epoch 输出一行记录
            callbacks=[tensorboard, model_checkpoint]
    )
        # 保存训练模型
        self.model.save(self.model_path)

    def evaluate(self, val_ds):
        # 评估模型
        test_loss, test_acc = self.model.evaluate(val_ds)
        return test_loss, test_acc
```

（2）模型训练

处理数据集，使用80%的图像进行训练，20%的图像进行验证，并将数据喂入模型训练。代码如下：

```
import numpy as np
importpandas as pd
from PIL import Image
import tensorflow astf

def toRgbImg(img):
    img = np.fromstring(img, sep=' ').astype(np.uint8).reshape(96, 96)
    img = Image.fromarray(img).convert('RGB')
    return img
# 处理数据集
def getData(csv_path, img_width, img_height, dim, batch_size):
    train_df = pd.read_csv(csv_path)
    # 丢弃有缺失数据的样本
    train_df = train_df.dropna()
    # 获取图片信息,并转为 numpy 结构
    x_train = train_df['Image'].apply(toRgbImg)
    x_train = np.vstack(x_train)
    # 重新修改形状
    x_train = x_train.reshape((-1, img_width, img_height, dim))
    # 去除最后一列的 Image，将y 值缩放到[0,1]区间
    cols = train_df.columns[:-1]
    y_train = train_df[cols].values / 96.0
    # 使用80%的数据训练,20%的数据进行验证
    size = int(x_train.shape[0] * 0.8)
    x_val = x_train[size:]
    y_val = y_train[size:]
    x_train = x_train[:size]
    y_train = y_train[:size]
    # 加载为数据集
    train_dataset = tf.data.Dataset.from_tensor_slices((x_train, y_train))
    val_dataset = tf.data.Dataset.from_tensor_slices((x_val, y_val))
    SHUFFLE_BUFFER_SIZE = 100
    train_dataset = train_dataset.shuffle(SHUFFLE_BUFFER_SIZE).batch(batch_size
=batch_size)
    val_dataset = val_dataset.shuffle(SHUFFLE_BUFFER_SIZE).batch(batch_size=
batch_size)
    return train_dataset, val_dataset


def main():
    train_csv_path ='./data/training.csv'
```

```
    img_width = 96
    img_height = 96
    dim = 3
    batch_size = 20
    epochs = 100
    checkpoint_path = './checkout/'
    log_path = './log'
    model_path = './model/model_mobie.h5'
    #  加载数据集
    train_ds, val_ds = getData(train_csv_path, img_width, img_height, dim, batch_size)
    #  构建模型
    model = Model(checkpoint_path, log_path, model_path, img_width, img_height, dim)
    #  编译模型
    model.compile()
    #  训练模型
    model.train(train_ds, val_ds, epochs)
    #  评估模型
    test_loss, test_acc = model.evaluate(val_ds)
    print(test_loss, test_acc)


if __name__ == '__main__':
    main()
```

运行后可以看到如图 9-13 所示的网络结构。

```
Model: "sequential_2"
_________________________________________________________________
Layer (type)                 Output Shape              Param #
=================================================================
sequential (Sequential)      (None, 96, 96, 3)         0
_________________________________________________________________
sequential_1 (Sequential)    (None, 96, 96, 3)         0
_________________________________________________________________
mobilenetv2_1.00_96 (Functio (None, 3, 3, 1280)        2257984
_________________________________________________________________
flatten (Flatten)            (None, 11520)             0
_________________________________________________________________
dense (Dense)                (None, 1024)              11797504
_________________________________________________________________
dropout (Dropout)            (None, 1024)              0
_________________________________________________________________
dense_1 (Dense)              (None, 256)               262400
_________________________________________________________________
dense_2 (Dense)              (None, 30)                7710
=================================================================
Total params: 14,325,598
Trainable params: 14,291,486
Non-trainable params: 34,112
```

图 9-13　网络结构图

从如图 9-14 的训练日志中，可以看到 loss 一直在减小。

```
train_demo_rgb ×
86/86 - 41s - loss: 7.2124 - mae: 0.0444 - val_loss: 6.2657 - val_mae: 0.0914
Epoch 6/100
86/86 - 41s - loss: 5.4905 - mae: 0.0420 - val_loss: 4.7902 - val_mae: 0.1243
Epoch 7/100
86/86 - 41s - loss: 4.1952 - mae: 0.0386 - val_loss: 3.6688 - val_mae: 0.1104
Epoch 8/100
86/86 - 41s - loss: 3.2199 - mae: 0.0361 - val_loss: 2.8227 - val_mae: 0.0945
Epoch 9/100
86/86 - 48s - loss: 2.4838 - mae: 0.0351 - val_loss: 2.1802 - val_mae: 0.0673
Epoch 10/100
86/86 - 44s - loss: 1.9266 - mae: 0.0345 - val_loss: 1.6962 - val_mae: 0.0605
Epoch 11/100
86/86 - 44s - loss: 1.5032 - mae: 0.0324 - val_loss: 1.3316 - val_mae: 0.0754
Epoch 12/100
86/86 - 45s - loss: 1.1807 - mae: 0.0336 - val_loss: 1.0526 - val_mae: 0.0829
Epoch 13/100
86/86 - 45s - loss: 0.9339 - mae: 0.0324 - val_loss: 0.8328 - val_mae: 0.0566
Epoch 14/100
86/86 - 47s - loss: 0.7443 - mae: 0.0317 - val_loss: 0.6653 - val_mae: 0.0431
Epoch 15/100
86/86 - 44s - loss: 0.5982 - mae: 0.0316 - val_loss: 0.5398 - val_mae: 0.0589
```

图 9-14　程序训练图

训练结束后可以看到在评估集上的评估结果图，如图 9-15 所示，最终 loss 降到了 0.00176。

```
86/86 - 42s - loss: 9.9866e-04 - mae: 0.0218 - val_loss: 0.0018 - val_mae: 0.0300
Epoch 93/100
86/86 - 41s - loss: 9.6467e-04 - mae: 0.0215 - val_loss: 0.0024 - val_mae: 0.0364
Epoch 94/100
86/86 - 40s - loss: 0.0011 - mae: 0.0233 - val_loss: 0.0018 - val_mae: 0.0304
Epoch 95/100
86/86 - 40s - loss: 9.4777e-04 - mae: 0.0215 - val_loss: 0.0020 - val_mae: 0.0325
Epoch 96/100
86/86 - 41s - loss: 0.0010 - mae: 0.0222 - val_loss: 0.0018 - val_mae: 0.0298
Epoch 97/100
86/86 - 41s - loss: 0.0010 - mae: 0.0223 - val_loss: 0.0022 - val_mae: 0.0346
Epoch 98/100
86/86 - 41s - loss: 9.3756e-04 - mae: 0.0213 - val_loss: 0.0018 - val_mae: 0.0311
Epoch 99/100
86/86 - 41s - loss: 0.0010 - mae: 0.0222 - val_loss: 0.0026 - val_mae: 0.0375
Epoch 100/100
86/86 - 41s - loss: 9.8957e-04 - mae: 0.0219 - val_loss: 0.0018 - val_mae: 0.0302
22/22 [==============================] - 2s 83ms/step - loss: 0.0018 - mae: 0.0302
0.0017591516952961683 0.030190322548151016

Process finished with exit code 0
```

图 9-15　评估结果

结合 tensorboard 中可视化的损失看到迭代曲线，如图 9-16 所示。

```
tensorboard-logdir=log/train
```

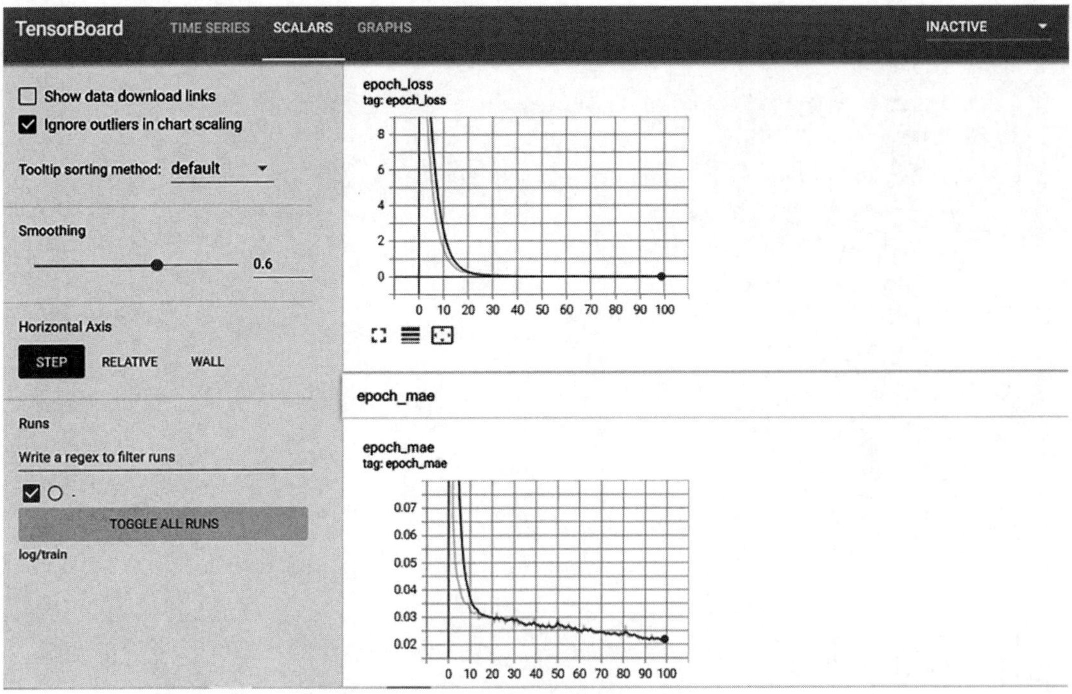

图 9-16　迭代曲线图

9.5.5 模型测试

训练后会在 model 下生成 model.h5 模型，下面可以直接加载该模型进行预测，这里换成对数据集的 test.csv 进行解析，同样将灰度图转为三维后输入模型。代码如下：

```
import numpy as np
importpandas as pd
import matplotlib.pyplot as plt
import tensorflow as tf
from tensorflow import keras
from PIL import Image

def toRgbImg(img):
    img = np.fromstring(img, sep=' ').astype(np.uint8).reshape(96, 96)
    img = Image.fromarray(img).convert('RGB')
    return img

def main():
    csv_path = './data/test.csv'
    # 读取 csv 文件
    test_df = pd.read_csv(csv_path)
    # 查看数据框,并列出数据集的头部
    test_df.info()
    # 获取图片信息,并转为 numpy 结构
    test_df = test_df['Image'].apply(toRgbImg)
```

```
    test_df = np.vstack(test_df)
    # 重新修改形状
    test_df = test_df.reshape((-1, 96, 96, 3))
    # 加载模型
    model = keras.models.load_model('./model/model.h5')

    plt.figure(figsize=(10, 10))
    for p in range(5):
        data = test_df[(p * 9):(p * 9 + 9)]
        plt.clf()
        for i in range(9):
            plt.subplot(3, 3, i + 1)
            img = data[i].reshape(96, 96, 3)
            plt.imshow(img, cmap='gray')
            res = model.predict(tf.expand_dims(img, 0))
            # 画关键点,从 1 开始,每次走 2 步,(j -1,j )就是当前点的坐标
            for j in range(1, 31, 2):
                    plt.plot(res[0][j - 1] * 96, res[0][j] * 96, 'ro', markersize=4)
        plt.show()

if __name__ =='__main__':
    main()
```

测试结果图如图 9-17 所示。

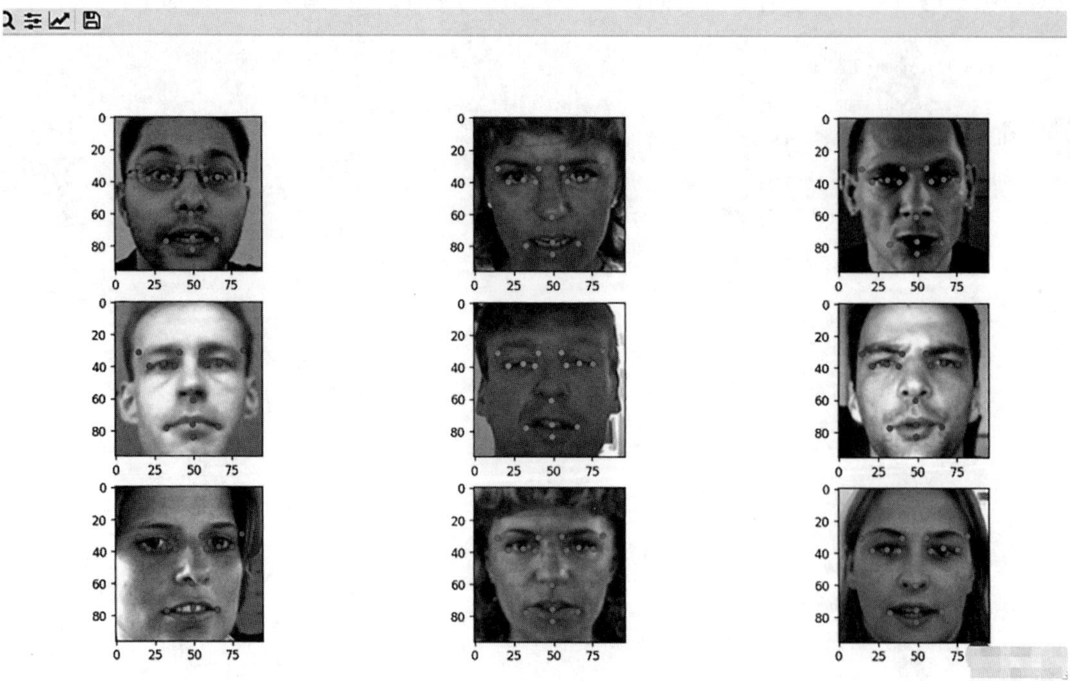

图 9-17　测试结果图

参考文献

[1] 张德丰. Python计算机视觉实战 [M]. 北京：清华大学出版社，2021.

[2] 李立宗. 计算机视觉40例——从入门到深度学习（OpenCV-Python）[M]. 北京：电子工业出版社，2022.

[3] 谭礼健，杨洋，龙思颖. 基于PLC和机器视觉的连杆编码一致性自动判别系统设计 [J]. 机械工程师，2023 (02)：85-87.

[4] 张冬娟，唐万有，朱捷航. 基于机器视觉的条码信息在线检测系统研究 [J]. 中国印刷与包装研究，2013，5 (06)：54-59.

[5] 王锐. 基于机器视觉的瓶装液位检测及剔除系统的设计 [D]. 青岛：山东科技大学，2020.

[6] 李小菁. 基于机器视觉的小型零件尺寸测量系统 [J]. 自动化与信息工程，2023，44 (02)：11-15.

[7] 彭彦昆，孙晨，刘乐，等. 苹果外部缺陷全表面在线检测分选装置研发 [J]. 农业工程学报，2022，38 (23)：266-275.

[8] 王艳. 基于FPGA的红外目标检测技术研究 [D]. 西安：西安电子科技大学，2004.

[9] 任永梅，邓一彬，罗威，等. 基于AlexNet卷积神经网络的红外图像船舶分类方法 [J]. 电脑知识与技术，2023，19 (10)：13-15.

[10] 吕继东，王艺洁，夏正旺，等. 基于改进的Mask R-CNN自然场景下苹果识别研究 [J]. 常州大学学报（自然科学版），2022，34 (01)：68-77.

[11] 张广军. 视觉测量 [M]. 北京：科学出版社，2008.

[12] 章毓晋. 图像理解 [M]. 北京：清华大学出版社，2012.

[13] 高宏伟. 计算机双目立体视觉 [M]. 北京：电子工业出版社，2012.

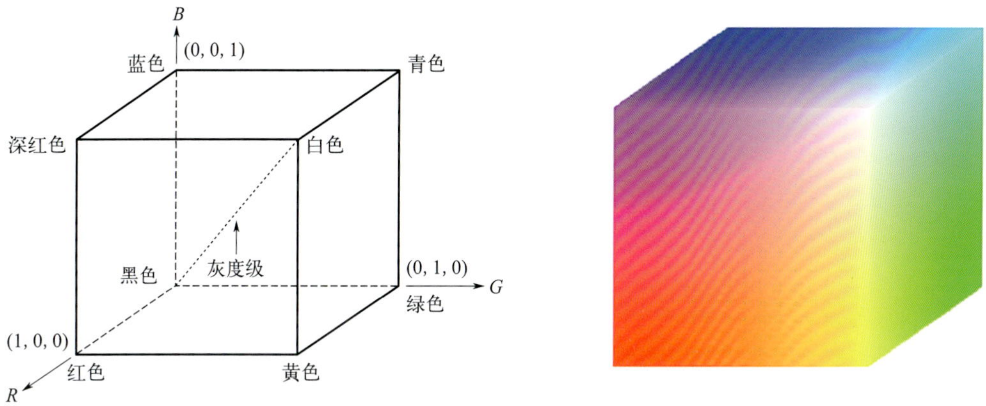

图 3-32　R、G、B 三个通道

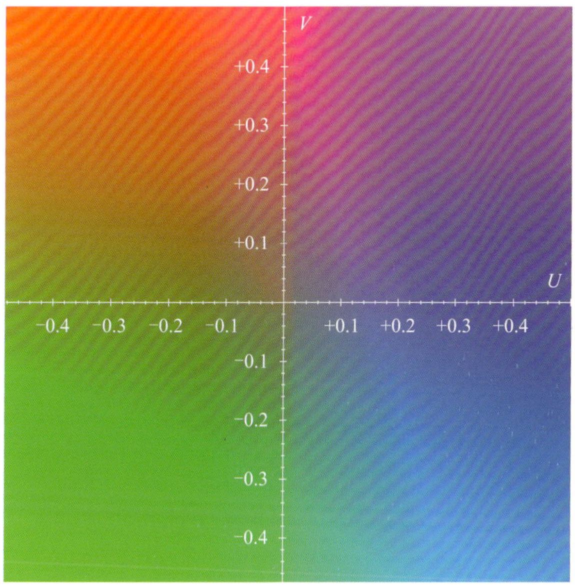

图 3-34　U-V 颜色平面的例子

图 3-35　RGB 转换到 HSI

图 3-36　RGB 转换到 YUV

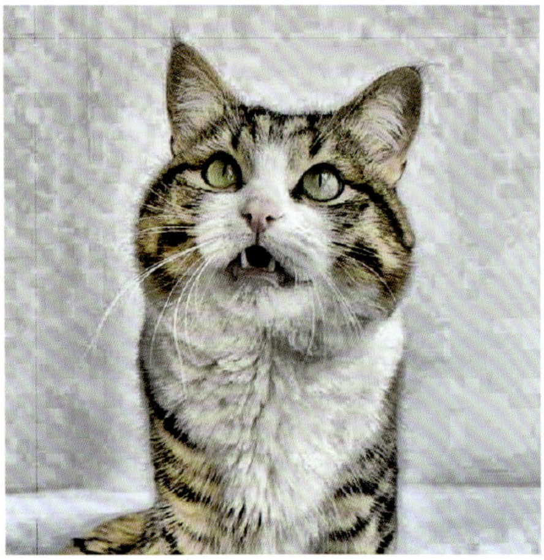

图 3-37　自动色彩增强（ACE）

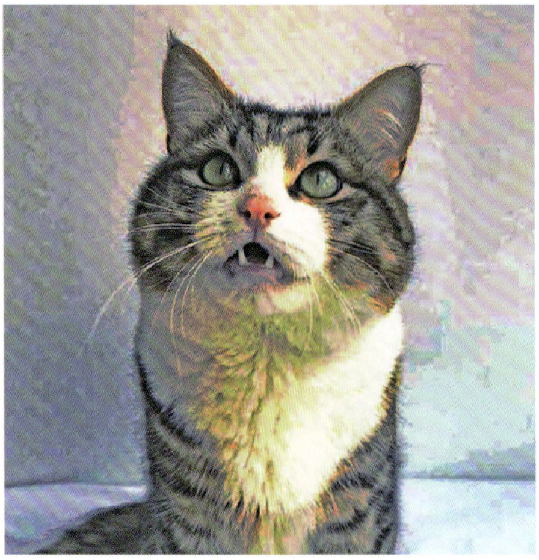

图 3-38　RGB 模型颜色增强

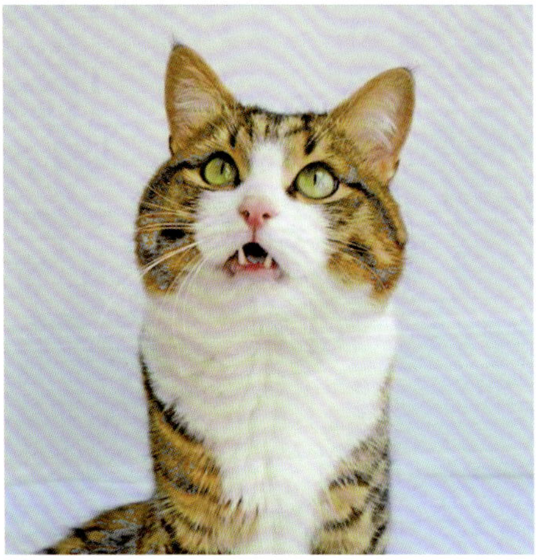

图 3-39　增强饱和度的 HSI 模型颜色增强

图 3-40　增强亮度的 HSI 模型颜色增强

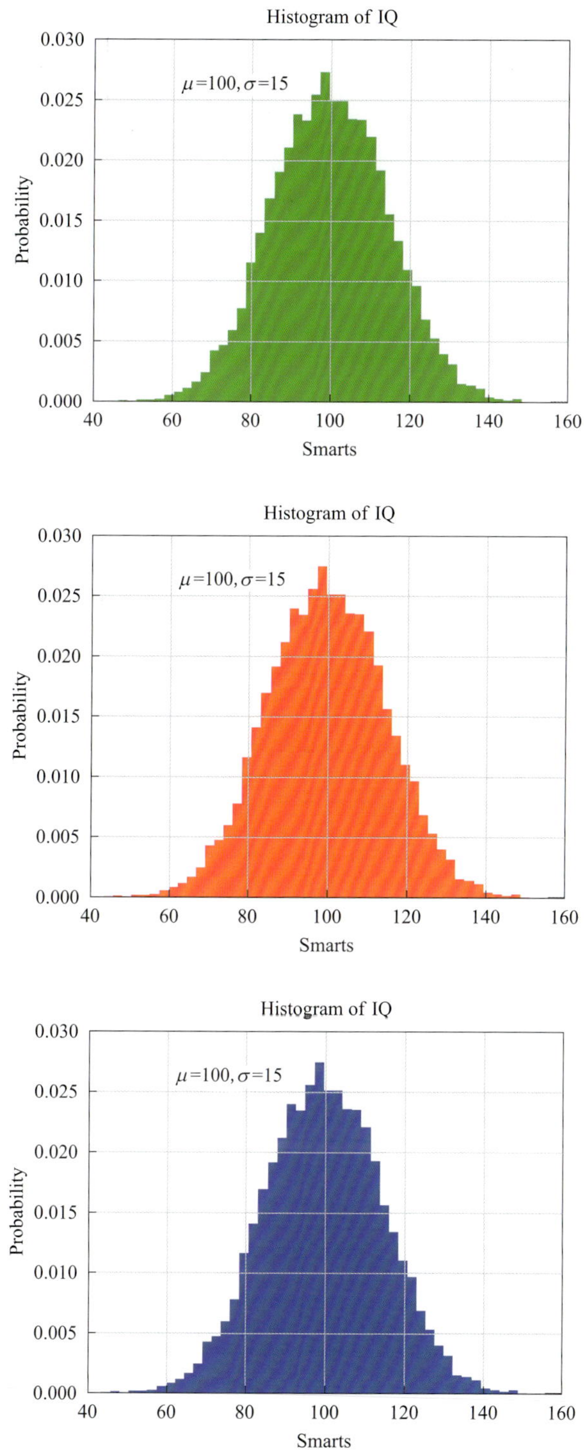

图 5-1　RGB 颜色直方图

Histogram of IQ—图片的颜色分布；Probability—颜色值出现的概率密度；Smarts—某种颜色特征量化值；μ—颜色特征均值；σ—颜色特征方差

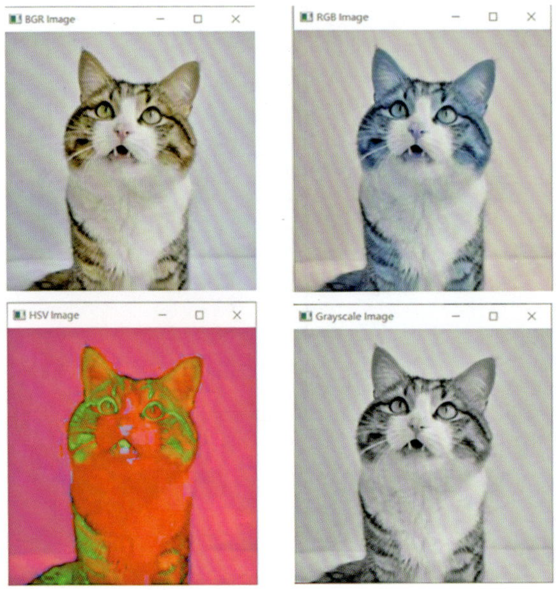

图 5-2　颜色空间转换结果

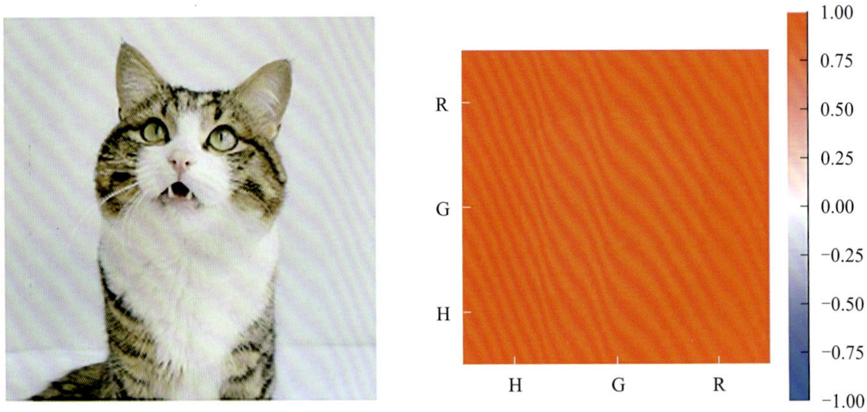

图 5-8　原图和相关图

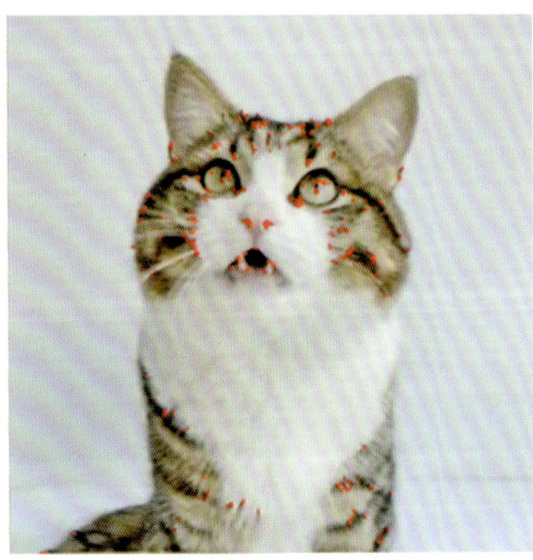

图 5-25　Harris 角点检测结果图